葡萄
农药化肥减施增效技术

王忠跃 主编

U0395112

中国农业出版社

北 京

编　委　会

农药化肥是重要的农业生产资料，对防病治虫和保障粮食稳产高产有着不可替代的作用。改革开放40多年来，我国农药化肥工业发展迅速，在供给能力、品种种类的多样化、产品的质量和研发能力等方面，达到了世界发达国家的水平。不仅充分满足了国内农业生产需求，也成为出口创汇的重要产业。

农药化肥的广泛使用，支撑了我国粮食产量的持续增加。据统计，化肥对粮食增产的贡献度达到40%，农药挽回的产量损失占作物产量的30%。然而，过量和不合理地使用农药化肥也带来了农药残留、病虫抗药性上升、土壤板结酸化和生态失衡等一系列问题，严重影响了我国农产品质量安全和生态环境安全。为推进农业发展方式的转变，有效控制农药化肥的使用量，2015年中央1号文件作出了农业发展"转方式、调结构"的战略部署。此后，农业部制定并发布了《到2020年化肥使用量零增长行动方案》和《到2020年农药使用量零增长行动方案》，科技部启动实施了国家重点研发计划"化学肥料和农药减施增效综合技术研发"重点专项。

葡萄是我国最为重要的果树之一，是满足人民美好生活需要的鲜食必需品，葡萄生产落实农药化肥的减施增效是农业双减整体工作的核心部分。本书从农药化肥的按需使用、高效使用、精准使用、替代使用等四个领域二十多个技术方向，总结了"化学肥料和农药减施增效综合技术研发"专项，"葡萄及瓜类化肥农药减施技术集成研究与示范"课题关于葡萄化肥农药减施技术的最新研究成果。包括葡萄生产中农药化肥科学使用的理念、策略、规则、技术及模式等内容，既有学术价值，又有实用价值。它的出版为我国植物保护科技工作者和大专院校师生提供了一本高水平的葡萄生产专著，也为基层植保技术人员和葡萄生产大户提供了葡萄生产新技术的指导手册，对推动我国葡萄生产减药减肥科技创新和技术推广工作有重要的价值。

吴孔明

中国工程院院士

2019年9月18日

葡萄生产中化肥农药减施增效，归根到底是化肥农药的科学使用问题：化肥农药是人类获得充足食物和资源及优化人类赖以生存的环境的重要物资。但是，如果盲目使用，就会带来负面影响，甚至造成危害、灾难。

在介绍化肥农药科学使用及减施增效技术之前，首先需要正确认识化肥农药。有了这个前提，我们就能理解化肥农药的增效技术，包括如何按需使用、如何精准使用、如何高效使用、怎样替代使用，也能自觉地示范、推广、应用化肥农药减施增效技术模式。

一、农药化肥的发明、产生和利用，是人类文明进步的产物

1. 农药是人类与自然斗争的产物，是文明进步的成果

农林业上的病、虫、草、鼠害，被称为农业生物灾害，其中最著名的就是蝗灾。蝗灾在我国历史上被称为三大自然灾害（水、旱、蝗）之一，曾经给我国古代及近代人民造成巨大灾难，"饿殍遍野""遮天蔽日""飞蝗兼至，人皆相食""飞蝗蔽空日无色，野老田中泪垂血"就是历史上蝗灾发生时的情景。东晋陶渊明的《归园田居》"种豆南山下，草盛豆苗稀"诗句，描写了杂草对农作物的危害。人类为了获得生存必备的食物和资源，在与病、虫、草、鼠害的斗争中一直在寻找高效、简便、成本低廉的工具。

农药是人类与农作物病、虫、草、鼠害作斗争的工具和武器。我国是世界上最早使用农药防治农作物有害生物的国家：在 3 000 年以前人们就使用草木灰杀虫、使用杀虫植物杀虫（《本草纲目》记载了许多具有杀虫作用的植物）、使用矿物质杀虫（硫制剂在公元前 5 世纪、砷制剂在公元 9 世纪开始利用防治害虫）。砒霜（《天工开物》记载用砒霜"蘸秧根则丰收也"）这个众所周知的有毒物质被广泛用于农田害虫的防治，说明人类面对农业生物灾害时的无奈选择。石硫合剂、波尔多液的发明，及借助工业革命发展起来的近代和现代农药工业，为人类战胜农作物病虫害、实现丰衣足食提供了高效的工具和强大的武器。

随着现代农业进程的发展，农药工业进入近代农药应用的科学发展时期后，农药种类和数量不断丰富，农药被大量使用到环境中，农药施用的副作用也开始显露。Carson R. 女士《寂静的春天》的出版，使人们对农药的争议进一步扩大，有志之士及政府管理层面也开始重新认识和评价农药。发达国家首先建立起农药科学评价体系，这种评价体系也被各国逐渐采用，并对每一种化合物批量使用后对环境的影响进行跟踪和再评估，在不断出现新药剂的同时，淘汰和禁用对环境存在风险或对高等动物风险高的农药种类。农药的理化特征、环境影响、使用方法等评估体系及政府的农药登记制度、科学使用技术体系等被标准化，并用法律进行规范和监管。农药的创制和发明、农药的登记、农药的生产、农药的使用、农药使用后的再评估等，成为近代农药应用的科学体系。

靶标精准、高效、环保、绿色、专一等，已经成为当代农药的发展方向。同时，新的技术在不断出现并应用，农药的科学使用理论及技术体系在不断丰富、农药替代使用的技术手段在不断研发和创新、植物抗病性抗虫性的资源也不断被挖掘利用，为减量使用农药、高效使用农药、精准使用农药提供技术手段和技术支撑。

从现在到可以预见的将来，人类战胜农林业的农业生物灾害（病、虫、草、鼠）离不开农药；科学使用农药，是人类获得丰富食物及其他农林产品的需要，是保证食品安全的需要，是维护生态平衡和保护环境不可或缺的技术手段。

2. 化肥的产生和利用，也是人类文明进步的产物

我国 3 000 年前就有"肥田""茂苗"的记载，《礼记》《氾胜之书》《广志》《齐民要术》等史料记载了有关肥料种类、作用和施用技术等丰富的资料，如"地可施肥，多粪肥田"。早在 17 世纪初，欧洲的科学家开始研究植物生长与土壤之间的关系。德国的李比希在 1840 年阐述了农作物生长所需的营养物质需要从土壤中获得，并确定了氮、磷、钾、钙、镁等元素对作物生长的作用。之后的 18 世纪末至 19 世纪初，化肥工业从萌芽、发展，到 20 世纪中期成为重要的工业门类，为人类获得更多的粮食及农林资源做出了巨大贡献。

人们从农林作物中获得收获物，把收获物中的营养元素（氮、磷、钾、钙、镁等）也带走了，如果需要保持生态平衡和环境的稳定，应该补充相应的营养元素；从作物生长规律看，不同的作物吸收和利用营养元素的种类和量不同，而各种类型的土壤中营养元素含量和可利用的状态不同，要保证在一定产量条件下的农产品品质，也需要对相对缺乏的营养元素进行补充，从而达到各种营养元素的平衡供应。从这两个角度看，除了使用有机肥之外，也需要在土壤中使用适当种类和合适数量的化肥。土壤学和植物营养学，就是对土壤的供应能力和维持土壤供应能力的平衡、土壤环境的可持续保持和优化、满足作物生长的营养需求进行研究，提供科学使用肥料的技术措施和技术模式。

化肥是植物生长和获得高质量收获物不可或缺的"粮食"，在可以预见的将来，人类的生存、发展、进步离不开化肥的生产和施用。

二、正确、客观地认识农药和化肥

1. 把农药化肥妖魔化，是错误的

近些年，社会上有一种说法：不使用农药化肥的作物（粮食、果树、蔬菜、药材等）更好。而实际情况是：如果存在农林业的生物灾害风险，比如蝗虫引起的蝗灾、马铃薯晚疫病流行造成的大面积植株死亡、葡萄霜霉病造成的颗粒无收、麦角病流行造成的食品安全风险等时，使用农药是避免灾害发生或避免更大灾情的最重要措施；化肥也一样，当土壤供应的营养元素不够或供应不平衡时，都需要提供相应的营养（化肥）。就像人一样，当人受到疾病威胁时或得病时，需要药物预防或治疗；当人吃不饱时需要吃饭，当人吃饱了但营养不平衡时需要补充缺乏的营养物质。

社会上还有一种说法：作物不使用农药化肥，就是"安全""高级""绿色""健康"。而实际情况是：当作物受到病虫害威胁时，尤其是病虫害危害同时产生真菌毒素时，比如麦角病、麦类赤霉病等危害会产生麦角毒素、呕吐毒素，玉米螟的危害引起侵染部位霉菌滋生导致产生黄曲霉素等，使用农药是保证食品安全的重要（甚至是不可或缺的）措施之一；当作物营养不够、营养不平衡时，使用相应的化肥，作物健康状态会更好，生产的农产品产量会更高，质量也会更好。人类也一样，当瘟疫、流行性感冒等疾病流行或存在流行风险时，吃药预防和治疗是必不可少的措施；营养摄食不平衡时，增加缺乏的营养物质，会更健康。

农药化肥的产生是人类文明进步的产物，也是科学技术发展的产物。农药是对付农林病虫草鼠害、卫生害虫等和调节植物生长的物质，是为人类服务的工具；化肥是为植物提供营养的物质，是植物的粮食。使用农药化肥是为了增加农产品的产量、品质和安全性。

农药是工具，是人类战胜生物灾害、更好生存的工具。化肥是植物的营养物质，就像粮食是人类的营养一样，是人类的资源。农药化肥的副作用往往是不科学使用造成的，而非农药化肥本身，因此，把农药化肥妖魔化是错误的。

2. 农产品质量欠佳，有多方面的原因

既然农药化肥是人类文明进步和科技进步的产物，为什么这么多年农药化肥被诟病呢？因为两种现象的产生（农产品品质欠佳及农田生态环境的恶化），被贴上了"农药化肥"的标签。

（1）农产品品质欠佳。消费者对农产品品质欠佳的体会是直接的：比如味道不足和口感变差。这种农产品品质欠佳是什么原因造成的呢？

农产品品质欠佳虽然原因很多，但最主要的是生产观念和生产习惯不良造成的，比如片面追求高产

和提前采收。

片面追求高产是造成品质欠佳的最主要原因。在田间合适密度的前提下，一株植物（特定品种在特定区域）的"个头"基本上是一定的，光合作用的面积也是基本固定的，在一定年份所制造出来的养分也是差不多的。片面追求产量，造成单位产量的营养物质降低、风味性物质减少，从而导致品质欠佳。

提前采收，尤其在水果、蔬菜等农产品上表现突出，是造成农产品品质欠佳的另一个主要原因。早上市价格较高，所以许多生产者追求早采收、早上市。能够实现早采收、早上市的措施之一就是催熟措施（催熟措施，一般没有特殊的危害，不会造成除品质欠佳之外的其他问题）。催熟的直接后果有两个，一是看着成熟了，而实际没有成熟，影响食用（比如番茄，催熟后表面红色很漂亮，用刀切开一看，里面还是青的，放在嘴里一尝，是酸的）；二是成熟指标达到了，但这些成熟指标的完成是以牺牲其他品质为代价的（挪用了形成其他品质的养分，造成其他品质物质形成缺乏，比如风味性物质），造成品质欠佳。

虽然大水大肥、使用植物生长调节剂等也可以用于追求高产、催熟等，但农产品品质欠佳的问题，主要是生产习惯问题；如果把农产品质量欠佳都归因为农药化肥的使用，显然有失公允。其实，科学合理使用农药化肥，对农产品质量安全的贡献是正面的，并且贡献巨大。但农药化肥超量使用或不合理使用，不属于科学合理使用的范畴，当然也存在很大的风险。

（2）农田生态环境恶化。相关资料显示，我国农田、果园的生态环境有逐步恶化的趋势，其中农药化肥的超量使用是重要因素之一。农药化肥超量使用、不合理使用的主要原因是使用者的科学素养缺乏或者农药化肥使用的技术模式科学性不足。

3. 农药化肥的随意使用甚至滥用，贻害不小

农药化肥的随意施用甚至滥用，会造成一系列恶果：副作用增加（抗药性产生、次要病虫害危害加重、重要病虫害再猖獗等）、生态环境压力加大甚至恶化、消费者和社会公众对食品安全和农产品品质的顾虑和担心增加等。

农药化肥是农业生态系统的外来物质，不管是纯天然的还是人工合成的，也不管是绿色安全的物质还是使用时有一定风险的，都需要进行评估后有节制地使用。农药具有一定的毒性，需要按照有毒物质进行管理，使用时就更应该谨慎并遵守使用规则，但农药经常被随意使用，甚至被滥用。化肥的使用也一样，因为化肥不是按照有毒物质进行管理，所以在管理规则和使用上更宽松，更容易出现随意使用，甚至滥用问题。

农药只有科学使用，才能为避免和减轻农林作物上的生物灾害服务，为人类获得更丰富的农林资源服务，为生态环境安全服务，同时完全可以避免副作用的产生；化肥只有合理使用，才能让土壤更健康、植物更健康，让农林产品更优质。

4. 农药化肥的科学合理使用，需要科学的意识和技术模式

农药化肥的合理使用首先是科学意识问题，以葡萄为例进行说明。

从果园生态体系、从葡萄生育周期的整体性，考量农药化肥的使用，这就是科学意识的问题。包括是否需要使用，如果需要使用什么种类和什么时间使用，使用什么方式把农药化肥施用下去等。把这些问题弄清楚、想明白了，就有了农药化肥合理使用的科学意识；在科学意识的指导下，实际操作和落实到田间的过程中，还需要考量可操作性、节约成本和资源合理利用等问题。我国有一系列的标准和规则，指导和规范化肥农药的科学合理使用。

什么是按需使用？按需使用首先要知道"是否需要、需要什么、什么时间需要？"回答这些疑问，首先是科学问题，是在了解病虫害发生流行规律、葡萄生长对营养的需求规律等基础上，确定用药用肥需求。按需使用落实到田间，就是农药化肥的科学使用技术。

什么是合理使用？合理就是顺应和符合事物本身的规律和本质。要遵循和依据葡萄生长的本质和规律、葡萄病虫害的特征和规律，最终根据本质和规律研发出技术模式。

因此，农药化肥的合理使用，首先需要有科学意识，其次还需要有适宜的技术模式。千家万户的农

民，在缺乏技术支持的条件下，很难做到科学合理使用；若没有适宜的技术模式，在田间操作上也很容易犯随意使用的错误。

用科学合理的意识武装农民，研发和提供关键技术、技术模式或技术规范等，并配合农药化肥的替代使用技术，就能把农药化肥的使用量减少到合适水平，既能保护农田、果园的生态环境，实现农业的可持续发展，也能保障农产品的质量安全和充分供应。

三、葡萄上农药化肥减施增效技术

葡萄上农药化肥减施增效，涉及多个学科的多个方面，是一个系统工程，包括按需使用、精准使用、高效使用、替代技术等技术类型，每一个技术类型包括多个技术方向。

第一是农药化肥的按需使用。所谓按需使用，就是需要时就使用、不需要时就不使用，或者说，能不用就不用、需要时才使用。什么是农药的按需使用？就是根据葡萄病虫害的发生规律在其防治节点上使用适当的措施；如果某个节点需要使用农药，就选择有效的农药种类，并且在这个防治节点，把选择的药剂按照农药的科学使用规则使用到田间。农药的按需使用包括识别与诊断技术、关键防治时期梳理、病虫害的预防技术等。什么是肥料的按需使用？就是按照葡萄的生长发育对营养的需求规律及土壤的供应水平，进行肥料种类的选择和剂量的确定、使用时间的选择，并使用适宜的方式进行施用，包括葡萄各生育期营养需求规律研究、土壤营养元素供应水平和能力测试、葡萄营养水平诊断和测试、营养供需平衡及推荐施肥技术等。

第二是农药化肥的精准使用。所谓精准使用，就是到达靶标的多而且剂量足够、脱靶的少或流失的少。使用的农药化肥，到达靶标才能正常发挥其生物活性、产生效能。农药精准使用的技术方向包括基于预测预警技术和发生流行动态调查数据的使用时间精准，基于农药特征和防控病虫害效力的药剂种类和剂型选择精准，基于农药使用装备把药剂传递到合适地点的靶标精准，以及基于药剂在葡萄体内传导或分布规律的使用方式精准等；化肥精准使用的技术方向包括基于葡萄年生育周期对各种营养元素需求变化的使用时间精准，基于土壤特征确定肥料类型的选择精准，基于营养平衡理论确定供应水平的化肥种类和使用量精准，以及基于根域限制栽培技术的施用位置精准等。

第三是农药化肥的高效使用。高效，包括控制流失、提高生物效力等方面。高效使用，可以在减少使用量的基础上实现同等甚至更高的使用效果。通过水肥一体化技术、土壤（或局部）改良技术、根域限制土壤基质配比技术、分区营养管理技术、化肥缓释技术等，实现化肥的高效使用；通过农药田间混配增效技术、抗药性检测技术和抗药性治理技术、专业化统防统治技术、农药化学生态学特征利用等，实现农药的高效使用。

第四是农药化肥的替代技术。沼肥合理使用、畜禽粪便无害化处理和合理使用、植物秸秆无害化处理和合理使用、绿肥和果园生草改良土壤和提高肥力等，可以代替或部分代替化学肥料，在改善果园环境的基础上，减少化肥的使用。使用脱毒和卫生的葡萄繁殖材料，可以有效减少病虫害的种类和数量，减少农药的使用；物理防治措施、生物防治措施、生态调控技术等，可以代替或部分代替葡萄园农药的使用或减少使用剂量。

以上4个技术门类包括的每一个技术方向，首先是一个科学问题，依据揭示的科学规律研发相应的实用技术。比如，肥料的按需使用是在揭示土壤养分供应规律和葡萄对营养的需求规律等科学问题后，通过土壤测定技术和葡萄树体营养诊断技术，确定施肥的时间及使用肥料的种类和数量，从而实现依据葡萄树体需求的合理供应；农药的按需使用，是在揭示病虫害发生规律及病虫害灾变因子（气候特征、土壤特性和品种特点等）对病虫害暴发流行影响的基础上，确定农药使用时间、种类和剂量，实现农药的合理使用。

四、编辑此书的目的

2018年启动的"化学肥料和农药减施增效综合技术研发"试点专项"葡萄及瓜类化肥农药减施技术集成研究与示范"，是国家支持和保障葡萄产业健康发展的举措之一。为了更好地完成项目，落实好项目各项要求，肩负起项目赋予的责任和义务，推动葡萄产业健康可持续发展，中国农业科学院植物保护研究所组织全国长期从事农药化肥和葡萄行业产学研的 30 多家优势单位、70 多位相关专家，共同编写《葡萄农药化肥减施增效技术》。

本书分为 9 章：第一至三章是对葡萄上化学肥料科学使用技术进行归纳总结，包括葡萄化肥按需施用技术、高效施用技术、替代技术；第四至七章是对葡萄上化学农药科学使用技术进行归纳总结，包括葡萄农药按需使用技术、精准使用技术、高效使用技术和替代技术；第八章为前两个部分内容和技术中实用性强、可操作性强、生产实践中能承担其成本、对产业健康可持续发展保障作用明显的葡萄农药化肥减施增效技术模式；第九章为化肥农药减施增效技术模式下的葡萄质量安全管理。

"葡萄及瓜类化肥农药减施技术集成研究与示范"项目团队主要完成三方面的工作：梳理归纳和集成创新形成关键技术、集成技术模式和形成相应的技术规范或标准；技术示范 23.3 万 hm²，技术辐射 33.3 万 hm²；科技创新和技术研发，形成一批科研产出。本书的撰写完成，首先是本项目技术示范的成果，示范园（大户、企业或专业合作社）及示范县可以从书中挑选适合的、任何技术方向中的 2～3 项肥料减施实用技术和 2～3 项农药减施增效技术，以顺利实现示范区"肥料利用率提高 13％、化肥减量 25％，农药利用率提高 12％、农药减量 35％，平均增产 3％"的项目目标。其次，书中引用、总结、提炼、归纳、集成等形成的各研究方向的实用技术，是梳理归纳和创新集成形成关键技术、技术模式和标准的基础。最后，通过综述各研究方向的最新进展和发展展望，形成了各研究方向的发展方向，可以从中挖掘和找到技术创新、技术研发的方向、内容和突破口。

在本书撰写过程中，除了项目组成员的努力和贡献外，还得到了许多老师和朋友的支持，比如国家葡萄产业技术体系各位老师、中国植物保护学会葡萄病虫害防治专业委员会、全国葡萄病虫害防治协作网的各技术团队，在此向他们表示感谢，书中融入了他们的知识、经验和智慧。

本团队的张昊、刘永强、孔繁芳、刘薇薇、黄晓庆、孔祥久等参与了许多技术方向的编写和校对工作；刘崇怀研究员、杜国强教授进行了统稿工作，付出了艰辛的努力。

为葡萄产业服务、为生产一线服务，为葡萄产业健康发展增砖添瓦、出谋划策，是编者编撰出版本书的初衷。但由于编者水平有限，错误、遗漏、不准确等在所难免，敬请读者批评指正。如有宝贵意见，请与作者联系。

中国农业科学院植物保护研究所葡萄病虫害研究中心

国家葡萄产业技术体系病虫草害防控研究室

王忠跃

2020 年 1 月 6 日

CONTENTS **目 录**

Chapter5 第五章　葡萄农药精准使用技术 ·································· 113

Chapter6 第六章　葡萄农药高效使用技术 ·································· 155

Chapter9 第九章　化肥农药减施增效技术模式下的葡萄质量安全管理 257

第一章

葡萄化肥按需施用技术

第一节　营养元素在葡萄中的作用

葡萄的生长发育所需营养元素较多，既需要大量元素如氮、磷、钾、钙、镁、硫，又对微量元素如硼、锰、锌、铜、铁等有一定的要求。与其他果树相比，葡萄对养分的需求既有共同之处，也有其自身的特点。葡萄具有很好的早产、丰产性，一般在土壤肥沃、管理合适的条件下，定植后第二年即可开花结果，第三年进入丰产。

一、营养元素的生理功能

（一）氮

氮是葡萄生长发育的"生命元素"，是葡萄必需的主要元素之一。氮素是原生质和酶的重要组成成分，同时也是叶绿素的主要组成元素，是保证葡萄正常生长结果的最主要元素之一。氮素的积累可以提高叶绿素含量，增大叶面积，还可以促进碳同化作用；它能促进萌芽和新梢的生长，同时还能促进果实膨大，对果实产量的提高起着重要作用。

（二）磷

磷是构成核酸的重要成分，参与生物基本代谢与合成，在能量代谢及遗传方面起重要作用。磷能促进葡萄须根的形成和生长，及时适量的磷肥供应还能促进花芽分化，使果实提早成熟；磷还能促进糖分的积累，使果实中糖酸比增加，从而提高浆果品质，如果用于酿酒的话，还能增加葡萄酒的风味。葡萄植株一般不易表现出缺磷的现象，与磷在植株内的移动性较强与利用率高有关。

（三）钾

葡萄是"钾质作物"，对钾的需求量较多。钾参与碳水化合物的形成、积累与运输，可促进果实糖分代谢，提高果实含糖量，降低含酸量，促进芳香类物质和色素的形成，增强植株抗病和抗寒能力。钾是植株体内多种酶的活化剂，对提高葡萄叶片光合作用能力有很重要的作用。钾还对葡萄的花芽分化、根系生长有明显的促进作用。钾在细胞内主要以离子形式存在，是重要的渗透调节因子之一，其通过改变葡萄植株内的渗透势，在树体内形成连续的水势梯度，促进水分吸收和在树体内运转，从而为合成较多的光合产物创造有利条件。研究表明：施用充足的钾肥时，可显著提高葡萄的可溶性固形物含量、含糖量和产量，并能降低青果率，提高植株的抗寒性、抗病性；缺钾时，常引起碳水化合物和氮代谢紊乱、蛋白质合成受阻、叶片颜色变淡，影响果实品质。

（四）钙

钙是细胞壁的组成成分，以果胶钙的形式存在，可使多糖类沉积，保持细胞壁的坚固性，采收前喷钙可以有效提高葡萄果实硬度，延长储藏期。钙参与调节水合作用，对调节植物体内的生理平衡，特别是渗透平衡具有非常重要的作用。钙还作为第二信使，参与各项代谢活动。研究发现，适量钙素有利于增强植物对氮、磷的吸收。

（五）镁

镁是叶绿素的中心原子，也是体内多种酶的活化剂，对光合作用有非常重要的影响。另外，镁还参与调控蛋白质的合成。镁元素主要分布在叶片中，在葡萄的整个生长季内含量变化较小，且老叶中镁含量要高于新叶。镁在植物体内较易移动，缺镁时老叶中镁可向幼叶中移动，缺镁症状首先在老叶上表现出来。

（六）硼

硼是葡萄生长发育必需的微量元素之一，能刺激花粉粒的萌发和子房的发育，促进授粉受精，明显提高坐果率，减少无籽小果，提高产量，并有利于芳香物质的形成，还能增强光合产物的运转，增加叶绿素的含量，加速形成层的细胞分裂，有利于根的生长和愈伤组织的形成。

（七）铁

铁作为叶绿素的组成成分之一，参与光合作用、呼吸作用等生理过程。铁在植株内含量较少，却是许多重要蛋白和酶不可缺少的组成元素。铁含量充足时，葡萄浆果着色深，叶片绿，光合效率高，酿造出的葡萄酒酒色浓而风味佳。铁在植物体内不易移动，所以缺铁时首先在新叶上表现出来。

（八）锰

锰是葡萄生长所需的微量元素之一，是体内多种酶的活化剂，协助叶绿素的形成，主要参与葡萄的光合作用与氧化还原反应。土壤酸碱度影响植株对锰的吸收，在酸性土壤中植株吸收量较多，碱性土或沙土影响对锰离子的吸收，因而缺锰主要发生在碱性土壤和沙土中。

（九）铜

铜存在于生长活跃的组织中，是葡萄体内多种酶的组成成分之一，参与呼吸作用过程，对叶绿素的形成有很大的促进作用。铜在葡萄园土壤中的含量几乎处于过量状态，这跟大部分葡萄园使用波尔多液等含铜杀菌剂有很大的关系，且随着生产年限的增加，其含量也随之增加。但是过量的积累会引起铜离子中毒，并对产量和品质造成负面影响。

（十）锌

锌也是葡萄正常生长发育所必需的微量元素之一，它是一些酶的组成部分，与生长素的合成和核糖核酸的合成、细胞的分裂和光合作用有着密切关系。它能促进叶绿素的形成，参与碳水化合物的转化，能提高植物的抗病性、抗寒性、耐盐性。

二、各营养元素盈缺的表现及矫正

（一）氮

1. 缺氮症状

当氮素不足时，植株生长变缓，叶片颜色变浅，叶片薄而小，易早落，枝蔓细而短，停止生长早，果穗、果粒小；若氮素过量，会造成枝叶生长过旺，光合效率降低，果实成熟期推后，果实着色较差，含糖量降低，酸度增加，植株抗逆性减弱。氮在植株体内移动性强，因此缺氮时老叶常先于幼叶表现出症状。

2. 缺氮矫正

秋施基肥时加入无机氮肥；生长期追施速效氮肥 $2 \sim 3$ 次；叶面喷施 $0.3\% \sim 0.5\%$ 尿素水溶液 $2 \sim 3$ 次。

（二）磷

1. 缺磷症状

当磷元素不足时，植株表现叶片暗绿、较小，花序小，果粒小，且容易引起落花落果；磷过量时，会影响植株对铁、硼、锌、锰的吸收。

2. 缺磷矫正

叶片喷施1％～3％的过磷酸钙浸出液，2次左右；或喷施0.3％左右的磷酸二氢钾溶液，一般喷2次，中间间隔7 d左右。

（三）钾

1. 缺钾症状

缺钾时叶缘和叶脉间失绿变干，并逐渐由边缘向中间焦枯，变脆易脱落。严重缺钾的植株，果穗少而小，穗粒紧，色泽不均匀，果粒小。

2. 缺钾矫正

可施用草木灰或硫酸钾（每株0.10～0.15 kg）；也可叶面喷施0.3％～0.5％的硫酸钾溶液或0.3％的磷酸二氢钾溶液。

（四）钙

1. 缺钙症状

钙在植株体内移动较差，所以缺钙时首先在新生的器官和组织中表现出来，叶呈淡绿色，幼叶叶脉间和边缘失绿，叶脉间有褐色斑点，接着叶缘焦枯，新梢顶端枯死。

2. 缺钙矫正

叶面喷洒0.3％氯化钙水溶液。避免一次施用大量钾肥和氮肥。适时灌溉，保证水分充足。

（五）镁

1. 缺镁症状

缺镁会导致叶绿素合成受阻，首先在老叶上体现出来，表现为叶缘发黄，脉间褪绿，变黄，呈"虎叶"状，并逐步向外缘、嫩叶扩展，严重时基部叶片脱落。

2. 缺镁矫正

增施有机肥可以有效缓解缺镁症状，同时可以叶面喷施0.3％～0.4％的硫酸镁溶液3～4次。

（六）硼

1. 缺硼症状

缺硼时表现为植株矮小，节间变短，叶缘出现失绿黄斑，叶柄短；缺乏较多时，叶脉间褪绿严重，出现严重的落花落果，主要表现为"花而不实"。

2. 缺硼矫正

增施有机肥，改善土壤理化性质；每公顷施30～45 kg的硼砂，结合基肥施入；生长期叶面喷施0.3％的硼砂溶液。

（七）铁

1. 缺铁症状

缺铁时，叶片除叶脉保持绿色外，叶面黄化甚至白化，进一步表现为新梢生长弱，花序黄化，花蕾脱落，坐果率低。由于铁在植株内不易移动，因此，缺铁首先表现在幼叶上面。

2. 缺铁矫正

增施有机肥，改良土壤酸碱度；叶面喷施0.2％的硫酸亚铁溶液，连续喷施2～3次，每隔7 d左右喷一次。

（八）锰

1. 缺锰症状

锰在植物体内较少流动。叶片失绿是缺锰的初期症状，缺锰时夏初新梢基部叶片变浅绿，接着叶脉间组织出现细小黄色斑点，斑点类似花叶症状，以后黄斑逐渐增多，第一道叶脉和第二道叶脉两旁叶肉仍保留绿色，暴露在阳光下的叶片较荫蔽处叶片症状明显。缺锰严重时会影响新梢、叶片、果粒的生长，果实成熟晚，红色葡萄品种的果穗中，常有部分绿色果粒。

2. 缺锰矫正

增施有机肥；花前喷施 0.3%～0.5% 的硫酸锰溶液，连续喷 2 次，中间间隔 7 d，可有效缓减缺锰症状。

（九）锌

1. 缺锌症状

缺锌的典型性症状是"小叶病"，即新梢顶部的叶片变小，节间变短，严重时叶片脱落，造成果穗大小粒现象。

2. 缺锌矫正

增施有机肥，改良土壤；花前 2～3 周，叶面喷施 0.1%～0.3% 硫酸锌。

第二节　葡萄营养平衡理论

一、概念和内涵

葡萄的矿质营养需求规律是指在丰产、优质条件下，从萌芽到落叶的年生长发育过程中，萌芽到初花、初花到末花、幼果发育、果实转色到成熟、果实采收到落叶等接续的不同生长发育阶段，葡萄树体（包括根、茎、叶、花、果实等器官）所吸收的各矿质元素的量。

葡萄对矿质养分的吸收受到土壤、环境条件、葡萄品种、砧木、树龄、树势等多方面因素的综合影响，树体营养状况是对养分吸收利用的集中体现。因此，目前树体解剖试验是掌握葡萄营养需求规律最直接、准确和有效的方法。在关键生育期，首先对生长发育良好的葡萄树体整株解剖取样，然后测定其矿质元素的含量，最后通过树体重量计算获得某一物候期或整个年生长周期葡萄对各矿质元素的需求量。

根据树体的营养需求规律，按需施肥不仅可以有效提高肥料利用率、减少农业的面源污染，而且可有效提高葡萄的果实品质，是葡萄节本、优质、高效、绿色、生态、安全生产的必然要求。"葡萄同步全营养配方肥"是基于葡萄树体营养需求规律，综合考虑葡萄园的土壤养分释放特性和肥料利用率等因素的一种新型肥料，通过在新疆和辽宁等地进行中试，达到了按需配方施肥、提高果实品质、增加经济效益的效果，与对照园相比，中试园不仅化学肥料减施 20% 以上，而且可溶性固形物、硬度等果实品质指标显著提升。

二、葡萄各矿质营养的需求规律

葡萄为多年生藤本植物，在整个年生长周期中，可以分为萌芽期、新梢生长期、花期（始花期、盛花期、末花期）、坐果期、种子发育期、果实膨大期、果实转色期、果实成熟期、落叶期和休眠期等几个关键生育时期，在不同生育时期因生长特性、环境因子等差异，树体对养分的需求表现不同。传统上葡萄的施肥在生长前期以氮肥为主，后期以磷钾肥为主，但没有科学的、具体的施肥标准，生产上普遍存在氮、磷、钾施用比例不均衡、施肥量过大的问题，不仅造成大量的浪费，污染环境，还会影响葡萄的品质，降低生产者的经济收入。

（一）氮的需求规律

Schreiner 等研究发现，年生长周期中葡萄植株氮吸收表现出明显的规律性，有两个吸收高峰。葡萄植株萌芽后开始吸收氮素，随着新梢生长吸收速率逐渐增长，至开花前后达到最大值，新梢旺长期—果实转色期是葡萄氮养分需求的关键期，果实转色期之后氮素吸收速率继续下降，葡萄采收后到修剪前，氮素吸收速率再次上升。贾名波等研究表明，4 年生巨峰葡萄萌芽期—新梢旺长期、新梢旺长期—

坐果期、坐果期—果实膨大期、果实膨大期—果实转色期、果实转色期—果实成熟期、果实成熟期—落叶期植株氮吸收量分别占年生长周期总量的8%、22%、43%、1%、9%、18%。该研究表明葡萄生育前期即萌芽期—新梢旺长期，植株对氮素的需求量较少，坐果期迅速增加，到果实膨大期已经积累全年氮素的72%；果实膨大期—果实成熟期需求较少，果实成熟后明显增加。Williams发现，20年生赤霞珠葡萄Cabernet Sauvignon始花期—转色期氮素吸收量占总氮量的86%。Schreiner等研究表明，23年生黑比诺葡萄Pinot Noir开花期—转色期氮素吸收量占总氮量的87%。Hanson对14年生康科德葡萄Concord研究表明，萌芽期—转色期吸收量占全年的75%。相比较来说，Conradie研究结果表明，2年生Chenin blanc葡萄植株休眠期—萌芽期、萌芽期—末花期、末花期—转色期、转色期—果实成熟期、果实成熟期—落叶期氮素吸收量分别占生育期总量的2%、24%、38%、0、36%。史祥宾等对不同时期4年生巨峰葡萄刨树解析、测定，得出树体生长前期氮素的需求量较少，随时间的推移氮肥利用率逐渐提高，生产上氮素的主要供应期应为果实膨大期—成熟期。中国农业科学院果树研究所浆果类果树栽培与生理科研团队以贝达嫁接巨峰葡萄为研究对象，连续5年研究发现（图1-1）：葡萄对氮的吸收量在末花期—种子发育期最多，占整个生育期的22.33%，种子发育期—转色期、萌芽期—始花期、始花期—末花期、果实成熟期—落叶期氮的吸收分配比例分别为18.53%、18.50%、16.72%、15.19%，转色期—果实成熟期氮的吸收分配比例最低，仅为8.73%。

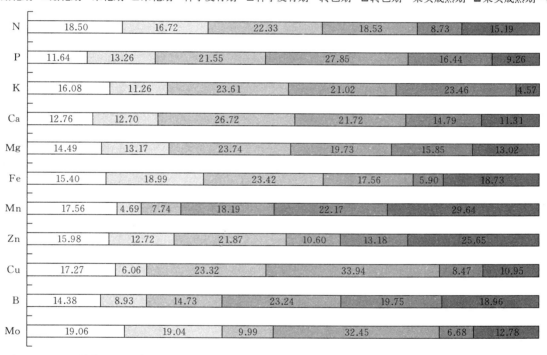

图1-1 贝达嫁接巨峰葡萄不同生育阶段各矿质元素的吸收分配比例（2012—2016年平均值）（%）

（二）磷的需求规律

葡萄磷素吸收表现出与氮素相似的吸收特征，也有两个吸收高峰。贾名波等研究结果表明，葡萄萌芽期—新梢旺长期、新梢旺长期—坐果期、坐果期—膨大期、膨大期—转色期、转色期—成熟期、成熟期—落叶期磷素吸收量分别占生育期总量的9%、15%、24%、3%、22%、27%，萌芽期—新梢旺长期和膨大期—转色期两个生育阶段对磷的需求量相对较少（低于10%），但吸收量与氮素相当。类似的，Schreiner等研究表明，黑比诺葡萄Pinot Noir萌芽期—转色期磷素吸收量占生育期总量的68%。同样，Conradie研究结果表明，2年生Chenin blanc葡萄植株萌芽期—转色期磷素吸收量占生育期总量的73%，采收后磷素吸收量占25%。Pradubsuk以42年生康科德Concord葡萄为试验材料，研究表明新梢旺长期—转色期积累磷素占全年磷总量的75%，采收后磷素吸收量占25%。马文娟也发现葡萄新梢旺长期—转色期磷的吸收量占生育期总量的83%。上述研究结果表明，葡萄新梢旺长期—转色期是植株吸收磷的关键期，果实成熟期以后也有少量磷积累，占全年吸收总量的 20% 左右。图 1-1 中，磷的吸收量在种子发育期—转色期最大，吸收分配比例为 27.85%，末花期—种子发育期次之，占比 21.55%，末花期—转色期磷的吸收分配比例占全年总吸收量的 49.40%。其他四个时期磷的吸收量较小，转色期—果实成熟期、萌芽期—始花期、始花期—末花期和果实成熟期—落叶期磷的吸收分配比例分别为 16.44%、11.64%、13.26% 和 9.26%。

(三) 钾的需求规律

葡萄有"钾质植物"之称，在生长结实过程中对钾的需求量相对较大，缺钾时，常引起碳水化合物和氮代谢紊乱，蛋白质合成受阻，植株抗病力降低。Conradie 研究结果表明，2 年生白诗南葡萄植株萌芽期—开花期、开花期—转色期、转色期—果实成熟期、果实成熟期—落叶期钾素吸收量分别占生育期总量的 26%、48%、9%、15%。马文娟研究也表明新梢旺长期—果实成熟期钾素吸收量占生育期总量的 89%。Pradubsuk 在 42 年生康科德葡萄上研究表明，新梢旺长期—转色期积累钾素占全年钾总量的 79%，转色期—果实成熟期仅积累了 20% 的钾素。由图 1-1 可知，钾的吸收分配比例在末花期—种子发育期、种子发育期—转色期和转色期—果实成熟期三个阶段分别达到 23.61%、21.02% 和 23.46%，末花期—果实成熟期钾的吸收分配比例占全年总吸收量的 68.09%。萌芽期—始花期和始花期—末花期钾的吸收分配比例分别为 16.08% 和 11.26%，果实成熟期—落叶期钾的吸收量最少，分配比例仅为 4.57%。

(四) 钙的需求规律

钙对果实品质有重要的作用，不仅能稳定细胞膜、细胞壁，还参与第二信使传递，调节渗透作用，延缓果实衰老，延长货架期，因此，在葡萄整个生长周期持续性钙供应是必要的。Schreiner 研究表明，葡萄植株钙素吸收速率和积累量均只表现出一个吸收高峰，在转色期前后植株对钙素的吸收速率达到最高，然后逐渐降低，直到落叶期降到最低，之后几乎不再继续积累。Pradubsuk 在 42 年生康科德葡萄上的研究也表明了葡萄开花期—转色期钙积累量占年生长周期总量的 65%，转色期—果实成熟期钙积累量占年生长周期总量的 23%，采收后钙素几乎不再积累。Conradie 研究表明，2 年生白诗南葡萄植株从萌芽期到转色期钙积累量占年生长周期总量的 73%，采收后到落叶期钙积累量占总量的 19%。从图 1-1 中可见，钙的需求量：末花期—种子发育期＞种子发育期—转色期＞转色期—果实成熟期＞萌芽期—始花期＞始花期—末花期＞果实成熟期—落叶期，各生育阶段钙的吸收分配比例分别为 26.72%、21.72%、14.79%、12.76%、12.70% 和 11.31%。

(五) 镁的需求规律

葡萄植株镁素吸收速率最大时期是出现在开花后的果实发育期，之后逐渐下降。Pradubsuk 研究发现，开花期—转色期是镁肥吸收的关键期，这个时期积累的镁占年生长周期总量的 79%，转色期—果实成熟期镁积累量占年生长周期总量的 21%。Schreiner 的研究结果表明，植株开花期—转色期时镁积累量占年生长周期总量的 75%，转色期—果实成熟期镁积累量占总量的 12%，采收后积累的量很少，只有 4%。Conradie 研究表明，2 年生白诗南葡萄植株开花期—转色期镁积累量占年生长周期总量的 60%，采收后到落叶期镁积累量占总量的 27%。由图 1-1 可知，镁的需求量：末花期—种子发育期＞种子发育期—转色期＞转色期—果实成熟期＞萌芽期—始花期＞始花期—末花期＞果实成熟期—落叶期，各生育阶段镁的吸收分配比例分别为 23.74%、19.73%、15.85%、14.49%、13.17%、13.02%。

(六) 铁、锰、锌、铜、硼、钼等微量元素的需求规律

从图 1-1 中可见，葡萄对铁的吸收量在末花期—种子发育期最高，分配比例为 23.42%，始花期—末花期、果实成熟期—落叶期、种子发育期—转色期和萌芽期—始花期铁的分配比例分别为 18.99%、18.73%、17.56% 和 15.40%，转色期—果实成熟期对铁的吸收量最少，分配比例仅为 5.90%。锰的吸收量在果实成熟期—落叶期最高，吸收量占全年吸收总量的 29.64%，其次为转色期—果实成熟期，吸收分配比例为 22.17%。种子发育期—转色期和萌芽期—始花期对锰的吸收分配比例分

别为 18.19％和 17.56％，末花期—种子发育期对锰的吸收分配比例为 7.74％，始花期—末花期吸收量最少，分配比例仅为 4.69％。葡萄对锌的吸收量也在果实成熟期—落叶期最高，此阶段吸收量占全年吸收总量的 25.65％，其次为末花期—种子发育期，吸收分配比例为 21.87％。其他依次为萌芽期—始花期、转色期—果实成熟期、始花期—末花期和种子发育期—转色期，吸收分配比例分别为 15.98％、13.18％、12.72％和 10.60％。铜的吸收量在种子发育期—转色期最高，吸收分配比例为 33.94％，末花期—种子发育期的分配比例为 23.32％，两个生育阶段对铜的吸收量占全年总吸收量的 57.26％。萌芽期—始花期、果实成熟期—落叶期、转色期—果实成熟期铜的吸收分配比例分别为 17.27％、10.95％和 8.47％，始花期—末花期铜的吸收量最少，分配比例为 6.06％。葡萄对硼的吸收量在种子发育期—转色期最高，吸收分配比例为 23.24％，转色期—果实成熟期和果实成熟期—落叶期硼的分配比例分别为 19.75％和 18.96％，末花期—种子发育期和萌芽期—始花期的吸收量近似，分别为 14.73％和 14.38％，始花期—末花期对硼的吸收量最少，分配比例仅为 8.93％。钼的吸收量在种子发育期—转色期最高，占 32.45％，萌芽期—始花期和始花期—末花期钼的吸收分配比例分别为 19.06％和 19.04％。果实成熟期—落叶期、末花期—种子发育期和转色期—果实成熟期对钼的吸收量较少，分配比例分别为 12.78％、9.99％和 6.68％。

三、葡萄各矿质营养的需求量

土壤、环境条件、葡萄品种、砧木、树龄、树势等因素影响葡萄对各矿质营养的需求量。葡萄研究协作网研究表明，6 年生巨峰生产 1 000 kg 果实需氮 3.91 kg、磷 2.31 kg 和钾 5.26 kg；秦嗣军等研究认为，12 年生双优山葡萄生产 1 000 kg 果实需氮素（N）8.44 kg、磷素（P_2O_5）12.76 kg 和钾素（K_2O）13.13 kg；张志勇等研究结果表明，4 年生赤霞珠葡萄生产 1 000 kg 果实需氮素（N）5.95 kg、磷素（P_2O_5）3.95 kg 和钾素（K_2O）7.68 kg。中国农业科学院果树研究所浆果类果树栽培与生理团队以欧美杂种巨峰葡萄为试材，连续 6 年研究结果表明，巨峰葡萄生产 1 000 kg 果实各矿质元素的需求量为氮 5.72 kg、磷 2.33 kg、钾 5.68 kg、钙 5.41 kg、镁 0.92 kg、铁 122.42 g、锰 52.74 g、锌 39.08 g、铜 6.73 g、硼 42.15 g、钼 0.49 g（图 1-2），每 667 m^2 各矿质元素的需求量为氮 6.61 kg、磷 2.53 kg、钾 6.78 kg、钙 6.21 kg、镁 1.07 kg、铁 140.69 g、锰 53.76 g、锌 41.01 g、铜 6.92 g、硼 46.53 g、钼 0.53 g。

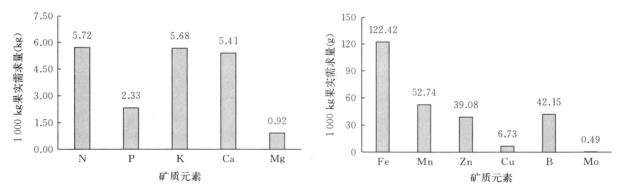

图 1-2　巨峰葡萄生产 1 000 kg 果实对各矿质元素的需求量

第三节　植株营养诊断和检测技术

植物营养诊断主要是采用物理、化学手段提取植物样本中的营养元素，应用分光光度计（如原子吸收分光光度计）、电感耦合等离子体光谱仪（ICP）等仪器对其进行测定，从而了解植株体内的营养元素丰缺状况，跟踪营养元素的积累和转化动态，分析找到植物生长的障碍因子，进一步指导人们科学合理地施用肥料，满足植物最佳生长结实需要，实现生产按需施肥，为优质、高效生产提供依据。

植物营养元素测定是进行植株营养诊断不可或缺的一环，许多国家将其作为科学技术现代化的重要手段广泛地应用于农业生产中，并取得了很大成果。20世纪60年代以来，随着分析仪器的改进，植物营养元素测试方法及其应用均有较大的进展，为生产中选择营养元素测试方法带来了很大的灵活性。近年来，应用计算机处理复杂的诊断数据和植物生产的各种参数以制定施肥方案，为按需施肥与预测预报开辟了广阔的道路。发达国家的植物营养测试技术已发展到了商品生产化阶段，设置有专门的职能机构进行植物营养诊断。测试方法直接影响诊断结果的准确性和实用性，目前国内的主流测定植株营养元素的手段仍以化学手段测试方法为主，同时组织液分析诊断、酶学提早诊断、无损检测等新的测试方法也逐渐被人们认识和应用。

一、植株营养元素测试技术的发展历史

追溯植物营养分析历史，李比希的"最小养分律"，Lagalu 和 Maume 的"叶分析"技术，Macy、Ulrich 和 Hills 的"临界百分比浓度"，Sher 的"养分平衡"及 Kenworthy 的"标准值"等理论为开展植物组织分析和营养诊断奠定了基础。20世纪70年代以后，植物组织营养诊断方法又出现了突破性进展。Beaufils 的"营养诊断与施肥建议综合法（Diagnosis and Recommendation Integrated System，简称 DRIS）"、Walworth 的"M - DRIS 法"及 Montanes 的"适宜值偏差百分数法（Deviation From Optimum Percentage，简称 DOP）"进一步丰富和发展了植物营养诊断理论，极大地推动了植物营养元素测试技术的发展。目前，植物生长期间的植物营养元素测试已经发展成为一项较为成熟的诊断技术，许多国家如英国、德国、澳大利亚和美国都已成功地应用植物营养元素分析结果来指导植物生产。在20世纪70、80年代，美国加利福尼亚州绝大部分柑橘生产均采用营养元素测试技术来指导施肥。新西兰帕默斯顿植物研究中心等实验室已实现了分析化验的自动化，对果树等作物的营养诊断、精准施肥等方面起到了很好的促进发展作用。

我国营养元素测试技术研究起步较晚，尽管已在经济植物营养与施肥方面取得了一定的进展，如对小麦、水稻、甘蔗、油菜等作物的营养诊断技术研究和应用做了大量工作，制定出了适合于各地的诊断方法和诊断指标，促进了大面积粮油果的高产和稳产，提高了农产品的品质，获得了良好的经济效益，但是在元素测试技术应用等方面与发达国家相比仍存在较大差距。

二、植株营养元素测试技术的现状与发展

植株营养元素测试技术主要指测定植株体内氮、磷、钾、钙、镁、硫、铁、锰、铜、锌、硼等大、中、微量元素的含量。植物组织分析诊断法是最常用的植株营养元素测试方法，是以植株组织养分含量作为判断植物营养丰缺水平的重要指标，其中叶分析是营养诊断中最易做到标准化的定量手段，因为发育正常的叶片内养分含量基本稳定，可以作为判断植株营养盈缺的一个重要指标。叶分析的样本采集通常要求具有代表性和适时性，才能反映出该区域内植株的普遍性问题。

叶样（叶片或叶柄）的全氮、全磷提取采用硫酸-高氯酸或硫酸-过氧化氢消煮法，然后应用连续流动分析仪测定全氮和全磷。植株全氮也可采用混合加速剂法浸提，再进行消煮；或者将样本中的硝态氮与水杨酸作用全部转换成铵态氮再进行消煮。消煮的全氮待测液还可采用半微量蒸馏定氮法、纳氏试剂比色法和靛酚蓝比色法等测定全氮含量。消煮的全磷液也可用钒钼黄比色法或钼锑抗比色法进行测定。植株内的钾主要以无机态形式存在，可通过硫酸-高氯酸或硫酸-过氧化氢消煮方法与全氮、全磷联合进行前处理，也可以通过盐酸浸提液浸提或者灰化处理同其他金属离子一同进行前处理，钾元素主要通过火焰光度法进行测定。钙、镁、硫、铁、锰、铜、锌、硼等中、微量元素可通过硝酸-高氯酸消煮法从样本组织中解离出来，通过电感耦合等离子体光谱仪或原子吸收分光光度计进行测定。

但有时仅凭元素总含量还难以说明问题，尤其是钙、铁、锌、锰、硼等特别易于在果实和叶片中表现生理失活的元素，往往总量并不低，而是由于丧失了运输或代谢功能上的活性导致缺素症状的发生。因此，除了叶片分析外，还可根据不同的诊断目的，运用其他植物器官的分析，或相对于全量分析的"分量"分析，以及组织化学、生物化学分析和生理测定手段。

此外，酶学诊断法可通过酶活性的变化了解植物体内养分的丰缺状况，反应灵敏，能及时提供信

息，但由于专一性较差，需累积丰富经验才可指导生产应用，故存在一定的局限性。植物组织液分析诊断法，即利用新鲜组织液的营养元素含量快速诊断植株营养丰缺状况，以便调整施肥策略。目前已有多个国家积极应用，包括荷兰、法国、英国、美国、日本，我国在部分作物的营养诊断上也利用该方法取得了很好的效果。

随着科技的发展，无损测试技术正在如火如荼地发展，无损测试技术（non - destructive measurement）是指在不破坏植物组织结构的基础上，利用多光谱遥感测试和数字图像处理技术对作物的生长和营养状况进行监测。同时该测试水平已由定性或半定量向精确定量的智能化方向发展。该方法可以迅速、准确地对田间作物的营养状况进行监测，并能及时提供追肥所需的信息，大大提高了植株养分测定应用的效率。但由于植株自然状态下是一个复杂的有机复合体，加之该技术尚未完全成熟，多种因素影响会导致营养元素光谱解析困难，目前该技术仍有待完善。

随着现代科技的发展，如专业化的测试技术、网络化的数据传输技术和大数据算法已经应用于植物营养诊断领域。一些现代化仪器如电感耦合等离子体光谱仪、连续流动分析仪等已开始用于实验室的大、中、微量元素的测试，这些先进技术与仪器设备减少了样品分析时间、提高了测试精度和效率。未来随着人工智能技术的发展，植株营养元素测试技术会更加便捷高效。

三、植株营养元素测试技术在葡萄施肥上的研究进展

1931 年 Murneek 和 Gildehaus 首次运用测定叶片营养元素的方法来指导葡萄的生产施肥，目前加拿大的安大略省、澳大利亚及美国的弗吉尼亚州、威斯康星州和加利福尼亚州均对葡萄叶片或叶柄营养元素进行测定、分析，确立了适合本地的叶标准值以指导本地葡萄的生产施肥。在我国，李港丽等自 1982 年以来采集了北京、山东、河北、新疆等地的欧亚种葡萄叶片、叶柄，分析其营养元素含量，并与国外的叶分析值进行比较，提出了我国欧亚种葡萄叶片、叶柄营养元素含量标准值（表 1 - 1 和表 1 - 2）。

表 1 - 1 葡萄叶片 7～8 月营养元素含量标准值

元素种类	元素含量水平			
	缺	低	适量	高
N（%）	<1.50	1.50～1.80	1.81～3.00	>3.00
P（%）	—	<0.14	0.14～0.41	>0.41
K（%）	<0.50	—	0.50～1.30（中值 0.83）	>1.30
Ca（%）	<1.26		1.26～3.19	>3.19
Mg（%）	<0.10	0.10～0.22	0.23～1.08	>1.08
B（mg/L）	<24.00	24.00～30.00	30.01～60.00	>60.00

表 1 - 2 葡萄叶柄 7～8 月营养元素含量标准值

元素种类	元素含量水平			
	缺	低	适量	高
N（%）	—	—	0.60～2.40	>2.40
P（%）	—	<0.10	0.10～0.44	>0.44
K（%）	<0.28	0.28～0.43	0.44～3.00（欧洲种 0.90～2.20）	>3.00
Ca（%）	<0.70		0.70～2.00	>2.00
Mg（%）	<0.26		0.26～1.50	>1.50
Fe（mg/L）	<30.00	—	30.00～100.00	>100.00
B（mg/L）	<12.00	12.00～25.00	25.01～60.00（欧洲种 20.00～50.00）	>60.00
Mn（mg/L）	<18.00	18.00～30.00	30.01～650.00	>650.00
Zn（mg/L）	<11.00	11.00～25.00	25.01～50.00	>50.00
Cu（mg/L）	<2.00	2.00～10.00	10.01～50.00	>50.00

由于葡萄树体内的营养是流动变化的，加之叶分析的取样时期和部位都有可能影响叶片和叶柄中营养元素的含量，所以对葡萄进行叶分析时必须对取样的生育期、一天中的某个时间及取样部位进行确定和标准化。每个样本应该具有相似性，如在品种、砧木、树龄、长势及管理措施相同的区域中选择具有代表性的植株进行取样。取样时间一般在盛花期的清晨，即当 80% 的树冠都分布有花穗时采集，此时为叶片活力最佳时期。取样通常选择花序对面的叶片叶柄，其营养含量与树体的营养含量最为接近。由于葡萄树体内营养是流动变化的，所以在植株取样中，每个样本取样数量应为 50～100 个叶柄或叶片，取样后应尽量冷藏避免变质。

国内外研究者对叶分析采样时期和部位的看法不太统一，不同地区、不同国家也不尽相同。苏德纯等对葡萄叶片和叶柄诊断进行了研究，结果表明，磷、钾等元素叶柄中含量和叶片中含量相当接近，相关系数也很高；叶片中氮含量比叶柄中含量高近一倍。不同季节、不同地块中磷、钾含量变化在叶柄中的反映比叶片中更明显。在相同气候条件下，不同土壤、不同年份、不同采样部位，不论叶柄还是叶片，养分含量都有变化，在进行营养诊断时，两种分析可以相互补充。秦煊南根据 5—8 月葡萄叶内氮、磷、钾含量的变化规律得出，5—6 月叶内氮、钾含量均高，8 月的含量为最低值，此时是花芽分化和果实成熟期，是最需要补充肥料的时期。张绍玲等在山西清徐对巨峰葡萄叶片中的各种营养元素含量进行了测定，结果表明巨峰葡萄叶片氮、磷、钾含量均以 5 月 15 日最高，以后呈下降趋势，从 6 月中旬到 7 月中旬这段时期，含量相对稳定。秦嗣军对双优山葡萄叶柄内的营养元素在生长季内的变化进行了分析测定，结果表明氮、磷含量在生长期内呈下降趋势，在前期下降迅速，在中后期含量有所回升，在整个年生长周期内变化波动不大。张志勇等对赤霞珠葡萄的研究表明，叶片氮、磷浓度变化较大，并且均在果实膨大期至果实转色期相对稳定。陈刚等对碧香无核葡萄的试验表明，氮、钾、钙在盛花后 30～60 d 内取样较为适宜，磷、镁在盛花后 20～80 d 内取样较为稳定，铁在盛花后 20～40 d 内取样。需要指出的是，叶分析标准值受该地所用的树种、品种、自然条件和栽培水平的限制，而具有一定的局限性，因此，在实际生产当中，不能盲目地相信已有标准，要根据当地的实际情况作出合理的判断。

第四节　土壤营养元素测试技术

了解作物对养分的需求和土壤养分供应状况是作物施肥的基础。采用土壤营养元素测试技术是为了更好地了解土壤的养分状态和营养限制因子，进一步通过施肥和土壤改良等管理措施发挥果园的最佳生产潜力。这里土壤营养元素的测定主要是指土壤有效（速效）养分的测定，一直以来主要采用传统的化学测试，即采用某些化学试剂溶液来提取土壤中对作物有效的营养元素，然后应用比色计、火焰光度计、分光光度计（如原子吸收分光光度计）等仪器进行测定。

迄今为止，土壤测试仍被认为是最简单的准确确定土壤肥力状况和作物合理施肥量的方法。在农业发达国家，目前均已建立起一套适合于本国或本地区的比较完善的测土施肥体系，如美国配方施肥技术覆盖面积达到 80% 以上，大部分州制定了测土施肥技术规范。英国农业部出版了《测土推荐施肥手册》，进行分区分类施肥并每隔几年组织专家更新。日本及西欧的发达国家也非常重视测土配方施肥，建立了国家及区域的土壤测试实验室为测土推荐施肥服务，对其合理使用肥料、增加作物产量、改善农产品品质及减少不合理施肥对生态环境的污染起到了巨大作用。

一、土壤营养元素测试技术的发展历史

表 1-3 列出了国际上土壤营养元素测试技术历史发展过程。美国等发达国家在 20 世纪 60 年代就已经建立了比较完善的测土推荐施肥体系，迄今为止，基于土壤测试的推荐施肥方法仍然是美国等发达国家作物合理施肥的依据。

我国目前采用的评价土壤肥力的土壤测试方法基本上是国际通用的方法，是我国开始肥料研究后从国外引进的，并在 20 世纪 70—80 年代第二次土壤普查中得以确认，成为评价土壤肥力水平和耕地质量的标准方法。然而，我国多数地区和实验室采用以单一元素浸提常规土壤测试为主的土壤测试方法，虽然与作物相关性较好，但其所用的实验室技术手段还停留在 20 年前，土壤测试耗时长，成本高，不能

表 1-3　国际土壤营养元素测试技术历史发展历程一览表

时间	地点	事件
公元前 50 年	罗马	Columella 建议通过品尝确定土壤酸度和盐度
1842 年	德国	Liebig 提出最小养分定律
1845 年	英国	Daubeny 用碳酸水提取活性和潜在活性的土壤养分部分
19 世纪初	美国	Hilgard 用盐酸测定土壤肥力状况
1894 年	英国	Dyer 用 1‰柠檬酸作为土壤磷和钾测试的提取剂
1909 年	德国	Mitscherlich 研究了植物生长和营养供应的关系
20 世纪初	美国	Hopkins 监测土壤肥力状况以避免营养耗竭
1930 年	美国	Chapman 和 Kelly 用中性醋酸铵作为交换性盐基的提取剂
20 世纪 40 年代和 50 年代	美国	作物品种和肥料的有效性激发了土壤测试作为作物管理手段的兴趣
20 世纪 40—50 年代	美国	多元素浸提剂和单一元素浸提剂花样繁多
20 世纪 70 年代至今	美国	进行方法标准化的研究及调查替代方法

适应农业生产的需要，成为测土配方施肥推广应用发展的瓶颈。因此需要推广应用高效土壤测试技术，以满足农业生产时效性强的需求。

二、土壤营养元素测试技术的现状与发展

土壤营养元素测试技术主要包括测定土壤中的 pH、有机质及有效氮（碱解氮或硝态氮和铵态氮）、磷、钾、钙、镁、硫、铁、锰、铜、锌、硼等。我国传统土壤有效氮的测定是测定土壤水解性氮（碱解氮），它通常包括铵态氮和部分小分子有机氮。一般用氢氧化钠水解、扩散皿硼酸溶液吸收氨、标准酸滴定测定碱解氮含量。国际上有效氮通常是测定硝态氮和（或）铵态氮，硝态氮可以用水提取，或者用一些中性盐如硫酸钾、氯化钾、氯化钙等作为提取剂同时提取硝态氮和铵态氮，硝态氮采用硝酸银电极法、紫外分光光度法、酚二磺酸比色法测定，铵态氮用靛酚蓝比色法测定，或者连续流动分析法同时测定硝态氮和铵态氮。土壤有效磷通常采用 Olsen 法（0.5 mol/L 碳酸钠）作为提取剂，钼锑抗比色法测定。盐酸-氟化铵提取-钼锑抗比色法（Bray 法）也是国内外对于酸性土壤上有效磷测定的标准方法，但实际应用地区不多。有效钾的测定一般用 1 mol/L 中性乙酸铵提取，火焰光度计或原子吸收分光光度计测定。土壤有效微量元素铁、锰、铜、锌用二乙基三胺五乙酸（DTPA）提取，原子吸收分光光度计测定。土壤有效硼用热水提取，姜黄素比色法测定等。我国常规测试法测定元素单一、费时、费力、成本高，检测结果无法及时用于施肥指导，使推荐施肥难以真正实行。

联合浸提剂是土壤农业化学分析中长期以来孜孜以求的方法。联合浸提剂的出现不再局限于一种浸提剂只能提取单一元素，而是一套联合浸提剂提取多种营养元素，减少了前处理浸提液体积、缩短浸提时间、简化浸提和测定步骤，使操作快速简便，测定结果有一定的精度，大大提高了测试效率。常用的联合浸提法有 M3（Mehlich-3）浸提法和 ASI 法（土壤养分状况系统分析法）。M3 联合浸提剂，组成包括：0.2 mol/L 乙酸-0.25 mol/L 硝酸铵-0.015 mol/L 氟化铵-0.013 mol/L 硝酸-0.001 mol/L 乙二胺四乙酸（EDTA），pH 为 2.5±0.1，它主要适用于中性和酸性土壤养分的浸提。该方法用一套联合浸提剂浸提除氮以外的所有植物必需营养元素，一般需要用价值昂贵的设备——电感耦合等离子体光谱仪测定各元素含量，在美国等发达国家和地区应用较多。该方法在我国应用尚不普遍，目前还缺乏大量的田间试验校验，基于 M3 方法的土壤养分分级指标和推荐施肥指标体系在我国尚未建立。

ASI 法是中国农业科学院原土壤肥料研究所在引进国际先进土壤测试技术基础上研究、发展的高效土壤测试技术。ASI 法测定的项目和方法包括：有机质用浸提剂（0.2 mol/L 氢氧化钠-0.01 mol/L 乙二胺四乙酸-2％甲醇）浸提，比色法（420 nm）测定；速效氮（硝态氮和铵态氮）、有效钙和有效镁用氯化钾浸提，钙和镁用原子吸收法测定，硝态氮用紫外分光光度法测定，铵态氮用靛酚蓝比色法测定；有效磷、钾、铁、锰、铜和锌用联合浸提剂（0.25 mol/L 碳酸氢钠-0.01 mol/L 乙二胺四乙酸-0.01 mol/L

氟化铵）浸提，磷用钼锑抗比色法测定，其他元素用原子吸收法测定；有效硫和有效硼用磷酸二氢钙 [Ca（H₂PO₄）₂] 浸提，硫用比浊法测定，硼用姜黄素比色法测定；pH 计测定 pH，水土比 2.5∶1。ASI 法运用滴定法取样、联合浸提剂、系列分析设备及实验室数据自动采集、处理与分析等技术，在测土配方施用的各个环节上均形成了较为完整的系统，从测试方法、测试设备、养分丰缺指标到推荐施肥模型均形成体系，实现了准确、高效、快速的土壤分析测试与推荐施肥。

土壤测试技术进步依赖于分析测试技术和设备的发展，提高土壤测试效率和准确性一直以来是土壤测试实验室追求的目标。随着现代技术的发展，如条码技术、自动取样与测定技术、系列化和批量化的前处理技术、专业化的测试技术、网络化的数据传输技术、程序化的施肥推荐技术已经应用于测土施肥领域。一些现代化仪器如电感耦合等离子体光谱仪、连续流动分析仪、碳氮测试仪等已开始用于土壤测试实验室的氮、磷、钾、钙、镁、硫、铁、锰、铜、锌、硼等养分元素及有机质批量化测试，这些仪器设备减少了样品分析时间、提高了测试精确度和测试效率。未来，自动机器人技术的发展，将大大促进土壤样品的粉碎处理、混匀、称量、浸提及测试溶液稀释、分取等土壤测试过程的效率和准确性。

相比化学分析方法，光谱技术提供了一种快速、方便且无污染的测定方法。在 20 世纪 70 年代之前，光谱技术主要用于实验室农副产品等方面的检测；70 年代后，国外学者开始对土壤物质含量与辐射特征进行研究，发现土壤中某些物质的含量与近红外（NIR）区的光谱特征具有一定的联系。通过对土壤养分含量的分析测定，建立适当的模型，取得了较好的预测结果，特别是在土壤有机质的预测上。在土壤检测上近红外的应用较多，效果也比较好，近年来包括可见光和红外线在内的全谱段扫描在土壤分类和肥力评价等方面的应用也比较广泛。但是由于土壤是一个复杂的混合体，多种因素影响导致营养元素光谱解析困难，尤其是土壤有效养分的测定效果差，需要更多理论上的支撑和方法上的改进。因此光谱技术目前对于指导施肥还有待明确。

三、土壤营养元素测试技术在葡萄施肥上的研究进展

葡萄园建园前，首先根据地形、土壤属性变化、前茬作物等划分取样区，决定整个葡萄园的取样数量，将具有相对一致特性的区域划分为一个取样区，不要将不同类型的地块划到一个取样区。每个取样区进行多点（10～20 个取样点）、随机取样，对土壤有机质、pH 及土壤有效大、中、微量元素养分进行全面测定，找出可能影响葡萄生产的土壤限制因子，除了大量元素氮、磷、钾丰缺程度外，找出土壤过酸、过碱、盐化，特别是中、微量元素缺乏等问题，采用相关的施肥、土壤改良、调理措施，解决土壤障碍问题，为葡萄植株的健康生长，提高葡萄产量和品质提供保证。对于已经结果的葡萄园，每 2～3 年应该测定一次土样，以了解土壤养分的变化，调整施肥用量。还需要注意的是对于葡萄这样的多年生作物来说，不能只根据土壤测定决定施肥量，因为树体的养分累积对翌年葡萄生长、结果及果实品质都非常重要，葡萄的推荐施肥应结合土壤测试和植株组织营养诊断进行。

目前我国配方施肥技术主要在小麦、玉米、水稻、油菜、甘蔗、棉花、烟草、马铃薯等大田作物上广泛应用，在葡萄上的应用较少。2009 年，娄春荣等在巨峰葡萄上采用测土配方施肥技术，结果表明：氮、钾是土壤养分供应的限制因子，采用测土配方施肥比传统施肥每 667 m² 节省肥料 34.4 kg，且配方施肥效益最高。2009 年，福安市农业局主持实施的"南方葡萄测土配方施肥技术研究与示范推广"课题荣获福建省科技进步三等奖，填补了南方葡萄测土配方施肥技术的空白。2018—2019 年，在国家重点研发计划项目"葡萄及瓜类化肥农药减施技术集成研究与示范"的资助下，课题组对我国葡萄五大主产区（东北冷凉气候产区、华北及环渤海湾产区、秦岭—淮河以南亚热带产区、西北及黄土高原产区、云贵高原及川西高海拔产区）土壤养分丰缺状况进行了测定和研究，提出了相应的推荐施肥建议，对于指导我国葡萄主产区制定合理施肥对策，促进我国葡萄产业的健康可持续发展具有重要意义。

第五节　土壤特征与肥料类型的精准选择

土壤是葡萄生长的基地，葡萄园的土壤对葡萄及葡萄酒的品质有非常重要的影响。葡萄对土壤的适应范围很广，除了那些极为黏重的土壤和沼泽地、重盐碱土壤不适合其生长之外，其他土壤都可以栽植

葡萄。肥料是葡萄生产中的养分来源，可以给葡萄提供营养，提高果实产量，同时还可以改善果品品质。

一、葡萄园土壤的特征

葡萄具有强大的根系和吸收能力，且不同土壤对葡萄的生长、果实的成熟及酿制出的葡萄酒品质都会有不同的影响。葡萄藤一般不适合种植在太过肥沃的土壤上，更适合种植在一些贫瘠的土壤上。土壤的机械组成、质地、排水性、盐碱性、pH及土壤养分含量都会影响到葡萄的生长。

（一）土壤机械组成

由表1-4可以看出，葡萄pH、固酸比品质指标与土壤机械组成中粗沙粒含量多表现为显著或极显著正相关；葡萄单粒重与细沙粒表现为显著正相关，但与物理性黏粒则表现为显著负相关；可溶性固形物与细粉粒和物理性黏粒表现为负相关；固酸比则与粗沙粒表现为正相关。粗沙粒—细粉粒适合葡萄生长，黏粒含量增加，葡萄品质下降。

表1-4 葡萄品质与土壤机械组成的相关分析

葡萄品质	土层（cm）	土壤机械组成						
		粗沙粒	细沙粒	粗粉粒	细粉粒	粗黏粒	黏粒	物理性黏粒
单粒重	0～20	−0.096	0.367*	0.112	−0.296	−0.392*	−0.188	−0.397*
	20～40	−0.187	0.447	−0.080	−0.521*	−0.252	−0.230	−0.414*
	40～60	−0.222	0.436*	0.076	−0.271	−0.401	−0.268	−0.391*
pH	0～20	0.371*	−0.130	−0.267	−0.124	0.125	−0.109	−0.016
	20～40	0.413*	−0.095	−0.159	−0.075	0.043	−0.124	−0.047
	40～60	0.319	0.040	−0.169	−0.215	0.096	−0.178	0.097
可溶性固形物	0～20	0.239	0.249	0.152	−0.459*	−0.316	−0.330	−0.467*
	20～40	0.145	0.207	0.183	−0.458	−0.338	−0.341	−0.472*
	40～60	0.186	0.208	0.110	−0.389	−0.356	−0.248	−0.409*
维生素C	0～20	0.061	0.059	−0.173	−0.078	−0.045	0.183	0.011
	20～40	0.062	0.140	−0.206	−0.195	−0.127	0.225	−0.070
	40～60	0.062	0.057	−0.081	−0.130	−0.114	0.169	−0.052
固酸比	0～20	0.528**	0.091	−0.103	−0.355	−0.104	−0.300	−0.299
	20～40	0.533**	−0.006	0.024	−0.325	−0.201	−0.379*	−0.359
	40～60	0.427*	0.137	−0.190	−0.389	−0.105	−0.281	−0.299

注：*、** 分别表示在 $P < 0.05$、$P < 0.01$ 水平存在差异。

（二）土壤质地

新疆产区为山前洪积、冲积平原，土地平坦，便于灌溉，土层深厚疏松，多是壤土和沙壤土；山东产区为花岗岩沙质丘陵区，土壤以沙土为主；经采样点测定，河北葡萄产区土壤质地为轻壤土和沙壤土占79%（表层含有砾石），其他占21%。在法国波尔多左岸的梅多克和格拉夫产区，好的葡萄园都是坐落在含有砾石的土壤上的。砾石土质透水性强，使得葡萄树扎根很深，这样利于葡萄吸收更多的养分。砾石还能保存和反射热量，对增加葡萄的成熟度起到了更好的作用。

（三）土壤pH

葡萄对土壤酸碱度（pH）的适应范围较大，在弱酸、中性和弱碱性土壤上，都能生长良好，pH低于4或高于8.5的土壤，则不利于葡萄生长。pH在8.0以上，影响土壤有机态氮的转化和吸收；土壤中硼、铁、锌、锰等微量元素在碱性土壤中有效性下降，会导致缺素症的发生。

（四）土壤的排水性

如土壤水分过多，会引起枝蔓徒长，延迟果实的成熟期，降低果实品质。树盘内若积水，会造成根系缺氧，抑制呼吸作用，使根部窒息，植株死亡。

（五）土壤的盐碱性

葡萄属于抗盐碱能力强的果树。土壤含盐量0.1%以下能正常生长；含盐量0.18%以上生长不良，表现新梢细弱，节间短，叶片黄绿，叶缘外卷，果穗和果粒较小；含盐量达到0.23%可导致植株死亡。

（六）土壤养分状况

不同地区土壤养分供应情况见表1-5。山东大泽山葡萄园中，除有效氮适量外，其他都是供应丰富。陕西关中葡萄园有效氮缺乏，有效铜丰富，其他均为低或适量。山西太原葡萄园有效磷缺乏，有效钾和铜丰富，其他均为低或适量。河北张家口葡萄主产区有效氮适量，有效磷和有效钾丰富，微量元素除有效锰为中等水平外，均表现为丰富水平。

表1-5　不同地区葡萄园土壤养分丰缺状况

养分指标	山东大泽山		陕西关中		山西太原		河北张家口	
	含量（mg/kg）	营养水平	含量（mg/kg）	营养水平	含量（mg/kg）	营养水平	含量（mg/kg）	营养水平
有效氮	79.1	适量	12.6	缺乏	—	—	110.0	适量
有效磷	88.8	丰富	29.3	适量	20.6	缺乏	142.4	丰富
有效钾	608.0	丰富	113.1	低	149.7	丰富	274.0	丰富
有效铁	112.0	丰富	6.4	适量	7.9	适量	48.1	丰富
有效锰	59.1	丰富	11.9	低	7.4	低	23.9	中等
有效铜	5.8	丰富	2.0	丰富	1.0	丰富	25.3	丰富
有效锌	2.9	丰富	1.8	适量	1.0	适量	6.2	丰富
样品数量（个）	>90		64		46		99	

二、肥料类型

化肥具有成分单纯、含量高、易溶于水、根系吸收快等特点，故称"速效性肥料"。此类肥料于生长期追肥，作为有机肥料的补充，有着不可忽视的作用。

（一）按照养分种类划分

1. 氮肥

氮肥按照其含氮基团的不同，主要分为铵态氮、硝态氮和酰胺态氮。

（1）铵态氮肥。碳酸氢铵：简称碳铵，含氮率约为17%。可以作为基肥和追肥，因分解过程对叶片有腐蚀作用，故不用在叶面，常为根部深埋施。碳酸氢铵在高温下易分解，故不能在烈日下施用。

硫酸铵：简称硫铵，含氮率约为21%。硫酸铵较为稳定，不易吸湿。它是生理酸性肥料，长期使用会使土壤变酸。可作为基肥和追肥使用。

氯化铵：氯化铵，简称氯铵，含氮率为24%~25%。氯化铵易吸湿，结块，但并不影响农业使用。同样，有人认为氯对果实品质有影响，追求高品质的葡萄，后期可用其他氮肥代替氯化铵。

（2）硝态氮肥。硝酸铵：简称硝铵，属于生理中性肥料，含氮率为33%~35%。可作为追肥，不宜做基肥和在雨季施用，因为硝铵中的硝酸根易随水流失。

硝酸钠：含氮率为15%~16%，可作基肥，不宜用在盐碱地。

硝酸钙：含氮率为11.8%，相对其他几种较低，但其中含有丰富的钙，水溶性钙约为23.7%。适合作为基肥或追肥。

（3）酰胺态氮。尿素是酰胺态氮肥，含氮率约为 46%。可以作为基肥或追肥，埋施或根外喷施。喷施浓度一般为 0.1%～0.5%。尿素的吸湿性比较强，尤其是高温和潮湿时。因此打开袋的尿素要封好，存放在干燥的地方。尿素在碱性条件下易分解，产生氨气，而挥发损失掉。因此尿素不能与碳酸氢铵混用，否则其中氮易挥发。

2. 磷肥

常用磷肥主要有普通过磷酸钙、重过磷酸钙、磷酸一铵、磷酸二铵和磷酸二氢钾，主要特点见表 1-6。

表 1-6　常用磷肥的特点

肥料品种	主要成分（%）	溶解性能	吸湿性
普通过磷酸钙	P_2O_5:6～9 S:10～20 Ca:20	86%溶于水，其他溶于柠檬酸（盐）溶液	遇潮结块
重过磷酸钙	P_2O_5:20～22 Ca:12～16	同上	吸湿有腐溶性
磷酸一铵	P_2O_5:20～26 N:10～13	95%～100%溶于水	
磷酸二铵	P_2O_5:20～23 N:15～18	同上	
磷酸二氢钾	P_2O_5:50～52 N:32～35	100%溶于水	

3. 钾肥

（1）氯化钾。含钾（K_2O）50%～60%，白色、淡黄色或紫红色结晶；易溶于水，呈化学中性；有吸湿性，久存会结块；生理酸性肥料。可作为基肥、追肥施用，不宜做种肥。对于忌氯作物慎用，一般葡萄不提倡施用氯化钾。

（2）硫酸钾。含钾（K_2O）50%～54%，白色或淡黄色结晶；溶于水，呈化学酸性；吸湿性小；生理酸性肥料。适合各种作物和土壤，可做基肥、追肥、种肥及根外追肥。在酸性土壤上应与有机肥、石灰等配合施用；在通气不良的土壤中尽量少用。

（3）硝酸钾。含钾（K_2O）36%～39%，含氮 11%～14%，无色透明棱柱状或白色颗粒或结晶性粉末；易溶于水，不溶于无水乙醇、乙醚。硝酸钾比较适宜在旱地施用，并且不适合做基肥和种肥，而比较适合用作追肥。

4. 微量元素肥料

通常简称为微肥，是指含有微量营养元素的肥料，植物吸收消耗量少（相对于常量元素肥料而言）。目前应用较多的有硼肥、钼肥、锌肥、铜肥、锰肥、铁肥等，微肥按照化合物类型可分为五类：

（1）易溶性无机盐。这类肥多数为硫酸盐。

（2）难溶性无机盐。多数为磷酸盐、碳酸盐类，也有部分为氧化物和硫化物。例如磷酸铵锌、氯化锌等。适合做基肥。

（3）玻璃肥料。多数为含微量元素的硅酸盐粉末，经高温烧结或熔融为玻璃状的物质，如冶炼厂的炉渣等，一般只能做底肥。

（4）螯合物肥料。是天然或人工合成的具有螯合作用的化合物，与微量元素螯合而成的螯合物，如螯合锌等。

（5）含微量元素的工业废渣。

5. 复混肥料

复混肥料是指同时含有氮、磷、钾中两种或两种以上养分的肥料，包括混合肥料和复合肥料两种类型。

（1）混合肥料。混合肥料可以采用单质肥料配置，根据葡萄养分的吸收及目标产量，选择适合葡萄的氮、磷、钾单质肥料，进行混配。混合时需要遵循以下原则：混合后物理性状不能变坏，吸湿性要高，如尿素与普钙混合后易潮解；混合时肥料养分不能损失或退化，如铵态氮肥与碱性肥料混合易引起氨的挥发损失；肥料在运输和机施过程中不发生分离，如粒径大小不一样的不能相混；有利于提高肥效和施肥功效。

（2）复合肥料。由化学方法制成的肥料。按照养分含量和功能分为：二元复合肥料，同时含氮、磷、钾三种养分中的两种养分，如磷酸铵、硝酸钾、磷酸二氢钾；三元复混肥料，同时含氮、磷、钾三种养分，如现在常见的一些专用肥、配方肥；多元复混肥料，除氮、磷、钾三种养分外，同时还含中量元素或微量营养元素等；多功能复混肥料，除养分外，还掺有农药或生长素类物质。

（二）按照肥效快慢划分

1. 速效养分肥料

这种化肥施入土壤后，随即溶解于土壤溶液中而被作物吸收，见效很快。大部分的氮肥品种，磷肥中的普通过磷酸钙等，钾肥中的硫酸钾、氯化钾都是速效化肥。速效化肥一般用作追肥，也可用作基肥。

2. 缓效肥料

也称长效肥料、缓释肥料，这些肥料养分所呈的化合物或物理状态，能在一段时间内缓慢释放，供植物持续吸收和利用，即这些养分施入土壤后，难以立即为土壤溶液所溶解，要经过短时的转化，才能溶解，才能见到肥效，但肥效比较持久，如钙镁磷肥、钢渣磷肥、磷矿粉、磷酸二钙等。还有一些含添加剂（如硝化抑制剂、脲酶抑制剂等）或加包膜肥料，前者如长效尿素，后者如包硫尿素，都列为缓效肥料，其中长效碳酸氢铵是在碳酸氢铵生产系统内加入氨稳定剂，使肥效期由 $30\sim45$ d 延长到 $90\sim110$ d，氮利用率由 25% 提高到 35%。缓效肥料常作为基肥使用。

3. 控释肥料

控释肥料属于缓效肥料，是指肥料的养分释放速率、数量和时间由人为设计，是一类专用型肥料，其养分释放动力得到控制，使其与作物生长期内养分需求相匹配。控制养分释放的因素一般受土壤的湿度、温度、酸碱度等影响。控制释放的手段最易行的是包膜方法，可以选择不同的包膜材料、包膜厚度及薄膜的开孔率来达到释放速率的控制。

（三）按肥料性质和功能划分

1. 专用配方肥

通常称为配方肥，是在测土配方施肥工程实施过程中研制开发的新型肥料。配方肥是复混肥料生产企业根据土肥技术推广部门针对不同作物需肥规律、土壤养分含量及供肥性能制定的专用配方进行生产的，可以有效调节和解决作物需肥与土壤供肥之间的矛盾，并有针对性地补充作物所需的营养元素，作物缺什么元素补充什么元素，需要多少补多少，将化肥用量控制在科学合理的范围内，实现了既能确保作物高产、又不会浪费肥料的目的。

2. 水溶性肥料

水溶性肥料是一种可以完全溶于水的多元复合肥料，能够迅速地溶解于水，更容易被作物吸收，而且其吸收利用率相对较高，用于喷滴灌等设施农业，实现水肥一体化，达到省水省肥省工的效能。常规水溶性肥料含有作物生长所需要的全部营养元素，如氮、磷、钾及各种微量元素等。施用时，可以根据作物生长所需要的营养需求特点来设计配方，避免不必要的浪费；由于肥效快，还可以随时根据作物长势对肥料配方做出调整。

3. 微生物肥料

微生物肥料由一种或数种有益微生物活细胞制备而成。主要有根瘤菌剂、固氮菌剂、磷细菌剂、抗生菌剂、复合菌剂等。科学施用微生物肥料，对增加土壤肥力、增强作物抗性、提高作物品质具有很好的作用。

第六节　葡萄园化肥的按需施用

葡萄不同时期对不同元素吸收量不同，施肥时期一般在萌芽期、花前、果实膨大期、果实转色期、果实采收后等生长关键时期。

一、萌芽期施肥

葡萄萌芽所需养分多为树体在上一年度积累的养分，该时期施肥是为花前新梢快速增长做准备。这一时期施肥量占全年施肥量的 25％。根据品种和树体积累养分不同，施肥量也不同。巨峰等四倍体欧美杂种系列品种容易徒长，落花落果重，若上一年度树势强壮，且养分积累充分，可以不施肥或少施肥；红地球等二倍体欧亚种系列品种坐果好，在萌芽期要施一定量的氮肥。肥料施入土壤中后，不可能被完全吸收利用，在传统施肥条件下，氮肥利用率一般为 30％～35％，磷肥利用率 20％～30％，钾肥利用率 40％～50％。产量为 22 500 kg/hm^2 的葡萄园，结合肥料利用率（以下相同），巨峰品种一般建议施肥量为氮素（N）105～150 kg/hm^2、磷素（P$_2$O$_5$）30～45 kg/hm^2、钾素（K$_2$O）105～120 kg/hm^2，红地球品种一般建议施肥量为氮素 120～135 kg/hm^2、磷素 45～60 kg/hm^2、钾素 120～150 kg/hm^2，根据产量酌情调整施肥量，但要根据往年树体长势情况和当地地力情况而定。

二、花前施肥

在开花前一周，若葡萄新梢长势均匀，且成龄叶片达到 8 片或以上，不施肥；若少于 8 片叶，可补充少量的肥料，不能多施，以免营养生长过快，影响开花坐果。此时期通过根外施肥，补充铁、锰、硼、锌等微量元素，有利于开花坐果。

三、果实膨大期施肥

葡萄果实膨大期分为两个阶段，第一个阶段以果实细胞分裂为主，第二个阶段以果实细胞膨大为主。该时期是葡萄需肥量最大的时期，施肥量占全年施肥量的 35％。产量为 22 500 kg/hm^2 的葡萄园，巨峰品种建议施肥量为氮素（N）105～120 kg/hm^2、磷素（P$_2$O$_5$）15～30 kg/hm^2、钾素（K$_2$O）120～150 kg/hm^2，红地球品种建议施肥量为氮素 135～150 kg/hm^2、磷素 15～30 kg/hm^2、钾素 165～225 kg/hm^2，所有品种均需配合 150～225 kg/hm^2 的钙镁肥。为保障肥料效果，建议分3～4 次施用。

四、果实转色期施肥

果实转色期是果实品质形成的关键时期，此时应该控制施肥，施肥量占全年施肥量的 8％左右，此阶段要适度增加钾和硼元素的供给。如果树势正常，建议巨峰品种施肥量为钾素（K$_2$O）45～60 kg/hm^2，红地球品种施肥量为钾素（K$_2$O）60～75 kg/hm^2，一次施用。

五、果实采收后施肥

采后肥在日本被称为"犒劳肥"，是为补充大量结果后葡萄树体的营养亏欠，对树体恢复极其重要，农户也称其为"月子肥"，此时为葡萄吸收养分的又一个高峰期。这一时期施肥量约占全年吸收量的 35％。产量为 22 500 kg/hm^2 的葡萄园，巨峰品种建议施肥量为氮素（N）75～90 kg/hm^2、磷素（P$_2$O$_5$）60～75 kg/hm^2、钾素（K$_2$O）60～75 kg/hm^2，红地球品种建议施肥量为氮素 120～135 kg/hm^2、磷素 45～60 kg/hm^2、钾素 45～60 kg/hm^2，所有品种均需施用 75～150 kg/hm^2 的钙镁肥。由于钙、镁、磷元素容易被土壤固定，如果有机肥中钙镁含量不高，要针对性施用一些肥料以补充，如钙镁磷肥、甲壳素等。

总之，葡萄施肥管理要遵循自身的养分需求，同时要根据当地的土壤肥力和树体生长发育情况而定，脱离实际谈施肥毫无意义。在众多营养元素中，适时、适量施用氮肥是施肥方案中最重要的，只有在合理的氮肥施用前提下，其他肥料施用才有可能取得应有的效果。判断葡萄缺肥与否，目前最为科学的是营养诊断，专家学者也制定了葡萄叶分析的标准值，其可以作为参考。若生产中不能实现叶片营养诊断，可以根据葡萄树相判断是否缺肥，即"没果实时看新梢，有果实时看果实"。"没果实时看新梢"指当葡萄新梢顶端向下垂时（图1-3），说明树体长势良好，不需施肥；当新梢顶端直立向上（图1-4），且节间过短时，说明树体生长不良，需要施肥。"有果实时看果实"，果实有光泽，说明发育正常，若无光泽说明缺肥。

图1-3　葡萄正常生长新梢顶端弯曲状　　图1-4　葡萄缺肥情况下新梢顶端直立生长状

附录　葡萄同步全营养配方肥

一、技术简介

葡萄同步全营养配方肥是由中国农业科学院果树研究所浆果类果树栽培与生理科研团队基于葡萄的营养需求规律，借助"5416（氮、磷、钾、钙、镁五因素四水平正交试验设计）"配方肥研究方案，综合考虑葡萄园的土壤养分释放特性和肥料利用率等研发而成。通过在新疆和辽宁等地进行的中试，达到了按需配方施肥、提高果实品质、增加经济效益的效果，与对照园相比，中试园不仅化学肥料减施近20%，而且果实品质显著提升。

二、技术使用要点

（一）萌芽前追肥

此期施用葡萄同步全营养配方肥的结果树1号配方肥。此次追肥主要补充基肥不足，以促进发芽整齐、新梢和花序发育。埋土防寒区在出土上架整畦后，不埋土防寒区在萌芽前半月进行追肥，追肥后立即灌水。追肥时注意不要碰伤枝蔓，以免引起过多伤流，浪费树体储藏营养。对于上年已经施入足量基肥的园片本次追肥无需进行。

（二）花前追肥

此期施用葡萄同步全营养配方肥的结果树2号配方肥。萌芽、开花、坐果需要消耗大量营养物质。但在早春，根系吸收能力差，主要消耗储藏养分。若树体营养水平较低，此时肥料供应不足，会导致大量落花落果，影响营养生长，对树体不利，故生产上应注意这次施肥。对落花落果严重的品种如巨峰系品种花前一般不宜施入氮肥。若树势旺，基肥施入数量充足时，花前追肥可推迟至花后。

（三）花后追肥

花后幼果和新梢均迅速生长，需要大量营养，施肥可促进新梢正常生长，扩大叶面积，提高光合效能，有利于碳水化合物和蛋白质的形成，减少生理落果。花前肥和花后肥相互补充，如花前已经追肥，花后不必追肥。

（四）幼果生长期追肥

此次追肥施用葡萄同步全营养配方肥的结果树 3 号配方肥。幼果生长期是葡萄需肥的临界期。及时追肥不仅能促进幼果迅速发育，而且对当年花芽分化、枝叶和根系生长有良好的促进作用，对提高葡萄产量和品质亦有重要作用。此次追肥宜氮、磷、钾、钙、镁配合施用，尤其要重视磷、钾及钙镁肥的施用。对于长势过旺的树体或品种此次追肥注意控制氮肥的施用。

（五）果实生长后期追肥

即果实着色前追肥，此次追肥施用葡萄同步全营养配方肥的结果树 4 号配方。这次追肥主要解决果实发育和花芽分化的矛盾，而且显著促进果实糖分积累和枝条正常老熟。对于晚熟品种此次追肥可与基肥结合进行。

（六）秋施基肥

基肥又称底肥，以有机肥料为主，同时加入适量的化肥。基肥的施用时期一般在葡萄根系第二次生长高峰前施入，以牛羊粪为最好并加入适量配方肥如葡萄同步全营养配方肥结果树 5 号配方肥等。

三、技术适宜区域

各葡萄产区。

四、注意事项

葡萄同步全营养配方肥由 A、B、C 三类组分组成，由于 A 和 B 组分之间会发生化学反应生成水溶性差的化合物，因此，施用时一定注意将 A 和 B 组分分开施用。

技术支持单位：中国农业科学院果树研究所
技术支持专家：刘凤之、王海波、史祥宾、王小龙

第二章
葡萄化肥高效施用技术

第一节 水肥耦合技术

一、水肥耦合概念与意义

（一）水肥耦合的概念

水肥耦合效应是指农业生态系统中，土壤矿质元素与水分两个体系融为一体，相互作用、相互影响，对植物的生长发育产生的结果或现象。

水肥耦合技术就是根据不同水分条件，提倡灌溉与施肥在时间、数量和方式上合理配合，促进植物根系深扎，扩大根系在土壤中的吸水范围，多利用土壤深层储水，并提高植物的蒸腾和光合强度，减少土壤的无效蒸发，以提高降雨和灌溉水的利用效率，达到以水促肥、以肥调水、增加作物产量和改善品质的目的。水肥耦合技术是 20 世纪 80 年代提出的田间水肥管理的新概念。水肥对植物的耦合效应可产生三种不同的结果或现象，即协同效应、拮抗效应和叠加效应。

1. 协同效应

协同效应也称耦合正效应，即水肥两个或两个以上体系相互作用、相互影响、互相促进，其多因素的耦合效应大于各自效应之和。

2. 拮抗效应

水肥两个或两个以上体系相互制约、互相抵消，或者一个体系中各因素互相抵消，故各因素的耦合效应之和为负效应或拮抗效应。如在干旱、半干旱地区的葡萄园施用肥料时存在利用率低的问题，主要是土壤水分与肥料之间不协调，制约或限制了肥料效应的发挥，所以这些地区就水肥空间耦合技术的具体运作提出了"以水定肥"的思路。

3. 叠加效应

若水肥两个或两个以上体系的作用等于各自体系效应之和，体系之间无耦合效应，即为叠加作用。

（二）水肥耦合的意义

水分和肥料是葡萄在生长发育阶段的两大重要因素，也是人为容易控制的因素。但长久以来，生产上大多采用的漫灌技术造成了葡萄园大量水分流失和肥料淋溶，水分和肥料施用失衡制约着我国葡萄质量水平的提高。对农业来说，化肥减施增效和水分利用率提高是亟待解决的问题，化肥由过去的投入不足到目前部分地区施用过量，结果导致肥料利用率下降、土壤板结和地下水污染等一系列环境问题。这种高耗能、低效益的生产方式不仅造成了葡萄单产低、品质差的现象，更制约着我国农业环境的可持续发展。目前，在我国水资源更加紧缺、耕地不断减少的情况下，实施水肥耦合技术，推进水分和养分综合调控和一体化管理，以肥调水、以水促肥，对全面提升水肥利用效率、促进农业增产增效具有重要意义。

不同土壤条件下葡萄对营养元素的吸收和利用存在明显差异，不同施肥条件对作物的生长发育同样具有差异化影响。水分和养分对作物生长的作用是相互作用、相互影响的。土壤水分是作物吸收各种矿物营养元素的载体，它的多少决定土壤中养分的运移速度和转化率。水肥耦合技术是寻求水肥因子最佳配比，提高肥料利用率、水分利用率，增加葡萄产量及品质，防止不合理施肥方式造成土壤、水体污染与肥料流失，使生态环境得到良性循环。因此，水肥耦合的研究有着十分重要的现实意义。

（三）研究历史

1975 年 Amon 提出，在干旱地区农业生产中，作物生长的基本问题是怎样在水分亏缺的情况下，合理施用肥料以提高水分利用效率。我国学者在 20 世纪 80 年代就提出了"以肥调水"的观点，即通过科学合理施用肥料来提高植物根系的活力和吸水能力，调节作物的营养生长和生殖生长比例，从而提高作物产量和水分利用效率。葡萄相对其他作物耗水量较大，但水分利用率很低，在我国只能达到 40%，肥料利用率仅为 30% 左右，而发达国家一般为 50%～60%。若依据水分条件，在不增加施肥量的前提下，通过以肥控水、以水调肥的水肥耦合技术来提高葡萄水肥利用率及品质，变得非常迫切。

1. 水肥耦合与植株形态生长的互作

Yambao 等研究表明，水分亏缺条件下，施肥量的增加会导致叶片水势降低，施肥处理的叶片水势要低于不施肥处理的叶片水势，叶片的相对含水量也呈现相同变化趋势。

王健等在研究中发现，灌水、施氮和施磷三因素中，两因素为零水平的处理叶绿素含量较高；灌水施肥过多或过少都会降低叶绿素的含量。

王进鑫在渭北旱塬南缘的试验研究表明，施用合适的水肥量，能够促进幼树的营养生长和生殖生长。在枯水年，降水能够极大促进幼树生长，补充灌水可显著促进新梢生长，但需水期缺水会严重抑制幼树开花结果；施肥不足或不施肥，均会严重影响红富士幼树的生长、发育、结果。

2. 水肥耦合对土壤养分、植株水分利用效率的影响

杜太生等研究了不同灌溉方式对葡萄生长和水分利用效率的影响，结果表明，交替滴灌处理的葡萄会比固定一侧滴灌的葡萄生长旺盛，葡萄光合作用无明显降低，而植株蒸腾和土壤表面的无效蒸发明显减弱，植株水分利用效率也得到明显提升，表明采用分根交替滴灌能够调节控制葡萄营养生长与生殖生长比例和根冠比，减少枝蔓的冗余生长，同时也节约水肥资源，提高水分利用效率，减少环境污染。

胡笑涛等对番茄研究也表明，垂向分根交替滴灌在作物根系层上下部形成干湿交替的区域，有利于根系的发育，增加深层根系的比重，在供水充足的情况下，耗水强度会大幅降低，从而有利于调节植株营养生长与生殖生长的比例及根冠比，在保证番茄产量的同时实现节水的目的。

灌水与施肥具有相互调节的作用，肥料的增产作用不仅在于肥料本身，更主要的还在于肥料与土壤中水分的相互作用。施肥能够促进植物深层根系的发育和调节冠层的生长，扩大植株根系吸收水分和养分的空间，最终可以使植株吸收利用深层的土壤水分，增加蒸腾量，减少蒸发量，降低叶水势，同时会明显提高水分利用效率。

3. 水肥耦合对植株产量的影响

1911 年 Montgomery 等研究不同的土壤肥力对玉米水分需求影响时发现，产量较高的植株是生长在肥力较高土壤上的，同时发现增加施用有机肥，作物水分利用效率迅速增大。

1953 年 Panten 等研究发现在土壤水势较高的条件下，肥料施用过多能达到提高作物产量的效果，水分直接影响着植物生理和土壤微生物的过程，因此土壤中的水分和养分是密切相关的。供给适量的水分能够促进肥料吸收和转化，提高肥料利用效率；而适量的施肥也可以调节水分利用过程，提高水分利用效率，各营养元素的效应大小很大程度上依赖于生育期土壤有效水含量。

水肥耦合对产量的影响主要反映在不同的水肥施用量上，植株的产量会随水肥用量的不同而产生变化。灌水和施肥具有互作效应，当灌水量较少时，随肥料用量增加，水肥的交互作用就越强；当灌水量较大时，水分和肥料的交互耦合作用减弱。阈值反应体现了水肥耦合对产量的影响，水肥用量若低于阈值，再增加水肥投入量能达到明显的增产效果；若水肥用量超过阈值，则增产效果不明显。若灌水施肥量在阈值范围内，则能够达到减肥增效、节水提质的目的。

（四）最新研究进展

1. 水分对葡萄产量和品质的影响研究

水分是葡萄产量和品质形成的决定因素之一，但自然条件下土壤中的水分状况却与葡萄实际生长发育需水规律不相适应。因此，就要根据葡萄需水规律确定最合理的灌溉制度来提升葡萄的水分利用率。

近年来，有关葡萄水分利用效率的研究已从叶片和植株水平扩展到群体水平，群体水平的水分利用率比单株更能接近实际。

（1）灌水量对葡萄产量品质的影响。葡萄需水量是葡萄栽培管理的重要参数。葡萄需水量是一个动态的变量，随葡萄生育期的变化需水量会发生变化。前人研究表明，当土壤含水量达到田间持水量的 $60\%\sim80\%$，土壤中的水气状况最符合葡萄树体生长结果的需求。因此，当土壤含水量低于田间持水量的 60% 以下，可根据葡萄生长物候期需水状况来调节灌水量。灌水量不同会对土壤养分运移产生不同影响，研究表明，氮素的固定速率和矿化速率与灌溉量呈正相关关系。在 $0\sim200\ mm$ 灌水量范围内，随着灌水量增加，距根表面 $0\sim5\ mm$ 内磷、钾会出现积累现象。土壤干旱但灌水量加大，可加速磷、钾在土体中的亏缺；相反，土壤干旱时小范围灌水，磷、钾养分的扩散会受到抑制，继而葡萄的产量和品质会受影响。

（2）灌溉方式对葡萄产量品质的影响。灌溉方式的差异不仅对果实中可滴定酸的含量有影响，果实的总糖、矿质元素含量和果皮的花青苷含量也会受到影响。我国大多数葡萄园仍然采用的是大水漫灌、沟灌等落后的简单灌溉方式，造成水资源大量的浪费，且不利于葡萄品质提升。目前，如滴灌、喷灌、交替灌溉等新型灌溉方式正在逐渐推广应用，优化了葡萄的生长环境。交替灌溉在增加果实中氮含量的同时也使果实中钾、钙、铜、镁、锰、磷、锌的含量增加。微喷灌、渗灌可缓慢均匀地给果树供水，改善土壤结构，增强土壤微生物的活动，促进了土壤中有机质和矿物质的分解。滴灌是一种最节水的灌水技术，在不影响产量和果实品质的前提下节水 50%，而且有利于葡萄产量和品质的提高。同时，滴灌时可将灌水和施肥相结合，进行灌溉施肥，显著地提高了肥料利用率。

（3）灌水时期对葡萄产量品质的影响。葡萄的不同生育期对水分的要求不同。在浆果生长坐果后的快速生长期，是决定果实细胞数量的细胞分裂期，水分胁迫导致细胞数目减少，会使果实体积发生不可逆缩小。葡萄浆果生长缓慢期和成熟期水分胁迫对浆果影响相对较小。因此，葡萄开花期不能灌水，以防落花落果；开花后三周内严重缺水将会造成大量落果，残存果粒也变小；果实膨大期对水分的需求量很大，要充分保证这一时期葡萄对水分的需求；而在葡萄果实成熟期间要控水，降低葡萄园的土壤含水量，促使果实积累糖分，同时防止葡萄霜霉病的发生。

2. 施肥对葡萄产量品质影响

（1）不同养分的产量品质效应。根据葡萄生长特性和商品性状需要施用不同的肥料是达到葡萄高产优质的必要条件。多施氮肥争取高产是当前葡萄管理中的一种现象。氮肥能促进蛋白质和叶绿素的形成，并使葡萄的根量增多，在根中储藏较多量的淀粉，从而促进葡萄植株生长，对果实产量形成起重要作用。然而过量施氮肥会引起旺长，营养分配不当，降低产量。且氮肥过多会抑制花色苷的积累而影响着色。

磷参与生物基本代谢与合成，在能量代谢及遗传方面起重要作用，可促进葡萄糖分的运输和积累，使果实中可溶性总糖含量增加、总酸度降低，提高浆果品质，以及提高葡萄对外界的适应性。葡萄植株缺乏磷元素时表现叶片较小、叶色暗绿、花序小、果粒少、果实小、单果重小、产量低、果实成熟期推迟等，一般对生殖生长的影响早于营养生长表现。

钾与葡萄产量高低、品质好坏有直接关系，最重要的作用是促进浆果成熟，改善浆果品质。施用钾肥可提高葡萄可溶性固形物含量、促进浆果上色和芳香物质的形成，但钾本身可能不增加花色苷合成，施钾肥促进果实上色可能是通过抑制氮的作用，调节代谢，从而间接促进果实发育。其次，钾能加快光合作用和糖分代谢，促进蛋白质合成，降低青果率，增强抗病虫能力，从而提高单果重及产量。

钙通过影响果实维生素 C 的含量和芳香物质的产生而影响果实品质。钙能保持果实硬度，降低呼吸速率，抑制乙烯形成，增强抗病虫能力，从而延长果实储藏寿命，提高果实商品价值。缺钙时新梢嫩叶上形成褪绿斑，叶尖及叶缘向下卷曲，几天后褪绿部分变成暗褐色，并形成枯斑。缺钙可使浆果硬度下降，储藏性变差。

（2）施肥比例和数量对葡萄产量品质的影响。不同施肥量研究结果表明，施肥量与产量有密切的关系。但是施肥量一直过高并不会提升葡萄果实品质。葡萄的理论施肥量是从一年间养分吸收量减去自然供给量，所得数值再除以肥料的利用率。根据我国近年丰产园的资料，每增产 $100\ kg$ 浆果，在一年中需施入氮素（N）$0.5\sim1.5\ kg$，磷素（P_2O_5）$0.4\sim1.5\ kg$，钾素（K_2O）$0.25\sim1.25\ kg$。葡萄施肥量受到品种、树龄、产量、植株生长状况、土质、肥料性质等本身和外界条件的影响，很难确定统一施肥量标准，要因地制宜，并根据生长情况不断调整。

（3）施肥方法对葡萄产量品质的影响。根据施用时期肥料分为基肥和追肥。秋施基肥有利于有机肥的分解和根系的吸收利用。由于葡萄不同生长时期所需的养分种类和数量不同，除基肥外，还要进行追肥。追肥以氮肥为主，适当配合磷、钾肥。果实膨大期和转色期是对养分丰缺最敏感的时期，该时期养分状况直接影响果实品质与产量；果实膨大期以后进行追肥，可促进果粒第二次膨大。因此，一般葡萄在开花前期第一次追肥；第二次追肥应在落花后 8~10 d；第三次追肥在转色期应以磷、钾为主，不需要追施氮肥，否则会引起果实糖度降低、着色不良，并降低越冬耐寒力。果实采收后，为恢复树势，增加根营养的储备，可进行第四次追肥，此期宜氮、磷、钾混合施用。根据施用部位有土壤施用和叶面喷肥，喷施叶面肥肥效迅速，省工省肥。试验表明，叶面喷施钾肥比根施更易被植株吸收，并优先供给嫩叶、分生组织、果肉。花期喷施硼肥和尿素，坐果率明显提高；果实生长前期喷钾肥可增产 7%~10%，含糖量增加 1.5%~2.5%；幼果期和成熟期喷磷肥，能提高抗病力和含糖量；果实变软期喷施微肥，增产 10% 以上，含糖量提高 0.6% 左右。

（五）今后发展方向

1. 进一步研究葡萄需水需肥规律

不同树龄葡萄各生育期和年生长周期需水、需肥规律都有差异，这需要对葡萄水、肥进行精确管理。水肥耦合技术对葡萄产量、品质影响的研究亟待解决。水分和肥料二因素对作物生长的影响及其利用效率要充分结合葡萄自身生长的规律特点，要相互耦合，协调与匹配。因地制宜、量身打造的水肥耦合技术可调节水分和养分，使它们处于合理的范围并产生协同作用，达到以水促肥和以肥调水的目的，对节约水资源、减肥增效和保护环境将有重大意义。

2. 开发多变量水肥耦合技术模型

多数研究者都对葡萄产量与水肥之间的数量关系建立了模型。在目前所建立的水肥耦合模型中，基本上是以水分和肥料为自变量，以产量为因变量建立的二次回归方程。肥料因素一般只以施肥量为主，忽视了土壤基础肥力因子，由于作物从土壤中摄取的养分占 50% 以上，若不考虑土壤供应养分的情况，得出的水分和肥料的耦合模型就缺乏共性，通用性不强，难以在不同肥力水平的田块上推广应用。对水肥耦合模型，除建立产量—水分—肥料的二次回归模型外，还应当建立葡萄生长模型、生态保护模型等，便于进行多变量条件下产量及品质形成因素的分析，为优质健康的葡萄生产提供水肥耦合效应的可调控技术途径。

3. 多学科技术交叉应用

随着科学技术的发展，传统学科单项研究的局限性日益明显，多学科的交叉应用是目前发展的趋势。随着水土资源刚性减少，农药化肥滥用的加剧，水肥耦合技术对葡萄的增产效应受到越来越多的重视。结合不断发展的科学技术，尤其是计算机技术、生物信息学、大数据分析应用技术等，将灌水施肥因子和生态环境进行多学科的统筹管理，建立高效的农田水肥管理系统，从不同层面更加系统地揭示水肥耦合机制，对促进我国葡萄产业向优质、稳产、高效和环保方向发展的意义深远。

二、水肥耦合实用技术

（一）微灌系统

微灌区别于传统的灌溉方式，它是将水肥混合液混合到灌溉水中，再配以防止水肥混合灌溉液碱性过高而添加的酸液或过低而添加的碱液，形成一定浓度的营养液，通过微灌系统管网输送，并在管道终端运用或喷、或滴、或渗的灌水器，使水肥直接进入葡萄根部附近的土壤。目前，水肥耦合微灌技术在大型的示范园区内已初具规模。借助这种方法，用户可以根据葡萄的不同生育阶段营养需求，结合当地的自然条件、水质条件等，配制所需的各种养料成分与浓度的混合灌溉液。

（二）膜下滴灌施肥

膜下滴灌施肥栽培技术将滴灌施肥与覆膜栽培技术相结合，该技术可以根据作物在不同生长发育阶段的需水、需肥特性，适时适量地将水分和养分通过滴灌输送到葡萄根区，并且还能大幅降低田间水分蒸发量，达到节水节肥、减肥增效的目的。在国内干旱或半干旱地区使用显著提高水肥的利用效率。因此，膜下滴灌施肥栽培技术在农业生产中得到了广泛的应用。

（三）调控亏缺灌溉

在葡萄的某一或者某几个生长阶段施加合适的水分胁迫，控制其营养生长和生殖生长的速率，调节光合产物的流向，影响作物体内化合物合成的进程，进而达到高产优质的目标。目前大量的试验研究表明，在葡萄需水非敏感期主动施加一定的水分胁迫，可以提高葡萄的水分利用效率、平衡树体营养生长和生殖生长，从而达到提高果实产量和品质的目的。由此可在葡萄园区内开展调控亏缺灌溉系统。对鲜食葡萄而言，若以保证单位产量为目标，宜在葡萄生长发育的前期进行调亏，即在坐果期之前施加水分胁迫，而花期和果实膨大期需保证灌溉。酿酒葡萄一般可在转色期施加水分亏缺。根据实际土壤含水量确定调亏程度，调亏预设值要具有充分的代表性。在生产中实施调控亏缺灌溉一定要摸索出适合于自身状况的调亏时期、调亏程度和调亏持续时间。

（四）交替根区灌溉

交替根区灌溉是在葡萄生育期交替对部分根区进行正常灌溉，其余根区受到人为的水分胁迫的灌溉方式。该技术可保证一部分根系处于水分充足状态，因此施加时期相对灵活，只要在生长前期施加即可，但是施加程度即交替周期的确定非常关键。大多采用双管交替滴灌，在使用中要根据树冠大小、蒸腾量及土壤结构状况及时进行调整。应用于生产中时切忌生搬硬套，一定要在当地进行试验，摸索出最佳的交替灌溉实施时间、交替周期和灌溉量等关键指标。

（五）根灌有机肥

将圆柱形有机肥块用圆筒形缓释膜套装，用地钻在作物根部周围打孔，然后将肥块植入孔内，往肥块上部筒膜形成的储水室浇水，水流经过有机肥块将养分溶解，水肥耦合后在地下向周围散开，被葡萄的根部吸收利用，周围的杂草因吸收不到水肥生长受到抑制。

（六）滴灌施肥智能化控制系统

该系统基于移动通信、计算机、人工智能等技术开发研制，用户可根据需要方便地选取特定葡萄生长期按需混合在灌溉水中的水肥混合液。用户可以方便地设置不同葡萄品种及其相应生长期对应的参数，而且可实时监测田间水肥的动态情况，可实现远程自动水肥灌溉。该系统不仅有利于葡萄的生长发育，而且避免了水资源和肥料的浪费，大大节省了人工成本，起到了优质、稳产、高效、省力的作用。目前我国水肥耦合灌溉系统的自动化程度较低，该技术应用推广还处于起步阶段。

第二节　养分分区管理技术

一、养分分区管理技术的概念与内涵

（一）养分分区管理技术的概念

土壤养分分布客观上存在空间变异性。土壤的空间变异是普遍存在的，但是在一定的区域，经过长期较一致的种植与管理，土壤的空间变异渐趋于缓和，即使在我国分散经营的农村，也有小范围的土壤空间养分是基本一致的，因此，充分了解土壤养分的空间变异，是实现养分分区管理的前提，是管理好土壤养分和合理施肥的基础。养分分区管理就是将具有相似生产潜力和养分利用率及相似环境效益的区域作为一个单元进行管理。针对不同单元的土壤养分状况结合作物的养分需求量进行变量施肥，不仅能够发挥土壤生产潜力，提高肥料利用率，又能提高产量、改善品质、减少环境污染，并为实施精准农业提供经济有效的手段。

（二）养分分区管理技术的内涵

采取养分分区管理进行葡萄园的变量施肥，需要在一定的范围或尺度内实施，一般是指在土壤空间变异相对较小的区域进行。主要通过全球定位系统（GPS）进行定位，采用网格取样法，大范围收集土壤样本，进行养分含量检测与分析；运用克里金（Kriging）插值和模糊聚类分析方法进行空间变异性研究和主成分分析，引入了模糊性能指数（FPI）和归一化分类熵（NCE）两指标来确定模糊类别数和模糊加权指数，从而确定最佳管理分区数；结合地理信息系统（GIS）和遥感成像技术（RS），进行图像重叠，得出养分分块图；采用变量施肥的方法，根据不同地块养分状况制定相应的施肥方案，从而提高肥料的利用率，减少不必要的浪费（图2-1）。养分分区管理改变传统的农田大面积、大群体平均投入的资源浪费性做法，分区对待避免了土壤养分空间分异性所造成的施肥推荐偏差，符合我国目前农村分散经营的现状。

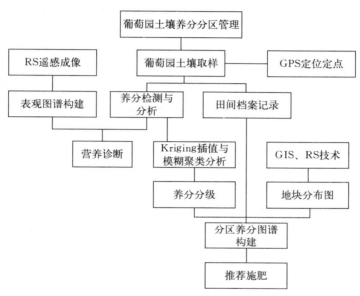

图2-1 养分分区管理的技术路线

（三）养分分区管理技术的技术方向

目前，葡萄园养分分区管理技术的应用主要体现在采用3S（RS、GIS、GPS）技术进行精准施肥方面。主要技术要求包括对遥感设备、传感设备、变量施肥机的改进与田间计算机系统的研发等。

二、养分分区管理技术的发展历史

20世纪80年代，美国最先提出精准农业的概念，而后逐渐在世界范围内兴起与发展。欧美发达国家已将土壤类型、土壤的养分状况、不同作物的施肥模型与产量情况等相关主要信息建立了专门的数据库，形成了土壤养分综合信息管理系统，并开始投入实际应用当中。许多研究学者将模糊聚类方法和土壤属性相结合来划分土壤管理分区，明显提高了肥料的利用率和产量。同时，采用土壤氮、磷、钾等养分含量、作物产量等来定义养分分区也是可行的。目前，国际上对葡萄开展养分分区管理研究的机构主要是澳大利亚联邦科学与工业研究组织、西班牙莱里达大学、美国加利福尼亚大学等，国外机构进行养分分区管理研究机械化程度高，数据监测大多采用自动化，连续性较强，且主要集中在酿酒葡萄品种上面，这些都为开展相关的研究提供了依据和经验。我国以中国农业科学院、河南农业大学、西北农林科技大学、石河子大学、湖南农业大学等单位在养分分区管理方面开展研究较早，主要集中在棉花、烟草、小麦等经济作物上面，在果树上研究较为罕见。

中国农业科学院是我国最早开展精准农业研究的机构。1999年，由中国农业科学院土壤肥料研究所承担的国家引进国际先进农业科学技术项目"精确农业技术体系研究"正式启动，标志着我国精准农业的研究进入实施阶段。精准变量施肥是精准农业的核心内容之一，变量施肥的实施主要建立在养分分区管理的基础上，通过土壤养分数据的采集、土壤养分的空间插值技术、专家推荐施肥系统的建立来实现。

三、养分分区管理技术在葡萄园施肥管理上的应用

目前，养分分区管理技术在葡萄园精准施肥应用，主要是运用 3S 技术来指导葡萄园推荐施肥。

GPS（Global Positioning System），全球定位系统，是一种以空中卫星为基础的高精度无线电导航的定位系统。20 世纪 90 年代以后，随着精准农业概念的提出，GPS 技术开始真正应用到农业生产当中，主要用于农田定位、土壤养分及其分布调查、农机作业、农田产量监测等领域。携带 GPS 接收设备围绕目标农田走一圈，即可完成农田定位、面积测算与边界图的绘制；应用 GPS 定点采样，结合所取样品的土壤养分含量和该调查样区的地形图，运用 GIS 技术可绘制出采样地点土壤养分含量分布图；将 GPS 系统装备到联合收割机上，通过自动导航系统，可以实现联合收割机的自动化作业，并能准确地记录单位面积上的粮食产量及其他农田信息，传输到计算机，绘制出粮食产量分布图，方便以后选择种植作物品种及种植密度等。

侍朋宝等利用 GPS 定位，确定采样点，分析不同海拔高度土壤养分状况及其对酿酒葡萄赤霞珠生长发育的影响。于海燕等将 GPS 技术与葡萄园土壤水分分布相结合，研究西北旱区水分空间变异的特点。在精准农业中，GPS 技术常与 GIS 技术结合使用。如实现农作物的变量施肥中，首先通过 GPS 设备记录土壤地块信息，将其导入 GIS 系统中，对已有地块进行编码与单位划分，然后与施肥专家系统结合，制定施肥决策，并将此决策输入变量施肥机的控制系统中，当变量施肥机在田间作业时，通过接收 GPS 设备反馈的位置信息，实时调整施肥量，达到变量施肥的目的。

GIS（Geographic Information System），地理信息系统，是一种决策支持的空间信息系统，它以地理空间数据库为基础，将地理和空间分布的有关数据进行分析与管理，为定量分析、土地评价、管理和决策研究提供便利。GIS 技术起源于 20 世纪 60 年代，在环境保护、灾害预测、军事管理等方面都有广泛应用。同时，GIS 技术是精准农业的核心，20 世纪 70 年代，国外学者就将其应用于农业果树领域，指导作物播种、施肥、病虫害防治。

我国开展 GIS 技术在果树上的研究始于 20 世纪 80 年代中期，在葡萄的气候区划及种植适宜性评价、葡萄园土壤养分管理及平衡施肥、葡萄产地环境质量评价等方面进行了研究。GIS 能直观地反映出气候区划指标随地理位置和海拔高度的立体变化特征，使区划结果比传统气候区划更为精细、更符合实际，还能实现气候区划的动态管理。国外学者将水热系数、有效积温等作为葡萄区划的重要指标，对加利福尼亚州地区葡萄品种和酒进行了区划。我国专家利用 GIS 将我国划分为 12 个葡萄栽培区域，基本能全面反映我国葡萄栽培的实际情况。通过结合当地的环境和气候资源，完成了宁夏酿酒葡萄优质生态区划分，宁夏酿酒葡萄优势种植区主要分布在贺兰山东麓和宁夏平原、清水河流域等地区，这一区域光热资源丰富，昼夜温差大，年降水量在 220 mm 左右，非常适合葡萄的生长发育。

GIS 在葡萄养分管理及平衡施肥方面具有重要的作用，利用 GIS 技术研究土壤养分空间变异特征，在此基础上研发分区平衡施肥技术，为葡萄种植区的精准施肥分区管理模式建立提供了理论依据。赵倩倩等利用 GIS 技术和地统计学方法在高密市域尺度上分析了土壤养分元素的空间变异和分布情况，结果表明，各种土壤养分的空间分布规律各不相同，有机质、全氮和碱解氮的空间分布格局相似，锰和硼呈现出明显的规律性，铜和锌规律不明显。兰富军运用 GIS 技术结合地统计学方法，对冀北地区葡萄园的土壤养分的空间变异进行了分析，得出该地区土壤速效钾含量偏高，碱解氮、有机质和速效磷含量缺乏，微量元素适中。李明悦等采用传统统计和地统计相结合的方法，对葡萄园土壤养分进行了空间变异特性和分区平衡施肥技术研究，结果表明，土壤氮、磷、锰、锌、硫变异较大，采用分区平衡施肥比常规施肥增产 13.7%～14.8%，增收 17 040～17 820 元/hm^2。运用 GIS 与 GPS 技术相结合，可以实现果园的变量施肥。通过将已有的土壤类型、位置坐标、土壤养分状况、土壤丰产潜力、不同肥料的增产效应、历年施肥量和产量等数据进行计算机的整合，形成土壤信息管理系统，然后对 GIS 上的不同土

层采取不同的施肥方案，制成各种肥料施用的施肥操作指挥系统，应用到变量施肥机上，它可以根据土壤肥力条件，自动选择在缺肥的地方多施肥，养分高的地区少施肥，从而实现了不同地块之间的养分分区管理，达到了减肥减排的目的。GIS技术还通过与网络、数据库、专家系统结合形成葡萄栽培管理多媒体专家系统、葡萄病害诊断专家系统等诸多系统，除了指导平衡施肥外，还可进行果园需水分析测报、果树种质资源清查等研究工作。

RS（Remote Sensing），遥感技术，主要是通过各种传感器对不同作物所辐射的电磁波进行收集、处理、成像，客观、准确、及时地提供作物生态环境和作物生长的各种信息，它是精准农业获得田间数据的重要来源。在作物生长发育的不同阶段，其外部形态特征等均会发生一系列的变化，其中，叶面积与产量间存在线性关系。叶面积指数（LAI）是综合反映作物长势的个体特征与群体特征的综合指数，作物在不同的生长阶段，表现不同的叶面积，它们的光谱也不一样，RS通过获取叶片反射出来的电磁波谱的差异，建立遥感植被指数（VI）和叶面积指数之间的模型，能监测作物长势和预估产量。土壤有机质是土壤肥力的重要指标，其在可见光波段存在较宽的吸收波段，利用RS，可以发现暗黑色的土壤比亮色的土壤有机质含量更高。通过RS结合地统计法，利用表观电导率进行产量分区，集中表现为明显提高氮肥利用率和经济收入。葡萄在生长发育期间，养分的亏缺与过量会通过叶片叶绿素表现出来，因此，建立各营养元素与遥感植被指数间的数学模型，可以快速地检测植株的营养状况。国内诸多学者采用RS建立了氮素的预测模型与无损检测技术体系。李德美通过采用RS检测波尔多地区酿酒葡萄的生长情况，明确了不同地块之间肥力水平的差异，为精准施肥提供了依据。在葡萄种植上，遥感技术更多地被用来检测栽培面积，绘制分布图谱。

3S技术的特点：3S技术是综合运用上述三项技术，对信息进行整合，集合自动化技术、推荐施肥专家系统和基础学科内容，实现在葡萄生产过程中减肥的目的。其具有以下特点：首先，可获取实时、精准的葡萄园土壤信息，RS能实时、快速获取大范围大量葡萄园土壤地表信息，GPS保证了葡萄园位置信息的精确性；同时，实现养分信息、位置信息等数据可视化；另外，以土壤养分检测结果为基础，避免了施肥的盲目性；并且，借助推荐施肥专家系统，制定最优施肥组合，可以提高肥料利用率；但不同肥力地块进行差异化施肥措施，可能会增加施肥的工作量。

3S技术在葡萄精准施肥上的应用效果：总体上讲，3S技术的使用减少了盲目施肥和恒量施肥带来的肥料浪费，提高了肥料利用效率。而将葡萄园位置信息、土壤信息、地块信息、施肥决策建立了专门的数据库，可方便查档和实现对新施肥方案的校正。另外，肥料成本降低，但施肥成本增加，土壤养分检测与分析会增加葡萄园的投入。有条件的地区，通过农用机械的联网，可以实现自动化施肥。同时，3S技术还可用于对葡萄园病虫害的综合防治等方面。

附录 利用3S技术指导葡萄园变量施肥

一、技术简介

传统施肥方案的制定以土壤分析方法为主，其测试速度慢、周期长、成本高，测试结果无法及时运用于生产。运用GPS、GIS、RS技术与自动化信息技术，与葡萄园地理信息、土壤类型、养分状况、作物产量等有机结合起来，对葡萄生长发育状况、病虫害、水肥状况及相应的环境进行定期信息获取，生成动态空间信息系统，实现在农业生产过程中对葡萄、土壤从宏观到微观的实时监测，然后借助计算机终端模拟，做出决策，制定合理的施肥方案，反馈给变量施肥机械，达到合理利用农业资源，降低生产成本，改善生态环境，提高农作物产量、质量和效益的目的。

二、技术使用要点

（1）葡萄园信息采集。包括地理位置、土壤类型、养分状况、葡萄主栽品种、施肥种类、施肥量、产量等。

（2）GPS设备。便于携带，操作简单。变量施肥机械上也需安装GPS设备。

（3）土壤养分含量的快速检测。

（4）土壤养分分级。一般分为超量、过量、适宜、缺乏、严重缺乏五个等级。

（5）GIS、RS 的使用。熟悉掌握 GIS、RS 设备的使用方法和相关软件的使用方法。

（6）推荐施肥量。应综合考虑检测结果、施肥经验、施肥习惯和产量等数据。

（7）变量施肥机械。使用目前市场上已有的葡萄园变量施肥机械，或自主研发的变量施肥机械。

三、技术适宜区域

本技术适宜地势平缓的平原、丘陵和集中连片的山区。

四、注意事项

（1）土壤采样应具有代表性，取样土层以距地表 20～40 cm 为宜。

（2）取样时间以春季萌芽前或采收后为宜。春季萌芽前采样可以表征土壤的基础肥力，为制定施肥方案提供依据；采收后取样可以明确当季施肥效果，为来年施肥调整提供参考。

（3）山区或坡度较大的丘陵地区，GPS、GIS、RS 信号可能受到干扰，应根据实际情况，适当调整施肥方法。

（4）数据库的建立需要大量的数据，因此，需要大面积、大范围的采集样本。

第三节　葡萄园化肥缓释技术和产品

一、化肥缓释技术的概念与内涵

（一）化肥缓释技术的概念

化肥缓释技术是指农业生产中，为提高肥料的利用率，减少施肥次数，减少养分流失或气态损失等对环境的污染，通过特定工艺生产得到缓/控释化肥，并根据作物生长养分需求进行施用，以达到养分释放规律与作物养分吸收基本同步的化肥供给技术。缓控释肥是一类养分释放速率缓慢，释放周期长，在作物整个生长期都能满足作物生长所需的肥料。缓控释肥具有养分释放与作物吸收同步，施入土壤后转变为植物有效养分的速率比普通肥料慢，有明显减少追肥次数和节肥省工等特点，能最大限度地提高肥料利用率，因此成为国内外新型肥料研究的主要内容之一。

（二）化学缓释技术的发展历史

自 1948 年美国 Clart 等合成了世界上第一个缓释脲醛肥料后，缓控释肥料的研发经历了一个多元的发展过程，包括尿素改性及缓释类似物、化学合成缓释肥、包膜缓控释肥、化学抑制型缓释肥料及基质复合肥与胶粘缓释控释肥料等研究与应用。

1967 年美国田纳西流域管理局国家化肥中心正式商业化生产控释包膜肥料以来，英国、日本等也相继进行缓控释肥料的生产，目前，缓控释肥料产业化得到了飞速发展。世界各国有代表性的缓控释肥料生产和供应公司有：加拿大加阳公司（Agrium Company）、美国施可得公司（The Scotts Company）、以色列海法化学工业公司（Haifa Chemical Ltd.）、日本窒素-旭化成肥料公司（Chisso - Asahi Feitilizer Co. Ltd.）。从全球缓控释肥的研究和生产现状看，已成功实现工业化的品种有脲甲醛、草酰胺、硫衣包膜尿素、聚合物包膜肥料，其中包膜缓控肥占有较大比重，其需求量逐年增加。目前，美国、日本、以色列、波兰及西欧均在园艺、水果、蔬菜等农业生产上大力发展缓控释肥料。近年来，在发达国家普通化肥的消费大部分呈现零增长甚至负增长的情况下，缓控释肥料以 5% 左右的年消费增长率高速发展，是 21 世纪肥料科学的主要研究内容和任务。

我国缓控释肥料技术的研究可追溯到 20 世纪 70 年代末，当时以中国科学院南京土壤研究所李庆逵院士为首的研究组曾研制过钙镁磷肥包裹颗粒碳铵和长效碳铵等，农田试验效果较好，但由于碳酸氢铵存在容易分解的致命弱点，未形成规模生产。20 世纪 80 年代以后缓控释肥料的研究再度受到重视，研究工作也在较多层面得到开展，发展非常快。目前，我国对控释肥的研究和产品开发已经由起步、中试阶段进入工业化生产阶段。1983 年郑州大学工学院许秀成教授领导的小组开发了枸溶性磷肥包裹复混肥粒的无机包裹型肥料（Coated Compound Fertilizer，包膜复肥）。1985年北京化工大学开始了可降解树脂包裹材料的筛选，并研制了以脲醛树脂为包裹剂的缓释肥。1986年广州氮肥厂研制了涂层尿素。1993年北京化工大学研制出将废旧泡沫塑料溶解在有机苯溶液中，再加入无机填充物，制成有机高分子聚合物包膜复合肥料。中国科学院石家庄农业现代化研究所利用复方天然胶进行涂层缓释肥料研制。20世纪90年代以后，以高分子聚合物材料作为包膜材料的研究更加广泛。这些研究主要集中在对热塑性包膜材料的筛选应用和包膜工艺上，北京市农林科学院、山东农业大学、中国农业大学、中国农业科学院、华南农业大学等单位做了较为深入系统的研究。我国虽然起步较晚，但发展很快。2010年以来，国内有多家企业积极投入，通过自主研发或者技术引进，缓控释肥料产业化发展速度十分迅速，目前在产能上已居于世界前列。但我国缓控释肥的产业化发展技术相对落后，成品价格昂贵，缓控释肥大多应用于花卉、草坪、苗圃等高端经济作物类，水稻、玉米、小麦、蔬菜和水果等作物也有所应用，但研究和应用仍然不多。随着生产成本的降低及产量的增加，缓控释肥料在各类作物中的广泛应用是化学肥料发展的必然方向。

（三）化肥缓释技术发展方向

化肥缓释技术发展方向包括了合成有机氮肥、包膜肥料和包膜材料的选择与应用及缓溶性无机肥料选择与开发、天然有机质为基体的各种氨化肥料研发、稳定性肥料抑制剂选用与添加等技术，不管采用何种技术，最终需达到养分释放规律与作物养分吸收基本同步，体现出肥效期长、养分利用率高、平稳供给养分、增产效果明显、降低面源污染等特点。

二、化肥缓释技术原理与技术产品

（一）化肥缓释技术原理

"释放"是指养分由化学物质转变为植物可直接吸收利用的有效形态的过程（例如溶解、水解、降解等）。"缓释"是指一种化学物质转变成为一种植物的有效养分形式的释放过程，其释放速率一定低于一般速效肥料有效养分的释放速率。"控释"是指以各种调控机制使养分的释放模式（释放率和释放时间）与作物吸收养分的规律相一致。缓控释肥料主要是针对常规肥料高水溶性和速效性导致的养分供应与作物养分需求协调性差的缺陷而研制的。其具有以下两个鲜明特点：一是肥料养分的缓释性；二是肥料养分释放与作物养分需求的协调性（同步性）。目前常见的缓控释肥是包膜肥料，通过膜上的微孔释放膜内养分，当肥料施入土壤后，土壤水分从膜孔进入，溶解一部分养分，然后通过膜孔释放出来，随着温度升高，植株生长加快，对养分需求量加大，肥料释放速率也随之加快；反之温度降低时，植物生长缓慢或休眠，肥料释放速率也随之变慢或停止释放；这样作物吸收养分多时，肥料就释放的多，吸收养分少的时候就释放的少，极大限度地提高了肥料的利用率。因此，一次施用缓控释肥料能满足作物整个生长期一种或多种养分需要，养分的淋失、挥发、反硝化损失小，施肥作业简化，环境污染小。但缓释肥的释放速率、方式和持续时间受施肥方式和环境条件的影响较大，不能有效地控制。

（二）化肥缓释技术产品

化肥缓释技术产品分为缓释肥料和控释肥料，有的称为缓控释肥料，是采用一定工艺手段，使制成肥料的养分释放比常规肥料释放缓慢的一类肥料，其肥料中含有养分的化合物在土壤中释放速度缓慢或者养分释放速度可以得到一定程度的控制以供作物持续吸收利用。

缓释肥料是肥料施于土壤后肥料养分比常规水溶性肥料释放缓慢的一类肥料，国家标准《缓释肥料》（GB/T 23348）规定缓释肥料定义为：通过养分的化学复合或物理作用，使其对作物的有效态养分随着时间而缓慢释放的化学肥料。

控释肥料是缓释肥料的高级形式，是采用控制释放技术（如通过包膜，利用包膜工艺、调节包膜膜量和通透性等）使肥料养分在作物生长阶段按照一定设定模式释放养分的肥料，目前我国化工行业标准《控释肥料》（HG/T 4215）规定控释肥料的定义为：能按照设定的释放率（%）和释放期（d）来控制养分释放的肥料。

掺混缓控释肥料，是依据"异粒变速"的概念与技术，将具有不同缓释期的缓释肥或控释肥按照一定的比例掺合在一起构成的缓控释肥料。这种技术为根据不同作物配比适宜的缓控释肥料配方提供了一种灵活的技术途径。

稳定性肥料是在生产期间通过加入脲酶抑制剂或硝化抑制剂来调节土壤微生物的活性，减缓尿素的水解和对铵态氮的硝化—反硝化作用，从而达到肥料氮素缓慢释放和减少损失目的的一类肥料，其中抑制剂是稳定性肥料的核心。

三、化肥缓释技术在葡萄控失减量上的研究与应用

缓控释肥料可有效地减少土壤淋溶（渗漏）、地面径流和挥发所造成的养分损失，同时也会减少对土壤和大气的污染。我国缓控释肥料研究起步较晚，但发展较快，目前我国研制和大田作物应用的缓控释肥料主要有硫衣包膜尿素、以肥包肥、稳定肥料和涂层缓释 BB 肥等，在花卉、草坪、苗圃等高端经济作物类应用较多，但在果树上应用较少，在葡萄上应用更少。当前主要有两种应用方式：一是葡萄专用缓控释肥，二是肥料袋控缓释技术。

（一）葡萄专用缓控释肥

该技术针对葡萄生长特点、营养需求及区域土壤养分供给状况，进行专门配方设计而生产葡萄专用缓释肥。施用缓控释肥可提高果实的可溶性固形物和含糖量、糖酸比、钙及维生素 C 含量，降低氮含量，提高果实着色度和硬度，增加了果实单果重并显著提高了单位面积产量，有效改善了果树根域环境，提高土壤中氮等矿质元素的含量。胡清玲等针对山东葡萄生产实际，提出在山东潍坊等地适宜的葡萄专用控释肥营养配比（$N - P_2O_5 - K_2O$）主要有 22 - 8 - 12、18 - 9 - 18、17 - 9 - 19、21 - 5 - 16 等，并提出了施用方法，建议在夏季和秋季施用或者根据控释肥的释放期，确定用肥时期及间隔时间，进行根部施肥，离树干 30 cm 处开沟，先用土覆盖暴露的根系，将控释肥施入后覆土。每公顷盛果期树 900～1 200 kg，初结果树 60～90 kg，未结果树 45～60 kg。

（二）肥料袋控缓释技术

该技术在北方果树上应用较多，山东农业大学彭福田等在苹果、桃、冬枣等果树上的袋控肥试验结果表明，采用肥料袋控缓释技术可以保持土壤速效养分浓度稳定，克服了肥料散施土壤养分浓度波动大的缺点，氮素利用率提高 10 个百分点。由于养分供应稳定，果树植株生长健壮，能有效克服肥料散施导致短期内土壤有效氮水平过高、刺激新梢旺长造成营养竞争和花芽形成难等问题。同一施肥水平比较，采用肥料袋控缓释技术比传统施肥产量增加 15% 以上，果实品质显著提高。刘荣宁等结合果树养分需求特性，采用纸塑材料做成的控释袋包裹掺混肥料，袋上针刺微孔，利用微孔控制养分释放。大田试验结果表明，袋控缓释肥养分释放缓慢、平稳，能满足幼树生长发育需要。刘荣宁的试验中所采用的纸袋控肥方法是一种比较容易推广的缓控释肥方法，制作方法简单、价格低廉，比较适合我国农业经济情况。刘慧颖等通过包膜肥料对葡萄的应用效果分析，发现缓控释肥料在巨峰葡萄上一次性施入是可行的，可提高葡萄产量、品质及肥料利用率，节省施肥用工和适当减少施肥量，降低生产成本。丁霄通过大田试验研究带孔的牛皮纸袋装肥料对葡萄产量和品质的影响，表明袋控肥在吐鲁番无核白葡萄生产上有较好的缓释效果，保肥能力强，可以作为当地无核白葡萄生产的有效缓控释肥措施。

（三）化肥缓释技术在葡萄化肥控失减量上的实用技术

化肥缓释技术在果树上应用较少，在葡萄上应用更少。当前主要有专用缓控释肥技术和袋控缓释技术。随着工艺和技术的发展，以及成本的降低，化肥缓释技术有非常好的市场应用前景。附录资料只介绍与葡萄化肥减施增效有关的实用技术，包括葡萄周年养分调控化肥控失减量技术、葡萄园新型肥料控失提效技术两项实用技术。

附录 1　葡萄周年养分调控化肥控失减量技术

一、技术简介

葡萄需肥特点非常明确，从春季葡萄萌芽开始展叶至开花前后，对氮的需求量最大；从新梢开始生长至果实成熟均吸收磷，浆果膨大期吸收量最多；葡萄在整个生长期都吸收钾，是喜钾浆果。一般成龄丰产葡萄园每生产 1 000 kg 葡萄果实需氮（N）3.8～7.8 kg、磷（P_2O_5）2～7 kg、钾（K_2O）4～8.9 kg。吸收氮、磷、钾的比例约为 1∶0.6∶1.2。在浆果生长之前，对氮、磷、钾的需求量较大，果实膨大至果实成熟期植株对氮、磷、钾的吸收达到高峰。此阶段供肥不足会对葡萄产量影响较大。同时，葡萄对硼、铁、铜、锌等微量元素也有一定的需求，尤其对硼的需求相对较多。如果不针对性施肥，可能多施了肥，浪费了投入，也造成养分损失，给环境带来污染。因此，合理掌握肥料用量和供应时期，不但能促进葡萄生长，也对葡萄品质的形成具有重要影响。

葡萄生长阶段性养分需求特别明显，在葡萄的生产管理上施肥是其中最重要的环节之一，一般以有机肥作为基肥，配施氮、磷、钾化肥，采用深 20～40 cm 的沟施方法，从萌芽至开花前追肥主要以氮、磷肥为主，果实膨大期和转色期追肥则以磷、钾肥为主，追肥多采用沟施、穴施配合浇水灌溉，有条件的结合水肥一体化追肥。

本技术主要针对葡萄周年养分需求、葡萄园土壤氮素等养分迁移规律，进行实时实地的葡萄周年养分调控，达到减量高效施肥和套餐供给施肥，做到按需施肥、均衡施肥、减量施肥，最大限度提高养分利用效率，达到葡萄园绿色增产。

二、技术使用要点

（1）根据葡萄园品种、栽植密度、品质要求等确定目标产量（在湖南常德产区红地球品种以 22 500 kg/hm² 左右为宜）。

（2）在目标产量基础上，确定全年施肥总量及肥料类型与比例，在不考虑有机肥包含的养分状况下，全年化学氮（N）、磷（P_2O_5）、钾（K_2O）的用量分别为 375～525 kg/hm²、255～375 kg/hm²、375～525 kg/hm²。

（3）从葡萄园果实采摘完（湖南避雨栽培果园约在 9 月中下旬）开始至来年的采摘前最后一次施肥为一周期，进行周年养分调控的套餐施肥。在不考虑有机肥包含的养分状况下，全年氮（N）、磷（P_2O_5）、钾（K_2O）的用量约分别为 480 kg/hm²、330 kg/hm²、465 kg/hm²。

基肥：每公顷条施（深 30～50 cm）菜籽饼肥 2 250～4 500 kg，施葡萄专用基肥-套餐复混肥（16 - 9 - 10）1 500 kg；

萌芽肥：每公顷施葡萄专用萌芽肥-套餐复混肥（15 - 12 - 18）750 kg；

花前追肥：每公顷施葡萄专用花前追肥-套餐复混肥（10 - 8 - 10）750 kg；

幼果膨大肥：每公顷施葡萄专用幼果膨大肥-套餐复混肥（7 - 6 - 14）750 kg。

三、技术适宜区域

本技术适宜湖南常德、长沙、衡阳等产区的葡萄避雨栽培。

四、注意事项

（1）不同品种对养分需求存在一定差异，因而目标产量是周年养分调控施肥总量确定的基本依据。

（2）本养分调控主要针对化学氮、磷、钾肥的套餐施用，不同时期养分需求量及养分需求比率，可适当调整，尤其是氮肥用量可根据植株长势及叶色实时监控。

（3）辅助性的叶面施肥尤其是微量元素肥料的补充，可根据土壤实际情况因缺补缺，或根据上季生产实际表现调整。

（4）暂时没有上述提及的不同时期套餐复混肥的，可根据用肥总量，选择相近配方施用。

（5）建议使用配方相近的有机无机复混肥，追肥如沟施，可一次性埋施，如采用水肥一体化施用，建议采用配方相近的水溶肥，同一施肥时期多次逐步使用。

附录 2　葡萄园新型肥料控失提效技术

一、技术简介

施肥是葡萄生产管理上的重要环节之一，葡萄需肥特点非常明确，不同阶段对养分的需求都有各自的营养特点和作用目的，农业生产中一般以有机肥配施一定量的氮、磷、钾化肥作为基肥，葡萄萌芽期至开花前、果实膨大期、转色期等时期采用氮、磷、钾肥作为追肥。由于一些区域降雨多，地表径流量大，传统的施肥方式容易出现严重的水肥流失现象，导致肥料利用率降低，因此需要多次重复大量追肥保证肥力供应。这不仅浪费肥料，而且对环境也会造成极大的破坏，同时由于一些种植区域葡萄种植面积大，人工费用高，多次追肥也给果农带来很大的压力，因此探究一种既节省肥料、节约人力成本，又生态环保的施肥方式对葡萄栽培有重大意义。

为保证目标产量的养分供给，如果在肥料使用上进行改进，减少养分损失，提高葡萄对养分的利用率，则可在保证葡萄不同阶段对养分需求的基础上，减少养分用量，达到高产优质的目的。当前，在保证葡萄稳产高质的前提下，能减少葡萄化肥用量的主要原理是减少施用肥料的损失，提高化肥的利用效率，应用的方法主要是采用有机无机结合，有机肥替代部分化学氮肥，施用颗粒状包膜缓控释肥，精准施肥，平衡施肥等。如果能将几种技术结合起来，开发出新型葡萄专业肥料，在做到肥料缓释的基础上，又达到不同时期精准施肥，则可达到省工、节肥、高效的目的，极大程度地减少肥料用量，以及减少过量施肥对环境造成的负面影响。

本技术主要针对葡萄全生育期养分需求特点，生产配制速效与缓释肥相结合的新型缓控释肥料，并执行一次施肥，全年满足轻简施肥，做到按需供肥、减量施肥，最大限度提高养分利用效率，从而实现葡萄园绿色增产。

二、技术使用要点

（1）选用针对葡萄专门研究开发的"双膜控释肥"（一种一次性施用葡萄专用新型肥料），做到一次施用、全程供给，降低劳动强度（有机基肥除外）。该葡萄专用新型肥料中氮（N）、磷（P_2O_5）、钾（K_2O）的总含量为 40%～45%，其中氮含量为 10%～15%，磷含量为 8%～12%，钾含量为 16%～22%。专用肥中的缓释性氮肥为总氮含量的 20%～25%，缓释性钾肥为总钾含量的 30%～40%。专用肥以 80～100 g 为单位，采用以秸秆为材料制造的可降解的打孔淋膜包装纸包装，打孔规格为孔距 1～1.5 cm，孔径 0.5～1 mm，包装后成品规格为袋长 10～12 cm，宽 8～10 cm。

（2）在葡萄生产过程中，采用穴施或沟施的方式一次性施用，施用量根据目标产量确定，目标产量为 1 500～2 000 kg 鲜果，每棵树一次性施每袋 100 g 的肥料 8～10 袋。

（3）在葡萄采收后开沟和有机肥一起埋施或次年开春埋施，方法是在距植株 50 cm 处开沟，宽 30 cm、深 40 cm（开沟位置也可周年变动，轮番沟施，使全园土壤都得到深翻和改良），将本产品沿沟壁每株 8～10 袋竖直，然后用土依次将沟填满，以后不再施追肥，只要求进行日常的管水以促进养分释放。

三、技术适宜区域

本技术适宜湖南常德、长沙、衡阳等产区的葡萄栽培，尤其适用于有滴灌设施的栽培和降水量相对大或灌溉水方便的区域栽培运用。

四、注意事项

（1）不同品种对养分需求存在一定差异，因而目标产量是确定每株树使用袋数的基本依据，产量高，可适当增加每棵树使用袋数。

（2）本葡萄专用新型肥料根据葡萄不同生长期需肥特征，以目标产量为基础，计算单株葡萄全生育期养分需求量（包含大量元素和中、微量元素）和不同阶段养分需求量，配以合理比率的速效养分和缓释养分，同时利用有机缓释剂（通过其活性基团与营养元素结合，使其缓慢释放）和袋孔对养分释放的控制，使专用肥料养分的释放与葡萄养分的需求相匹配，从而达到一次性施肥的目的，因此需注意气温、土温变化及灌水量的多少对养分释放的影响，一般温度高释放快，灌水多释放量高。

（3）不同地力水平可通过调整每棵树施肥袋数达到高产稳产的目的，高地力地每棵树 6～8 袋，中等地力地每棵树 8～10 袋，低地力地每棵树 10～12 袋。

（4）一般情况下，该新型缓控释肥的养分释放总时间可达到 150 d 以上（湖南区域），实际生产中，有快速释放的情况下，后期可适当追肥补充养分。

（5）建议结合滴灌设施使用此肥料，便于精准控制。

第四节　葡萄园测土配方施肥技术

为了实施测土配方施肥技术，需要对葡萄示范基地和葡萄园的土壤进行取样，并对样品进行检测。根据检测结果显示的土壤养分供应水平和土壤养分限制因素，以及葡萄养分需求规律和产量水平，给出葡萄园的推荐施肥建议。

一、葡萄园土壤样本采集

为了保证检测结果能够准确代表各葡萄园土壤肥力的供应能力、限制因素，制定了土壤取样规则。各葡萄园应严格按照此取样规则完成样品采集和送样。

（一）取样时间

每年秋季葡萄采摘后，秋肥（采果肥）施用前。

（二）取样深度

取样深度为 0～30 cm（图 2-2）。

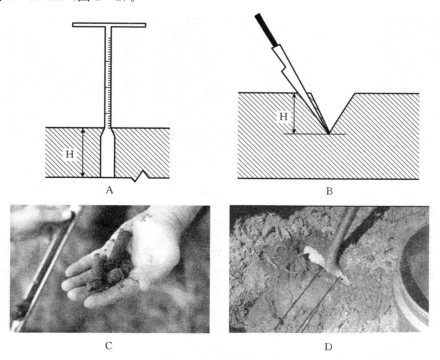

图 2-2　采样示意图

A. 土钻取样示意图　B. 土铲取样示意图　C. 土钻取样（土钻中的土壤样品）　D. 土铲取样（留取铲子中心从上到下一条作为土壤样品）

（三）取样数量和样本采集

1. 取样数量

每一个葡萄园，需要至少采集 10 个采样点（可以多至 20 个或更多），采样点能代表葡萄园的土壤状况。

2. 样品采集

在每一个取样区域，按照 S 形选取 10 个取样点，每个取样点都选取同样的数量土样，把 10 个取样点的土样混合在一起，为 1 个土壤样品。

取样点的选取，应在葡萄枝叶分布范围内或根系分布范围内取样，对于土壤施用固体肥料的葡萄园，注意不要在当季施过肥的地方取样。如果是水肥一体化滴灌施肥的葡萄园，应在滴灌水分可以湿润到的区域范围内取样。取样点选择的原则是：随机、多点。

（四）取样技术

1. 取样工具及取样方法

取样工具包括专用土钻或土铲。取样方法：取样前先清除土表的有机残茬或覆盖物，露出土壤，将土钻、土铲垂直向下取样，如图 2-2。如果用土钻取样，则将每个取样点取样深度的土样全部放入取样容器内。如果用土铲取样，将土铲踩入土中到取样深度，取出一铲土壤，然后从土铲中心从上到下切下一条土壤作为一个取样点的土样，注意每个取样点只留铲子中心从上到下一条土样，而不是将整铲土样作为一个取样点的土样，否则每个样点的土样太多会造成混合分取困难。所有取样点的取样深度应一致，从每个点土铲上切下的土样，上下厚度、宽度及长度都应基本相同。

2. 土样混合方法

同一个葡萄园内多点（至少 10 个点）采取的土壤样品需进行充分混合，然后用四分法进行分取得到所需要的一个混合土样。具体的方法是：将多点采集的土壤样品弄碎，拣去其中的石块、根茬等杂物，放在干净的塑料布上，充分混合，然后铺成四方形，划分对角线分成四份，再把对角的两份并为一份，去掉另一对角的两份。如果所得的土壤样品仍然很多，可再用四分法处理，直到所需数量为止（图 2-3）。通过四分法留 500 g 左右土壤样品（干土，如果土壤潮湿，可多一些）送实验室分析测定。

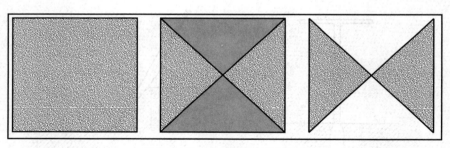

图 2-3　四分法取样步骤示意图

取样后，按照以下方法风干：土壤样品平摊（厚度 1 cm 左右），置于通风、阴凉、干燥的地方，使其自然干燥；在寒冷且空气潮湿的地方，也可使用鼓风加温设备烘干土样，但烘干温度不超过 40 ℃，否则速效养分含量可能发生变化。

距离土壤检测实验室比较近的，取样后可以直接将取好的土样快递或送至实验室。

（五）土壤样品的记录和编号

按照图 2-4 的标签格式内容记录每个混合样品的信息，登记好后将标签放入袋中（最好土袋内和双层塑料袋之间各放一个）。标签

样品编号：
采样时间：　　年　　月　　日　　时　　分
采样地点：　省　县　乡(镇)　村　地块　农户名
采样深度：　　cm
经度：　　　　　　　　纬度：
葡萄品种及产量：
采样人：
联系电话：

图 2-4　样品标签

最好用牛皮纸制作，铅笔记录，以免有时由于土样潮湿而使标签破损或字迹模糊不清。也可单独用笔记本登记取样信息而将样品编号用油笔写在塑料袋外。装土壤样品的袋子可以用专用的取样布袋，也可以用干净结实的塑料袋，但注意塑料袋要套双层，以免在运输途中破损而造成样品误混和损失。

二、土壤样品分析、评价及推荐施肥

（一）土壤样品分析与评价

参考国内外相关文献资料并根据葡萄生长需肥规律，将土壤的大、中、微量元素含量由低到高精细划分为极缺、缺乏、中等、丰富、很丰富、极丰富6个等级（表2-1）。

表2-1 葡萄土壤养分精细分级标准

养分测试值	极缺	缺乏	中等	丰富	很丰富	极丰富
有机质（g/kg）	0～10.0	10.1～15.0	15.1～20.0	20.1～25.0	25.1～30.0	＞30.0
速效氮（mg/kg）	0～20.0	20.1～50.0	50.1～100.0	100.1～150.0	150.1～200.0	＞200.0
有效磷（mg/kg）	0～15.0	15.1～25.0	25.1～45.0	45.1～70.0	70.1～150.0	＞150.0
有效钾（mg/kg）	0～60.0	60.1～120.0	120.1～240.0	240.1～400.0	400.1～600.0	＞600.0
有效钙（mg/kg）	0～200.0	200.1～400.0	400.1～1 200.0	1 200.1～3 600.0	3 600.1～4 800.0	＞4 800.0
有效镁（mg/kg）	0～60.0	60.1～120.0	120.1～250.0	250.1～750.0	750.1～1 460.0	＞1 460.0
有效硫（mg/kg）	0～7.0	7.1～13.0	13.1～25.0	25.1～40.0	40.1～60.0	＞60.0
有效铁（mg/kg）	0～5.0	5.1～10.0	10.1～30.0	30.1～150.0	150.1～300.0	＞300.0
有效铜（mg/kg）	0～1.0	1.1～2.0	2.1～3.0	3.1～4.0	4.1～5.0	＞5.0
有效锰（mg/kg）	0～2.5	2.5～5.0	5.1～15.0	15.1～30.0	30.1～150.0	＞150.0
有效锌（mg/kg）	0～1.0	1.1～2.0	2.1～3.0	3.1～6.0	6.1～10.0	＞10.0
有效硼（mg/kg）	0～0.10	0.11～0.20	0.21～0.60	0.61～3.00	3.01～6.00	＞6.00

还可以将土壤的大、中、微量元素含量由低到高粗略划分为低、中、高3个等级（表2-2）。

表2-2 葡萄土壤养分粗略分级标准

养分测试值	低	中	高
有机质（g/kg）	＜10	10～30	＞30
速效氮（mg/kg）	＜50	50～100	＞100
有效磷（mg/kg）	＜25	25～45	＞45
有效钾（mg/kg）	＜120	120～240	＞240
有效钙（mg/kg）	＜400	400～1 200	＞1 200
有效镁（mg/kg）	＜120	120～250	＞250
有效硫（mg/kg）	＜13	13～25	＞25
有效铁（mg/kg）	＜10	10～30	＞30
有效铜（mg/kg）	＜2	2～3	＞3
有效锰（mg/kg）	＜5	5～15	＞15
有效锌（mg/kg）	＜2	2～3	＞3
有效硼（mg/kg）	＜0.2	0.2～0.6	＞0.6

（二）测土配方施肥建议

优质丰产葡萄园的土壤养分指标应保持在一个充足而不过量的水平（丰富水平），此时葡萄园推荐施肥量应等于一定目标产量下葡萄果实和植株养分带走量。若土壤养分测定值低于丰富水平，则推荐施肥量除了满足葡萄果实和植株生长所需求的养分外，还应增加一定施肥量以培肥土壤，使葡萄园土壤养分含量达到丰富水平。如果土壤养分测定值已在丰富水平以上，应降低所施用养分的施肥水平，以避免土壤养分过量造成的环境风险。同时我国葡萄用途不同（鲜食、酿酒、其他用途），对产量水平和品质特质的要求有区别，实际生产中各产区应结合葡萄的用途和特色，结合土壤环境水平、葡萄植株营养水平及目标产量来确定施肥方案。

例如，根据中国农业科学院郑州果树研究所葡萄资源圃 2018 年的土壤检测结果，给出了每 667 m² 1 500 kg 产量时的推荐施肥建议，如表 2-3。

表 2-3　郑州果树研究所葡萄资源圃 2018 年土壤检测结果及推荐施肥建议

测试项目	土壤测试结果	养分水平 低	养分水平 中	养分水平 高	每667 m² 推荐施肥 项目	kg
有机质（OM）	1.32%					
铵态氮（NH₄⁺-N）	0.7 mg/L					
硝态氮（NO₃⁻-N）	5.9 mg/L	*********			氮	11
磷（P）	60.6 mg/L	***************	***************	****************	磷（P₂O₅）	4
钾（K）	127.0 mg/L	***************		***	钾（K₂O）	13
钙（Ca）	1 942.3 mg/L	***************	***************	***	钙（CaCO₃）	0
镁（Mg）	163.9 mg/L	***************	***		镁（MgCO₃）	9
硫（S）	4.7 mg/L	*****			硫	3.3
铁（Fe）	8.0 mg/L	************			铁	2.7
铜（Cu）	0.6 mg/L	*********			铜	0.4
锰（Mn）	8.7 mg/L	***************	***		锰	0.7
锌（Zn）	3.7 mg/L	***************	***************	***	锌	0.1
硼（B）	0.96 mg/L	***************			硼	0
酸碱度（pH）	8.21					
交换性酸（AA）	0.0 cmol/L					
钙镁比（Ca/Mg）	11.9					
镁钾比（Mg/K）	1.3				石灰	0

注：＊表示土壤养分水平，每一个等级十五个"＊"；比如表中镁元素，"低"中十五个"＊"已满，"中"有三个"＊"，表示镁元素的供应水平属于中等水平中的较低水平。

1. 推荐施肥量

本推荐施肥建议是在土壤测试基础上根据葡萄营养需求、目标产量及土壤养分丰缺状况而制定的。土壤测试结果只能对样品负责，所以推荐施肥建议只能作为参考资料和依据。

推荐施肥量的建议是指在相对合理的施肥方式（施肥时期、施肥位置）下葡萄全生育期的肥料养分施用量，具体到葡萄园，应根据不同地区、葡萄品种、密度、树势、施肥历史、降水和灌溉情况、农民习惯等调整肥料用量。有机肥施用多的葡萄园，请根据葡萄园有机肥施用情况估算有机肥带入的养分量，在施用化肥时减少相应的化肥养分用量。不能实现水肥一体化的葡萄园，化肥养分用量相应增加。

2. 施肥时期

建议根据葡萄生育期养分吸收规律，每年（季）施肥 3～5 次（萌芽期、花前、果实膨大期、果实转色期、果实采收后）。

葡萄是多年生作物，树体的养分累积对于下一季作物的生长、果树的产量和质量都非常重要，因此应重视采果肥（果实采收后的秋肥）的施用。从采收到落叶，一般有 1～3 个月，这正是叶片制造有机物质回流的大好时机，此时施用基肥，能显著地提高光合作用，增加物质储藏，它对恢复当年树势和来年的生长、结果诸方面均起着重要作用。果实采收后施肥应以有机肥为主，配合少量比例的复合肥，通常占生育期养分供应总量 10%～30% 的氮、20%～30% 的磷、10%～20% 的钾。但对于一些晚熟品种或气温低的地区，采后窗（指葡萄采收后叶片仍然保持绿色的时间）对于有效的养分吸收利用可能太短，则不适合施用采果肥。

春季不宜过早、过多施用萌芽肥，因为早春根系活力还很微弱，养分吸收能力差，此时大量施氮肥或复合肥浪费大、效果差。只有葡萄园长势弱或者在收获后无法灌溉和施肥的地块需要施肥。如果氮肥过多，树势过旺可能导致坐果差，枝叶疯长从而增加果园管理工作量，增加葡萄病虫害的风险，导致产量降低、影响品质。

开花结果期是葡萄最重要的施肥时期，也是需肥量最大的时期，一半以上的氮、磷、钾养分应该在开花后坐果时施用，中、微量元素缺乏的土壤，也主要在此时施用中、微量元素肥料。此时是营养效率最大期，施肥效果最好。

一般转色期不建议再施用氮肥，而应补充一定数量的钾肥，并在浆果着色初期配合追施少量磷肥。需要注意虽然葡萄对钾素的需求量大，但过多的钾会增加葡萄浆果的酸度，影响葡萄酒质量，或由于钾与镁的拮抗作用而引起缺镁。

葡萄不同生育期养分分配比例参见图2-5。注意不同葡萄品种、不同地区，其生育期长短和养分需求比例可能有所差异，请根据具体情况调整。

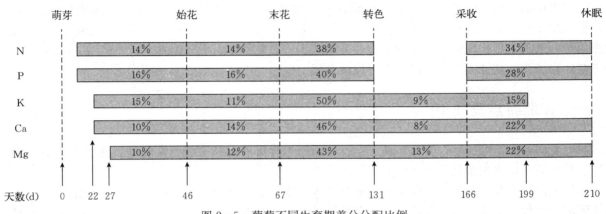

图2-5　葡萄不同生育期养分分配比例

3. 施肥位置

基肥：在植株行侧距根系50 cm左右开沟施入，沟宽30～40 cm，沟深20～40 cm，隔年交替挖沟。

追肥：在植株行侧距根系20～40 cm处穴施或条施，深度10～20 cm。

对于局部土壤改良的栽培模式或根域限制栽培模式，基肥施在改良区域或根域限制区域的表面，均匀施用。施用后，在实用区域耙锄20～30 cm。

了解土壤养分状况和作物营养需求是科学施肥的基础，对于葡萄这样的多年生果树作物，除了进行土壤测定外，葡萄施肥推荐应结合植株营养诊断，通过叶片和（或）叶柄营养测定了解树体营养状况，才能实现更精准的葡萄营养管理和科学施肥。

附录　中、微量元素缺乏的推荐施肥方法

缺乏元素	中、微量元素缺乏的推荐施肥方法
钙	在葡萄新生叶生长期可叶面喷施0.3%～0.5%硝酸钙或0.3%磷酸二氢钙，每隔5～7 d喷1次，连喷2～3次
镁	基施硫酸镁15～30 kg/hm²，或者叶面喷施1%～2%的硫酸镁溶液，每隔7～10 d喷1次，连喷3～4次
硼	基施硼砂7.5～15 kg/hm²，或者在开花前喷施0.05%～0.1%的硼砂水溶液
锌	用浓度为10%的硫酸锌溶液在冬剪后随即涂抹剪口，也可用0.2%～0.3%的硫酸锌溶液在开花前2～3周和开花后的3～5周各喷施一次。对于已出现缺锌症状的葡萄，应立即用0.2%～0.3%的硫酸锌溶液喷施，一般需喷施2～3次，时间间隔1～2周
铁	将硫酸亚铁与饼肥（豆饼、花生饼、棉籽饼）和硫酸铵按1：4：1的重量比混合集中施于葡萄毛细根较多的土层中，以春季发芽前施入效果较好。也可在葡萄的生长过程中喷施0.3%的硫酸亚铁与0.5%的尿素水溶液，1～2周喷施一次，喷2～3次。或者施用螯合铁（Fe-EDDHA、Fe-EDTA、黄腐酸铁等）也比较有效
锰	基施硫酸锰15～30 kg/hm²，或者叶面喷施0.2%～0.3%的硫酸锰溶液，每隔7～10 d喷1次，喷3～4次

葡萄化肥替代技术

第一节　沼肥及沼肥的合理使用

通过厌氧发酵处理有机废弃物，生成可再生能源——生物燃气（沼气）和二氧化碳，间接减少了垃圾填埋场甲烷的排放，生物质气体替代部分燃气，减少了化石燃料的使用，降低了温室气体排放。同时，沼肥施用到农田，增加了农田有机质的含量，并且作为作物营养的补充，替代部分化肥，可以减少化肥用量，节约了生产化肥所需的能源，从而减少了温室气体向大气排放，有效利用了自然资源，促进了营养和能源的良性循环，促进农业可持续发展。

一、沼肥特点及利用

沼气发酵是复杂的过程，畜禽粪便、秸秆、酒糟等有机物料在厌氧条件下经微生物发酵制取沼气，沼气发酵后的残留物主要是沼渣和沼液，统称沼肥。

沼渣是沼气发酵后残留在沼气池底部的半固体物质，主要由未分解的原料固形物、新产生的微生物菌体组成，富含有机质、微量营养元素、多种氨基酸、酶类等物质。沼渣一般宜做基肥施用，也可同沼液一起做追肥施用。沼液是沼气发酵后残留的液体，含有作物生长的氮、磷、钾等营养元素，同时还含有多种游离态氨基酸、B族维生素、植物生长素、酶类和有益微生物等物质。沼液宜做追肥施用（包括做叶面肥喷施和随水冲施）。

（一）沼渣

1. 沼渣的特点

（1）养分全面，能补充中、微量元素。沼渣除含有大量氮、磷、钾等常量元素外，还含有铜、铁、锌、锰等多种微量元素，以及水解酶、氨基酸、腐殖质等多种活性物质，这些活性物质的产生与参与沼气发酵的三大类微生物——发酵细菌、产氢产乙酸菌、产甲烷菌密切相关。沼渣中主要养分含量：0.8%～2.0%的氮、0.4%～1.2%的磷、0.6%～2.0%的钾。因为沼气池发酵原料种类和配比的不同，沼渣的养分含量会有一定差异。一般而言，施用15 000 kg/hm²（湿重）沼渣，可给土壤补充氮素45～60 kg、磷素18.75～37.5 kg、钾素30～60 kg。

（2）含有机质和腐殖酸，能改良土壤、活化土壤养分。沼渣含30%～50%的有机质（包括10%～20%的腐殖酸），沼渣中含有大量的有机质，可以松土，有利于土壤微生物的活动和土壤团粒结构的形成，具有良好的改土作用。

长期使用沼渣可明显改变土壤胶体性质，使土壤复合胶体数量增加、土壤总孔隙度增加、固相减少、气相增加、土壤容重降低，土壤通气性、持水性显著增强，土壤有机碳增加50%以上。这些改善都表明土壤的熟化度、耕性、保肥性都有明显改善，且常年使用沼渣的土壤中微生物和土壤酶的活力也显著增强。

沼肥中含有丰富的有机质、多种大量和微量元素及适量的碳氮比（C/N），不但满足土壤中微生物对营养的要求，而且能提高土壤中氮、磷、钾的矿化作用，提高土壤氮、磷、钾养分含量，并使得铜、锌、铁等微量元素变得日益活跃。同时土壤的酶活性和呼吸强度都有所增加，土壤有机质含量显著提高。

2. 沼渣的利用

（1）直接做有机肥原料施用。

① 做基肥用。沼渣一般做基肥直接泼撒田里，立即翻耕入土，提高肥效。施用量为 30～322.5 t/hm²。连续多年施用沼渣，可提高土壤有机质含量，使活土层加厚，明显改良土壤。施用沼渣做基肥，有肥效持久、肥土、肥苗、土肥相融性好的特点，连续 3 年施用沼肥的土壤，其有机质增加 0.2%～0.83%，能有效改善土壤肥力和土壤理化性状。

② 做追肥用。每公顷沼渣鲜重用量 15 000～22 500 kg，可以直接开沟挖穴浇灌于作物根部周围，并覆土以提高肥效。有试验证明：沼渣肥密封保存施用比对照增产 8.3%～11.3%，晾晒施用比对照增产 8.1%～10%。

（2）沼渣与化肥配合施用。

① 沼渣与氮肥配合施用。氨水与碳酸氢铵成碱性，肥分易挥发损失，若施用不当，肥效利用率就不高。沼渣中含有 10%～20% 腐殖酸，将氨水或碳酸氢铵溶液注入沼渣沤堆中，氨水或碳酸氢铵溶液与腐殖酸分子结构中的酸性基团反应生成腐殖酸铵，不仅可以增加腐殖质的活性，还能减少氮素损失，促进化肥在土壤中的溶解、吸附，并刺激作物吸收，提高肥效。

② 沼渣堆沤腐殖酸磷肥。沼渣中腐殖酸含量较高，沼渣与磷肥堆沤可生成沼腐磷肥。沼腐磷肥可以提高磷肥当季利用效率，对作物增产的效果明显。沼腐磷肥的堆制在农村可以因地制宜，就地利用中、低品位磷矿资源，取得较高的磷素利用率。通常含水 50%～70% 的沼渣和磷肥的配合比例以 100∶（3～5）为宜。

沼腐磷肥的堆制：按 100 kg 沼渣晾至含水量 60% 左右时加 5 kg 过磷酸钙，混合拌匀，堆成圆堆，外面糊一层稀泥，堆制一个月即成沼腐磷肥，开堆捣碎就可以使用。在缺磷地区施用沼腐磷肥，有利于改良土壤，培肥地力，有显著的增产效果。一般作为追肥施用，每公顷施肥量约为 2 250～3 750 kg。

（3）沼渣制作营养土和营养钵。营养土和营养钵主要用于盆栽葡萄栽培和葡萄的育苗。除了作为肥料使用，沼渣营养全面，来源广泛，也是一种很好的栽培基质，可以代替泥炭、厩肥配制营养土、营养钵。近年来出现了不少用沼渣作为基质栽培作物的报道。已有沼渣分析结果表明，沼渣的 pH、可溶性盐浓度及氮、磷、钾、重金属含量均满足栽培基质的要求。沼渣可以和土壤、蛭石、珍珠岩等配合成为葡萄适宜的栽培基质。

（4）沼渣的高值化。

① 生产优质商品有机肥。目前沼渣利用的最大障碍是含水量过高，有异味，很难实现商品化。在降低沼渣含水量、除臭等措施的基础上，采用微生物好氧发酵，利用沼渣生产优质有机肥或生物肥，可以实现沼渣的资源化、高值化和商品化。沼渣不仅有机质含量高，还含有氮、磷、钾及钙、锌、锰等矿质养分，使用效果优于畜禽粪便，而且使用安全，不会烧苗，也不会造成土传病虫害的发生与危害。

② 沼渣生产生物肥。在沼渣生产有机肥过程中，沼渣发酵结束，堆垛降至常温后，可根据使用目的和储存时间，酌情加入微生物菌剂，混匀后检测符合《生物有机肥》（NY 884）标准，即可分装出售。同沼渣有机肥相比，沼渣生物有机肥的有益微生物含量大于 0.2 亿/g，长期使用不仅能改善土壤有益微生物的种类和数量，抑制根结线虫的发生和危害，还能分解植物根系分泌的自毒性物质，缓解重茬造成的危害，酸性土壤使用 1 年后，土壤根际 pH 提高 0.5 个单位。

（二）沼液

1. 沼液的特点

沼液中的营养元素基本上是以速效养分形式存在的，包括氮（0.03%～0.08%）、磷（0.02%～0.07%）、钾（0.05%～1.40%）等大量营养元素和钙、铜、铁、锌、锰等中、微量营养元素，还含有 17 种氨基酸和活性酶，且长期的厌氧发酵环境使大量的病菌、虫卵和杂草种子窒息而亡。因此，沼液的速效营养能力强，养分可利用率高，且不带活病菌和虫卵，是多元、卫生的速效复合肥料，具有较高的应用价值。沼液的特点：

（1）沼液所含养分较低，但主要为速效养分。

（2）含对病虫害有抑制作用的物质或因子。

（3）含游离氨基酸、糖、B 族维生素、酶等次生代谢产物。

（4）养分含量全面，除氮、磷、钾等大量元素外，还含有钙、铜、锌、锰等中、微量元素。

2. 沼液的肥用模式

沼液中的有机肥养分含量比任何一种堆沤方法制取的有机养分含量都高，氮、磷、钾的回收率在90％以上。目前，沼液主要可作为肥料和生物农药使用。

（1）沼液用作叶面喷肥。沼液富含多种作物所需的营养成分，是一种速效水肥，叶面喷洒后，其所含的营养物质、厌氧微生物的代谢产物，尤其是其中生理活性物质，可被作物叶面快速吸收，利用率高，因而适宜做根外施肥，喷施效果明显。施用方法为沼液兑 6～10 倍（视沼液浓度和作物生育期而定）的水，搅拌均匀，静置沉淀 10 h 后，取其澄清液用喷雾剂直接喷洒在叶片正反面。喷施沼液能显著提高叶面的叶绿素含量，增加叶片厚度，增强光合作用，提高产量。

（2）用于根部追施。结合农业灌溉，沼液与水一般按 1∶（2～3）的比例稀释后灌溉，能够使肥料和水结合在一起，均匀施入田里，有利于作物吸收，并节省人力、物力、时间。可以采用沟槽灌溉，也可以采用滴灌方式灌溉。采用节水灌溉时，要首先对沼液进行过滤处理，以去除其中的固形物，防止滴孔堵塞。在生产上，由于沼液养分含量低，一般建议与化学肥料配合灌根，沼液与水按 1∶6 倍比例稀释后灌溉效果更好。

（3）用作药肥防病虫。沼液是一种溶肥性质的液体，不仅含有较丰富的可溶性无机盐类，而且含有抑菌和提高植物抗逆性的激素、抗菌物质等有益物质，具有营养、抑菌、刺激、抗逆等功效。将沼液或沼液与农药配合制备的生化剂进行叶面喷施和灌根等，不仅能够及时补充植物生长期的养分需求，而且具有抗病防虫的效果。

（4）沼液使用注意事项。沼液作为叶面肥使用常用于叶菜类蔬菜和果树上。但厌氧消化后的沼液不能直接喷洒在植株叶片上，否则会造成叶片灼伤。一般建议选取正常产气 40 d 以后的沼气池中的沼液，取出后应静置 2～3 d，用前需用双层纱布或 100 目滤网过滤后使用，稀释倍数 2～3 倍喷施。

二、沼肥在葡萄上的施用技术

葡萄在果树中属喜肥作物，单位果实养分吸收量明显高于桃树、苹果、梨树和柑橘等。每生产100 kg 果实，葡萄吸收氮（N）0.3 kg、磷（P_2O_5）0.15 kg、钾（K_2O）0.36 kg。葡萄根系为肉质根，属深根性植物。近年来由于化肥施用不合理，有机肥用量少或未经腐熟使用，造成土壤板结，再加上经常灌溉或随水冲施肥料，造成葡萄根系上浮，常靠近地面。尽管表层新根数量较多，但由于地表土壤干湿交替频繁，造成新根特别是根毛存活时间短，根系吸收养分能力受到抑制，为了实现葡萄高产，种植户不得不增加肥料的用量和使用次数，这又进一步造成土壤的恶化。

沼肥除含有矿质养分外，还含有有机质、游离氨基酸、维生素、酶等成分。沼肥合理使用，不仅能改善葡萄土壤结构，还能促进根系生长，活化土壤养分，提高葡萄根系吸收效率，进而减少化肥的用量。沼肥在葡萄生产上的使用方法总结如下：

（一）沼渣在葡萄上的使用方法

1. 沼渣做基肥使用

从采后到 10 月底的初霜时期，是葡萄枝条成熟，恢复树势，为下一年生长积累养分的重要阶段。为补充葡萄果实采收造成的营养消耗，应及时施入基肥，一般用沼渣做基肥。具体操作方法是幼树采用环状沟施，成树采用放射状沟施，沟深一般在 0.15～0.35 m，宽 0.2～0.4 m，以后每年错位开穴，并向外扩展，以增加根系吸收范围，株施沼渣 30～50 kg，过磷酸钙 1.5 kg。施肥时开沟不宜太深，注意少伤根系，施肥后覆土。

沼渣做基肥，施用量 30 000 kg/hm²，配合化肥施用（复合肥 15 - 15 - 15 用量 30 kg/hm²），有利于葡萄树势恢复，加快养分从叶片向根系回流，为葡萄越冬和来年萌芽储备养分。

2. 果园覆沼渣

有滴灌的葡萄地一般在 5 月下旬，距葡萄主干 1.5 m 开始全园撒施 10～15 m³ 含水量低于 30％的沼渣，其目的除提供葡萄养分外，还在于减少土壤表层水分挥发，提高葡萄园的保墒效果，降低地表温度，改善葡萄根系生长，提高肥料使用效果。

沼渣覆盖的果园可减少果园生草，避免草与果树竞争养分的情况，也能避免杂草带来的病虫害。等葡萄采收后，随着整地把沼渣翻到土壤里，起到增加土壤有机质、改良土壤结构的作用。

（二）沼液在葡萄上的使用方法

沼液作为液态速效肥料，追施具有较高的增产效果，因此沼液常做追肥使用。

1. 根部追肥

沼液的肥效快、养分全面，根部追肥采取环状沟施法，即在树冠滴水线外侧挖 10～15 cm 浅沟施入。使用前先将沼液用清水稀释 3 倍，以防浓度过高，烧伤根系。一般于萌芽抽梢前 10 d，用沼液掺水（1∶3 的比例）施肥，每公顷用沼肥水 30 000 kg 以上，配合尿素 75 kg 使用，确保浇透水，以促进葡萄萌芽，用后表现为葡萄萌芽提早 3～5 d，叶片厚而大；萌芽后 15～20 d，每公顷施沼肥水 22 500 kg，促进果穗形成，保花保穗；分别在初花前 10 d、结果期、浆果膨大期每公顷施沼肥水 22 500 kg，依次配合施用 90 kg 水溶肥（12-40-5）和 15 kg 颗粒硼肥、水溶肥（20-20-20）90 kg 和颗粒锌肥 30 kg、水溶肥（18-6-34）120 kg 和钙肥 150 kg。

稀释倍数是沼液使用的关键，由于葡萄根系为肉质根，较高浓度的沼液易造成烧根，特别是毛细根的根尖对肥料浓度极为敏感，因此应把沼液与水的稀释比例提高到 1∶（3～4）。沼渣沼液提供的养分相对缓慢，在坐果期和浆果膨大期养分需求量激增，必须配合化学肥料施用，及时补充硼、锌、钙，以防止大小果、裂果等生理病害。幼树生长期间，每隔半月或 1 月浇施一次沼液肥。

2. 叶面追肥

叶面追肥是在农业生产中经常采用的一种快速有效的施肥方法。这种方法可以迅速恢复树势，矫治较轻的缺素症状，并可以补充葡萄生长中经常缺乏的铁、硼、锌等微量元素。

施用方法：采用正常产气 40 d 以上沼气池的沼液（不带生料），从沼气池水压间取出沼液，滤掉沼渣，提取其清液作为肥料。一般叶面喷施时，应着重喷施叶背面，喷施量以叶面滴水为宜。喷施要选择阴天或下午 5 时后，中午气温高、蒸发快，易灼伤叶片，不宜喷施。嫩叶期 1 份沼液加 2～3 份清水；其他时期 1 份沼液加 1 份清水喷雾。除花期外，原则上葡萄每个生长期均可喷施，一般发芽后每隔 15～20 d 喷施 1 次。幼树（树龄 1～2 年）喷时可加入 0.2%～0.5% 的磷、钾肥，结果树喷时可加入 0.05%～0.1% 的尿素，同时根据需求加入钙、硼、锌一起喷施。

（三）高值化沼肥产品在葡萄上的施用技术

对于高值化沼肥，使用原则为以沼渣为原料生产的固体产品一般宜做基肥施用，也可同以沼液为原料生产的液体产品一起做追肥施用，后者通常宜做追肥施用（包括做叶面肥喷施）。高值化沼肥产品的施用量应依据土壤养分状况和作物对养分的需求确定。

1. 高值化固体产品施用技术

沼渣有机肥一般做基肥施用，葡萄等果树用量 22 500～30 000 kg/hm²。沼渣生物肥用作基肥，除了起到有机肥的作用外，还能补充土壤有益微生物，常用作基肥，但用量较沼渣有机肥少，一般用 15 000～22 500 kg/hm²。一般在采果后落叶前使用，每株果树距主干至少 1 m 或在树冠流水线下挖环状沟，使用后覆土，每株用量 5～6 kg。

沼渣有机肥和生物肥应与化肥配合施用，化肥用量根据土壤养分状况和作物需肥特性来定，果树一般建议配合复合肥 60～80 kg，确保每株树复合肥用量在 0.4～0.8 kg。

2. 高值化液体产品施用技术

（1）葡萄等果树上做追肥，根部施用。做冲施肥随水施用，施用量 10 kg/hm²，稀释 300～500 倍施用。也可在盛果期，每 7～10 d 施 1 次。具体方法如下：一是在行间开沟施肥，施后覆土；二是在植株根部挖穴浇灌根部周围，施后覆土，提高肥效；三是灌水时随水施用，用量为 150 kg/hm²，配合大量元素水溶肥料 90～120 kg 施用效果更好。

（2）做叶面肥。叶面喷施可快速补充营养，促进作物生长平衡，增加叶片光合作用能力。方法如下：加水稀释 300～500 倍，搅拌均匀，即可施用。定期用喷雾器进行全株喷雾，喷洒时间一般宜在晴天的早晨（上午 10 时前）或傍晚（下午 3 时后）进行，露地雨后重新喷洒。喷洒量和化学肥料的养分比例应根据葡萄需肥特点、生育时期、生长势及环境条件确定。在早期和高温季节稀释 600～800 倍；在成株期稀释 500 倍施用；气温低且作物处于生长中、后期，可稀释 300 倍喷施。喷洒时，宜从叶面背后喷洒，以叶片上布满液珠而不滴水为宜。一般 7～10 d 喷施一次，葡萄采摘前 15～20 d 停用。

三、葡萄上施用沼肥的作用

（1）使葡萄提早成熟，大约可提早 5～7 d，有利于果实着色、上粉，外观质量较好，果实硬度高，果皮韧性增加，裂果少，耐储存，商品价值高。

（2）提高其单株穗数、单穗重、甜度和产量。施沼肥的葡萄单株穗数增加 1.7%，单穗重增加 2.45%，产量增加 4.2%，商品率提高 15.2%，果实甜度增加 0.5，口感比常规施化肥更好。

（3）土壤理化性状明显改善，通透性明显增强，有机质、全氮、全磷分别增加 16%、6%、9%，容重下降 2%，孔隙度增加 2%，自然团粒总数增加 1.5～3 倍，水稳性团粒增加 8.5%～20.5%。长期施用沼肥，土壤板结情况减轻，土质变得疏松，保水保肥能力增加，土壤肥力逐步上升。土壤速效氮、磷、钾比施用化肥显著提高，有机质含量也明显增加。

（4）沼肥能有效抑制葡萄树病虫害的发生。经过厌氧发酵的沼液，不但本身有害病菌被杀灭，而且具有抑制病菌生长的作用。据测定，沼液中含有吲哚乙酸、赤霉素及较高含量的氨和铵盐，通常含量可达 0.2%～0.3%，这些物质均可抑制大多数病菌的繁殖。施用沼肥后，葡萄病虫害发生少，全年农药使用次数减少 3 次以上。

（5）在树势上明显比常规施化肥长势良好，枝干粗壮，施用沼肥处理的叶片厚，叶面积大，浓绿，有弹性，新梢粗，基部比施化肥宽 0.03 cm，且颜色浓绿。叶片浓绿肥厚，抗旱能力明显增强，品质也有所提高。

第二节 畜禽粪便无害化处理和合理使用

我国养殖业的大力发展，已经成为农村经济的支柱产业，改善了人们的食物结构，提高了生活水平，但是大量不加处理的、能够造成当地环境污染的畜禽粪便也随之产生。目前，畜禽粪便已成为我国农村环境污染的主要污染物之一，如何无害化处理畜禽粪便，做好畜禽养殖业污染防控，实现生态环境协调发展，是科技工作者和社会各界面临的重大课题。

葡萄园增加土壤有机质和提高肥力水平，是葡萄优质生产中的重要环节。利用附近畜禽养殖的动物粪便，就地取材、进行无害化处理，再用于葡萄园，是最为经济、合理、生态的方式。

一、我国养殖畜禽粪便现状

畜禽粪便污染是无公害畜产品生产的最大危害之一。我国养殖业经营方式由散养逐渐转化为集约化养殖，养殖规模也越来越大。一些大中型畜禽养殖场分布在人口较为密集的大中城市周围，不少粪便污染物直接排放入池塘、渠道、河流，造成水体富营养化。2005—2014 年，国家统计局网站公布的数据显示，我国养殖业肉奶蛋的产量逐年增加，分别增加 25.5%、35.3% 和 18.7%。畜禽粪便产生量随之增加，1999 年我国畜禽粪便产生量为 19×10^8 t，2009 年畜禽粪便产生量为 $3\,264 \times 10^8$ t，2020 年全国畜禽粪便的产生量将达到 $4\,222 \times 10^8$ t。畜禽粪便中含有多种污染物，如粪尿厌氧分解产生的硫化氢、氨及醇类、酚类、胺类和吲哚等有机物，以及大量的病原菌、微生物等，这些污染物对环境造成了严重威胁。

二、畜禽粪便处理不当的危害

畜禽粪便的化学成分随饲养水平、饲养成分、动物消化水平不同而变异很大。畜禽粪便富含氮、磷、钾等养分。2002 年，我国畜禽粪便中氮、磷、钾产生量相当于同年施用化肥中氮（2 157.3×10⁴ t）、磷（712.2×10⁴ t）、钾（422.5×10⁴ t）的 70.9％、89.8％、25.1％。但畜禽粪便含大量病原菌、寄生虫及锌、铜等重金属，未经处理或处理不当会对水体、空气、土壤造成污染。

（一）对大气的污染

畜禽养殖业对大气的污染主要来自畜禽粪便的恶臭和畜禽养殖引起的温室气体排放两个方面。这些恶臭气体种类繁多，目前已确定的约有 168 种。一般按化学性质分为 4 类，即含硫化合物、含氮化合物、挥发性脂肪酸及芳香族物质。恶臭气体会危及周围居民的健康及场内畜禽的正常生长。研究发现臭气能抑制人的黏膜免疫功能，使唾液中的免疫球蛋白 A 的含量及其分泌效率都降低。同时，畜禽业甲烷气体排放量占排放总量的 28％～38％，是导致温室响应的主要客观因素。

（二）对水体的污染

畜禽养殖业已成为我国水体污染的主要来源。畜禽粪便含超过环境容量的氮、磷及有机质，如果直接排放入水体中，将会使水体富营养化、水体变黑发臭，导致水体的进一步污染。研究表明，粪便随雨水流失的流失物化学需氧量及悬浮固体均比无机肥料高。粪便中的大量病菌、寄生虫及其虫卵会污染水源，引发传染病。养殖场排放的污水平均每毫升含有 33 万个大肠杆菌和 69 万个大肠球菌；每 1 000 mL 沉淀池污水中含有 190 个蛔虫卵和 100 多个线虫卵。畜禽粪便污染物不合理的还田施肥将会导致有毒、有害成分渗入土壤，使该区域内地下水中的硝态氮浓度过高，污染地下水，治理恢复难度较大，易造成持久性的污染。

（三）对土壤的污染

畜禽粪便是良好的有机肥料，被微生物分解后可为土壤提供大量的腐殖质，改良土壤结构和肥力。但是粪便还田不当会导致土壤养分过剩、重金属和致病菌等有害污染物积累。施用过多时，也会造成农作物减产与产品质量下降。饲料中的抗生素可随粪便残留到土壤中。研究表明，长期施用猪粪的土壤会残留抗生素和增加环境微生物抗生素抗性，且施用时间越长残留量越大。畜禽粪便已成为土壤重金属污染的重要来源。同时，畜禽粪便中的氮、磷元素在土壤理化性质及微生物的作用下会转化为硝酸盐和磷酸盐，过高的盐分含量可导致土壤板结，不利于作物生长。

（四）对生态环境的其他影响

畜禽粪便中含有大量的病原微生物、致病菌、寄生虫卵，未得到及时处理会致使环境中的蚊蝇、病原种类增多，菌量增加，使病原菌和寄生虫蔓延，最终导致病原微生物在较长时间内可以维持其感染性，造成人畜传染病的蔓延。

三、畜禽粪便的肥料化技术

肥料化技术是指将经过处理的粪便用作肥料。由于畜禽粪便处理不当会引发多种环境问题，对其进行无害化处理意义重大。畜禽粪便是传统的有机肥料，可直接施用和堆肥。畜禽粪便还田是我国传统农业的重要环节，在改良土壤、提高农作物产量方面起着重要作用。土壤在获得肥料的同时净化粪便，节省了粪便的处理费用。凡是周围有农田的畜禽养殖场，都宜尽最大可能将粪便及污水就地还田，以较低的投入达到较高的生态、社会和经济效益。但是，畜禽粪便作为有机肥直接施用，其最大的障碍是含水量高、有恶臭，而且氨的大量挥发造成肥效降低，病原微生物还会对环境构成威胁。土壤的自净能力有限，施用过多粪便容易造成污染。鲜粪在土壤里发酵产热及其分解物对农作物生长发育都有不利影响，所以施用量受到很大的限制。鲜粪的利用，还受季节的影响，淡季往往没法及时、充分地利用，需要在施用前进行必要的堆肥处理。

堆肥是粪便在微生物的作用下，把有机物降解、转换成腐殖质的生物化学处理过程，是一种处理有机废弃物的科学合理的手段。处理过程是将畜禽粪便堆积在一起，然后根据粪便量掺入适量的高效发酵微生物以调节粪便中的碳氮比，然后对水分、温度、酸碱度等因素进行有效控制待其发酵。在此过程中，蛋白质的氮、磷被分解成可被植物利用的有效态氮、磷，且产生腐殖质，增加土壤肥力，是农业可持续性发展的珍贵资源。堆肥能杀灭畜禽粪便中的病原菌、杂草种子等，同时减小粪便体积和降低臭味，便于运输，且比较干燥，包装施撒方便，对作物的生长发育具有很大意义；但是也存在着不足之处，如处理的时间较长、处理效率低、对场地要求较高及臭气难以控制、氮素的挥发而降低肥效等问题。因此，堆肥过程中应注意以下几点：

（一）含水量

微生物活动需要适宜的水分维持，粪便含水量会直接影响堆肥过程物理及生物学变化。堆肥的适宜水分在 50%～60%。水分高于 60% 时氧气活动被抑制，微生物活动转为厌氧活动。水分达到 70% 时，堆肥中温度下降快，微生物活性低，堆肥效果不佳。在堆肥期间，大量水分蒸发，需要适当添加水分湿润堆肥粪便，使水分处于微生物活动所需的最佳含量。

（二）温度

堆肥是温度持续性变化的过程，温度先由常温逐渐升温至一个最高温度，再逐渐下降至常温。温度能显著影响微生物的代谢活动及酶的活性。过低的温度抑制微生物活动，延长堆肥腐熟的时间，而过高的堆温（>70 ℃）将对堆肥微生物产生有害影响。堆肥最佳温度一般保持在 45～55 ℃，此时粪便中微生物活动旺盛，纤维素、脂肪、木质素等被快速分解。

（三）碳氮比

碳氮比是影响堆肥质量的重要因素。微生物活动需要适宜的碳氮比，粪便碳氮比较低不利于微生物活动，如猪粪的碳氮比只有 12.6，并不能满足堆肥需要。所以需要额外添加锯末、木屑等调节碳氮比。一般碳氮比在 25～30 较好。过高的碳氮比会使温度上升缓慢，降低堆肥的最高温且使高温期缩短，影响堆肥品质。常用有机肥物料的碳氮比见表 3-1。

表 3-1　常用有机肥物料的碳氮比

培养料	碳（%）	氮（%）	碳氮比
干稻草	42.0	0.63	67
干麦草	46.0	0.53	87
玉米秸	40.0	0.75	53
树叶	41.0	1.00	41
野草	14.0	0.54	26
杂木屑	49.2	0.10	492
栎木屑	50.4	1.10	46
稻草	42.3	0.72	59
麦秸	46.5	0.48	97
玉米粒	46.7	0.48	97
玉米芯	42.3	0.48	88
豆秸	49.8	2.44	20
大豆茎	41.0	1.30	32
花生茎叶	11.0	0.59	19
野草	46.7	1.55	30
甘蔗渣	53.1	0.63	84
棉籽壳	56.0	2.03	28
麦麸	44.7	2.20	20

（续）

培养料	碳（%）	氮（%）	碳氮比
米糠	41.2	2.08	19.8
稻壳	41.6	0.64	65
啤酒糟	47.0	0.70	68
酒精糟液	0.9	0.08	10.9
固体酒糟	40.0	2.49	16
造纸黑液	1.8	0.02	90
花生饼	49.0	6.32	7.76
菜籽饼	45.2	4.60	9.8
豆饼	45.4	6.71	6.76
豆制品废水	0.9	0.07	12
鲜牛粪	7.3	0.29	25
鲜马粪	10.0	0.42	24
鲜猪粪	7.8	0.60	13
鲜人粪	2.5	0.85	2.9
鲜羊粪	16.0	0.55	29
马粪	12.2	0.58	21.1
黄牛粪	38.6	1.78	21.7
奶牛粪	31.8	1.33	24
猪粪	25.0	2.00	12.6
鸡粪	30.0	3.00	10

不同物料碳氮比计算方法举例：

1. 麦秸为主原料

麦秸的含碳量为 46.5%，含氮量为 0.48%，通过计算可得出：1 000 kg 的麦秸中的含碳量＝1 000×0.465＝465 kg，1 000 kg 的麦秸中的含氮量＝1 000×0.004 8＝4.8 kg。按照物料堆肥的碳氮比 30，则物料中应有总氮量＝465÷30＝15.5 kg，尚需补充氮量＝15.5－4.8＝10.7 kg，如果用尿素来补充氮，尿素用量应是：10.7÷46%＝23.26 kg。

如果用猪粪（含碳 25%、含氮 2%）补充氮，1 000 kg 麦秸与 x kg 猪粪混合发酵沤肥，则（465＋0.25x）÷（4.8＋0.02x）＝30，得出需要猪粪 x≈917（kg）。即 1 000 kg 麦秸和 917 kg 猪粪一起发酵沤制有机肥。

2. 玉米秸为主原料

玉米秸的含碳量为 40.0%，含氮量为 0.75%，通过计算可得出：1 000 kg 的玉米秸中的含碳量＝1 000×0.40＝400 kg，1 000 kg 的玉米秸中的含氮量＝1 000×0.007 5＝7.5 kg。按照物料堆肥的碳氮比 30，则物料中应有总氮量＝400÷30＝13.3 kg，尚需补充氮量＝13.3－7.5＝5.8 kg，如用尿素来补充不足的氮素，尿素用量应是：5.8÷46%＝20.22 kg。

如果用猪粪来调，1 000 kg 玉米秸与 x kg 猪粪混合发酵沤肥，则（400＋0.25x）÷（7.5＋0.02x）＝30，得出需要猪粪 x≈500（kg）。

3. 稻壳为主原料

稻壳的含碳量 41.6%，含氮量为 0.64%，通过计算可得出：1 000 kg 的麦秸中的含碳量＝1 000×0.416＝416 kg，1 000 kg 的稻壳中的含氮量＝1 000×0.006 4＝6.4 kg。按照堆肥的碳氮比 30，则物料中应有总氮量＝416÷30＝13.9 kg，尚需补充氮量＝13.9－6.4＝7.5 kg，如用尿素来补充不足的氮素，尿素用量应是：7.5÷46%＝16.3 kg。

如果用猪粪来调，1 000 kg 稻壳与 x kg 猪粪混合发酵沤肥，则（416＋0.25x）÷（6.4＋0.02x）＝30，得出需要猪粪 x＝640（kg）。

如果用奶牛粪（含碳 31.8%、含氮 1.33%）来调，1 000 kg 稻壳与 x kg 奶牛粪混合发酵沤肥，则 $(416+0.318x) \div (6.4+0.013\ 3x) = 30$，得出需要奶牛粪 $x \approx 2\ 765$（kg）。

如果用鸡粪（含碳 30%、含氮 3%）来调，1 000 kg 稻壳与 x kg 鸡粪混合发酵沤肥，则 $(416+0.3x) \div (6.4+0.03x) = 30$，得出需要猪粪 $x \approx 373$（kg）。

（四）微生物

仅由粪便中的微生物堆肥，周期长且养分损失大，堆肥效率低，而在堆肥过程中添加微生物制剂能够促进堆肥腐熟，具有快速繁殖、发酵、除臭、杀虫、杀菌和干燥等功能，从而降低养分损失，提高粪便肥力。EM 是一种活性很强的有益微生物菌群，主要由光合细菌、放线菌、酵母菌、乳酸菌等多种微生物组成。EM 菌剂进行发酵时，有益微生物菌群迅速繁殖，加快分解粪便中有机质，产生生物热能，堆料温度可达 60～70 ℃，能够抑制或杀死病菌、虫卵等有害生物；并在矿质化和腐殖化过程中，释放出氮、磷、钾和微量元素等有效养分；可吸收、分解恶臭和有害物质。将微生物接种至牛粪堆肥后，粪便腐殖质增加 12%，纤维素增加 57.5%。在猪粪发酵中添加纤维素分解菌黑曲霉，有利于快速分解有机物的有益菌种形成优势群落，显著提高发酵温度，加快腐熟。畜禽粪便经过生物发酵腐熟后，再经过热风旋转烘干处理，便成为无害、无臭、无病菌和虫卵的优质生物有机肥，根际促生效果好、肥效高、体积小，便于施用，能够满足规模化生产和使用要求。通过应用微生物无害化活菌制剂发酵技术处理畜禽粪便时比较科学、理想、经济适用的方法。

附录　畜禽粪便堆制的有机肥在葡萄园的使用

畜禽粪便堆制的有机肥，是重要的有机肥来源之一。通过使用畜禽粪便堆制的有机肥，可以改良葡萄园土壤结构、改善土壤理化性状、增加土壤有机质含量，并能显著改善果实品质。

一、技术使用要点

（一）利用畜禽粪便堆肥

按照碳氮比、适宜湿度等，在畜禽粪便中添加粉碎的植物秸秆（或葡萄园有机废弃物，或稻糠等）、水分，按照高 1～1.5 m、宽 1.5～2 m 堆肥（可以添加微生物菌剂），并适时翻垛。沤制好后，备用。

（二）有机肥施用时间

8 月中下旬至 9 月初的葡萄根系第二次发育高峰期及时施用。

（三）施用方法

利用施肥机械将有机肥和化肥混合施入距离主干 30～50 cm 远、25～45 cm 深的土壤中。有机肥施用量以果肥重量比 1∶2 为宜。

二、技术适宜区域

本技术适于任何葡萄园。

三、注意事项

（1）农家肥施用前一定要进行发酵处理，使其充分腐熟方可施用。

（2）有机肥施用后必须立即浇透水。

第三节　绿肥和果园生草土壤改良技术

果园绿肥种植又叫果园生草，包括自然生草和人工种草两种形式。其中，自然生草是指在果园自然长出杂草后，有选择地去除一些田间恶性草种，保留适宜的草种。人工种草是指在果树采用宽行距的栽培条件下，选择适宜的草种，在果园行间种植。两种生草方式均需定期对草进行刈割，刈割的青草可就地腐烂或收集后覆盖于树盘。合理的果园生草具有改善果树生长发育的小气候环境，促进果树生长发育，提高果品产量和品质；改善土壤理化性状，减少水土流失；增加土壤有机质，改善土壤结构，活化土壤矿质营养，丰富土壤微生物；有利于果树病虫害的综合防治等优点，是果园土壤管理发展方向。

我国对果园生草栽培的研究和应用起步于 20 世纪 80 年代，30 多年来由于果农重果园规模、果品产量，而轻果品品质，且受"草与树争肥争水"理论的影响，致使长期以来果园土壤耕作管理一直以清耕为主。通过十几年的试验研究，现已证实在果园进行生草栽培，非但草与树不会争肥争水，而且生草或生草后刈割覆盖园地有利于提高果园肥力及综合生产能力。特别是在人们越来越重视果实的无害化、营养化的绿色食品的今天，化肥应用实现零增长或负增长，有机肥应用受到空前重视，而绿肥是重要的有机肥之一。因此，生草是解决果园有机肥来源、减少果园化肥的使用、建设生态果园最重要的栽培措施之一，应予大力提倡。为进一步改善我国的果园生产环境、全面提升果品品质、提高果园经济效益，发展果园绿肥势在必行。

一、我国果园生草栽培存在的问题与误区

（一）对果园生草缺乏足够的认识

果园生草法代替传统清耕作业法是果园土壤耕作管理制度上的一场大变革，由于多年来传统清耕制的影响，多数果农对果园生草法的优点、技术要领、产业延伸等缺乏足够的科学认识，阻碍了果园生草技术的推广与应用。有些果农认为，果园的草除也除不净，还要种草，这不是自相矛盾吗？生草后与果树争肥水怎么办？针对这些问题，必须让他们了解生草的好处，对传统清耕制实行全面改革，改传统翻耕树盘措施为免耕技术。

（二）对适生草种研究较少

果园生草的关键技术是选择适宜的草种。要实现果园生草预期的最佳生理生态效应，必须要加强草种与果园的最佳组合的选择，做到不同地区、不同果树与不同草种、不同品种的配套。不同植物有其不同的生态适应性，果树和果园生草草种也不例外，因此要因地制宜地选择适生草种。幼龄果园可选择抗旱性强的草种，如紫花苜蓿、红三叶等；成龄果园适宜选择耐阴湿的草种，如白三叶、鸭茅等；旱地果园可选用比较抗旱的百脉根和扁茎黄芪。

（三）缺乏合理的栽培管理技术

很多果农认为果园生草就是将果园地面全部种上草，实行粗放式管理，其实不然。对于幼龄果园和成龄果园而言，其栽培种植技术规范是不一样的，如幼龄果园只在树行间种草，这样可避免与果树争肥水，成龄果园可在树行间和株间种草。

二、果园生草栽培管理技术

（一）适宜区域

在年降水量少于 500 mm、无灌溉条件的果园不宜生草。果树矮化、适度密植且行距为 5～6 m 的果园，可在幼树定植时就开始种草；中等密植的矮化果园亦可生草；高密植的果园不宜生草而宜覆草。目前，主要提倡行间生草、行内覆草，或自然生草。

（二）整地施肥

土地平整与耕作对果园生草技术的应用具有重要的作用，因此，种草前要深翻、整地。深翻可加强土壤的透气性，促进有效微生物的增加，增强有效微生物的活动能力，进而提高土壤的有效养分，有利于果树根系和种植草根系的生长发育，有利于消灭杂草和病虫害等。但是深翻并不是越深越好，具体耕翻深度要根据土壤特性、种植作物种类及深翻后效果等情况灵活运用。如土层黏重的可深一些，相反则浅些；土层深的可深些，土层浅的可浅些，一般以 30～40 cm 为宜。整地对于平整土壤表面、混拌土

肥、疏松表土及轻微镇压等发挥重要作用。对于刚耕翻过的土地来说，耙平地面、耙碎土块、耙实土层、耙出杂草的根茎是非常必要的作业流程，可以保墒，为播种创造良好的地面条件。

草在生长时要从土壤中吸收水分、营养物质。因此在生草栽培的前期，应加强肥水管理。一般播种前要施基肥，以促进草种苗期生长发育。应根据不同的土壤条件和草品种确定施入基肥的种类和量，通常情况下每 667 m² 施有机肥 1 500 kg 左右。

（三）播种技术

目前多年生绿肥的播种时期分为春播、夏播、冬播。肥水条件好的果园，3—10 月皆可播种；在干旱且浇水条件差的果园，一般在雨季 8—9 月播种为宜。在我国南方和北方温暖地区一般秋播较好，过早易受杂草的危害，过迟则易受冻不能越冬而死亡；东北、西北寒冷地区多为春播，一般在解冻后及时播种，避开杂草的出苗期，有利于种植草的出苗和生长。果园生草常用的方法是条播，在旱作条件下采用 30 cm 的行距，而在潮湿地区或有灌溉条件的旱作地区，通常采用密条播，行距一般为 15～20 cm。依据草种籽粒的大小、种子品质、整地质量、土壤墒情等来决定播种量的多少，应遵循的原则是：大粒种子多播，小粒种子少播；同一品种草种子的纯净度和发芽率高、品质好的少播；干旱地区比湿润地区的播种量多些，条播比撒播节省种子 20%～30%。播种深度因草种而异，一般小粒种子浅播，大粒种子深播。

（四）水肥管理技术

播种后到出苗前，要保持地面湿润，利于种子发芽后顶出地面。幼苗期及时清除杂草，及时浇水，是生草成功的保证。调查中发现，苗期放松管理，幼苗易干枯死亡或被杂草淹没。这是因为草种在幼苗期弱小，若土壤墒情差，幼苗会干枯致死；幼苗与杂草竞争力差，杂草的出苗速度和生长速度比牧草快，导致幼苗会被杂草淹没。因此在苗期要及时清除杂草，在干旱时及时浇水，直至长出 3～5 片真叶可减少浇水量和浇水次数。果园生草初期，为了加快草坪的形成，应及时增加肥水，如白兰叶属豆科植物，本身有固氮能力，但苗期根瘤菌未形成，需施入适量的有机肥或少量的氮肥，成坪后再补充磷钾肥。注意防除恶性杂草，有一些草无大害，可以当自然生草利用起来，切不要"见草为敌"和"除草务净"，主张除草讲究"分清敌我"，即控制高大、主根粗壮的草，讲究"有限灭草技术"，即只在草长到一定高度、开花结籽时，用除草剂或刈割。

（五）刈割

刈割是生成草坪后的重要作业之一，是生草后调节草与果树水肥矛盾的有效措施和技术。绿肥均具有一定的再生性，在水肥条件良好的条件下，可以进行刈割。刈割鲜草应覆盖树盘，或机械就地粉碎覆盖，或饲喂家畜、家禽等。当草长到 30 cm 以上且大部分开花时刈割，留茬 5～10 cm，每年刈割 3～5 次，将草覆盖于地面，减少水分的蒸发，增加土壤肥力，每次刈割后撒施尿素 75 kg/hm² 或腐熟好的有机肥 4 500～7 500 kg/hm²。生草 5～6 年后，草开始老化，及时翻耕，把草层翻入地下，休耕 1 年后再播种，进行草坪更新。

三、选择果园绿肥品种的原则

果园人工种草，所用的大多为豆科和禾本科牧草，如长毛野豌豆、白三叶、紫花苜蓿、黑麦草、百喜草、车前草、狗尾草、虎尾草、早熟禾、荠菜等良性杂草，它们的特点为须根多、矮生、耗水较少，这些草种每年都能在土壤中留下大量死根，腐烂后既增加土壤有机质，又能在土壤中留下许多空隙，增加土壤通透性。刈割覆盖后也能增加土壤肥力，改善土壤结构。在能够保护果园表土、避免被风蚀和暴雨冲刷流失的前提下，选择果园绿肥品种应该遵循以下 7 个原则：

（1）适应性强，易成活，栽培管理容易，如在旱地果园种植的绿肥品种要具备抗旱性；在灌溉果园种植的绿肥品种要耐旱、耐阴，以适应灌溉果园果树密植导致林下光照较少的环境。

（2）早发性好，生长快，覆盖期长，覆盖地表效果好，在与果园地杂草共生中有较强的优势，能有效抑制果园杂草的生长。

（3）选择根系入土浅、与果树生长争水争肥较少的矮生或匍匐状的豆科植物，不影响或少影响果园人工作业。

（4）干旱时能缓解日光照射，降低果园地表水分蒸散速率，平衡和维持土壤温度，促进果树根系吸收土壤水分，维持果树生长所必需的最低需水量。

（5）应筛选抗、耐病虫害及病虫害少的优良品种，并且与果树无共同的病虫害或寄主关系，能引诱天敌。

（6）管理简便，耐割、耐践踏，再生能力强，可选择适合的一年生、越年生、多年生或具有自然落籽再生特性的品种。

（7）具有经济效益，可收获具有种植效益的籽粒或秸秆，或秸秆、枝叶可用作家畜饲料。

根据以上原则，旱坡及丘陵区果园宜选用百脉根、小冠花、扁茎黄芪或生育期适当的小黑豆，灌溉果园宜选用二月兰、白三叶或白三叶与黑麦草混播。

四、种植绿肥对果园土壤生态环境的影响

（一）对果园水土流失及土壤水分的影响

我国大部分果树分布在丘陵山地，地表呈裸露状态，水土流失严重。果园生草或生草后刈割覆盖在地面上，能够有效接纳和拦截雨水，缓和雨水对表层土壤的直接冲刷、侵蚀，减少地表径流，进而减少水土流失；能够提高水分渗透速率，生草较未生草的雨水渗透深度增加 3～9 cm，减少土壤水分的蒸发量，提高土壤含水量和水分利用效率，起到蓄水保墒的作用，对坡地果园效果尤为显著。

对葡萄园进行绿肥种植研究表明，在葡萄园间作冬、夏绿肥，连作连翻，其行间含水量和清耕相比较，各相应土层的含水量绿肥区高于清耕区。进一步的研究表明，葡萄园绿肥覆盖减轻了水分蒸发，使土壤保水力有所提高，与清耕相比，0～20 cm 土层，土壤含水量平均提高 0.7%～1.1%。

果园生草还可对土壤含水量的丰缺进行调节，在降雨过多时可以降低土壤含水量，而在降雨稀少时却能保持较高的土壤含水量，从而使土壤含水量较为稳定。有报道显示，漳州地区的龙眼园在丰水的年份，3—9 月土壤湿度都在 60% 以上，通过生草处理后可显著降低土壤湿度，尤其是耕作层土壤湿度显著降低，这有利于果树根系的生长和对养分的吸收。冬季 11 月，在套种了牧草的龙眼园和香蕉园测定土壤含水量，0～15 cm 土层土壤含水量为 12.36%～13.64%，比单纯种植龙眼和香蕉的果园提高了8.80%～20.10%，说明果园种草后可增加地表覆盖率，减少了地表土壤水分的蒸发，并增加了土壤水分的渗入作用，提高了土壤含水量。特别是果园覆草后可明显减少土壤水分蒸发，提高土壤含水量，并且使得根系密集层（15～40 cm）的土壤含水量为果树生长发育的最适宜湿度（28.5%～34.7%）。果园绿肥由于遮蔽或刈割后覆盖地表，可抑制和减少地表土壤水分的蒸发，增加土壤含水量。种植三叶草后，果园土体含水量较清耕区有所提高，其中土壤表土增加更为明显。

由于绿肥生长需要消耗水分，干旱年份旱地果园浅层土壤水分含量下降，但种植绿肥对深层土壤水分具有调蓄作用。不同绿肥种类对土壤储水增减量的影响存在差异，具体表现为在降水丰水年份影响较小，而在降水欠水年份影响较大。总的来说，果园绿肥覆盖地表后，可保蓄土壤水分，提高土壤储水量，可为果树生长创造有利条件。

（二）对土壤有机质含量的影响

土壤有机质是土壤肥力的重要属性，对提高农产品产量、保护生态环境及保障农业的可持续发展具有重要作用。在果园土壤管理中，一方面，果农普遍重视施用化肥而轻视有机肥，造成果园表层土壤的有机质和速效养分含量降低；另一方面，清耕可增加土壤通气性，但由于扰动土壤造成土壤中部分有机质的暴露和分解，导致表层土壤有机质含量逐年降低。种植果园绿肥后，土壤翻耕次数减少，绿肥植物体归还土壤、腐解后增加了土壤中有机质的含量。果园生草或生草后进行刈割覆盖园地后，其枯叶、枯根等残体在土壤中降解、转化，形成腐殖质，土壤中的有机质便不断提高。

生草或覆盖之后，由于土壤温热条件的改善，加速了有机物的分解，使得土壤有机质含量提高，在

沙地葡萄园的生草试验发现混播毛叶苕子、大麦、油菜可使土壤有机质较对照提高 0.22%。不同的牧草种类，其碳氮比不同，对土壤肥力的影响也不相同。有研究者认为碳氮比大的秸秆施入土壤后对重组碳含量的贡献大，使新形成的腐殖质与土壤无机部分有较大的复合量，可增加紧结态腐殖质碳量，从而有利于提高改土效果；碳氮比小的绿肥施入土壤对土壤氮有明显的复合作用，可增加松结态腐殖质碳量，从而增加土壤速效养分含量。

（三）对土壤氮、磷、钾养分含量的影响

果园生草通常选择两类牧草，一类是豆科植物，另一类是禾本科植物。豆科植物具有固氮作用，可使土壤中氮素含量明显提高，而禾本科植物可提高土壤钾素含量，但也会在一定程度上降低土壤中氮素含量。果园生草后进行刈割覆盖，当其腐解后，草体中丰富的氮、磷、钾便释放到土壤中，从而提高土壤中相应的养分含量。例如豆科绿肥作物毛叶苕子，每公顷可产鲜草 3.79 万 kg，其中氮、磷、钾含量分别为 471.15 kg、74.40 kg、457.94 kg，相当于每公顷施尿素、过磷酸钙和硫酸钾各 1 024 kg、1 002 kg、1 099 kg。一般来说，果园生草与清耕相比，它能提高土壤中全氮含量，而全磷、全钾含量相差不明显。

研究报道沙地葡萄园种植绿肥后，全磷和全钾含量与清耕也相差甚微。在龙眼上的研究也得出相似的结论，生草可提高土壤全氮含量，而对全磷和全钾含量的影响不显著。果园生草后，不仅能够引起土壤中氮、磷、钾全量养分含量的变化，而且更重要的在于能增加土壤中氮、磷、钾速效养分含量，从而直接改善果树的生长状况。通过果园草覆盖可提高土壤中锌、铁、铜、锰等矿质营养元素的含量，增幅可分别达到 31.81%、5.02%、21.41%、81.77%。果园绿肥生长要消耗大量的营养元素，绿肥刈割、翻压后植物体回归土壤，可返还土壤大量的氮、磷、钾养分和钙、镁、铁、锌、锰等中、微量营养元素。国外学者研究发现，种植果园绿肥可显著增加土壤有机质、全氮、交换性钾及有效磷的含量。国内学者也有相似的研究结果，在石灰性土壤种植果园绿肥后，土壤中常常缺乏的钙、铁、锌等中、微量元素含量明显高于清耕果园。说明长期种植绿肥可增加土壤速效养分含量，可适当减少化肥的用量。

（四）对土壤热量的影响

大量的文献都报道果园生草或生草覆盖可明显地改善土壤的热量状况。一般认为果园生草可起到平稳地温的作用，冬季可提高土温，夏季可降低土温。如龙眼园生草在寒冷季节可提高地表温度 2~3 ℃，提高根际土温 1~2 ℃；在炎热的夏季则可降低地表温度最高达 10.7 ℃，降低根际土温 2.5 ℃。不进行生草处理的清耕园地，在炎热的 8 月地表温度可高达 50 ℃，而进行了生草处理的，地表温度仅有 30.4~38.7 ℃，较清耕地面降低了 11.3~19.6 ℃。这种降温作用在炎热的夏季对果树根系的生长是极为有利的。生草覆盖同样也有稳定地表温度的作用。

探究果园生草或生草后刈割覆盖园地能起到稳定地表温度的原因，可能是在炎热高温的夏季或在白天，生草或生物覆盖限制了土表对热量的吸收，因而有效地降低了地表温度；在寒冷的冬季或在夜间，生草或覆盖则有效地阻止了地面热量向空中的辐射，从而相对地提高了地表温度。因此，无论从一年还是从一天来看，生草或覆盖的土壤温度都比较稳定。果园种植绿肥及绿肥刈割后形成地表覆盖，地面和表层土壤温度的变化幅度小。早春土壤温度上升缓慢，根系活动迟，可避免晚霜危害；冬季可提高土壤温度，减缓果树因低温造成的冻害；夏季可降低地表温度和根际土壤温度，比清耕低 4~8 ℃，可避免表层根系因土壤温度高而引起老化死亡，有利于果树根系的生长。

（五）对土壤通气状况的影响

果园生草的根系通常有较强的穿透能力与团聚作用；可促进土壤水稳性团粒结构的形成，增加土壤孔隙度，提高其通透性。果园生草后刈割覆盖园地，覆盖物会腐解形成腐殖质，有利于土壤团粒结构的形成，必然也就有利于提高土壤的通透性。

试验发现葡萄园间作绿肥可使 0~20 cm 土层的土壤容重较清耕减少 0.17~0.18 g/cm³，而使土壤孔隙度提高 6.5%~6.8%。土壤这类理化性状的变化极大地改善了土壤的通气状况，从而有利于果树

根系的生长。良好的土壤结构与适宜的土壤孔隙对保持果园良好生态系统，提高果品产量和保证果品质量具有重要作用。种植绿肥后，果园表层土壤中直径≥1.00 mm 的土壤团粒数量和土壤孔隙度较清耕区有所增加，而土壤容重较清耕区有所下降。果园长期种植绿肥可降低土壤容重，提高土壤孔隙度和土壤团聚体含量，改善果园土壤的物理性状。

（六）对果园土壤微生物的影响

果园生草后，草凋落物和根系分泌物为果园土壤微生物提供了丰富的营养物质；果园生草后刈割覆盖园地也为土壤微生物提供了营养物质和生存空间。因而无论果园生草还是生草后刈割覆盖园地都会极大地引起土壤微生物优势种群和数量的巨大变化。

（七）对果园土壤酶活性的影响

土壤酶活性的高低直接影响土壤中氮、磷、钾元素及一些有机物质的循环、转化。已有大量文献表明，果园生草和刈割草进行土壤覆盖可改变土壤酶活性，其根本原因是生草或刈割草覆盖改变了土壤有机质状况。

具体表现为：在垂直方向上土壤有机质含量、土壤脲酶活性和转化酶活性均以表层土壤最高，随土层深度的增加，土壤有机质含量、土壤转化酶和脲酶活性显著降低；在水平方向上树冠覆盖区内的土壤有机质含量、土壤脲酶活性和转化酶活性大于树冠覆盖区以外。

五、我国果园生草技术的发展趋势及研究重点

（一）发展趋势

近年来果园生草由单一的种草养地向生草与养殖业、畜牧业相结合的模式发展。果园生草与养殖业、畜牧业结合，不仅植被残体可以覆盖果园或喂养牲畜，而且实现了动物粪便还田的良性物质循环。主要有果草禽复合生态系统、果草畜复合系统和牧沼果草生态果园复合模式。果园生草养鹅、牛、羊等禽畜，不仅可以提高经济效益，而且禽畜粪便、牧草枯枝落叶返还土壤，解决了土壤恶化、果树生理病害的问题，有效地提高了果实品质。

果园养禽畜应控制好禽畜数量，若过多会践踏果园土壤，破坏土壤结构，影响土壤肥力性能，进而影响果树生长。果园内套种优质牧草，用草固地防止水土流失，以草喂禽畜发展养殖业，实行果—草—畜生产模式，可获得果禽畜丰收。

此外，牧沼果草生态果园复合模式也是一种极具发展前景的高效节能的绿色果品生产模式。以沼气池为纽带将果草畜禽相结合构建复合式的立体生态果园，不仅解决了生活用能和果园有机质短缺、肥力不足的问题，而且降低了生产成本，减少环境污染，提高果园综合经济效益。

（二）研究重点

（1）根据果树及果园的具体条件，选择适宜的生草模式并选择一些浅根性、菌根侵染率高的草种。理想的生草草种应提供足够的地面覆盖，与果树的水肥竞争力相对较弱，并能促进果树根系的吸收功能。

（2）选择适宜生草的播种时期、播种深度及播种量：适宜的播种时期可以使绿肥与果树的水分临界期错开，使两者对水肥需求的高峰期交叉时间减少；播种深度的研究意义与选择浅根性草种一致，在空间上错开牧草与果树对水肥资源需求的重叠；播种量的多少会影响草与果树的强弱。

（3）生草年限：通过绿肥的及时更新解决生草多年后草的老化问题。

（4）刈割周期和方式：刈割可以抑制草根系功能，降低其对水肥的吸收，且刈割的青草覆盖树盘对提高土壤肥力有着重要意义。不合理的刈割方式可能会破坏土壤结构，所以应针对不同牧草草种采取恰当的管理方式。

附录 葡萄园生草技术

一、技术简介

葡萄园生草分为人工种草和自然生草两种方式。葡萄园生草可有效减少土壤冲刷，增加土壤有机质，改善土壤理化性状，使土壤保持良好的团粒结构，防止土壤暴干暴湿，保墒，保肥，提高品质；改善葡萄园生态环境，为病虫害的生物防治和生产绿色果品创造条件；减少葡萄园管理用工，便于机械化作业，生草果园可以保证机械作业随时进行，即使是在雨后或刚灌溉的土地上，机械也能进行作业，如喷洒农药、生长季修剪、采收等，这样可以保证作业的准时，不误季节；经济利用土地，提高果园综合效益。

二、技术使用要点

（1）人工种草草种多用豆科或禾本科等矮秆、适应性强的草种如毛叶苕子、三叶草、鸭茅草、黑麦草、百脉根和苜蓿等；自然生草利用田间自有草种即可。

（2）待草长至 30～40 cm 时利用碎草机留 5 cm 茬粉碎，若气候过于干旱于草高 20 cm 左右留 5 cm 茬粉碎，若降雨过多则待草高 50 cm 左右时留 5 cm 茬粉碎。为保证草生长良好，每 2 年保证草结籽 1 次。粉碎的草可覆盖在树盘或行间，使其自然分解腐烂或结合畜牧养殖过腹还田，增加土壤肥力。

（3）人工种草一般在秋季或春季深翻后播种草种，其中秋季播种最佳，可有效解决生草初期滋生杂草的问题。

（4）树盘生草以人工生草例如播种黑麦草、紫花苜蓿等为宜，效果优于自然生草。埋土防寒区行间生草以自然生草为宜，可有效降低管理成本；非埋土防寒区行间生草以人工生草为宜。

三、技术适宜区域

本技术适于在年降水量较多（年降水量＞600 mm）或有灌水条件的葡萄园。

四、注意事项

（1）人工生草最好在秋季播种，埋土防寒区以 8 月 20 日前播种为宜。
（2）葡萄园生草必须定期进行刈割。
（3）葡萄园生草的碎草结合秋施基肥施入施肥沟内。

第四节 葡萄园废弃物的循环利用技术

葡萄为葡萄科葡萄属落叶藤本植物，是世界最古老的果树树种之一，在中国栽培历史悠久，具有适应性较强、产量高、结果早、品种繁多等特点。我国从 2011 年起鲜食葡萄产量已稳居世界首位，并已经成为世界葡萄生产大国。中国约有 60% 以上的葡萄产区分布在干旱和半干旱地区，多数葡萄园平均土壤有机质含量不足 10 g/kg，土壤有机质含量普遍偏低，有机肥投入不足，容易造成土壤盐碱化，导致葡萄缺铁性黄化严重发生。土壤有机质含量偏低是制约我国葡萄酒产业可持续发展的重要因素，提高有机质含量是一项长期基础工作。

在每年的葡萄修剪管理中，都会产生大量新梢或枝条，目前对于这些葡萄新梢或枝条等的处置是作为垃圾，或就地焚烧，或作为燃料使用，利用率很低，不仅造成资源浪费而且还会污染环境，诱发交通事故。据联合国粮食及农业组织（FAO）统计，2014 年我国葡萄栽培面积为 77 万 hm²，年总产量约 1 262万 t，按照 Fischer 和 Sanchez 等推荐的办法进行推算，当年葡萄果实负载量与冬剪枝条鲜重的比例为 1∶（0.6～0.8），仅 2014 年我国葡萄园的冬剪枝条鲜重量至少有 757.2 万 t。这些葡萄修剪枝可折合氮（N）达 3.2 万 t，磷（P）为 0.3 万多 t，钾（K）近 2.1 万 t，此外，这些修剪枝还蕴涵着丰富的生物质能（碳源）和植物生长发育所必需的微量元素。随着农业可持续发展和环境保护的需要，解决葡萄修剪枝的处理问题很有必要。通过相关处理将葡萄修剪枝变废为宝，既能解决资源浪费和环境污染等问题，还能实现葡萄园废弃物的循环再利用，对我国葡萄产业发展具有重要意义。

一、葡萄园废弃物的研究历史

对于葡萄园废弃物的研究主要经历了以下几个阶段。

（一）用于焚烧

早期的葡萄园废弃物就同其他农业废弃物一样，除去小部分健康粗壮的修剪枝被用来扦插繁殖以外，其余的大部分被随意堆放，或作为垃圾进行处理。由于葡萄园废弃物的体积巨大，废弃物堆积易侵占土地，如果清理不及时，容易滋生细菌、蚊、蝇等有害生物，严重污染环境。同时废弃物长时间的堆积，经过风化、雨雪等淋溶、沿地表径流可能产生大量有害物质，污染土壤给农业生产带来潜在威胁。大多数葡萄园废弃物被果农直接焚烧，或者被当作柴火用于农民的生活燃料，焚烧后的灰烬当作廉价肥料。这种焚烧处理最原始，最简单，对环境的危害也最大。随意的露天焚烧不仅污染大气，使大气透明度降低形成雾霾，而且直接影响人体的身心健康，也是对资源的一种浪费。这样焚烧的处理方法持续了很长时间，直到现在，在一些落后的山区仍有许多果农这样处理葡萄园废弃物。随着时代的进步，那些原本被丢弃或焚烧的葡萄园废弃物渐渐被发现了其他价值，各种不同的再利用方式陆续产生。

（二）用于发电原料

随人类社会的发展和科技的进步，科学家发现并学会了利用电能，电力逐渐成了人们日常生活的重要组成部分，长期以来煤炭一直是电力的主要来源。20世纪80年代人们开始尝试利用农业废弃物进行发电。在这一时期，美国率先出台了相关政策，对利用农业废弃物、木材和城市垃圾等修建电厂给予支持，并且在新罕布什尔州和加利福尼亚州分别建造了三座16 MW和25 MW的电厂。然而利用农业废弃物作为燃料进行发电，虽然可以很好地进行废物利用，但是燃烧过程中产生的废气和烟尘对环境仍然有污染。同时这些农场废弃物供应的季节性很强，不能达到原材料的周年供应，致使电厂利用率相对较低，限制了利用农业废弃物修建电厂的范围。

（三）用于食用菌生产基质

利用葡萄园废弃物作为生产食用菌的基质，不仅绿色、环保、无污染，还对实现生态农业建设具有重要作用。在20世纪80年代利用葡萄园废弃物进行发电的同时，新疆葡萄瓜果开发研究中心开始利用葡萄枝和其他原料进行食用菌栽培的研究，取得了初步成功。目前，我国利用农业废弃物做培养基栽培草菇、平菇技术已得到广泛应用。将葡萄枝条的生物降解与食用菌生产结合起来，实现枝条生物质能的高效转化。应用平菇对葡萄枝条进行固体降解及生产平菇子实体，可实现高效的生物学效应及生物转化效率，具有巨大的食品生产潜能开发价值。运用极性萃取剂对葡萄枝条进行预处理，可不同程度地提高香菇的木质素降解酶活性，提高枝条的降解效率，增加香菇的产量。近十几年来，利用葡萄修剪枝制作食用菌原料这一技术已经在陕西、河南、浙江等省份得到了广泛应用，受到了农民的欢迎。

（四）制造有机肥料

现代化的堆肥最早是由霍华德于1925年提出的，称为班加罗法（Bangalore Process），该方法在20世纪20—30年代盛行于马来西亚及东亚、南美等地。1931年，荷兰VAW公司对班加罗法在搅拌方法上进行了改进。同一时期，德国的Schweinfurt和瑞士的Biel采用固定式固定床法，将磨碎物料压成块状堆放，腐熟的堆肥经破碎再利用。20世纪30年代初，丹麦出现了丹诺（Dano）堆肥装置，采用卧式生物发酵筒水平倾斜放置。该装置流行于20世纪70年代初，目前意大利的罗马、英国的莱斯特、美国加利福尼亚州的萨克拉曼多和亚利桑那州的菲尼克斯等有150多家这样的工厂。20世纪40年代初，国际上出现了机械化较强的立流移动式搅拌发酵仓，即Earp-Thomas法。其通气效果和发酵时间都有很大程度的改进。此后相继出现了Frazer Eweson法、Jersey法、Naturizer法、Riker法和 Varro 法等类似堆肥发酵装置。以上这些堆肥工艺在各种固体废物尤其是园林废弃物处理方面发挥着重要作用。

由于葡萄修剪枝条中含有大量的氮、磷、钾及多种微量元素和丰富的生物质能源，是宝贵的农业资源。葡萄园固体废物生产堆肥是实现资源化利用的有效途径，也是世界上发达国家对果园废弃物资源化利用的普遍做法。目前一些国家在这方面已经形成了现代配套的堆肥技术和先进的工艺系统及完备的设备，实现了规模化和产业化生产。早在 1994 年，美国环境保护署就颁布了园林绿化废弃物和城市固体废弃物堆肥的 EPA530－R－94－003 法则，对园林绿化废弃物的收集、分类、发酵和后加工的工艺程序都做了严格的规定。美国许多州还规定园林绿化废弃物如果符合土壤改良材料的质量要求，政府部门就必须购买或使用这些废弃物作为堆肥材料，为"落叶化土"循环模式找到了出路。近年来，美国园林绿化废弃物资源化处理的比例从 20 世纪 90 年代初的 12％增加到如今的 67％，堆肥厂已达 4 000 余家，仅从 2005 年到 2009 年就增加了 5 倍之多。欧洲不同国家通过园林绿化废弃物加工成绿地覆盖物（基质）或有机肥已经成为成熟产业。同时对城市有机废弃物的管理有严格的法规，如欧盟的土地填埋法对可降解的有机废弃物进入填埋场的比例有严格控制，并要求逐年降低，同时也促进了有机堆肥市场的发展，从而限制单位土地面积的化肥使用量。德国在 2000 年制定了 Ksasel 计划，规定集中收集庭院枯枝落叶等有机废弃物，放入生物降解塑料袋进行降解和堆肥化处理，最终将其降解物作为资源回收再利用。比利时政府通过给予家庭补贴的方式大力推广家庭堆肥，仅布鲁塞尔每年经过堆肥化处理的园林废弃物高达 21.6 万 t。澳大利亚将绿化废弃物回收利用作为生产有机覆盖物的原料，形成绿色经济产业链，带来了显著的经济收益和社会效应。日本对废弃物资源化处理一直很重视，采取多种堆肥方法来处理绿化废弃物，他们鼓励家庭独立制作活性堆肥，研制各类发酵剂和小型堆肥配套机械，开发出多种园林绿化废弃物的堆肥制作方法并加以推广，变废为宝提高了资源利用率。目前日本已经形成了较为完善的废弃物处理体系和先进的技术。至 2005 年日本园林绿化废弃物再利用率达到 52.2％，取得了显著的经济效益和生态效益。总之，目前多数发达国家对于园林绿化废弃物回收再利用已经基本普及和成熟化，并且逐渐形成了新型环保产业，同时给社会带来一定的经济效益和生态效益。

我国对果园废弃物的循环利用起步较晚，水平较低，与国外相比还处于初级阶段，产业链尚未形成。2007 年在北京建立了全国首个园林绿化废弃物处理站，随后在上海、济南和深圳等市也相继成立了一系列的园林绿化废弃物处理及循环利用机构。但由于果园废弃物体积大、占地面积大、原料季节性强、收集运输等都需要成本，因此现阶段各城市园林绿化废弃物处理厂主要针对城市草坪、枯枝落叶及蔬菜垃圾等进行处理。对于果园的残枝和修剪枝等采用就地处置分解的方式较为符合我国国情。这种方式几乎不费任何财力、物力和人力，将养分直接归还土壤，增加土壤肥力。

葡萄冬剪枝条堆肥可用作环境友好的优质有机肥或土壤改良剂，施用此种有机肥能在为农作物提供营养、增加和更新土壤有机质、改善土壤理化性质的同时一定程度上促进农作物的增产增收。循环利用葡萄枝条作为土壤有机肥或改良剂，不仅可以减轻环境污染、减少火灾等，而且对于增加有机肥源、保持和提高土壤肥力、保证农产品质量与安全等具有重要意义。

（五）用作沼气和饲料原料

利用果园废弃物制造沼气的发展历史很悠久，以果园废弃物、禽畜粪便等有机废物作为原料，经厌氧发酵可以产生以甲烷为主要成分的沼气，用来照明或做燃料。沼渣、沼液可以作为有机肥和农药直接还田，抑制病害发生，提高葡萄的品质和土壤中有机质含量，促进土壤菌群和土壤动物（蚯蚓）的增多，改善土壤的结构和保水性，促进生态农业的发展。此外，利用沼渣栽培食用菌，栽培过的沼渣还可继续用来养蚯蚓、养鱼或作为肥料还田，使其得以综合利用。

葡萄修剪枝不仅可以作为沼气等能源物质循环再利用，还可以制作动物饲料。苏联曾尝试过利用葡萄修剪枝制作饲料，而中国只在近几年才出现相关研究。2016 年有相关研究者针对新疆大面积葡萄园产生的修剪枝问题，进行了加工成饲料的研究，目前这些应用均未在实际生产中大量推广应用，尚有很大的发展潜力。

（六）用作医药化工原料

古代中医认为，葡萄的根系、藤茎、叶片等都可作为药用，其含有丰富的鞣质、胶质、糖类、碳水化合物及多种有机酸。据《陕西中草药》《贵州草药》记载，毛葡萄的全株、叶（野葡萄藤）、山葡萄根皆可入药，具有抗衰老、抗氧化等作用。国外也有报道表明，葡萄叶片中含有机酸、花青素、脂类、酶类、萜类、胡萝卜素、还原糖和非还原糖，可用于治疗腹泻、出血、静脉曲张、肝炎及自由基有关的疾病。

随着科技的不断发展，医药研究进入了生物化学时代。20 世纪末美国的艾尔·敏德尔博士出版的《抗衰老圣典》认为，白藜芦醇具有很好的抗癌作用，被誉为是继紫杉醇后的又一新的绿色抗癌药物，已成为科学工作者高度重视的天然活性成分，而葡萄属植物中的白藜芦醇含量是 72 种植物中最高的。有研究发现，葡萄的果梗、叶片中白藜芦醇含量较高。新梢也含有丰富的白藜芦醇，孙传艳等在最优提取条件下得到的白藜芦醇含量高达 106.76 μg/g。将来利用葡萄园废弃物（枝条和叶片）大量提取白藜芦醇具有广泛的应用前景。

另外，葡萄废弃物中含有大量膳食纤维、半纤维素和纤维素等，利用发酵法或酶法提取和活化葡萄修剪枝及叶片中膳食纤维，变废为宝；通过微生物处理，可生产出果胶、纤维素等多种重要的化工原料或产品。葡萄枝条还能用来生产活性炭，经过热解炭化可制备成孔隙结构发达的炭材料。同商业活性炭相比，生物炭成本低效果更好。施用生物炭不仅可有效提高土壤有机质含量，改善土壤保水、保肥性，而且可使土壤中植物生长所需元素的可给态显著增加。作为一种高效吸附剂，生物炭可广泛用于污染环境治理。

二、葡萄园废弃物的来源与组成

（一）葡萄园废弃物的来源

葡萄园有机废弃物主要包括夏季与冬季修剪时的葡萄枝条和叶片、秋冬的落叶及杂草等。其中修剪的枝条占绝大多数，约占 30%。修剪是葡萄园周年生产管理中的重要环节，它起着调节树体生长和结果关系、维持架面枝蔓分布、防止结果部位外移从而实现树体更新复壮和持续生产的重要作用。而葡萄的冬季修剪和夏季修剪在提高产量的同时每年也产生了大量的休眠枝和生长枝。

（二）葡萄园废弃物的组成

葡萄园废弃物的组成主要包括两类，一类是天然高分子聚合物及其混合物，如纤维素、半纤维素、果胶、木质素等；另一类是天然小分子化合物，如有机酸、酚类、脂类、酶类、萜类、胡萝卜素和各种碳氢化合物。尽管天然小分子化合物在植物体内含量甚微，但大多具有生理活性，因而具有重要的利用价值。

葡萄冬季修剪枝条质地较硬，木质素、纤维素含量较高，同时含有大量的氮、磷、钾元素和丰富的生物质能源，以及各种微量元素，这些枝条的资源再利用有着非常广阔的前景。

三、葡萄园废弃物的利用途径

（一）葡萄园废弃物堆肥化利用技术

堆肥是将葡萄园废弃物收集并储存在一个合适的环境下使其自然降解，并通过固化手段将降解产物进行充分稳定的过程。成熟的堆肥处于一种稳定的状态，并富含腐殖质，通常呈现深褐色或黑色并且具有泥土的形态和气味，可以被用作土壤改良剂或用于培育植物。生产堆肥可以减少或消除葡萄园对化学肥料的需求并促进葡萄生长发育，提高产量和果实品质，同时可以起到对土壤的修复作用，有利于生态环境并降低生产成本。堆肥与化肥相比，具有营养全面、肥效长、易于被植物吸收等特点，对提高作物的产量和品质、防病抗逆、改良土壤等具有显著的功效。近年来，国内外广泛开展了高温堆肥、机械化堆肥等研究，这项技术正逐步向方便化、规范化方向发展。

堆肥类型主要有就地堆肥法、蚯蚓堆肥法、动态充气料堆肥法、静态充气料堆肥法、容器堆肥法等。制作堆肥时，根据场地不同，分为集中处理基地、就近处理和新型集约式设备处理。集中处理基地主要负责所辖区域内果园和园林废弃物的消纳，具有场地大、投资高、设备齐全等特点。就近处理是在果园附近或园区内进行，占地面积小，堆肥方式简单易行，便于就地技术推广。新型集约式设备处理是将果园废弃物的粉碎、发酵、腐熟集成为一套密闭系统，实现资源化利用。其优点是设备占地面积小，灵活多变投资少，可就地处理降低运输成本。缺点是处理量相对较小，主要用于面积小、废弃物少的单位。

一般大型的堆肥厂目前多采用高温好氧发酵生产堆肥。高温好氧发酵堆肥是在人工控制下，借助好氧微生物的作用，堆肥有机物料不断被分解转化成稳定有机质的过程，这一过程中产生大量的热量，热量的蓄积和散失造成堆体温度发生变化，一般分为升温阶段（上升到 45 ℃）、高温阶段（55~60 ℃）、降温阶段（温度稳定开始腐熟）。

堆肥在腐熟过程中原料的碳氮比、含水量、微生物菌剂种类及通风等因素都会影响堆肥效果。堆肥中的碳素和氮素是微生物的基本能量来源，微生物需要充足的氮源才能生长繁殖和分解，如果碳氮比过高，氮源不足，则有机物降解速度变慢，堆肥时间延长。通常多数果树枝条的碳氮比较高，高达 300~500，合理的堆肥过程中碳氮比要求在 20~40。因此必须加入尿素来降低碳氮比，使其在发酵过程中的碳氮比保持在合理区间。原材料的含水量直接影响堆料性质、堆肥发酵速度、堆肥腐熟程度和堆肥产品质量，是堆肥过程中重要的控制因素。水分是发酵过程中微生物新陈代谢所必需的，微生物的生长繁殖也需要水分。水分还可软化堆料、调节堆体温度使其更容易分解。一般堆肥适宜的含水率为 50%~70%，以手握成团、手松即散为标准。在堆肥过程中接种微生物菌剂可以加快堆肥腐熟进程，缩短发酵周期，有利于分解果树枝条中的木质素、纤维素等大分子物质，同时可以使堆肥快速升温，当温度超过65 ℃时可以杀死堆肥原料中的有害病虫，提高堆肥质量。另外在发酵过程中需要翻堆，增加通风。

（二）葡萄园废弃物基质化利用技术

研究表明，许多农业固体废弃物材料与草炭接近，经处理后可部分或完全替代基质中的草炭材料。因此，实现葡萄园固体废物的基质化利用，一方面可以充分利用果树产生的废弃物，减少农业污染，实现资源循环再利用；另一方面，利用营养基质发展非耕地的植物栽培，可应用于屋顶绿化、阳台农业等现代新兴产业，不但能解决农业固体废物处理处置的难题，还能替代草炭等有限的矿产资源，保护自然资源和生态环境，促进农业固体废弃物循环利用的产业化发展。

将葡萄枝条的生物降解与蘑菇生产结合起来，实现枝条生物质能的高效转化。Pardo 等以葡萄园有机废弃物葡萄枝条与葡萄柄为原料，进行室内堆肥栽培双孢蘑菇，突破了传统食用菌栽培原料范围及单纯堆肥的处理方式，将枝条堆肥与食用菌生产有机地结合起来，节约成本，增加经济效益。另外，运用极性萃取剂对葡萄枝条进行预处理，可不同程度地提高香菇的木质素降解酶活，提高枝条的降解效率，增加香菇的产量。同时利用修剪枝及落叶等葡萄园有机废弃物培育食用菌，然后再经菇渣还园，经济、社会、生态效益三者兼得。据测定，菇渣有机质含量达 11.09%，每公顷施用 30 m³ 菇渣，与施用等量的化肥相比，不仅节省了成本，同时对减少化肥污染、保护果园生态环境亦有积极的意义。

（三）葡萄园废弃物饲料化利用技术

葡萄枝条等废弃物中含有动物所需的蛋白质、纤维、脂肪及矿质元素等营养元素。但因营养价值低或可消化性低导致直接饲喂不易被动物高效吸收利用，需要对其进一步加工处理以改进其营养价值，提高适口性和利用率。葡萄园有机废弃物经过青贮、氨化、微贮处理，饲喂畜禽，通过发展畜牧增值增收。实践证明，充分利用葡萄园有机废弃物养畜，过腹还园，实行农牧结合，形成节粮型畜牧业结构，是一条符合我国国情的畜牧业发展道路。

（四）葡萄园废弃物能源化利用技术

葡萄园有机废弃物发酵后产生的沼气，不但可以用作用户煮饭、点灯的燃料，也可用作内燃机的燃料，具有无烟、少污染、抗爆性能好、可燃范围宽等特点。并且沼气可以用于发电，并通过发电装置产生电能和热能。沼气发电具有创效、节能、安全和环保等优点，是一种分布广泛且廉价的能源利用方式。产生的沼渣、沼液是优质的有机肥料，其养分丰富，腐殖酸含量高，肥效缓速兼备，是生产无公害农产品、有机食品的良好选择。一口 8~10 m³ 的沼气池年可产沼肥 20 m³，连年沼渣还田的试验表明：

土壤容重下降，孔隙度增加，土壤的理化性状得到改善，保水保肥能力增强；同时，土壤中有机质含量提高 0.2%，全氮含量提高 0.02%，全磷含量提高 0.03%，平均提高产量 10%～12.8%。

（五）葡萄园废弃物材料化利用技术

通过微生物处理，利用葡萄枝条中的半纤维素和纤维素的降解物，可生产出多种重要的化工产品。通过戊糖乳杆菌利用葡萄枝条半纤维素的水解产物，可分别获得生物表面活性剂和乳酸，效果显著。同时，通过汉逊德巴利酵母可将水解产物中的木糖转化生产出木糖醇，还可以利用葡萄枝条生产出具有很好孔隙度的白葡萄酒澄清剂——活性炭粉剂。

葡萄叶片和新梢（枝条）中含有丰富的多酚类化合物，利用这一点可进一步开发药物、日用化工、口服液及食品添加剂等，从而实现葡萄多酚的工业化生产，对多酚类化合物应用的深度和广度具有巨大推动作用。此外，葡萄废弃物还可以生产包装材料、建筑装饰材料等。

四、葡萄园修剪枝转化有机肥利用技术

我国葡萄园的修剪枝转化有机肥的研究和应用主要集中在两个方面，一是直接粉碎还田，二是经过发酵进行堆肥化处理。鉴于我国北方葡萄主产区大多属于干旱或半干旱气候，降水量小，修剪枝直接粉碎还田后在土壤里腐烂消解效率低，修剪枝发酵堆肥处理的效率更高。

（一）葡萄园废弃物堆肥化处理技术

堆肥化是在人工控制水分、通气和碳氮比的条件下，依靠自然界广泛存在的细菌、真菌和放线菌等微生物的生化反应，将不稳定的有机物料转化为稳定的腐殖质的过程。利用堆肥化技术生产改良土壤基质、做有机肥源是对果园废弃物进行资源化处理的理想途径之一。葡萄枯枝落叶发酵有机肥的具体方法如下：

准备物料：将葡萄冬季修剪枝及枯枝落叶粉碎，用发酵剂发酵，发酵剂与粉碎植物材料按照比例混匀备用。

调整碳氮比：发酵有机肥的物料碳氮比应保持在 25～30，因落叶、枯草的碳氮比太低，故应调整。所以，1 t 葡萄枯枝落叶要加 1 kg 尿素（或加 50 kg 的畜禽粪便）。

控制水分：枯枝落叶的水分含量应控制在 60%～65%。水分判断：手紧抓一把物料，指缝见水印但不滴水，落地即散为宜。水少发酵慢，水多通气差，还会导致"腐败菌"工作而产生臭味。

建堆要求：将备好的物料边撒菌边建堆，堆高与体积不能太矮太小，要求堆高 1.5 m，宽 2 m，长度 2～4 m 或更长。

温度要求：启动温度在 15 ℃以上较好（四季可作业，不受季节影响，冬天尽量在室内或大棚内发酵），发酵温度控制在 75 ℃以下。

翻倒供氧：发酵剂需要好氧发酵，故在操作过程中应加大供氧措施，做到拌匀、勤翻、通气为宜，否则会导致厌氧发酵而产生臭味，影响效果。

发酵完成：一般在物料堆积 48 h 后，温度升至 50～60 ℃，第三天可达 65 ℃以上，在此高温下要翻倒一次。一般情况下，发酵过程中会出现两次 65 ℃以上的高温，翻倒两次即可完成发酵，正常一周内发酵完成。物料呈黑褐色，温度开始降至常温，表明发酵完成。

（二）果农自家制作农家有机肥方法

必备物料：鸡粪、葡萄冬季修剪枝（将葡萄枝条切碎成直径为 20 mm 的颗粒）、生物发酵剂。

配制比例：葡萄冬季修剪枝 1 500 kg、鸡粪 150 kg、生物发酵剂 1.5 kg。

配制方法：将上述材料混匀堆制，每堆 1 500 kg，水与枝条碎屑的配比是 25∶30，每 6 d 翻堆一次，温度低于 15 ℃时 15～20 d 即可成肥。

（三）葡萄园废弃物肥料直接还园利用技术

该技术可分为粉碎还园和整枝还园。粉碎还园是采用机械一次将修剪枝及落叶直接粉碎还园。整枝

还园是指修剪枝未经粉碎直接翻埋或平铺。

粉碎和整枝还园是一项高效低耗、省工、省时的有效措施，易于被果农普遍接受和推广。但直接还园存在两个方面的弱点：一是粉碎设备成本高，难于推广；二是山区、丘陵地区的葡萄园面积小，机械使用受限。

在直接还园中，应注意的问题如下：

1. 配合施用氮、磷肥料

由于修剪枝及落叶碳氮比较大，微生物在分解时需要从土壤中吸收一定的氮素营养，如果土壤氮素不足，往往会出现与葡萄争夺氮素的现象，影响葡萄的正常生长，因此应配合施用适量的氮肥，对缺磷土壤应配合施用适量的速效磷肥，同时结合浇水，有利于有机废弃物吸水腐解。

2. 减少病虫害传播

由于未经高温发酵直接还园的修剪枝及落叶，可能导致病害的蔓延，如葡萄霜霉病、灰霉病等，因此有病害的修剪枝和落叶应销毁或经高温腐熟后再施用还园，因此注意要把碎末埋深埋严。

Chapter 4 第四章

葡萄农药按需使用技术

当葡萄上发生病虫害并造成经济损失时，应当采取相应防治措施，阻止或减少病虫害造成的损失、降低病虫害引发的食品安全风险。

防治病虫害的方法有五类，包括植物检疫、农业防治、生物防治、物理防治和化学防治。对于一种具体的病害或虫害，其防治技术或方法可能会多达十几种甚至上百种，选择哪种方法进行田间防控呢？在田间防控实践中所采用的每一种方法都应具备合理性、高效率、成本低、操作简便等特点。农药按需使用的条件如下：①只有选择农药，才能解决面临的问题；②虽然有其他方法，但需要农药配合，才能解决问题；③虽然有其他手段和方法，但成本高或操作复杂，没有承担的能力或空间。

本章将分四部分进行介绍：第一，认识病虫害，学会识别重点防治对象的种类；第二，采取预防措施，减少发生及成灾风险，从而减少农药的使用；第三，对于易灾害性发生的重要病虫害种类，在防治关键点或关键时期重点用药；第四，归纳集成重要病虫害的防控时期和措施，形成规范化防控，提升防控效果、减少农药使用。

第一节　葡萄病虫害的识别及送样鉴定

病虫害防控的前提是明确病原物和害虫的种类，葡萄产业从业者对葡萄病虫害的识别是做好防控工作的基础。从专业角度看，病虫害种类的鉴定是由专业人员完成的工作。侵染性病害的鉴定，首先是按照柯赫氏法则确定病原物，然后再对病原物进行分类学鉴定；生理性病害的鉴定，首先是以相应试验症状进行比对，然后进行对应性胁迫验证。对于虫害，一般根据昆虫形态学特征确定种类，并结合为害状进行鉴定。当然，随着分子生物学的发展，分子鉴定也发展成为一种准确、高效的病虫害分类和鉴定的方法。

对于田间一线的技术人员或从业者，常见病害或虫害可以从症状或为害状的基本特征上进行判断和识别。例如，根据葡萄叶片正面出现的黄色晕斑及相对应叶背面的霉状物，可以确定该病害为葡萄霜霉病；根部根尖有黄色蚜虫，其为害部位膨大呈鸟嘴形，可以确定该害虫为葡萄根瘤蚜。但是，对于不常见的症状或为害状，需要专家或者在实验室进行鉴定。

本节内容，是帮助田间一线的技术人员或从业者，识别葡萄病虫害；不能识别的，指导相关人员如何采集标本和送样，进行诊断鉴定。因此，可以把葡萄病虫害分成两大类。

1. 第一大类：在田间或借助放大镜等简单设备进行观察能够准确识别的病虫害

这些病虫种类，因为其造成的症状（病症和病状）、为害状及害虫的形态特征（一个，或多个特征的组合）具有独特性或唯一性，所以能够通过表征进行识别和鉴定，如以下几种病虫害。

葡萄霜霉病：白色霉状物，一般出现在叶片受害部位的背面。

葡萄白粉病：白色粉状物，一般出现在叶片受害部位的正面、果实受害部位的表面等。

葡萄灰霉病：鼠灰色霉状物，一般在受害部位的伤口处首先产生。

……

这类病虫害，被称为第一种类型的病虫害，包括绝大部分的真菌病害、细菌病害和虫害。这类病虫害可以根据出版的病虫害图谱，进行对照识别；或者根据专著的症状或为害状的描述，进行比对识别（请参考《中国葡萄病虫害与综合防控技术》）。这类病虫害，还可以利用新技术（人工智能技术及大数据等）建立识别系统，进行实时快速识别和鉴定。

2. 第二大类：在田间或借助放大镜等简单设备进行观察，不能准确识别的病害

有些病虫害，因为没有区别于其他病虫害种类的"唯一性"特征，不能进行田间或通过简单设备观测进行识别。这类病害包括以下几种类型。

（1）第一种类型中的非典型症状、不常见的侵害部位、葡萄被害后产生中间类型的症状等。

（2）新的病虫害种类，之前在葡萄上没有见到过、没有出现过。

（3）葡萄病毒或类病毒引起的各种非典型症状。

（4）由于植物营养或物理环境影响，造成的生理性病害，包括缺素症、变色、焦枯、裂果、大小粒等。

（1）和（2），有病状也有病症，称为"疑难杂症"。"疑难杂症"被称为第二种类型；"疑难杂症"的致病因确认，需要专家帮忙或者室内检测进行鉴定。

（3）和（4），有病状但没有病症。这类病害需要专家进行鉴定，包括通过室内检测或相关试验进行鉴定。这类病害，被称为第三种类型。

注1：病毒及类病毒病害，虽然有些种类也能通过病状进行识别，但这一类病害种类多，一般需要室内检测进行鉴定。

注2：生理性病害，与病毒病害一样，有些种类也能通过形态进行识别，但这一类病害的症状大多没有与成因对应的"唯一性"症状，并且在防治上需要与栽培措施相对应。

不常见或不认识的害虫。害虫的鉴定，一般是根据成虫阶段形态特征进行分类和鉴定；田间为害阶段的害虫，可能是幼龄阶段（幼虫或若虫），不容易进行识别和鉴定（尤其是新的害虫种类）。这类被称为第四种类型。

第二大类第二种和第三种类型，需要专家或实验室鉴定；第三种类型的病害，一般也是需要专家和实验室条件进行鉴定和识别（并且这类病害需要进行预防及监测，一般不能进行田间防治，识别的意义不大）。从业者对葡萄病虫害的识别，可以首先在应用软件（如"慧植农当家"）上识别，不能识别的再咨询专家或进行室内鉴定。

一、葡萄病虫害人工智能识别技术

葡萄常见的真菌病害、细菌病害（如根癌病）及虫害，可通过其症状及为害状或形态等与病虫害种类的唯一对应性，识别病虫害的种类。

（一）葡萄病虫害的人工智能图像识别技术原理

基于人工智能技术，利用计算机神经网络算法，对大量病虫害典型图片的机器学习及模型进行训练，突破了复杂自然条件下识别病虫害的技术，研发大数据技术下病虫害智能分析引擎，建立重大病虫害视觉特征可视化分析系统，使其具有即时精准识别的能力。

神经网络模拟人类及动物的神经网络分布特征，被提取和捕捉的图像特征能够在神经网络程序中加以映射，更为精确、全面地完成图像识别，并且对其进行分类处理。基于人工智能的图像识别过程如下。

（1）信息数据获取，获取图像特征和特殊数据，将其存储于计算机的数据库内。

（2）信息数据预处理，对图像进行处理操作，将图像的特征和重要信息突显。

（3）特征抽取与选择，图像识别技术中的核心内容就是对图像进行特征的抽取与选择，将不同图形的特殊特征提取，选择能够区分图形的特征，并且将所选择的特征存储，使计算机记忆这种特征。

（4）分类器设计与分类决策，以有效程序制定出一个识别规则，使识别规则能够按照某种规律对图像进行识别，借此识别规律能够将相似的特征种类突显，确保图像识别过程的辨识率更高，此后通过对特征的识别，完成图像的评价和确认。

（二）葡萄病虫害的人工智能识别技术

中国农业科学院植物保护研究所葡萄病虫害研究中心与杭州睿坤科技有限公司合作，共同开发研制了"慧植农当家"葡萄病虫害智能识别系统，用于常见葡萄病虫害的识别。

1. 下载注册"慧植农当家"

使用前请提前扫码下载 App 或在手机应用商店搜索"慧植农当家"。注册"慧植农当家"，选择用户身份，用户手机号注册（图 4-1）。

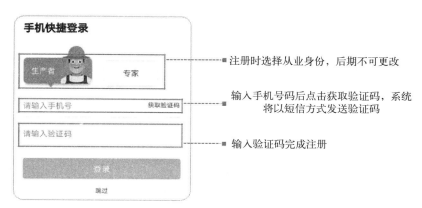

图 4-1 "慧植农当家"注册及登录界面

2. 常用功能介绍

"慧植农当家"常用功能介绍如图 4-2 所示。

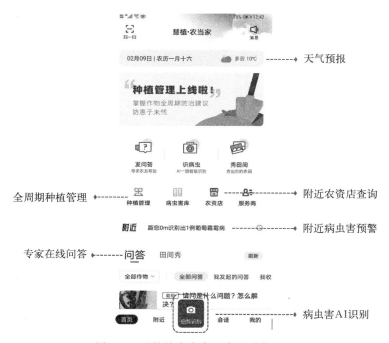

图 4-2 "慧植农当家"常用功能界面

3. 人工智能拍照识别功能介绍

农户可田间随手拍照识别，系统将在 2 s 内给出诊断参考，查看专业防治建议。遇到相似病症，系统自动提示"易混淆"病虫害，方便进一步查看鉴别方法（图 4-3）。

二、葡萄真菌和细菌病害及虫害的样品采集和送样鉴定

葡萄上发生的病虫害有些比较常见，有些则属于"疑难杂症"。"疑难杂症"的识别确认，需要专家或在实验室进行鉴定。首先，需要把"疑难杂症"在田间的分布、发生（或发现）过程、从发现到当前的变化情况等描述清楚，然后需要拍摄照片（照片必须能够放大，并且放大后清晰）。把这些信息发给

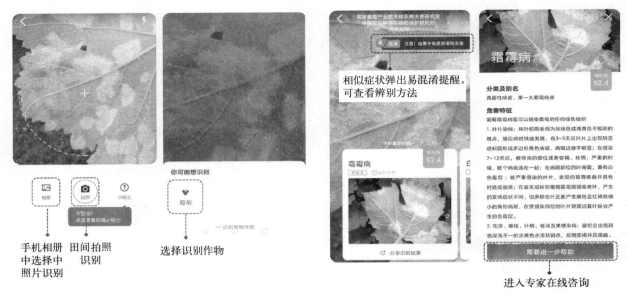

相似症状弹出易混淆提醒，
可查看辨别方法

进入专家在线咨询

手机相册
中选择中　田间拍照
照片识别　　识别　　　选择识别作物

图 4-3 "慧植农当家"人工智能拍照或图库照片识别功能使用流程

专家，通过这些信息，专家可以确认一部分"疑难杂症"。如果专家从以上信息中不能确认病虫害的种类，就需要采集标本，并对标本进行鉴定。

（一）葡萄病害标本的采集、保存和包装

1. 采集样品的工具

葡萄病害大多数发生在根、枝干、花穗、叶片、果实上，因此所用的工具要针对不同的部位，常用的工具有剪刀、剪枝剪、铲等，还需要塑料袋、吸水纸、标签、冰盒或泡沫箱、冰袋、记号笔等。

2. 初步判断病害类型

进入发病的葡萄园区内，首先对发病葡萄全株的症状进行观察和检查，其次对其生长环境和管理措施进行调查，根据调查结果初步判断为侵染性病害或非侵染性病害。

3. 采集反映病害症状的图像

图像（照片）一般包括 3 种：①发病葡萄园区全景的图像，反映葡萄园整体发病状的田间分布；②典型发病植株的图像，反映葡萄发病后植株的状态，如葡萄整体树势衰弱、枝条枯死、果实不能正常成熟、叶片黄化等；③典型的发病部位及病状的图像，主要能反映葡萄树体发病部位的特征性病状，如枝条、叶片上有特殊的病斑，果粒皱缩脱落等。

4. 病样的采集

根据发病部位选择具有典型病状的葡萄根系、枝条、叶片、果实等新鲜病变组织，不能采集发病严重（比如已全部腐烂）的病变组织，将采集的样品用吸水纸包好，再装入塑料袋或密封袋中，每份样本使用一个单独的袋子，避免交叉影响，并在采样袋上标记好品种、采集地、采集时间、采集者等信息。

5. 病害样品的保存及包装

将采集好的病样整齐地排放在装入冰袋的冰盒或泡沫箱内，然后进行装运并尽快送达实验室，以免在运送过程中高温导致样品变质。

（二）葡萄害虫样本的采集

1. 图像采集

针对可造成葡萄产量或质量降低的未知种类害虫，首先需要采集图像信息。采集照片时，尽量拍摄其正在为害时的照片，照片最好包括害虫、葡萄受害部位，拍摄过程避免阳光直射，采集照片一定要清晰。提供照片时需备注相关采集信息。

2. 样本采集与邮寄

采样方法：对于飞行能力较强的昆虫，可通过自制捕虫网、设置诱集陷阱等方法采集，尽量采集完

整标本；对于活动能力较弱的昆虫，可直接从葡萄受害部位转入冻存管，但需保证样本的完整。采集过程尽量避免试虫间交叉影响。

保存方法：体型较大（体长 0.5 cm 以上）的害虫，单头单管（冻存管），体型较小（体长 0.5 cm 以下）的害虫可多头一管，－20 ℃保存。如无低温条件，可先在冻存管中加入 75％酒精存放，管上注明相关采集信息。

取样量：体型较大的害虫，需 20 头以上，体型较小的害虫，需 50 头以上。

邮寄：冻存管低温保存的样本，邮寄时需有冰袋，将冰袋与样本一起放入泡沫箱中密封邮寄，酒精中保存的样本邮寄时，将多余酒精倒出后邮寄。邮寄时间越短越好。

（三）病虫害标本的鉴定

把标本送至相关专家（从事葡萄病虫害研究的团队或人员）进行鉴定；或将包装好的标本，邮寄至中国农业科学院植物保护研究所葡萄病虫害研究中心。

（四）鉴定结果及防控建议

邮寄的样本，在收到标本后 5～10 d，可以反馈鉴定结果和防控建议。

三、葡萄病毒病害的鉴定技术

以上两项内容，是针对葡萄真菌和细菌病害及虫害的识别。本部分内容介绍葡萄病毒病害的鉴定和识别。

（一）葡萄病毒病识别

葡萄上的一些病毒病害，有比较明显并能与其他病害区别的症状，可以通过田间观察进行识别，比如葡萄卷叶病、葡萄扇叶病等；有一些葡萄病毒病，虽然造成比较严重的危害，但症状不明显，不能通过肉眼进行识别和鉴定；葡萄还有一些病毒或类病毒，自身不能产生症状，需要在其他病毒种类存在时，才能造成危害、产生症状。即使是能够识别的种类，比如葡萄卷叶病，因有多种病毒种类能造成卷叶病症状，所以能识别症状也不能确定病毒的种类。因此，葡萄病毒病识别和病毒种类的确定，一般需要借助专家或在实验室完成。发现类似或怀疑是病毒病，可以携带样品借助专家进行识别和鉴定。

（二）葡萄病毒病识别的目的

葡萄病毒病在园间的鉴定和识别主要有两个目的：一是为了有针对性地防控病毒病，二是可作为是否需要重新建园的依据。目前，葡萄病毒病仍是一种只能预防、无法根治的病害，一株葡萄一旦感染病毒将终身带毒。因此，当病害蔓延到一定规模时，应销毁整个果园的植株，重新建园。此外，对于种植脱毒苗木的标准化葡萄园，感染病毒病的可能性较小，是现今防治葡萄病毒病的最有效方法。

（三）葡萄病毒病携带情况检测

葡萄病毒病，一般是在园间采集样本后在室内通过分子生物学技术进行鉴定、检测。

1. 检测样本的数量

从葡萄园中随机抽样，抽检植株尽量分散。抽样数量可根据实际情况自行确定，但检测样品越多代表性越强。建议每 667 m² 抽取 5 株或栽植总株数的 2％～5％。

2. 取样时间和部位

取样时间：最佳取样时期为休眠期。

取样部位：在待检葡萄植株的中部，选取 2 根当年成熟的休眠枝条，每根长度为 30 cm，挂好标签（标明葡萄品种、树龄、采集人、采集时间、地点等），用湿润报纸包裹后置于塑料袋中，快递给检测相关单位。

注：也可采集成熟的葡萄果实，从待检葡萄上随机剪取 1～2 小串，用充气袋或其他防压方式包装，快递给检测单位。果实检测效果不如休眠枝条。

3. 样品邮寄

样品邮寄给具有葡萄病毒病检测资质的相关单位，如中国农业科学院果树研究所、国家落叶果树脱毒中心等。

（四）标本的鉴定

目前，我国已有葡萄主要病毒病的检测技术并制定脱毒技术标准，鉴定标本可根据标准进行检测。葡萄病毒病的相关资料，请参考《中国葡萄病虫害与综合防控技术》及《葡萄健康栽培与病虫害防控》相关章节。

四、葡萄生理性病害的鉴定技术

葡萄生理性病害可以通过具体症状进行识别和鉴定，但是其致病因素往往比较复杂。如缺素症，品种适应性问题、根系病害问题、葡萄根瘤蚜为害、干旱或水淹、土壤理化性质（偏酸、偏碱、板结等）等都可以导致缺素症；裂果、大小粒等生理性病害，发生的原因也比较复杂。在葡萄种植过程中，人们可通过栽培管理、土肥水管理等预防和解决生理性病害问题。有关土壤改良问题，请见第八章第三节内容；有关营养元素供应与平衡施肥，请见第八章第四节内容。

总之，葡萄品种的选择、土壤及水肥管理、架式及叶幕型、树体管理及花果管理等，在葡萄种植前应该进行充分的梳理，并形成有针对性的技术规程，在生长过程中，落实土肥水管理的技术规程，基本上能控制生理性病害的发生。

第二节　葡萄重要病虫害防治的关键时期

每一种生物，都有其薄弱时期；从另一个方面讲，每一个物种都有生存和繁衍的关键点或时间段。对于植物的病虫害，防治的关键时期就是病虫生长发育和繁殖的关键时期。抓住防治关键时期，能达到事半功倍的效果。

一、葡萄重要病害的防治关键时期

（一）霜霉病

霜霉病防治适期一般是指雨季或结露的季节。粗略地说，植株上有水珠或水膜存在时，就是防治霜霉病的关键时期；精确地说，当霜霉病菌的数量到达流行始点时，任何一次造成叶片和花序（或小幼果期的果穗和果粒）上水分存在（降雨、结露、大雾等）的气象条件，都可作为防治霜霉病的依据。对于避雨栽培，春季和秋季温差较大结露时的时间段，可以进行霜霉病防治。

把以上情况细分，归纳出防治葡萄霜霉病的关键点有以下几个方面：

（1）控制越冬菌量，搞好清园措施，如秋季或冬季修剪后，把枯枝、烂叶、落叶收集到一起，发酵堆肥，或用于饲养腐生昆虫等其他方法处理。

（2）对于一个葡萄园，在每一个年生育周期中的发病初期，一般先形成葡萄霜霉病发病中心，再开始流行为害；发现发病中心后，对其进行重点防治，是控制其流行的重要技术节点。

（3）雨季要进行规范防治，即 10 d 左右使用 1 次杀菌剂，一般以保护性杀菌剂为主，配合使用内吸性杀菌剂。

（4）根据地域和气候的情况，制订化学防治方案。冬季雨雪比较多的地区，展叶后至开花前，是重点防治时期之一；冬季干旱、春季雨水多的地区，要注意花前、花后的防治；一般情况，应注意雨季、立秋前后的防治。

（5）化学防治是目前防控霜霉病的最主要方法。在对葡萄霜霉病抗药性检测和监测的基础上，对药剂种类进行精准选择，是成功防控的前提；药剂喷洒得均匀、周到，并且注意在不同生育期的重点喷药部位，能充分发挥药效，达到事半功倍的效果。

（二）灰霉病

葡萄灰霉病侵染时期长、潜伏侵染等特征，决定了其防控手段要依靠重要节点进行。

第一，要搞好田间卫生，把病果粒、病果梗和穗轴、病枝条收集到一起，清理出田间，集中处理（如发酵堆肥、高温处理等）。

第二，根据国内外的研究和实践经验，防治灰霉病有以下几个关键时期：开花前、谢花后、封穗前、转色期至成熟期、果实采收后。具体到葡萄园，如何使用药剂，要根据葡萄园的具体情况（品种、气候、以前的防治措施、用药历史、栽培模式等）而定。

在做好田间卫生的基础上，鲜食葡萄［以下（1）和（2）］和酿酒葡萄［以下（3）］灰霉病防治措施如下：

（1）套袋栽培，一般在花前、花后、套袋前三个时期，需要配合对其他病害的防治，采取防控措施。

（2）对于不套袋的鲜食葡萄，一般在花前、花后结合对其他病虫害的防控，采取防控措施。其他时期，则随着气象条件、品种抗病性等情况，灵活把握。

（3）对于酿酒葡萄，一般在花前和封穗前结合对其他病虫害的防治，进行防控；其他时期是否需要进行防治，需要根据气象条件、品种抗病性等情况，灵活把握。

（三）酸腐病

避免果穗过紧、避免裂果等果实伤害、封穗期或转色前用药，是防控酸腐病的三大基础。在此基础上，在转色期开始通过诱杀等手段控制果蝇种群数量，是防控成功的关键。

（四）炭疽病

葡萄炭疽病是雨媒性（也是虫媒性）病害，控制或阻止其分生孢子传播，是最重要的防控措施，并且不同时间节点需要不同的防控措施。

（1）避雨栽培是防治炭疽病最有效的方式。

（2）露地栽培的鲜食葡萄的炭疽病防控。

清园措施：葡萄炭疽病的病原物主要来源于葡萄去年生长期的绿色部分，所以搞好田间卫生对预防炭疽病非常有效。把修剪下来的枝条、叶片、病果粒、果梗和穗轴收集到一起，将架面上的卷须、叶柄等葡萄组织清理出田间。把葡萄园废弃物集中处理（如发酵堆肥、高温处理、饲养昆虫等）。

套袋栽培：在葡萄果实坐果后，用专用袋为葡萄果穗套袋（一般在谢花后 25～50 d 完成）。谢花后至套袋前，让葡萄果穗干干净净，是套袋栽培的关键，所以谢花后至套袋前需要对病虫害进行比较严格的防控。一般是（根据套袋的时间及天气状况）在谢花后至套袋前，使用 1～4 次药剂。

（3）酿酒葡萄的炭疽病防控。炭疽病应该从源头进行控制。建园前，园址选择在相对比较独立的区域，种植前进行土壤消毒，选择没有携带炭疽病菌的苗木等。建园后，采用规范化防控技术。

对于已经建成的葡萄园，如果炭疽病发生严重（尤其是霞多丽、赤霞珠等易感病品种），需要改为避雨栽培。而对于有炭疽病发生但危害不严重的葡萄园，建议采用规范化防控技术（注：花序分离期、开花前、谢花后等是重要防治点，雨季是最重要的用药时期）

（五）白腐病

在葡萄白腐病的侵染过程中，病原物主要通过伤口侵入果粒，通过皮孔侵入穗轴和果梗，病害循环过程中需要在土壤中潜育一段时间。

1. 减少白腐病病原数量是防治白腐病的基础

具体做法就是把病穗、病粒、病枝蔓、病叶带出果园，统一处理，不能让它们遗留在田间。这种工作是日常性的、长期的，必须坚持执行。

2. 阻止分生孢子的传播，是防治白腐病的关键

具体做法包括以下几种。

（1）采用非埋土防寒。埋土是土中的白腐病孢子传播到树上的重要途径。

（2）采用高架式和叶幕型（1.5 m以上）。这两种架式是阻止分生孢子上树的必要方式。

（3）采用覆草栽培、种草或种植绿肥等。这些措施可有效阻止土中的分生孢子传播。

3. 喷洒药剂杀灭病菌

在萌芽期、开花前、谢花后、封穗前等时期，结合对其他病害的防治，使用药剂杀灭枝蔓上、花序上、穗轴上的病菌。

4. 辅助和补救措施

特殊天气状况（如冰雹、暴风雨后），会造成许多伤口，需要及时喷洒药剂进行处理。有效药剂包括保倍福美双、代森锰锌、克菌丹、福美双等保护性杀菌剂，或氟硅唑、烯唑醇、抑霉唑等内吸性杀菌剂。一般冰雹后12～18 h使用农药。

5. 土壤用药

土壤用药可以减少白腐病的发生。病菌的来源是土壤，土壤消毒杀菌可减少白腐病的发生。例如，使用50％福美双1份配20～50份细土，搅拌均匀后，均匀撒在葡萄园地表，也可以重点在葡萄植株周围使用。

（六）黑痘病

在病组织中越冬、侵染幼嫩组织、发生与流行需要水分和高湿度等，是葡萄黑痘病的特点。因此，防治黑痘病的关键是清理病组织和防控措施要早落实，具体措施包括以下几方面。

（1）搞好田间卫生。把修剪下来的枝条、叶片、病果粒、病果梗和穗轴收集到一起，清理出田间，集中处理（如发酵堆肥、高温处理等）。

（2）对于黑痘病发生区或果园，药剂的施用体现一个"早"字，发芽后必须采取措施。

（3）开花前、落花后是防治黑痘病的最关键时期。可以根据去年黑痘病发生的情况、本地区（或地块）气候特点，结合其他病害的防治方法，采取合适的措施。

（4）雨季的规范防治措施。雨季的新梢、新叶比较多，容易造成黑痘病的流行，应根据品种和果园的具体情况采取措施。

（七）白粉病

葡萄白粉病主要以菌丝体在被害组织内或芽鳞间越冬，水是其流行限制因素，寡光照有利于生长与繁殖。因此，水的利用、控制生育期两端、花前与花后的药剂防治等是防治白粉病的关键，具体包括以下几个方面。

（1）减少越冬菌源。把修剪下来的枝条、叶片、病果粒、病果梗和穗轴收集到一起，清理出田间，集中处理（如高温发酵堆肥、高温处理等）。

（2）萌芽期和落叶前1个月左右。白粉病发生区或整个园区，在这两个时期必须采取措施。对于危害严重地区，在萌芽期、展叶期和落叶前1个月左右，3个时期都需要分别采取措施（施用3次农药）。

（3）开花前、落花后至套袋前，是防治白粉病的关键时期。此阶段可结合其他病害的防治采取措施。危害严重的果园，套袋前可专门采取防治白粉病的措施。

（4）落叶后的休眠期。应尽量保持土壤的高湿度，并且能保持葡萄植株上一周左右有水存在。

二、葡萄重要害虫的防治关键时期

（一）绿盲蝽

萌芽后、花期前后、小幼果期，是防治绿盲蝽的关键时期，根据天气情况、往年为害情况、周围种植作物情况，确定防控的次数。

对于有绿盲蝽为害的葡萄园，在萌芽后、落花后，应该采取两次措施；如果往年为害比较严重，则根据具体情况，确定增加措施的时间点。

（二）叶蝉

萌芽后、落叶前 1 个月左右，是防控叶蝉的最重要时期。对于有叶蝉为害的葡萄园，至少应采取两次措施；对于为害比较严重的区域，在展叶期（3～4 叶期）及落花后至套袋前，再增加 1～3 次措施。

（三）短须螨

萌芽后、谢花后及谢花后的 10 d 左右，是防治短须螨的关键时期。根据以往的发生程度及天气状况，确定采取措施的次数。

（四）白星花金龟

白星花金龟自发生地到葡萄园有两个过程：来源地至葡萄园有中间寄主，在中间寄主（林带或其他果树）上进行防治，被称为来源地至发生地的中间阻截；白星花金龟在转色期开始进入葡萄园，一直到成熟期，所以在转色期至成熟期需要进行防治，可以采用田间诱杀。

（五）铜绿丽金龟

葡萄园铜绿丽金龟分为外来虫源和本地（葡萄园内）虫源。发生期一般为开花后至封穗期。对于外来虫源可以进行诱杀或药剂防治，有条件的也可以在来源地进行生物防治；当地虫源，在葡萄开花后至封穗前，进行药剂防治或生物防治。

（六）粉蚧类

危害葡萄的粉蚧类害虫包括葡萄粉蚧、康氏粉蚧、长尾粉蚧和暗色粉蚧。这些粉蚧类害虫有共同的特点：萌芽后从越冬处转移到芽及新梢上为害、开花前后转移至花序和小果穗上为害、套袋后或封穗期转移至果穗内部为害。因此，萌芽后、落花后及套袋前是粉蚧类害虫的防治时期，一般选择有效药剂进行药剂防治。

（七）东方盔蚧

东方盔蚧在老皮下及根际周围的草根上越冬，春季爬行到新芽、嫩梢上固定为害，第一代在落花后至封穗前分散后固定为害。越冬期间注意田间卫生（扒老皮、萌芽期主蔓涂油剂）。萌芽期、谢花后至封穗前两个时期进行药剂防治。

三、葡萄园病虫害综合防治的关键时期

葡萄园病虫害的综合防控，是指整个园中能造成危害的所有种类的防控，而不是一个单独种类的防控。葡萄的萌芽期、开花前、落花后、封穗前、落叶前 1 个月左右是病虫害的主要防治时期。除了这些防治时期，还有展叶期、花序分离期、谢花后 10～15 d、转色期、成熟始期（开始成熟）、采收后等。以下介绍六个重要防治关键时期。

（一）休眠期

1. 措施
（1）清园措施。包括秋天落叶后清园，清理田间落叶、修剪后的枝条，集中处理等。
（2）萌芽前的清园。对于埋土防寒地区，出土上架前，清理田间葡萄架上的卷须、枝条、叶柄，出土上架后，剥除老树皮；对于非埋土防寒地区，在伤流期前或芽萌动前，清理田间葡萄架上的卷须、枝条、叶柄，剥除老树皮。

2. 作用

减少害虫、病菌的数量，从而为全年的病虫害防治打下基础。

注：与栽培措施（或者与田间生产规程）结合起来，可以变为生态农业果园操作规程的一部分。

（二）萌芽期至2～3叶期

1. 措施

（1）在芽萌动后至展叶前，可以使用石硫合剂，也可以使用波尔多液＋矿物油制剂，还可以使用其他对应性药剂。

（2）在2～3叶期，使用杀虫剂，也可配合使用杀菌剂。

在芽萌动后至2～3叶期，根据病虫害防控压力，采取1～2次措施。

2. 作用

萌芽后，有些病虫害就开始发生、为害葡萄，包括白粉病、毛毡病、白腐病及绿盲蝽、叶蝉、红蜘蛛、介壳虫等。这时是越冬态至生长期生长繁育状态的转换期，病虫也比较脆弱，容易防治，此时防控也会大大减少病菌和害虫的数量，为全年防治发挥重要作用。

注：一般在萌芽期必须使用一次药剂，2～3叶期可以根据病虫害发生压力，灵活掌握是否再采取一次措施（可以不使用药剂）。

（三）开花前

开花前是指整个葡萄园从开始出现第一个开花的花序，到5％花序开始开花。

1. 措施

开花前，主要使用杀菌剂，保护性杀菌剂与针对性内吸杀菌剂结合，也可根据虫害配合使用杀虫剂。

2. 作用

开花前是防治灰霉病、黑痘病、炭疽病、霜霉病、穗轴褐枯病等病害，透翅蛾、金龟子、蓟马、绿盲蝽、短须螨等虫害的关键时期，也是补硼最重要的时期之一。

注：花前是整个生育周期最为重要的防治点之一，花前防治最重要的目的是保证花序安全；最重要的防控对象是灰霉病、穗轴褐枯病和霜霉病，并且需要兼治黑痘病、炭疽病、白粉病、蓟马、叶蝉、金龟子、介壳虫等。施用农药的模式为：保护性杀菌剂＋针对性的内吸性杀菌剂＋杀螨剂＋硼肥。

比如：一般情况，使用30％吡唑·福美双悬浮剂（保倍福美双）600倍液或50％甲基硫菌灵悬浮剂（赞宙施）800倍液＋21％保倍硼2 000～3 000倍液；春季雨水多，炭疽病、黑痘病、霜霉病比较严重的地区使用30％吡唑·福美双悬浮剂600倍液＋50％烯酰吗啉水分散粒剂3 500倍液＋21％保倍硼2 000～3 000倍液；灰霉病比较严重的葡萄园（比如避雨栽培）使用保护性杀菌剂（如福美双或代森锰锌）＋50％啶酰菌胺水分散粒剂1 500倍液；有透翅蛾、金龟子、蓟马等虫害，则在以上药剂中加入杀虫剂，如10％高效氯氰菊酯乳油2 000倍液，或噻虫嗪、甲氨基阿维菌素苯甲酸盐等。

（四）落花后

落花后，是防治灰霉病、黑痘病、炭疽病、白腐病及透翅蛾、绿盲蝽、叶蝉、蓟马的关键时期。对于多雨年份或地区，花后是霜霉病、灰霉病、黑痘病和炭疽病的最重要防治期；对于巨峰系品种，花后是避免受到链格孢菌侵染造成果实表皮细胞损伤的防治期；对于干旱地区，花后是白粉病、毛毡病及红蜘蛛的防治期；对于避雨栽培，花后是白粉病、灰霉病的防治期，还是预防杂菌污染的时期。

对于落花后的防治时期，采取什么措施、使用那种农药，是由病虫害的发生种类、气候条件、品种、病虫害在去年的发生历史等综合因素决定的。气象因子与病虫害的发生有直接关系，应根据气象条件确定危害种类的防治重点；从葡萄园病虫害发生历史来考虑，去年发生普遍或严重的病虫害，需要重点考虑；从品种抗病、抗虫性上考虑，巨峰系的欧美杂交品种比较抗病，红地球等欧亚品种比较感病。因此，必须综合考虑种植品种、气象条件、发生历史等情况，选择和确定防治措施。

花后用药具体措施举例：①一般情况下，使用30％吡唑·福美双悬浮剂600倍液；②感灰霉病的品种，使用30％吡唑·福美双悬浮剂600倍液＋40％嘧霉胺悬浮剂800倍液（或50％甲基硫菌灵800倍液或50％啶酰菌胺1 500倍液等）；③干旱地区，使用50％甲基硫菌灵800倍液；④去年果穗腐烂比较严重的葡萄园，使用30％吡唑·福美双600倍液＋50％腐霉利800倍液＋40％氟硅唑8 000倍液；⑤白腐病、白粉病、黑痘病危害重的葡萄园，使用30％吡唑·福美双600倍液＋40％氟硅唑8 000倍液；⑥炭疽病、白粉病危害重的葡萄园，使用30％吡唑·福美双600倍液＋50％甲基硫菌灵800倍液；⑦霜霉病早发的地区，炭疽病和黑痘病也是防治重点，使用30％吡唑·福美双600倍液＋50％甲基硫菌灵800～1 000倍液＋50％烯酰吗啉3 000倍液（80％乙磷铝600倍液或80％霜脲氰3 000倍液或25％精甲霜灵3 000倍液）；⑧透翅蛾发生地区、叶蝉、介壳虫、蓟马等虫害为害地区或葡萄园，使用30％吡唑·福美双600倍液＋10％高效氯氰3 000倍液（或吡蚜酮或联苯菊酯或吡虫啉）；⑨红蜘蛛、毛毡病危害严重的地区或果园，增加使用杀螨剂，如30％吡唑·福美双600倍液＋20％哒螨灵3 000倍液（或其他杀螨剂）。

（五）封穗前

封穗前，是药剂防治穗轴上白腐病、灰霉病、炭疽病、溃疡病的重要防治时期。封穗后，喷洒药剂已经很难到达穗轴和果梗，药效有限。因此，针对这些果梗和穗轴危害发生比较普遍的葡萄园，封穗前应该使用一次针对性的药剂。

（六）落叶前

采收后落叶前，尤其是落叶前20～30 d，是防治白粉病、叶蝉等病虫害的关键时期，一般使用硫制剂＋杀虫剂，或者波尔多液＋机油乳剂。

第三节　葡萄病虫害的预防

葡萄病虫害的预防包括以下几个方面。

预防病虫害种类的增加：有些病虫害是通过人为传播从一个区域到另一个区域。通过检疫措施、繁殖材料消毒处理等预防性措施，阻止了一些危险性病虫害传播，从而"减少"了（没有这些病虫危害的）区域内的病虫种类，减少了相关防治药剂。

预防病毒病的发生：选择和种植脱毒苗木，阻止或降低了病毒病发生，不但有利于生产高质量的果品，而且因为病毒病得到有效防控增加了整个葡萄园的健康水平，从而减少其他病虫害发生危害概率，相应减少了农药使用概率。

预防根系病虫害和土壤问题：土壤消毒是针对多种线虫病害、真菌病害（圆斑根腐病、白纹羽病、紫纹羽病等）、细菌病害（根癌病等）、有害化学物质（自毒物质、他感物质等化感物质）等的有效措施。通过土壤消毒，可预防以上病害的发生，减少农药施用。

预防重要病虫害病原种群数量的增加，可有效预防病虫害暴发、避免灾害发生。

一、葡萄繁殖材料的检疫

（一）植物检疫

植物检疫是国家根据相关法律规定接受检疫的植物或植物产品的种类，杜绝危险性病、虫、草等有害生物的带进和带出，阻止危险性病、虫、草等有害生物通过人为活动传播蔓延。

植物检疫是病虫害综合防治的重要措施之一。预防为主、综合防治的关键是控制病虫害的种类、种群数量。植物检疫，可以把危险性病虫害、某地区没有的病虫害拒之门外，是减少病虫害种类、消灭病虫害来源的措施。从这一点考虑，植物检疫对病虫害的防治有极其重要的作用。

植物检疫包括两个方面的内容：第一是对外检疫，防止将危险性病、虫、草等有害生物随同植物及植物产品（如种子、苗木、块茎、块根、植物产品的包装材料等）由国外传入或由国内传出；第二是对内检疫，当危险性病、虫、草等有害生物已由国外传入或在国内局部地区发生时，需根据法律采取措施，将其限制、封锁在一定范围内，防止传播蔓延到未发生的地区，并采取积极措施，力争彻底肃清或消灭。

葡萄根瘤蚜就是一种检疫性害虫。1858—1862 年传入欧洲，给葡萄种植业和葡萄酒酿造业带来毁灭性打击。由于葡萄根瘤蚜的传播和为害，1881 年世界上出现了第一个防止植物危险性病虫害的国际条约《葡萄根瘤蚜（芽）公约》，该公约在防止葡萄根瘤蚜的传播方面起到积极的作用，并于 1929 年在罗马修改为《国际植物保护公约》，是病虫害防治的第一个国际公约。

（二）葡萄繁殖材料的检疫

因葡萄可以进行无性繁殖，所以用于繁殖的枝条、种苗和种子等，都属于繁殖材料。我国葡萄上的对外检疫对象有葡萄根瘤蚜、花翅小卷蛾等；对内检疫对象有葡萄根瘤蚜等。葡萄繁殖材料调运需要进行检疫，并开具检疫证明。没有经过检疫措施的葡萄繁殖材料，不但违法，而且增加了病虫害的传播风险。一旦新的葡萄病虫害传入，最直接的风险是安全生产受到威胁和增加农药使用概率。

二、葡萄种苗种条的消毒处理

葡萄种苗、种条的消毒处理，是防止病虫害传播的重要措施。国内最早报道了葡萄黑痘病的苗木消毒防治试验（1955 年），采用了多种无机药剂，如 10％～15％硫铵液和硫酸亚铁硫酸混合剂，3％～5％硫酸铜液，3～5 波美度石硫合剂等。其方法是将苗木或插条放在上述任何一种药液中浸泡 3～5 min 后取出，再用清水冲洗即可。国际上最早使用消毒措施的报道是 19 世纪阻止葡萄根瘤蚜的传播。

（一）针对虫害的消毒处理办法

1. 药剂浸泡处理

使用 50％辛硫磷 800～1 000 倍液，或使用 80％敌敌畏 600～800 倍液，或噻虫嗪、噻虫胺 200 mg/L 浸泡枝条或苗木，浸泡时间 5 min。浸泡后晾干，然后包装运输或随即种植。

2. 熏蒸法处理

用溴甲烷熏蒸，把苗木放在密闭的房间内，在 20～30 ℃条件下熏蒸 3～5 h，溴甲烷的用量约为 30 g/m³。温度低的条件下可适当提高使用剂量，温度高的条件下适当减少使用剂量。熏蒸时，可使用电扇吹，促使空气流动，提高熏蒸效果。熏蒸时，要防止苗木脱水。

（二）针对虫害、病害的综合消毒处理办法

先将苗木放在 43～45 ℃的温水中浸泡 2 h（或者 50～52 ℃温浴 10～15 min），然后捞出放入硫酸铜和敌敌畏的配合溶液中浸泡 15 min，浸泡后捞出晾干，包装运输或栽种。硫酸铜和敌敌畏的配合溶液配制方法：每 100 kg 水加入 1 kg 硫酸铜、80％敌敌畏乳油 150 mL，混合搅拌均匀。

（三）苗木种条消毒两次处理法

建议在苗木出苗圃后，进行药剂处理后进行包装、运输；苗木栽种前，进行温浴处理。

三、葡萄脱毒苗木的选择和种植

目前，葡萄病毒病已经成为我国危害最严重的病害问题之一。葡萄病毒病只能预防，一旦带毒不能根除。

葡萄病毒病害随苗木进行远距离传播；在田间，病毒病通过农事操作或者介体昆虫、线虫等进行传播。因此，选择和种植脱毒苗木，是防控病毒病害的基础，也是最重要的预防性措施。

在建园前，根据品种区试确定品种，确定品种后选择脱毒苗木进行种植；种植前对土壤进行消毒，杀灭土壤中的线虫等传毒介体；对蓟马、叶蝉、介壳虫等刺吸式口器害虫进行重点防控等，都是预防病毒病的有效措施。这些措施的实施，是减少农药使用的基础。详细内容请见第七章第一节。

四、土壤消毒

土壤消毒是采用适宜的方法对表面或表层中的土壤进行处理，以杀灭其中的病菌、线虫及其他有害生物。一般在作物播种前进行。土壤消毒可以使用化学农药，也可以使用非化学农药的其他方法，如干热或蒸气消毒、日光暴晒消毒、微生物菌剂消毒等。土壤消毒也可以解释为破坏、钝化、降低或除去土壤中所有可能导致动植物感染、中毒或不良效应的微生物、污染物质和毒素的措施和过程。

土壤消毒常用的方法有：一是辐射消毒。以穿透力和能量极强的射线，如钴60的γ射线来灭菌消毒。二是化学物质消毒。以活性很强的氧化剂或烷化剂，如环氧乙烷、氧化丙烯、甲醛和活性氯等灭菌，消毒后，应使药剂充分散发，去除残毒。三是日光＋高温消毒。对于根系浅的农作物，两次或多次翻耕土壤，每次间隔一段时间，一般为一周左右，可以配合加入植物秸秆或农田有机废弃物，并添加氮肥，利用夏季的强光照和高温，进行土壤消毒。

对于葡萄园，常用化学物质处理土壤以预防根系及土传病虫害发生。使用的药剂分为熏蒸剂和非熏蒸剂。熏蒸化学药剂包括溴甲烷、氯化苦等；非熏蒸化学药剂包括多菌灵、吡虫啉、五氯硝基苯、三唑酮、福美双等。按照土壤处理技术的操作方式和作用特点，土壤消毒可以分为土壤覆膜熏蒸消毒技术、土壤化学灌溉技术、土壤注射技术等类型。

（一）土壤覆膜熏蒸

与植株叶面喷雾、喷粉、空间熏蒸消毒等农药技术不同，土壤熏蒸处理过程中，药剂需要克服土壤中固态团粒的阻碍作用才能与有害生物接触。因此，为保证药剂在耕层土壤内有比较均匀的分布，需要使用较大的药量，处理前需要翻整土壤，比较烦琐。为了保证熏蒸药剂在土壤中的渗透深度和扩散效果，在土壤覆膜熏蒸前，对于土壤的前处理要求比较严格，必须进行整地松土、深耕40 cm左右并清除土壤中的植物残体，在熏蒸前至少2周进行土壤灌溉。在熏蒸前1～2 d检查土壤，土壤应呈潮湿但不黏结的状态，可以采用下列简便方法检测：抓一把土，用手攥能成块状，松手使土块自由落在土壤表面能破碎，即为合适。土壤保墒的目的是让病原菌和杂草种子处于萌动状态，以便熏蒸药剂更好地发挥效果。

1. 溴甲烷熏蒸

在葡萄种植前进行，熏蒸时土壤温度应保持在8 ℃以上。熏蒸后覆膜时，四周必须埋入土内15～20 cm，塑料膜不能有破损。熏蒸时间为48～72 h，熏蒸后揭膜通风散气7～10 d以上，高温、轻壤土通风时间短，低温、重壤土通风散气时间长，遇到雨天，塑料膜不能全部揭开，可以在侧面揭开缝通风，以防雨水降落影响土壤散气通风。

溴甲烷除了应用于熏蒸葡萄苗木或砧木外，还可以用于熏蒸处理包装物、填充物或土壤等，可适当增加用药剂量或延长熏蒸时间。葡萄根瘤蚜的防治就可以采用溴甲烷的土壤覆膜熏蒸消毒技术。溴甲烷消毒，因其对大气层的影响使用的越来越少，并逐渐被取代。

2. 氯化苦熏蒸

与溴甲烷类似，在种植葡萄之前进行。可以用氯化苦对土壤进行高浓度熏蒸（1 000 L/hm²）。

3. 生长季节的土壤熏蒸

早春（开花前）或秋末（采收后），根据葡萄根瘤蚜在地下的为害情况，进行土壤熏蒸消毒。除选用溴甲烷外，还可以选用其他药剂，如六氯丁二烯，进行土壤处理，每平方米用药15 g，效果良好，或用六氯环戊二烯对土壤进行熏蒸，每公顷用药量247.5 kg，效果也很好。该药有效期长达3年，不仅杀虫效果显著，而且对葡萄有增产的作用。

注：土壤覆膜熏蒸消毒，一般委托专业公司完成，葡萄种植者通常不能直接操作，因为这是一项操作程序比较复杂、风险比较大的农药使用技术，施用过程中若发生毒气外逸，容易造成人员中毒。如果葡萄种植者自行操作实施，在向技术部门咨询基础上，应按照使用规则和相关要求严格执行。

（二）土壤化学灌溉

以水为载体把农药施入土壤中，是一种重要的施药方式，如各地农民常用的沟施、穴施、灌根等技术。这些办法若使用得当，也可以有效控制土传病虫害。

在实践中发现，灌根法防治葡萄某些病虫害效果很好。葡萄根际土壤放墒：采用灌根法施药前，于4月份晴天上午，将葡萄根部周围的土壤扒开约15 cm的小沟，将扒开的土壤及小沟内的土壤晾晒到发白为止，土壤湿度过大时，可以晾晒时间长一点，目的是使根部土壤相对缺水，一旦灌施药物，可吸收快、效果好。灌根施药，由于根较枝叶承受药液浓度较大，故一般灌根药液浓度是叶面喷洒浓度的2倍左右，采用内吸性农药（如吡虫啉等）更好，当土壤晾晒到发白时，即可灌施配好的农药，一般每株葡萄灌2 kg左右的药液，待药液下渗之后，将扒开的土壤封好。采用以上方法灌根施药后，通过根系吸收，并传导到葡萄地上部位枝蔓，害虫取食即可中毒而死。需注意的是，果实采收前1个月内禁止采用此法。

对有根瘤蚜的葡萄园或苗圃，土壤处理可用二硫化碳灌注。方法：在距葡萄茎25 cm处，每平方米打孔8～9个，深10～15 cm，春季每孔注入药液6～8 g，夏季每孔注入4～6 g，效果较好。但在花期和采收期不能使用，以免产生药害。还可以用50％辛硫磷500 mL拌入50 kg细土，每公顷用药土37 kg，于下午3—4时施药，随即翻入土内。

目前，也可把滴灌、喷灌系统加以改装（特别是在温室大棚内装备有滴灌系统的情况下），采用化学灌溉技术处理土壤，但是国内还没有在葡萄上使用此法的报道。

（三）土壤注射

对于土壤害虫和土传病害的防治中，常规喷雾方法很难奏效，采用土壤注射器把药剂注射进土壤里，不失为一种有效的方法。土壤注射器械的种类有手动器械和机动器械两类。

目前使用的土壤消毒药剂主要是氯化苦，氯化苦对真菌病害、细菌病害、线虫及地下害虫均有防效。在土壤注射氯化苦前，需要对土壤进行翻耕、平整，使土壤处于平、匀、松、润状态。

氯化苦是液态的土壤熏蒸剂，不能采用土壤表面撒施等方法，需要用注射设备把氯化苦注射到一定的深度，深度15～20 cm为宜。注射点之间的距离为30 cm，每公顷大概需要150 000个注射点孔，每个注射点氯化苦注入量为2～3 mL，施药后用土封盖注射孔。

氯化苦土壤注射后，需要用地膜覆盖，土壤温度25～30 ℃时盖膜7～10 d，土壤温度10～15 ℃时盖膜10～15 d。土壤消毒后，需要揭膜通风，通风时间控制在15 d以上，以确保安全。氯化苦消毒土壤可以有效减低新栽葡萄扇叶病的发生率，可以防止葡萄根瘤蚜和土壤线虫的发生。

五、葡萄重大病虫害种群控制

对于葡萄园必须常年防治的病虫害种类，在重要的技术节点或防治关键期进行防控，可以有效控制病虫害的种群，降低发生危害的概率、避免灾害性发生，是预防性措施的重要内容，也可以大幅度减少农药的使用。

（一）清园措施

葡萄休眠期越冬，是大部分葡萄重要病虫害必须经历的过程，也是病虫害最薄弱的环节。采取措施减少病虫害越冬数量、降低越冬存活率，对控制病虫危害发挥着不可或缺的作用。

葡萄修剪后，清理修剪下的枝条、田间落叶及其他废弃物，清理田间葡萄架上的卷须、枝条、叶柄。在伤流期之后萌芽前，扒除老树皮。集中处理这些农业废弃物，如用于沤肥等，必要时选择农药进行处理。

（二）重要技术节点的防控

葡萄病虫害的重要技术节点防治，担当了"打蛇打七寸""擒贼先擒王"的作用。在恰当节点，科学合理地使用农药可大大降低病虫害流行风险。因为降低了风险，所以降低了整个系统的投入，简化了系统性的操作和程序，从而减少了农药的使用。

这里最明显也是最成功的事例就是白粉病和叶蝉的防治，在存在成灾风险的葡萄园，萌芽期和落叶前的 25～45 d 两次喷洒农药，不但是成功防控的关键，还最大限度减少了农药的使用次数和使用量。请参考本章第二节内容。

第四节　葡萄病虫害的规范化防控技术

葡萄园的病虫害综合防治是一个周年连续的过程。为了适应葡萄园病虫害综合防控措施的周年操作，在我国植保方针的指导下，在合理性、逻辑性和实用性的框架内，应用绿色防控理念、生态学原理和可持续发展理念，把葡萄园的病虫害综合防治具体化为易于操作的周年规范化防控系列措施，并且把这种病虫害综合防治的具体做法命名为葡萄病虫害的规范化防控技术。

葡萄病虫害的规范化防控技术，是预防为主、综合防治的具体体现，是一个连续、规范并根据气象条件调整的综合防治病虫害的过程。这个过程包括建立葡萄园前、建立过程中、建立葡萄园后的合理栽培技术和葡萄保健栽培措施。根据当地已有的葡萄病虫害种类及发生规律，利用简单、经济、有效、环保的防控方法，压低病虫害的数量（如杀灭、抑制繁殖、阻止侵染或取食等），把病虫害的数量降低到没有实质性危害的水平。所谓"没有实质性危害"，是指病虫害的存在，不影响正常优质农产品的生产。葡萄园存在少量的病虫、烂（破坏或者取食）穗、坏叶，对产量和销售没有太大影响，这种状态被称为"没有实质性危害"。

从表面上看，葡萄病虫害的规范防治是一个复杂的系统工程，但从本质上讲，葡萄病虫害的规范化防治，是分步骤、分阶段、操作简化、方案简单易行的一系列具体措施组成的链条。

葡萄病虫害规范化防控技术，是对葡萄园内造成危害的所有病虫害进行防控的技术，是把这些病虫害的关键防治点和关键防治措施进行归纳、集成，并按照葡萄生育期时间序列呈现的病虫害综合防控技术。农药使用是经过综合平衡做出的决策，是必须使用的措施。葡萄病虫害规范化防控技术，已经过专家认证并在生产实践中得到证明和验证，能有效减少农药的使用量，提高防治效果。

一、葡萄病虫害规范化防控技术的理论依据

葡萄病虫害规范化防控技术，是我国"预防为主，综合防治"植保方针在葡萄园的具体体现，也是生态学原理指导下的技术模式。

（一）植保方针

1. 预防为主，综合防治

病虫害防控的三道防线（图 4 - 4），阐述了"预防为主，综合防治"的植保方针。

（1）病虫害防控的三道防线。

第一道防线：阻止病虫害种类的增加（之前没有的病虫害种类，阻止其进入），是防治病虫害的基础。该防线所采取的技术措施，是五大类技术措施中的检疫防治法，也包括非检疫性病虫害进入新的种植区域。具体措施上，也包含了五大类技术措施中农业防治法（品种选择等）、物理防治法（高温或低温消毒、射线消毒等）、化学防治法（化学药剂消毒）等，是各种措施的结合。

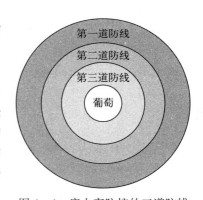

图 4 - 4　病虫害防控的三道防线

第二道防线：针对本区域已经有的、能造成危害的病虫害，根据其发生规律或侵染循环，充分减少病虫源的数量，降低菌势或虫量。病害和虫害的数量很少时（因植物的补偿作用等综合影响）就没有实质性危害。清理果园、切实抓好栽培技术环节，在发病前或病虫害的防治关键期施用药剂，是第二道防线最为重要的内容。第二道防线也是预防措施，也是多种防控措施的结合。

第三道防线：减少和降低病虫害暴发成灾的概率。在病虫害已经普遍发生且将要大发生，或者已经严重发生时，必须采取措施，阻止病虫害成灾；或者已经成灾，采取措施阻止或避免其造成更大的损失。化学防治，是第三道防线中最为重要的措施。

（2）三道防线相互关系及比较。

① 第一道防线是预防，预防危害种类的增加；第二道防线也是预防，是预防已有的病虫害种类种群数量的增加；第三道防线是救灾，在危害种类种群数量较大时，阻止其危害成灾。

② 防治成本。预防的成本低，阻止成灾（或者称作救灾）成本大。从成本考虑，第一道防线成本最低，第二道防线比较合算，第三道防线是不得已的办法，一般成本最高、代价最大。

③ 食品安全和环境安全。从食品安全角度考虑，第一道防线和第二道防线使用的措施少、简单，容易生产安全、无公害、绿色食品。如果病虫害进入第三道防线，农药的施用次数、频率和数量就会增加，增加了农产品和环境中 3R（residue：农药残留；resistance：有害生物对药剂的抗性；resurgence：有害生物的再度猖獗）的风险，生产安全食品和保证环境安全的难度加大。

④ 三道防线相互关系，展示了"预防为主"的理念。首先，预防比防治更重要；其次，应该在防治病虫害关键时期采取措施，而不是等到病虫害普遍发生后再采取措施。

⑤ 三道防线，都体现了病虫害防控措施的综合性。每一道防线都是综合措施，是多种措施的结合；综合的目的是高效化、简便化和低成本（包括经济成本、环境成本）。

2. 把预防性措施集成到规范化防控技术中

（1）病虫害的预防包括两个层次。

① 种类预防。不让本地区没有的病虫害进入区域内，即不增加病虫害种类。

② 数量预防。本地区已经存在的病虫害，有效阻止其数量增加，使数量不能增长到经济危害水平。

（2）病虫害预防的技术性措施。

① 在栽种葡萄之前病虫害的预防措施。选择苗木时，选择和使用脱毒苗木；对苗木进行检疫；对苗木进行消毒处理（一般两次消毒：苗木运输前消毒、种植前消毒）。

② 栽种葡萄之后病虫害的预防措施。越冬、越夏病原物或害虫度过不良环境条件时的防控措施，如葡萄园病残组织的清理（落叶、修剪下来的枝条处理）等；根据病害的发生规律、侵染循环及害虫的生活史，在病原物数量增加或病害发生和侵染的关键时期、害虫的繁殖期或生存薄弱环节，使用药剂，使病害或虫害的数量低于流行始点或避免灾害性发生。

以上病虫害预防的措施和方法，可以集成为规范性的技术措施。

（二）生态学原理

从生态学角度看，生态系统有四大原理、三大功能及各主要组成的相互关系。

生态系统四大原理：生物与环境相互适应原理、生物之间共生互利原理、充实生态位原理、食物链构成原理。

生态系统三大功能：能量流动、物质流动和信息传递。

生态系统中各主要组成（非生物环境、生产者、消费者、分解者）的相互关系：协同进化、相互制约、能量多级利用和物质循环再生、结构稳定性和功能协调性的协调与和谐。

葡萄病虫害规范化防控技术体系中，利用和遵循这些生态学原理，尽力保持和平衡各种措施（包括种养一体化的复合农业模式）与葡萄园生态系统的一致和协调，努力达到最优组合。

二、葡萄病虫害规范化防控的方法和步骤

葡萄病虫害规范化防控技术，是一系列技术措施的链条，包括根据地域土壤和气候特点选择品种；选择脱毒苗木并进行检疫；苗木调运前、调运后进行消毒处理；根据具体情况，是否进行栽植前的土壤处理或消毒；栽植后，结合葡萄的栽培技术，把健康栽培、农业防治措施、物理机械防治措施等融入具体栽培措施中，形成一套按照生长季节进行操作的技术规范；根据当地能造成危害损失的病虫害种类，以及品种、气候特点、田间所有造成损失的病虫害发生规律，制订各生育期的（生物、化学）防治措施，并根据气象条件和这些病虫害的种群数量变动情况，调整采取的措施。

葡萄病虫害规范化防控中，栽植前，品种选择、苗木检疫和消毒措施、土壤处理或消毒等是基础；栽种后，把健康栽培、农业防治措施、物理机械防治措施等融入具体栽培措施之中是日常工作；每个生

长季，根据气候资料和病虫害的发生规律，形成规范的药剂防治具体方案，并根据气象条件的变化和病虫种群动态，对药剂防治措施进行调整，是防治病虫害的关键。

根据气象条件的变化和病虫种群动态，对防治措施进行调整是一个很笼统的说法。确定这些调整措施，需要科学的方法和技术支撑，涉及有害生物的生物学特征、有害生物与作物和环境的互作或对应关系、作物品种的抗性差异、田间种群动态监测及预测预报体系等。因此，确定调整措施是最艰巨、科技含量最高的工作。确定调整措施有三个层次：根据经验确定调整性措施；根据经验、作物的品种抗性、病虫种群动态与气象因子的关系，进行技术集成；在技术集成、田间动态监测、气象动态分析、病虫抗药性监测等基础上，建立预测预报体系并根据该体系进行防控措施的调整和优化。

病虫害的规范化防控技术，是以作物生态体系为对象，把各种防治方法具体化，按照作物栽种或栽培的时间顺序进行排列和实施的防控方法。葡萄病虫害的规范化防控技术，可以分为葡萄栽种（种植、移栽等）前的病虫害防控、融入栽培过程（或栽培措施）中的病虫害防控、年生长周期的规范化防控技术措施、随气象条件调整及特殊防控措施四部分内容。并且可以按照以下步骤进行。

（一）明确本地区葡萄病虫害的种类

调查和明确葡萄园种植区域内的所有病虫害的种类，并在此基础上，明确在本地区的危害种类，即哪些种类是重要的病虫害且需要采取连年防治措施、哪些是仅在个别年份危害严重需要采取预测预报措施、哪些不能造成经济损失无需采取措施。明确所有种类和造成危害的种类，是病虫害防控的基础。

（二）明确病虫害的发生规律和有效防控措施

在明确病虫害种类的基础上，根据有关资料和报道，把造成危害和存在潜在威胁的病虫害的发生规律和有效防控措施弄清楚、搞明白；一些不常见病虫害需要进行防控技术的研发，包括观测、调查、防控技术集成等。把防治病虫害的健康栽培、农业防治、物理机械防治、生物防治等融入具体栽培措施中，形成简便易行的栽培管理规范，再明确防止其生存、繁殖、成灾的措施，不断丰富防治及救灾措施，形成规范化防控技术。

（三）制订葡萄栽植前的病虫害防治措施

在栽植葡萄前，根据气候条件、土壤、葡萄品种的区试结果等，进行品种选择、苗木检疫和消毒、土壤的检测及在此基础上的处理或消毒等。

（四）根据品种特点和地域特点评估当地各种病虫害防治的压力

根据病虫害的种类、品种抗性、地域特点，评估各种病虫害的防治压力。以辽宁西部和宁夏产区的巨峰、红地球两个品种为例，从品种抗性、地域特点举例介绍。

1. 品种抗性差异

巨峰系品种对霜霉病抗性中等、对灰霉病抗性较强、对穗轴褐枯病感病，但红地球系品种对霜霉病感病、对灰霉病感病、对穗轴褐枯病抗性较强。

2. 地域特征

（1）辽宁西部产区。巨峰系品种，必须使用药剂防治穗轴褐枯病；而灰霉病防控压力比较小，可以选择不使用化学药剂进行防治；霜霉病是该区域的重要病害，一般采取以保护性杀菌剂为基础（多次使用）、配合使用1~2次内吸性杀菌剂的方法。红地球系品种，在辽宁西部地区穗轴褐枯病基本没有风险；而灰霉病防控压力比较大，必须使用2~4次化学或生物防治措施进行防治；霜霉病也是重要病害，以保护性杀菌剂为基础（多次使用），一般一个生长季节需要2~3次内吸性杀菌剂。

（2）宁夏产区。巨峰系品种，虽然对穗轴褐枯病感病，但可以不采取防控措施；而灰霉病防控压力更小，可以不使用化学或生物防治措施；霜霉病虽然也是重要病害，但以保护性杀菌剂为基础，一般不使用针对霜霉病的内吸性杀菌剂。红地球系品种，在宁夏地区穗轴褐枯病基本没有风险，可以不使用药剂；灰霉病防控压力虽然比较小，但也必须使用1~2次化学或生物防治措施；霜霉病是重要病害，以保护性杀菌剂为基础，一般使用1~2次内吸性杀菌剂。

从以上品种抗性和地域特征两个方面可以看出，同一种有害生物的生存、繁殖、危害在不同品种上存在巨大差异，在不同区域的同一品种上，也存在巨大差异。这些情况充分说明，不同品种在同一地区有不同的防控压力，而不同地区的同一品种也会面临不同的情况。

根据品种特点和地域特点，评估各种病虫害防控的压力，是制定规范化防控技术措施的另一个重要内容。病虫害防控压力的评估结果，是寻找防控方法和评估各种措施有效性的基础。

（五）研发集成葡萄病虫害规范化防控技术

由专家团队根据以上资料，研发集成一个葡萄病虫害规范化防控技术草案；根据草案进行会商（参加会商会的有专家、葡萄区域的技术管理干部、葡萄园一线技术人员等），形成技术方案。

注：对于一个葡萄产区，应该在研发集成葡萄病虫害规范化防控技术的基础上，建立葡萄病虫害综合防控技术体系（涵盖八个系统，具体请参考《葡萄健康栽培与病虫害防控》）。

附录 1　延怀河谷葡萄产区赤霞珠葡萄病虫害规范化防控技术

一、延怀河谷赤霞珠葡萄病虫害规范化防控技术简图

延怀河谷葡萄产区需要常年防治的病虫害种类包括：霜霉病、灰霉病、白腐病、酸腐病、炭疽病、溃疡病、白粉病、穗轴褐枯病及绿盲蝽、黑绒金龟子、叶蝉、蠹虫等。对于炭疽病、溃疡病、酸腐病及金龟子、蠹虫等病虫害，需要进行单独处理，包括①炭疽病，与白腐病、霜霉病等结合进行防控，危害严重的葡萄园，使用（或至少使用2～3年）避雨栽培措施；②溃疡病，按照中庸栽培理念，避免树体弱化、控制负载量，并结合其他病害的防控（花前、花后及封穗前等使用药剂时，选择能兼治溃疡病的药剂）进行预防性防控；③酸腐病，在避免果实伤害的基础上（裂果、鸟害、白粉病裂果等），使用果蝇诱杀技术；④金龟子（黑绒金龟子、铜绿丽金龟等），在发生期使用杀虫剂，可以使用菊酯类＋有机磷类混配进行果园喷洒，也可以使用土壤处理剂或熏蒸剂；⑤蠹虫，主要与田间操作及栽培技术有关，建议清理修剪下来的枝条及其他木质树木的枝条，清理田间死树、避免树势衰弱，并结合春季药剂防控进行防控。

对于该区域的这些常见病虫害种类，如霜霉病、灰霉病、酸腐病、白腐病等是普遍种类，该区域的葡萄园都需要防控；其他病虫，不同葡萄园、不同品种、不同地块等存在差异，但对于任何葡萄园而言，按照生育期对所有病虫害种类进行防控，就是规范化防控的技术模式。

本技术对赤霞珠葡萄的农药使用进行规范，依据病虫害发生规律和区域特征，实现农药使用时间和药剂选择的精准，以减少农药的使用量并提高利用率。根据农业生产类型，进行农药种类的选择，如有机农业生产方式，可以选择机油或矿物油乳剂、波尔多液、石硫合剂、植物源提取农药、微生物源农药等；绿色食品选择允许使用的农药种类等。

延怀河谷赤霞珠葡萄是露地栽培，防控葡萄病虫害需要使用药剂7～8次（图4-5）。

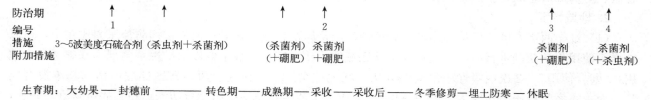

生育期：休眠期-萌芽期-展叶2～3叶-展叶-花序展露-花序分离-始花-花期(开花20%～80%)-落花期(80%落花)-落花后1～3 d-小幼果

防治期		↑	↑		↑		↑	↑
编号		1			2		3	4
措施	3～5波美度石硫合剂(杀虫剂＋杀菌剂)			(杀菌剂)	杀菌剂		杀菌剂	杀菌剂
附加措施				(＋硼肥)	＋硼肥		(＋硼肥)	(＋杀虫剂)

生育期：大幼果——封穗前————转色期——成熟期——采收——采收后————冬季修剪—埋土防寒—休眠

防治期	↑	↑	↑		↑	↑	
编号		5	6		7		
措施	杀菌剂	杀菌剂	波尔多液		石硫合剂	田间卫生	
附加措施			(＋杀虫剂)		(或波尔多液＋杀虫剂)		

图4-5　延怀河谷赤霞珠葡萄病虫害规范化防控技术简图

注：有编号的措施为必须采取的，无编号的措施为根据具体情况可调整的；有括号的药剂为根据具体情况可调整的，无括号的措施为必须采取的。下同。

二、葡萄病虫害防控药剂

1. 葡萄园常用保护性杀菌剂

保护性杀菌剂一般杀菌谱广，是葡萄园普遍使用的药剂，包括以下几种。

（1）无机杀菌剂（硫制剂）。如石硫合剂、硫悬浮剂等。

（2）含铜杀菌剂（铜制剂）。如波尔多液（现配，或商品的波尔多液）、王铜（氧氯化铜）、氢氧化铜等。

（3）有机硫杀菌剂。包括代森类，如代森锰锌［30％代森锰锌悬浮剂（万保露）、80％代森锰锌可湿性粉剂］、代森锌等；福美类，如福美双（80％福美双水分散粒剂等）、福美铁等。

（4）其他。包括针对葡萄园开发的杀菌剂，如30％保倍福美双等；线粒体呼吸抑制剂类，如25％嘧菌酯悬浮剂（保倍）、25％吡唑醚菌酯悬浮剂。

2. 防控霜霉病杀菌剂

防控霜霉病的杀菌剂有烯酰吗啉、霜脲氰、甲霜灵、精甲霜灵、三乙膦酸铝、氰霜唑等，比如40％烯酰吗啉·霜脲氰悬浮剂（金科克）、20％霜脲氰悬浮剂、25％精甲霜灵可湿性粉剂、80％疫霜灵等。

其他：缬霉威、霜霉威、双炔酰菌胺、氟吡菌胺等。

3. 防控灰霉病药剂

防控灰霉病药剂有腐霉利、多菌灵、甲基硫菌灵、异菌脲、嘧霉胺、乙霉威、啶酰菌胺、氟啶胺、咯菌腈等，比如20％腐霉利悬浮剂（翠瑞）、20％咯菌腈悬浮剂（汇葡）、22％抑霉唑水乳剂（凡碧保）、50％甲基硫菌灵悬浮剂（赞亩施）、40％嘧霉胺悬浮剂（保时绿）。

4. 防控白粉病药剂

防控白粉病药剂有腈菌唑、大黄素甲醚、乙嘧酚（30％易蜜粉微乳剂）、四氟醚唑、戊菌唑、武夷菌素、苯醚甲环唑、氟硅唑、戊唑醇、硫黄制剂等，比如40％苯醚甲环唑悬浮剂（汇优）、40％氟硅唑乳油、50％甲基硫菌灵悬浮剂、40％腈菌唑悬浮剂。

5. 防控白腐病药剂

防控白腐病的药剂有苯醚甲环唑、甲基硫菌灵、氟硅唑、戊唑醇、己唑醇、溴菌腈等，这些药剂对炭疽病有兼治效果，比如40％苯醚甲环唑悬浮剂、40％氟硅唑乳油、50％甲基硫菌灵悬浮剂、40％腈菌唑悬浮剂。

6. 杀虫剂

广谱性杀虫剂有噻虫嗪、烯啶虫胺、虫螨腈、甲维盐、阿维菌素、吡虫啉、吡蚜酮、高效氯氰菊酯、敌百虫、辛硫磷等，比如21％噻虫嗪悬浮剂（狂刺）、10％烯啶虫胺水剂（快喜）、24％虫螨腈悬浮剂（透钻）。

刺吸式害虫杀虫剂：吡虫啉、噻虫嗪、螺虫乙酯、烯啶虫胺、吡蚜酮等，比如21％噻虫嗪悬浮剂、24％螺虫乙酯悬浮剂（吸尔盾）、10％烯啶虫胺水剂、80％烯啶虫胺·吡蚜酮水分散粒剂（好一比）、22.4％噻虫·高氯氟悬浮剂（噻虫朗）。

鳞翅目幼虫杀虫剂：虫螨腈、甲维盐、有机磷＋菊酯类等，比如24％虫螨腈悬浮剂（透钻）、5％甲维盐水分散粒剂（夜袭2号）。

杀螨剂：矿物油乳剂、石硫合剂、阿维菌素、乙螨唑等，比如20％乙螨唑悬浮剂（围剿）、22％阿维·螺螨酯。

三、延怀河谷赤霞珠葡萄病虫害规范化防控技术措施说明

1. 萌芽期

（1）防治适期描述。指葡萄芽萌动，从绒球至吐绿，在80％左右的芽变为绿色（但没有展叶或5％～10％芽开始展叶）时，采取措施。

（2）防控目标。杀灭、控制越冬后的病、虫，把越冬后害虫的数量、病菌的菌势压低到较低水平，从而降低病虫害在葡萄生长前期的威胁，而且为后期的病虫害防治打下基础。

（3）措施。扒除老皮，喷施3～5波美度石硫合剂。喷洒药剂要细致周到。

（4）说明。发芽前，是减少或降低病原物、害虫数量的重要时期，在田间卫生（清理果园）的基础上，应根据天气和病虫害的发生情况，选择措施。此次措施，应该对叶蝉、介壳虫、绿盲蝽、红蜘蛛及白粉病等有效。一般情况下，使用5波美度的石硫合剂；雨水多、发芽前枝蔓湿润时间长时，使用铜制剂［可以使用现配的波尔多液1∶（0.5～0.7）∶（100～200），或商品波尔多液］。

可以选取的其他药剂有波尔多液＋矿物油乳剂（机油乳剂或柴油乳剂）200倍液，或30%保倍福美双800倍液＋3%苯氧威1 000倍液等。

2. 展叶后至开花前

在葡萄展叶后至开花期一般使用1次杀菌剂，虫害发生普遍的葡萄园还需要使用1次杀虫剂。春季多雨年份应在花序分离期增加一次保护性杀菌剂［如30%代森锰锌（万保露）600～800倍液］。具体如下。

（1）2～3叶期。

① 防治适期描述：是指葡萄展叶后，80%以上的嫩梢有2～3片叶已经展开时。

② 措施：一般情况下，不使用药剂。害虫为害（绿盲蝽、红蜘蛛、介壳虫、金龟子等）比较严重的葡萄园，需要使用1次杀虫剂。如果需要使用杀虫剂，可以根据农业生产方式，选择药剂［即有机农业选择有机农业允许使用的药剂，绿色食品认证选择绿色食品可以使用的药剂，无公害农产品选择生态农业可以使用药剂，良好农业规范（GAP）体系选择良好农业技术规范允许使用的药剂。以下同，不再重述］。

③ 药剂使用建议：如果只有虫害，使用杀虫剂，比如21%噻虫嗪水分散粒剂1 500倍液（＋保护性杀菌剂）；如果有虫害也有螨类为害，使用杀虫杀螨剂，比如20%乙螨唑悬浮剂。

（2）花序分离期。

① 防治适期描述：是葡萄花序开始为"火炬"形态，之后花序轴之间逐渐分开、花梗之间分开、花蕾之间也分开，不再紧靠在一起，90%以上的花序处于花序分离状态时。

② 措施：使用硼肥；一般年份或管理规范的葡萄园，可以不使用药剂。

③ 药剂使用具体建议：一般情况，建议使用硼、锌肥，比如21%保倍硼3 000倍液＋锌硼氨基酸300倍液。

说明：对于延怀河谷地区，如果葡萄园管理规范、之前（上一个生育周期）的防治措施落实到位，病虫害防控压力不大，可以省略此次药剂；灰霉病发生比较严重的葡萄园或去年灰霉病发生比较严重，建议使用一次对灰霉病有效的杀菌剂；如果连续阴雨天，或者之前该葡萄园病害发生比较严重，建议在花序分离期使用1次杀菌剂。

（3）开花前（始花期）。

① 防治适期描述：葡萄的花帽被顶起，称为开花。葡萄的花序，一般中间的花蕾先开花，当1%～5%的花序上有花蕾开花时，就是采取措施的时期。

② 措施：喷施药剂，可以根据农业生产方式，选择药剂。

③ 药剂使用具体建议：一般情况，保护性杀菌剂＋灰霉病和穗轴褐枯病的内吸性杀菌剂（＋杀虫剂）＋硼肥，比如30%保倍福美双800倍液＋70%甲基硫菌灵1 000倍液＋21%保倍硼3 000倍液。

说明：开花前，是重要的防治点，不管是哪些品种、栽培方式，都要使用农药进行防治。因为开花前是多种病虫害发生的重要防治点，并且花期是最为脆弱的时期，一旦遭受危害，损失没有办法弥补。药剂的使用，以针对伤害花序、花梗、花的病虫害为主。此时采取的措施，应该对霜霉病、白粉病、炭疽病、白腐病、灰霉病、穗轴褐枯病及蓟马、斑衣蜡蝉、叶蝉等都有效，但此时的防控重点是灰霉病、穗轴褐枯病。根据葡萄园病虫害种类和农业生产方式选择药剂，如有机农业或其他特殊的农业生产方式，可以选择使用其生产方式可以使用的药剂，如波尔多液、农抗120、武夷菌素等。对于存在花和小幼果害虫（绿盲蝽、蓟马、红蜘蛛等）的葡萄园，选择适宜的杀虫剂。

重要说明：根据我国葡萄产业技术体系对葡萄灰霉病菌的抗药性检测，其抗药性范围和水平非常高，建议根据每年的抗药性检测结果，选择没有对灰霉病产生抗性的防治药剂。

3. 谢花后至封穗前

谢花后：当花序上有95%花帽脱落时，进入谢花后。整个葡萄园中95%的花序已经进入谢花后，即是该时期。

封穗期：在果实第一次膨大期之后，由于果粒膨大，在果穗外面看不到果梗和穗轴，这时进入封穗期。

根据谢花后至封穗前的时间跨度、气象条件和病虫害发生压力，使用2次药剂（谢花后1次、封穗前1次）。以往病虫害防控较好、气候条件好、雨水少，使用1次药 ［（1）谢花后第一次药剂］；一般年份，使用2次药 ［（1）谢花后第一次药剂和（3）封穗前药剂］；雨水较多、病虫害发生压力大时使用3次药 ［（1）（2）和（3）］。

（1）谢花后第一次药剂。

① 防治适期描述：是葡萄花帽从柱头上脱落，称为落花；葡萄80％的花序落花结束，其余20％的花序部分花帽脱落（其余正在开花），之后的1～3 d，就是采取措施的时期。

② 措施：喷施药剂；可以根据农业生产方式，选择药剂。

③ 药剂使用具体建议：一般情况下，使用保护性杀菌剂（＋杀虫剂），如30％保倍福美双800倍液（＋杀虫剂）。

说明：谢花后第一次用药是保果最重要的措施，是花后至成熟期最为重要的防治时期。重点针对灰霉病、炭疽病、白腐病，对于灰霉病发生比较严重的葡萄园，需要添加灰霉病杀菌剂，如30％保倍福美双800倍液＋50％腐霉利悬浮剂1 000倍液；根据谢花后虫害发生情况（种类和严重程度）确定是否再加入针对防治虫害的药剂。

药剂的种类，可以根据农业生产方式进行选择，如有机农业或其他特殊的农业生产方式可以选择枯草芽孢杆菌、波尔多液、武夷菌素等杀菌剂，或机油、矿物油乳剂、苦参碱、藜芦碱等杀虫剂。

（2）果粒第一次膨大期前期药剂。

① 防治适期描述：谢花后的12 d左右，是果实膨大的始期，一般情况下，坐果已经结束，果穗形状已基本定型，距离上次农药的使用有大概10 d，就是该时期。

② 措施：一般可以不使用药剂。

③ 药剂使用建议：多雨年份，需要使用一次保护性杀菌剂。病害发生压力大的葡萄园，使用保护性杀菌剂＋内吸性杀菌剂，如代森锰锌＋苯醚甲环唑；虫害发生严重的葡萄园，再使用1次杀虫剂（谢花后使用药剂时，也需要添加杀虫剂）。

（3）封穗前药剂。

① 防治适期描述：谢花后15 d左右进入第一次果实迅速膨大期，谢花后30 d左右，由于果粒的膨大，果粒之间挨在一起，在果穗外看不到里面的穗轴和果梗，这个时期就是封穗期。在封穗期前5～7 d，采取措施。

② 措施：使用药剂。

③ 药剂使用具体建议：一般情况下，使用保护性杀菌剂＋内吸性杀菌剂＋杀虫剂，如30％保倍福美双800倍液＋70％甲基硫菌灵800倍液＋5％甲维盐3 000倍液。

说明：封穗期及封穗期之后，药剂很难进入穗轴和果梗。果梗上的病菌，尤其是灰霉病菌、溃疡病菌、白腐病菌等，需要在封穗前进行彻底清扫，从而避免或减轻果实病害的发生。这次药剂，与落花后使用的药剂相辅相成，重点针对灰霉病、炭疽病、白腐病、溃疡病等。如果有为害果穗的害虫，则需要添加相应杀虫剂。

药剂的种类，可以根据农业生产方式进行选择，如有机农业或其他特殊的农业生产方式可以选择波尔多液、农抗120、武夷菌素等。

4. 封穗后至成熟期

这期间，需要根据天气情况和霜霉病发生的压力使用2～3次药剂；最为重要的防治时期为转色始期，其他时期一般可以不使用药剂，但可以根据天气情况和霜霉病发生压力，调整药剂使用。对于连续几年防控效果好的果园，在天气条件好时，封穗后可以使用1～2次药剂。

注：封穗后，是延怀河谷地区的雨季，一般情况下，12 d左右使用1次药剂，以杀菌剂波尔多液为主，并根据霜霉病发生压力，配合使用霜霉病的内吸性杀菌剂。

附：葡萄酸腐病绿色防控技术。

综合防控措施如下。

（1）果穗管理（花序拉伸措施），避免果粒之间挤压；预防裂果的各种管理措施；预防鸟害及其他果实伤害的措施。

（2）在转色期，检查果穗，疏掉裂果及有其他伤口的果实。

（3）在果实转色期使用蓝板＋气味诱杀剂进行害虫诱杀。

发生酸腐病的防控措施如下。

（1）疏掉酸腐病病穗或病果粒（严重时整穗疏掉，个别果粒只疏掉病果粒）。

（2）疏掉病粒的果穗，使用10％高效氯氰菊酯悬浮剂1 000倍液配成100 mg/L药液洗涮果穗。

注：疏掉的病果穗和病果粒，不能留在葡萄园土壤表面，应集中销毁或深埋。

（3）整园使用一次杀灭醋蝇的杀虫剂，之后使用蓝板＋气味诱杀剂。

5. 成熟期

防治适期描述：果实转色后进入成熟期。成熟期一般需要30～50 d。

说明：一般情况下，成熟期不再使用药剂。雨水较多或病害发生压力较大时，在转色后的10～15 d，使用广谱的保护性杀菌剂，如波尔多液或30％保倍福美双800倍液等。

注：出现特殊情况，按照采收期的救灾措施执行。

6. 采收后

（1）防治适期描述。葡萄果实采收后，即为此时期。

（2）措施。喷施药剂，使用杀菌剂（＋杀虫剂）。

（3）药剂使用具体建议。使用波尔多液（＋杀虫剂）或石硫合剂。

说明：葡萄采收后，葡萄的枝条需要充分老熟，枝蔓和根系需要营养的充分积累，所以要避免病虫危害导致早期落叶。葡萄采收后病虫害的防治，会减少病虫害的越冬基数，为第二年的病虫害防治打下基础。采收后立即使用1次药剂，一般使用铜制剂〔如果需要使用杀虫剂，采用80％波尔多液（必备）600倍液或30％王铜800倍液等与杀虫剂混合使用〕；这个时期一般使用1次药剂。

注：如果采收晚（采收后就是落叶期）或冬季来临时间早，直接进入下一个环节。

7. 落叶前

（1）防治适期描述。葡萄开始落叶前15 d左右，叶片开始老化、变色（黄或红），叶片叶脉之间开始干枯，此时为埋土防寒与清园的时期。

（2）措施。使用一次药剂。

（3）药剂使用具体建议。使用石硫合剂或波尔多液（＋杀虫剂）。

说明：葡萄落叶前的病虫害的防治，会减少病虫害的越冬基数，为第二年的病虫害防治打下基础。

8. 休眠始期

防治适期描述：药剂使用后10 d左右开始修剪；修剪后2～3 d，可以进行埋土防寒。

措施：清园。

说明：在埋土防寒前进行清园。清园措施包括清理田间落叶，沤肥或处理；修剪下来的枝条，集中处理；也包括在出土上架后，清理田间葡萄架上的卷须、枝条、叶柄等，及剥除老树皮。

防控目标：减少害虫的数量、降低菌势（减少病菌的数量），从而为第二年的病虫害防治打下基础。

四、延怀河谷葡萄病虫害规范化防控技术简表

延怀河谷葡萄病虫害规范化防控技术简表如表4－1所示。

表4－1　延怀河谷葡萄病虫害规范化防控技术简表

时期		药剂防治	备注
萌芽期		3～5波美度石硫合剂	萌芽后至展叶前（5％芽开始展叶）使用
发芽后至开花前	2～3叶	杀虫剂	一般情况下，展叶后至开花只使用1次药剂，即在开花前使用
	花序分离期	保护性杀菌剂	
	开花前	保护性杀菌剂＋灰霉病和穗轴褐枯病内吸性杀菌剂（＋杀虫剂）比如30％保倍福美双800倍液＋70％甲基硫菌灵1 000倍液（＋21％保倍硼2 000倍液＋80％烯啶虫胺・吡蚜酮5 000倍液）	

时期		药剂防治	备注
谢花后 至封穗前	谢花后2～3 d	保护性杀菌剂＋针对性的内吸性杀菌剂，如30％保倍福美双800倍液＋40％苯醚甲环唑3 000倍液（＋10％烯啶虫胺水剂）	谢花后到封穗前，一般使用2次药剂；气象因素适宜，并且上年度防控效果好的葡萄园可以使用1次
	谢花后12 d左右	保护性杀菌剂＋广谱内吸杀菌剂（＋杀虫剂）	
	封穗前	保护性杀菌剂＋灰霉病和穗轴褐枯病内吸性杀菌剂（＋杀虫剂）	
封穗后 至成熟期	转色期	广谱保护性杀菌剂＋杀虫剂（＋霜霉病内吸性药剂）	根据具体情况使用2～3次药剂
	进入成熟期	葡萄酸腐病绿色防控措施	
	成熟期前期	广谱保护性杀菌剂，如30％保倍福美双800倍液或25％保倍悬浮剂1 000倍液	
采收期			不使用药剂
采收后		波尔多液或石硫合剂	使用1～2次

五、延怀河谷葡萄病虫害规范化防控减灾预案

葡萄病虫害防控，是一个连续、规范并且根据气象条件调整的防治病虫害的过程，是体现"预防为主，综合防治"的过程。这个过程包括建立葡萄园前和建立过程中的防控，也包括葡萄园建立后的合理栽培技术、葡萄保健栽培措施和根据当地已经具有的葡萄病虫害种类及发生规律进行的农药精准使用等。成功的防控，包括准确的时期、科学的措施和使用精准到位。如果葡萄园的病虫害防控由于以上三项的某一项不到位，或是特殊的气象条件，导致某种病虫害的普遍发生或严重发生，这时需要有保证食品安全的救灾预案，以保证在病虫害灾害发生时尽量减少损失，并且尽量保证第二年的产量基础。以下是防治葡萄病虫害减灾预案。

（1）花期出现烂花序。用25％吡唑醚菌酯1 500倍液＋22％抑霉唑1 500倍液，喷洒花序。

（2）花期同时出现灰霉病和霜霉病侵染花序。施用25％吡唑醚菌酯1 500倍液＋22％抑霉唑1 500倍液＋40％烯酰吗啉1 000倍液，喷洒花序。

（3）霜霉病救灾。在发病中心及周围，使用1次40％烯酰吗啉1 000倍液＋30％保倍福美双800倍液；霜霉病发生比较严重区域，先使用1次40％烯酰吗啉1 000倍液＋25％保倍悬浮剂1 500倍液，3 d后使用20％霜脲氰（金乙霜）600倍液，4 d后使用保护性杀菌剂＋霜霉病内吸性杀菌剂［如30％代森锰锌600倍液＋80％霜脲氰1 000倍液］，而后8 d左右施1次药剂，以保护性杀菌剂为主。

（4）出现冰雹。8 h内施用40％氟硅唑8 000倍液（或40％苯醚甲环唑3 000倍液）＋30％保倍福美双800倍液。重点喷施果穗和新枝条。

（5）出现酸腐病。见酸腐病绿色防控技术。

附录2　吉林省葡萄病虫害规范化防控技术

吉林省种植的葡萄品种有：着色香、玫瑰露、红地球、巨峰、夏黑、京亚、藤稔及山葡萄系列的双优、双红、北冰红等。永吉县主要种植着色香、玫瑰露，长春市郊种植京亚、藤稔，松原产区种植山葡萄系列双优、双红、北冰红等，也有巨峰、夏黑、玫瑰露部分鲜食葡萄，梨树县种植红地球。葡萄主要病害有霜霉病、灰霉病、黑痘病、溃疡病、酸腐病，主要虫害有绿盲蝽、金龟子等。

一、吉林省葡萄病虫害规范化防控简图

1. 吉林省永吉县露地栽培着色香和玫瑰露葡萄病虫害规范化防控技术简图

吉林省永吉县葡萄主要是露地栽培，不套袋，品种为着色香和玫瑰露，一般为小冷棚或冷棚栽培，需要防治的病虫害种类包括霜霉病、灰霉病、酸腐病、黑痘病及盲蝽等，防控葡萄病虫害需要用药7次

左右，如图4-6。

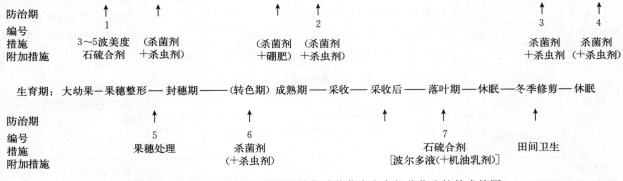

图4-6 吉林省永吉县露地栽培着色香葡萄病虫害规范化防控技术简图

2. 吉林省长春市市郊葡萄病虫害规范化防控技术简图

长春市郊区，以保护地（冷棚）葡萄为主，露地葡萄改造为冷棚栽培，品种比较复杂，主要有京亚、藤稔等，最主要的病虫害有灰霉病、酸腐病、溃疡病及盲蝽等，防控葡萄病虫害需要用药8次左右，如图4-7。

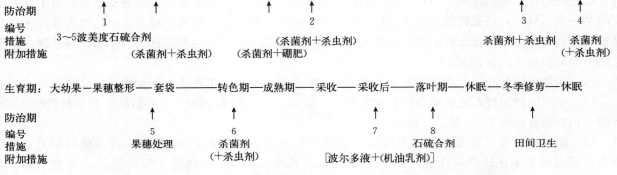

图4-7 吉林省永吉县露地栽培玫瑰露葡萄病虫害规范化防控技术简图

3. 吉林省松原葡萄病虫害规范化防控技术简图

吉林省松原地区包括松原、柳河、集安、通化等区域，以种植酿酒山葡萄双优、双红、北冰红等为主，栽培方式为露地不套袋，主要病害为霜霉病。鲜食葡萄品种主要为巨峰、夏黑、玫瑰蜜等，以冷棚栽培为主，主要病害为白粉病等。冷棚栽培的鲜食葡萄，防控病虫害措施请参考长春市郊区；露地栽培的山葡萄，防控葡萄病虫害需要用药5～6次左右，如图4-8。

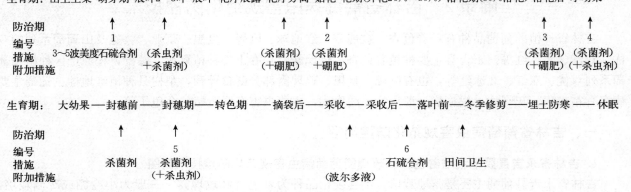

图4-8 吉林省松原山葡萄病虫害规范化防控技术简图

二、吉林省葡萄病虫害防控药剂的使用建议

参见附录1"二、葡萄病虫害防控药剂"。

三、吉林省永吉县葡萄病虫害规范化防控技术措施说明

1. 萌芽期

（1）防治适期描述。是指在葡萄芽萌动从绒球至吐绿，有80%左右的芽变为绿色（但没有展叶）时，采取措施。

（2）防控目标。杀灭、控制越冬后的病、虫，把越冬后害虫的数量、病菌的菌势压低到较低水平，从而降低病虫害在葡萄生长前期的威胁，而且为后期的病虫害防治打下基础。

（3）措施。扒除老皮；喷施3～5波美度石硫合剂。喷洒药剂要细致周到。

（4）说明。对介壳虫、绿盲蝽、红蜘蛛、白粉病、黑痘病等有效。

可以选取的其他药剂有波尔多液＋矿物油乳剂（机油乳剂或柴油乳剂）200倍液，或50%保倍福美双1 500倍液＋3%苯氧威1 000倍液等。

2. 展叶后至开花前

吉林省的葡萄，在展叶后至开花前，有三个比较重要的防治节点：2～3叶期、花序分离期和开花前。

2～3叶期：主要针对黑痘病、白粉病、毛毡病、绿盲蝽、介壳虫、蓟马等，对于这些病虫害发生严重的葡萄园，应该在这个时间点采取一次措施。

花序分离期：是防治灰霉病、穗轴褐枯病、黑痘病等病害的关键时期，也是补充硼、锌、镁等元素（叶面施肥）的适期。

开花前：是防治灰霉病、白粉病、穗轴褐枯病、黑痘病、溃疡病及蓟马、绿盲蝽、叶蝉的关键时期，也是补充硼、锌（叶面施肥）等元素的适期。

对于永吉县的着色香和玫瑰露，在展叶后至开花前一般使用1次药剂（1次杀菌剂＋1次杀虫剂）。对于病虫害发生复杂或多雨年份，应根据具体情况在2～3叶期和花序分离期添加使用药剂。

（1）2～3叶期。

① 时期描述：是指葡萄展叶后，80%以上的嫩梢有2～3片叶展开时。

② 措施：一般不施用药剂。

③ 调整：虫害严重的葡萄园，需要在2～3叶期使用一次杀虫剂。保护地栽培（冷棚、温室）如果往年白粉病严重，需要使用一次杀菌剂；露地栽培，如果往年黑痘病严重，需要使用一次针对黑痘病的药剂。

（2）花序分离期。

① 时期描述：是葡萄花序开始为"火炬"形态，之后花序轴、花梗、花蕾之间也逐渐分开，不紧靠在一起。90%以上的花序处于花序分离状态时，为花序分离期。

说明：花序分离是重要的病虫害防治点，是各种病原物数量的快速增长期，也是灰霉病、穗轴褐枯病、炭疽病、黑痘病等病害的防治时期。藤稔等欧美种葡萄容易出现落花、落果较多，授粉不良，大小粒比较严重等现象，建议开花前使用两次硼肥，以及加用锌钙氨基酸补充锌、钙等元素和营养，促进花的发育和授粉。

② 措施：一般不使用药剂。

③ 调整：对于露地栽培葡萄，如果往年的灰霉病、穗轴褐枯病、炭疽病、黑痘病等病害发生普遍，在多雨年份应该增加使用一次药剂。

（3）开花前。

① 时期描述：葡萄的花序一般中间的花蕾先开花，有1%～5%的花序上有花蕾开花的，就是该时期。

② 措施：喷施药剂。

③ 药剂使用具体建议：可以使用50%保倍福美双1 500倍液＋50%腐霉利1 000倍液＋10%联苯菊

酯 3 000 倍液＋21％保倍硼 2 000 倍液＋锌钙氨基酸 300 倍液，或 50％保倍福美双 1 500 倍液＋70％甲基硫菌灵 1 000 倍液＋硼肥等。此外，还可以根据葡萄园病虫害种类和农业生产方式选择药剂，如有机农业或其他特殊的农业生产方式，可以选择使用其生产方式可以使用的药剂，如波尔多液、农抗 120、武夷菌素等。

说明：开花前的用药是保花最重要的措施，与花序分离期一样，此时采取的措施对防治白粉病、炭疽病、白腐病、灰霉病、穗轴褐枯病等都有效，但此时的防控重点是灰霉病、穗轴褐枯病，联苯菊酯能兼治金龟子、蓟马和螨类。

3. 谢花后至封穗前

对于套袋葡萄，在谢花后至套袋前使用两次药剂：第一次使用杀菌剂＋杀虫剂，杀菌剂主要针对灰霉病，兼治炭疽病、白腐病、霜霉病，如 30％保倍福美双悬浮剂 800 倍液。杀虫剂针对绿盲蝽等虫害，如 5％甲维盐水分散粒剂 3 000 倍液［如果有虫害还有红蜘蛛，则调换为杀虫杀螨剂，如 5％阿维菌素悬浮剂 3 000 倍液，如果没有虫害，单独使用杀菌剂］。花后 12 d 左右修整果穗，进行果穗整形，整形后使用一次杀菌剂，如 40％苯醚甲环唑悬浮剂 4 000 倍液。花后 25 d 左右，进行套袋，套袋前，使用药剂处理果穗。

对于不套袋葡萄，在谢花后使用一次杀菌剂＋杀虫剂，与以上套袋葡萄花后第一次药剂相同。在封穗前，进行果穗整形，之后喷施一次杀菌剂＋杀虫剂，并根据霜霉病发生压力确定是否添加防治霜霉病的内吸性药剂。

对于冷棚、避雨、温室栽培的葡萄，在谢花后至封穗前也是使用两次药剂，第一次使用杀菌剂＋杀虫剂，杀菌剂重点针对白粉病和灰霉病，杀虫剂重点针对红蜘蛛和蓟马（如果基本没有虫害，可以只使用杀菌剂）。第二次药剂，基本上是针对灰霉病及其他杂菌。

永吉县是露地栽培的不套袋葡萄着色香和玫瑰露，具体用药如下。

（1）谢花后第一次措施。

① 时期描述：葡萄花帽从柱头上脱落，称为落花；葡萄 80％的花序落花结束，其余 20％的花序部分花帽脱落（其余正在开花），之后的 1～3 d，就是采取措施的时期。

② 措施：喷施药剂。

③ 药剂使用具体建议：一般情况使用杀菌剂（＋杀虫剂），如 30％保倍福美双 800 倍液（＋5％甲维盐水分散粒剂 3 000 倍液）。

说明：落花后是全年病虫害防治的重点，必须考虑所有重要的病虫害；谢花后是霜霉病、灰霉病、白粉病、白腐病、炭疽病、杂菌等的重要防治时期；保护性杀菌剂与防治杂菌的药剂联合使用，是最合理的措施。

（2）谢花后 12～15 d。

① 时期描述：谢花后的 12～15 d，是果实膨大的始期；一般情况下，坐果已经结束，果穗形状已基本定型；距离上次农药的使用有 10～12 d，就是该时期。

② 措施：根据病虫害发生压力，确定是否使用药剂。永吉县露地栽培的不套袋葡萄一般可以省略此次药剂。

（3）封穗前。

① 时期描述：谢花后 15 d 左右，幼果开始第一次迅速膨大，当果粒膨大到一定程度时，从果穗外面看，基本看不到里面的穗轴和果梗，这个时期称为葡萄封穗期。在封穗之前，采取措施。

② 措施：喷施药剂。

③ 药剂使用具体建议：一般情况下使用一次杀菌剂，可以与补充营养措施联合使用，如使用 30％代森锰锌 800 倍液＋保倍钙 1 000 倍液。

调整性措施：前一个年份介壳虫为害比较严重的葡萄园或地块，调整为 30％保倍福美双 800 倍液＋保倍钙 1 000 倍液＋3％苯氧威 1 000 倍液。

注：套袋葡萄的套袋前果穗处理。

① 时期描述：谢花后的 20～35 d，也是果实第一次迅速膨大的时期。先进行果穗整形，果穗整形后 20 h 内进行整形后的果穗处理处理果穗后，一般在 1～3 d 套袋（最长不要超过 5 d）。

② 措施：果穗药剂处理。

③ 药剂使用具体建议：使用 25％嘧菌酯 1 500 倍液＋40％苯醚甲环唑 3 000 倍液＋22％抑霉唑 1 500 倍液（＋杀虫剂）。

说明：套袋前果穗处理，是防控套袋后果实腐烂相关病害的重要措施之一，可以在果穗整形后、套袋前进行果穗处理。根据天气和套袋时间，在谢花后至套袋前使用 1～2 次药剂，附加果穗整形后果穗处理。

4. 封穗期至转色前

永吉县露地栽培的葡萄，在封穗后基本上到达雨季，应根据霜霉病的发生情况及发生压力，使用 1～3 次药剂。雨水少、霜霉病发生压力小时，使用 1～2 次药剂；雨水多、霜霉病发生压力大时，使用 3～4 次药剂。最为重要的防治点是套袋后、转色始期，其中转色始期是最重要的防治点，应该采取措施。从剂型上，尽量选择水剂、水乳剂、悬浮剂等剂型，减少药液对葡萄的果表污染。

（1）封穗后（套袋葡萄套袋后）。

① 时期描述：果穗整形后，果粒进入第一次迅速膨大期。随着果粒膨大，果粒靠在一起，从果穗外面看不到果穗的果梗和穗轴，这个时期称为封穗期，或称为封穗后。

② 药剂使用具体建议：在封穗后，可以根据田间具体情况，确定是否需要使用药剂。一般情况下可以使用一次保护性杀菌剂，如 30％代森锰锌 600～800 倍液或 30％保倍福美双 800 倍液。

注：根据天气和霜霉病发生的压力，确定是否与防控霜霉病的内吸性药剂混合使用。可以混加 50％烯酰吗啉 2 000～3 000 倍液或 80％霜脲氰 2 000 倍液或 50％精甲霜灵 2 000～3 000 倍液等。

（2）转色始期。

① 防治适期描述：葡萄的果实开始上色，从绿色变为粉红色（绿色和黄色品种果皮开始发亮）；开始只是个别果粒，之后整个果穗开始变色；再之后颜色会逐渐加深。有 5％～10％果粒开始上色的时间，为此次防治时期。

② 措施：喷施药剂，使用杀菌剂＋杀虫剂。

③ 药剂使用具体建议：一般情况使用保护性杀菌剂＋杀虫剂，如 30％代森锰锌 600～800 倍液（或 80％波尔多液 600 倍液）＋10％联苯菊酯 3 000 倍液（或 10％高效氯氰菊酯 1 200 倍液）。

注：在防控霜霉病等病害的基础上，防控酸腐病。有酸腐病发生的葡萄园，按照酸腐病绿色防控技术要求，在转色期进行醋蝇诱杀。

5. 转色期至成熟期

① 时期描述：有色品种果穗上 95％以上的果粒已完全着色（绿色和黄色品种果穗上 95％以上的果粒果皮已完全发亮），这时葡萄进入成熟期；有核（种子）的葡萄品种，种子变为褐色时为成熟（无核及有核品种，两天测一次果实糖度，连续两次糖度不再增加的为成熟），果穗上 95％以上的果粒成熟时进入成熟期。

② 措施：一般情况下不使用药剂。

说明：如果雨水较多、霜霉病发生压力较大，可以在转色期使用 1 次治疗霜霉病的内吸性药剂。

6. 采收期

不套袋葡萄，采收前 15 d 不使用任何药剂。

7. 采收后

果实采收后，已经很长时间不使用药剂，根据霜霉病、黑痘病等病害的发生及天气情况，立即使用一次药剂，如波尔多液或代森锰锌或福美双，如果霜霉病发生比较严重，使用保护性杀菌剂＋霜霉病内吸性药剂，如 80％波尔多液 600 倍液＋80％霜脲氰 2 000 倍液。根据田间情况，确定是否在之后 10 d 左右补充使用一次药剂，如铜制剂（波尔多液、氢氧化铜、氧氯化铜等）。

8. 落叶期

（1）防治适期描述。葡萄 80％叶片变黄、老化、老叶片开始落叶时，使用此次药剂。

（2）措施。喷施药剂，如石硫合剂。

说明：葡萄落叶前病虫害的防治，会减少病虫害的越冬基数，为第二年的病虫害防治打下基础。

9. 休眠期

（1）防治适期描述。葡萄落叶后进行修剪，修剪后要进行清园、埋土防寒。

（2）措施。采取清园措施。在修剪（或落叶）后，清理田间落叶，沤肥或销毁；修剪下来的枝条，集中处理；在伤流期前，清理田间葡萄架上的卷须、枝条、叶柄等，剥除老树皮。

四、永吉县冷棚葡萄病虫害规范化防控技术简表

按照以上三项内容和病虫害防控理念，可以根据葡萄园的具体情况，确定一个年生长周期的葡萄病虫害规范化防控方案。表4-2是吉林省永吉县冷棚套袋葡萄病虫害规范化防控技术简表，仅供参考。

表4-2　吉林省永吉县冷棚葡萄病虫害规范化防控技术简表

时期		措施	备注
萌芽期		5波美度石硫合剂	在芽萌动后至展叶前使用
展叶后至开花前	2～3叶期	杀虫剂，如5%噻虫嗪水分散粒剂5 000倍液	一般使用一次杀菌剂＋杀虫剂。可以在花前补充锌、钙、硼等营养
	花序分离期	补充微量元素，如21%保倍硼2 000倍液＋锌钙氨基酸300倍液	
	开花前	使用杀菌剂＋杀虫剂，如50%保倍福美双1 500倍液＋10%联苯菊酯3 000倍液＋21%保倍硼2 000倍液＋锌钙氨基酸300倍液	
谢花后至封穗前	谢花后2～3 d	使用杀菌剂（＋杀虫剂），如30%保倍福美双800倍液＋5%甲维盐水分散粒剂3 000倍液	根据天气和往年病虫害发生情况，使用2～3次药剂。一般情况使用两次药，病虫害发生压力大使用三次药。幼果期，适当补充钙肥
	谢花后12 d左右	一般可以不使用药剂，往年病害严重的葡萄园使用一次药剂，如30%保倍福美双800倍液＋保倍钙1 000倍液	
	封穗前	使用一次杀菌剂，如30%代森锰锌800倍液＋保倍钙1 000倍液	
封穗期至转色前	封穗后	使用一次保护性杀菌剂（＋霜霉病内吸性杀菌剂），如30%保倍福美双800倍液＋20%金乙霜悬浮剂800倍液	最重要的发生时期为转色始期，使用杀菌剂＋杀虫剂，其他时期根据天气和霜霉病发生压力，使用1～5次药剂，在雨季后8～15 d使用一次药剂，并依据田间霜霉病发生情况添加霜霉病内吸性杀菌剂
	转色始期	80%波尔多液600倍液＋10%联苯菊酯3 000倍液	
成熟期			一般不使用药剂
采收期		不使用药剂	
采收后	采收后，立即使用	使用杀菌剂＋杀虫剂，如30%保倍福美双800倍液（或波尔多液）＋10%联苯菊酯1 000倍液。	采收后，立即使用一次药剂
落叶期		5波美度石硫合剂	在落叶前或修剪前10～15 d使用药剂

五、葡萄病虫害规范化防控减灾预案

减灾预案是规范化防控技术中的内容之一。成功的防控，包括准确的时期、科学合理的措施和使用精准到位；如果葡萄园的病虫害防控由于以上三项的某一项不到位，或者由于特殊的气象条件，导致某种病虫害的普遍发生或比较严重的发生，这时需要有保证食品安全的救灾预案，以保证在病虫害灾害发生时尽量少减少损失，并且尽量保证第二年的产量基础。以下是防治葡萄病虫害减灾预案。

（1）花期出现烂花序。用25%吡唑醚菌酯·福美双1 500倍液＋50%抑霉唑3 000倍液，喷花序。

（2）花期同时出现灰霉病和霜霉病侵染花序。施用50%抑霉唑3 000倍液＋40%烯酰吗啉2 000倍液，喷花序。

（3）霜霉病救灾。发现发病中心后，在发病中心及周围，使用1次50%烯酰吗啉3 000倍液＋50%保倍福美双1 500倍液；霜霉病发生比较严重区域，先使用1次50%烯酰吗啉3 000倍液＋25%吡唑醚

菌酯悬浮剂 1 500 倍液，3 d 左右使用 40％金乙霜 1 500 倍液，4 d 后使用保护性杀菌剂＋霜霉病内吸性杀菌剂（如 30％代森锰锌 600 倍液＋80％霜脲氰 3 000 倍液），而后 8 d 左右使用 1 次药剂，以保护性杀菌剂为主。

（4）出现冰雹。8 h 内施用 40％氟硅唑 8 000 倍液（或 20％苯醚甲环唑 3 000 倍液）＋50％保倍福美双 1 500 倍液。重点喷果穗和新枝条。

（5）发现酸腐病。刚发生时，马上全园施用 1 次 10％联苯菊酯 3 000 倍液＋30％王铜 800 倍液（或 80％波尔多液 600 倍液）；然后尽快剪除发病穗，疏去病果粒，并对病果穗进行处理（50％灭蝇胺 1 000 倍液或 10％吡丙醚 1 200 倍液）；剪除的病果穗不能留在田间，应集中处理。有大量醋蝇存在的果园，先去除病果穗和病果粒，在没有风的晴天时进行熏蒸处理，并对果穗进行药剂处理。

附录3　新疆阿图什木纳格葡萄病虫害规范化防控技术

一、阿图什木纳格葡萄病虫害规范化防控技术简图

阿图什市葡萄栽培面积近 0.53 万 hm²，木纳格葡萄是主要栽培品种。木纳格属于欧亚种葡萄，从萌芽到果实完全成熟的生长日数为 180 d 左右，一般 8 月中旬开始着色，10 月初至月底果实完全成熟。主要病害有白粉病、霜霉病，害虫主要有葡萄斑叶蝉、蓟马、醋蝇及少量叶螨，生理性病害主要是叶片黄化。

本技术对木纳格葡萄的农药使用进行规范，依据病虫害发生规律和区域特征，实现农药使用时间上的精准、药剂选择的精准，以减少农药的使用和提高农药利用率。根据农业生产类型，进行农药种类的选择，如有机农业生产方式，可以选择机油或矿物油乳剂、波尔多液、石硫合剂、植物源提取的农药、微生物源农药等，绿色食品使用绿色食品允许使用的农药种类等。

阿图什木纳格葡萄是露地栽培，防控葡萄病虫害需要使用 5 次药剂（图 4 - 9）。

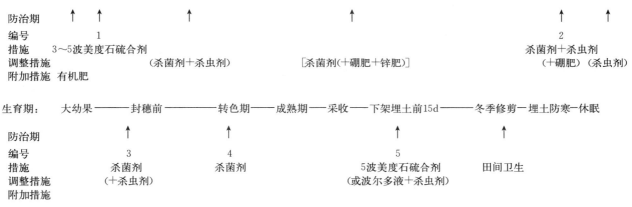

图 4 - 9　新疆阿图什木纳格葡萄病虫害规范化防控技术简图

二、阿图什木纳格葡萄病虫害防控药剂的使用建议

参见附录 1 "二、葡萄病虫害防控药剂"。

三、阿图什木纳格葡萄病虫害规范化防控技术措施说明

在春季，野生山杏开花，即可以出土。出土后，可以直接上架，也可以在地面放置几天后上架。上架后，开始年生长周期。

1. 萌芽期

① 防治适期描述：萌芽期是指葡萄芽萌动，从绒球至吐绿，80％左右的芽变为绿色（但葡萄的芽

还没有展叶）时。葡萄萌芽后第一个叶片伸展，能看到第二片叶，在20％芽展开第一片叶、露出第二片叶时，称为展叶期，之前称为展叶前。出土后至葡萄展叶前，采取措施；但最好的使用时期是萌芽期。

② 措施：喷施3～5波美度石硫合剂（有条件时，在出土上架的同时扒除老皮）。还可以喷施波尔多液＋矿物油乳剂（机油乳剂或柴油乳剂）200倍液，或广谱性杀菌剂＋杀虫剂等。喷洒药剂要细致周到。

③ 说明：发芽前，是减少或降低病原物、害虫数量的重要时期，在清理果园的基础上，应根据天气和病虫害的发生情况，选择措施，对叶蝉、介壳虫、绿盲蝽、红蜘蛛及白粉病等有效。一般情况下，使用5波美度石硫合剂。

2. 展叶后至开花前

在葡萄展叶后至开花前一般使用1次杀菌剂，虫害发生普遍的葡萄园还需要使用1次杀虫剂（与杀菌剂混合使用）。具体如下。

（1）2～3叶期。

① 防治适期描述：参阅附录1。

② 措施：使用一次针对白粉病的药剂。害虫为害（绿盲蝽、红蜘蛛、介壳虫等）比较严重的葡萄园，需要杀菌剂和杀虫剂混合使用。可以根据农业生产方式，选择药剂。

③ 药剂使用具体建议：一般情况下使用防治白粉病的杀菌剂（＋杀虫剂）。

④ 说明：早春葡萄萌芽后至展叶，是白粉病、叶蝉、红蜘蛛、蓟马、介壳虫等病虫害的重要防治点，有白粉病发生的葡萄园，应该使用防治白粉病的药剂，有白粉病也有虫害的葡萄园，使用杀菌剂＋杀虫剂，没有白粉病但有虫害的葡萄园，单独使用杀虫剂。没有白粉病也没有虫害的葡萄园，可以不使用药剂。

（2）花序分离期。

① 防治适期描述：参阅附录1。

② 措施：有叶片黄化的葡萄园，可以使用（叶面喷施）1～2次铁肥。

（3）开花前（始花期）。

① 防治适期描述：参阅附录1。

② 措施：一般不使用药剂。但在田间发生白粉病的葡萄园，可以使用1次防治白粉病的药剂。如果葡萄园去年出现比较严重的果穗不整齐，可以在这个时期使用1～2次锌肥＋硼肥。

3. 谢花后至封穗前

根据谢花后至封穗前的时间跨度、气象条件和病虫害发生压力，使用1～2次药剂。以往病虫害防控较好、气候条件好，使用1次药（使用花后第一次）；葡萄园病虫害种类多、发生严重的，使用2次药。

（1）谢花后。

① 防治适期描述：参阅附录1。

② 措施：一般情况下使用针对白粉病的广谱保护性杀菌剂（＋杀虫剂）。

说明：谢花后用药是保果最重要的措施，是花后至成熟期最为重要的防治时期。重点针对白粉病、霜霉病，也是叶蝉、蓟马和红蜘蛛等害虫的防治适期。一般选择针对白粉病的广谱保护性杀菌剂，如30％保倍福美双800倍液，根据谢花后虫害发生情况（种类和严重程度）确定是否再加入针对虫害的药剂。

（2）封穗前。

① 防治适期描述：参阅附录1。

② 措施：一般情况不使用药剂，穗轴和果梗上病害（灰霉病、溃疡病、白腐病等）发生普遍的葡萄园，可以使用1次药剂。

4. 封穗后至成熟前期

转色期：参阅附录1。

这期间防控的重点主要是针对霜霉病，需要根据天气情况和病虫害发生的压力使用2～3次药剂。

第一次药剂，在田间发现第一片霜霉病病叶（或第一个病斑）时使用，一般使用针对霜霉病的广谱保护性杀菌剂；如果叶蝉为害普遍，可以将杀菌剂和杀虫剂混合使用。第二次药剂，一般在雨季或雨水频繁出现之前使用，保护性杀菌剂和霜霉病内吸性杀菌剂混合使用。如果需要使用第三次药剂，在第二次药剂使用之后的 10 d 左右，使用霜霉病内吸性杀菌剂。

附：葡萄酸腐病绿色防控技术。

参阅附录 1 或附录 2 中相关内容。

5. 成熟期

防治适期描述：参阅附录 1。

说明：一般情况下，成熟期不再使用药剂。出现特殊情况，按照采收期的救灾措施执行。

6. 采收后至埋土前

（1）防治适期描述。葡萄叶片开始老化、变色（黄或红），叶片叶脉之间开始干枯，这时为落叶期。有些品种或因为管理问题，葡萄越冬前叶片老化和变色不明显。因此，统一规定距离落叶还有 15 d 左右，或者距离埋土防寒前的 15 d 左右，为使用药剂的时期。

（2）措施。喷施药剂，如杀菌剂（＋杀虫剂）。

（3）药剂使用具体建议。使用 3～5 波美度石硫合剂或波尔多液（＋杀虫剂）。

说明：葡萄采收后，葡萄的枝条需要充分老熟，枝蔓和根系需要积累充分的营养，所以要避免病虫危害导致早期落叶。葡萄采收后病虫害的防治，会减少病虫的越冬基数，为第二年的病虫害防治打下基础。采收后立即使用 1 次药剂，一般使用铜制剂（如果需要使用杀虫剂，采用商品铜制剂与杀虫剂混合使用；如果单独使用铜制剂，可以选择波尔多液或其他铜制剂），这个时期一般使用 1 次药剂。

7. 埋土防寒与清园

（1）防治适期描述。药剂使用后 10 d 左右开始修剪；修剪后 2～3 d，可以进行埋土防寒。

（2）清园。清园措施包括清理田间落叶，将落叶沤肥或销毁；修剪下来的枝条，集中处理；出土上架后，清理田间葡萄架上的卷须、枝条、叶柄等，剥除老树皮。

（3）防控目标。减少害虫的数量、降低菌势（减少病菌的数量），从而为第二年的病虫害防治打下基础。

四、阿图什木纳格葡萄病虫害规范化防控技术简表

阿图什木纳格葡萄病虫害规范化防控技术简表如表 4-3 所示。

表 4-3 阿图什木纳格葡萄病虫害规范化防控技术简表

时期		措施	药剂使用
出土后至萌芽期		3～5 波美度石硫合剂	上架后（芽萌动之后）直到葡萄展叶之前，都可以用药，但在萌芽后葡萄展叶之前使用石硫合剂药效最好
展叶后至开花前	展叶期（2～3叶）	杀菌剂（＋杀虫剂）	展叶之后的 7～10 d，使用一次白粉病的防控药剂。葡萄园如果存在叶蝉、蓟马为害，添加杀虫剂（杀菌剂与杀虫剂一起使用）
	花序分离期	（叶面喷施铁肥）	一般情况下，不使用药剂，但根据优质葡萄生产的需求，可以使用微量元素肥料（出现黄叶，使用 1～2 次铁肥；果穗不整齐，使用 1～2 次锌肥＋硼肥）。
	开花前	硼肥＋锌肥	白粉病严重的葡萄园，可以在开花前增加一次白粉病杀菌剂；也可以单独喷洒已经有白粉病病斑的植株，其他没有发现病斑的植株不使用药剂
谢花后至封穗前	谢花后 2～3 d	保护性杀菌剂＋针对性的内吸性杀菌剂（＋杀虫剂）	谢花后一般使用 1 次药剂（气象因素适宜，并且上年度防控效果好的葡萄园可以使用 1 次；上一年白粉病发生严重的，可以在使用这次药剂后 10 d 左右增施一次药剂）
	封穗前	保护性杀菌剂（＋杀虫剂）	

（续）

时期		措施	药剂使用
封穗后至成熟期	封穗后	第一次药剂：广谱保护性杀菌剂（＋杀虫剂）第二次药剂：广谱保护性杀菌剂＋霜霉病内吸性药剂	主要是针对霜霉病，一般可以使用2次药剂，多雨年份可以使用3次。第一次药剂，在田间发现第一片霜霉病病叶或第一个病斑时使用，一般使用针对霜霉病的广谱保护性杀菌剂；如果叶蝉为害普遍，可以将杀菌剂和杀虫剂混合使用。第二次药剂，一般在雨季或雨水频繁出现之前使用，保护性杀菌剂和霜霉病内吸性杀菌剂混合使用。如果需要使用第三次药剂，在第二次药剂使用之后的10 d左右，使用葡萄霜霉病内吸性药剂
	转色期		
	成熟期前期		
成熟期			不使用药剂
采收期			不使用药剂
埋土前15 d		石硫合剂，或波尔多液＋杀虫剂	

备注：

（1）喷药质量。喷药质量是决定药剂发挥药效的重要条件；符合以下3个条件的就属于质量高的喷药。

① 喷雾器的雾滴需要尽量细（雾滴越小越好）；

② 喷药时，需要均匀周到，花序/果穗、枝条、叶片等都需要喷洒上足够的药剂；

③ 喷药后，药液不能流失，应在叶片、果穗和果粒上形成药滴。

（2）霜霉病和灰霉病的药剂选择。这种选择是基于抗药性检测的精准选择。没有抗药性监测的药剂使用，是目前防治效果不理想的重要原因之一。

（3）可以根据生产方式（有机农业、无公害食品、绿色食品、生态农业等），对药剂进行选择。有机农业，选择有机农业可以使用的药剂，如波尔多液、石硫合剂、武夷菌素、大黄素甲醚、机油乳剂（矿物油乳剂）、苦参碱等。

附录4　湖北省葡萄病虫害规范化防控技术

湖北省葡萄病虫害主要有霜霉病、灰霉病、炭疽病、白腐病、黑痘病、穗轴褐枯病、溃疡病、褐斑病、锈病及病毒病等，综合性病害主要为葡萄酸腐病，虫害有绿盲蝽、叶蝉、透翅蛾、叶甲、金龟子、蓟马、虎天牛、红蜘蛛、蜗牛、广翅蜡蝉、椿象、斜纹夜蛾、棉铃虫等，保护地（简易棚、温室、避雨等）中的白粉病、粉蚧、烟粉虱等尤为严重。其中，每年必须防治的病虫害有霜霉病、灰霉病、炭疽病、白腐病、黑痘病、酸腐病、溃疡病、绿盲蝽、虎天牛、粉蚧、粉虱、红蜘蛛、棉铃虫、叶蝉等。

根据以上信息，生物防治与综合防治岗位对有关新技术研发和梳理，形成初步技术资料，并对"十二五"期间形成的相关湖北省葡萄规范化防控技术进行了优化，为新需求、新问题提供通路或措施，并把新技术、好经验融入防治规范中。之后，生物防治与综合防治岗位和武汉综合试验站组织相关专家、葡萄基地县部分技术人员及种植企业或种植大户的技术负责人等对该技术模式进行了讨论与会商，对形成的病虫害规范化防控技术进一步把脉，对其实用性、合理性、简约性、经济性等进行进一步优化。经过以上过程，形成以下规范化防控技术，提供给武汉综合试验站进行试验示范和技术指导。

一、需要单独进行防控的病虫害

1. 病毒病

病毒病防控是以种植脱毒苗木为主、辅助以控制（有可能传播）病毒病介体（如叶蝉、蓟马、粉虱、线虫等）及铲除田间感染病毒病植株的综合防控技术。选用脱毒苗木、土壤消毒、控制刺吸性害虫等预防性措施，是防治病毒病的根本，不列入周年管理的病虫害防控中。

2. 溃疡病

溃疡病防控是以控制负载量、健壮栽培为基础，辅助以（结合其他病害的防控）药剂防治的综合防控技术。在花后病害有效药剂的选择时，选择具有兼治溃疡病的药剂，不单独列入周年管理的病虫害防控中。

3. 酸腐病

酸腐病防控是以控制和减少果实伤口（裂果、鸟害、避免果穗过紧果粒相互挤压等）为基础，果实转色期的杀虫剂使用及转色后的成熟期诱杀技术相结合的综合防控策略。转色期杀虫剂的使用，列入规范化防控技术中；其他防治措施列入规范化管理，不列入规范化防控技术中。

4. 蜗牛

蜗牛一般在雨水较多的年份发生。使用诱饵诱杀，或主蔓根际周围的保护（毒土或其他措施），或在主蔓上设置阻隔带（机油阻隔带、塑料薄膜阻隔带等）等措施进行防治，不列入规范化防控技术中。

5. 烟粉虱

葡萄不是烟粉虱的适宜寄主。存在烟粉虱，是因为周围种植有烟粉虱的适宜寄主。在葡萄园周围，种植少量适宜烟粉虱的植物（如薄荷等），作为诱集植物，定期喷洒防治药剂，可以有效控制烟粉虱在葡萄上的发生为害。

6. 线虫病

线虫病是以种植前土壤消毒，结合葡萄苗木调运的规范管理（无病苗圃、种苗消毒等）等进行防控，不列入规范化防控技术中。

二、湖北省葡萄病虫害规范化防控简图

1. 公安县露地套袋藤稔葡萄病虫害规范化防控技术简图

公安县露地套袋栽培的藤稔葡萄，防控葡萄病虫害需要使用 14 次及以上药剂（或措施），如图 4-10 所示。

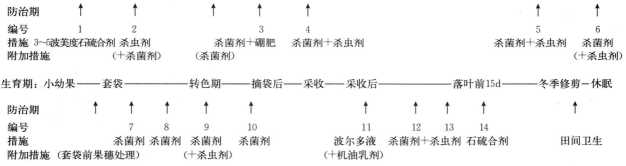

图 4-10　湖北省公安县露地套袋藤稔葡萄病虫害规范化防控技术简图

2. 湖北省阳光玫瑰葡萄病虫害规范化防控技术简图

湖北省阳光玫瑰种植，是采用避雨并进行果实套袋的栽培模式，需要使用 8 次左右的农药，如图 4-11 所示。

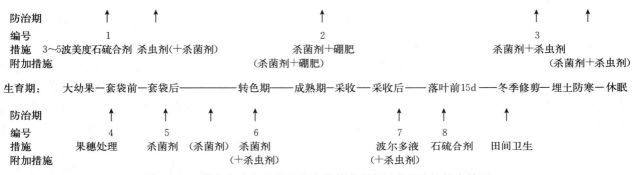

图 4-11　湖北省公安县阳光玫瑰葡萄病虫害规范化防控技术简图

注：根据阳光玫瑰葡萄上的病虫危害种类、区域气候特征，参考露地套袋藤稔葡萄病虫害规范化防控技术的相关说明，进行具体方案的制订。

3. 湖北省避雨栽培欧亚种葡萄病虫害规范化防控技术简图

湖北省欧亚种葡萄种植，一般采用避雨栽培模式，需要使用8次左右的农药，如图4-12所示。

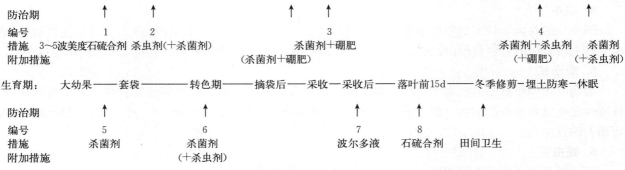

生育期：出土上架-萌芽期-展叶2～3叶-展叶-花序展露-花序分离-始花-花期(开花20%～80%)-落花期(80%落花)-落花后-小幼果

防治期		↑	↑		↑	↑		↑	↑
编号		1	2		3			4	
措施	3～5波美度石硫合剂	杀虫剂(＋杀菌剂)			杀菌剂＋硼肥			杀菌剂＋杀虫剂	杀菌剂
附加措施					(杀菌剂＋硼肥)			(＋硼肥)	(＋杀虫剂)

生育期：　大幼果——套袋————转色期———摘袋后——采收—采收后——落叶前15d——冬季修剪-埋土防寒-休眠

防治期	↑	↑	↑	↑	↑
编号	5	6	7	8	
措施	杀菌剂	杀菌剂	波尔多液	石硫合剂	田间卫生
附加措施		(＋杀虫剂)			

图4-12　湖北省避雨栽培欧亚种葡萄病虫害规范化防控技术简图

注：根据避雨栽培的具体葡萄品种和该品种上的病虫危害种类、区域气候特征，参考露地套袋藤稔葡萄病虫害规范化防控技术的相关说明，进行具体方案的制订。

三、公安县藤稔葡萄病虫害防控药剂的使用建议

参见附录1"二、葡萄病虫害防控药剂"。

四、公安县藤稔葡萄病虫害规范化防控技术措施说明

1. 萌芽期

（1）防治适期描述。参阅附录1。

（2）防控目标。杀灭、控制越冬后的病、虫，把越冬后害虫的数量、病菌的菌势压低到较低的水平，从而降低病虫害在葡萄生长前期的威胁，而且为后期的病虫害防治打下基础。

（3）措施。扒除老皮，喷施3～5波美度石硫合剂，或波尔多液＋矿物油乳剂（机油乳剂或柴油乳剂）200倍液，或50%保倍福美双1500倍液＋3%苯氧威1000倍液等，要求喷洒的药剂要细致周到。

说明：对叶蝉、介壳虫、绿盲蝽、红蜘蛛类、白粉病、黑痘病等有效；采取的措施，应该能够兼治葡萄园中有前面所述的病虫害。

2. 展叶后至开花前

一般使用1～2次杀菌剂和1～2次杀虫剂。多雨年份应在花序展露期加用一次药剂。

（1）2～3叶期。

① 防治适期描述：参阅附录1。

② 措施：喷施药剂，可以根据农业生产方式，选择药剂。

③ 药剂使用具体建议：一般情况需要使用杀虫剂，如10%联苯菊酯3000倍液或21%噻虫嗪水分散粒剂1500倍液。

说明：2～3叶期是防治介壳虫、绿盲蝽、毛毡病、蓟马、蚜虫、叶蝉等病虫害的时期，根据葡萄园病虫害种类和农业生产方式选择药剂，如有机农业可以使用苦参碱（或藜芦碱、烟碱、矿物油乳剂等）。可以选取药剂还有3%苯氧威1000倍液、矿物油乳剂（机油乳剂或柴油乳剂）等。多雨年份或病害发生压力大的年份可添加杀菌剂，如30%代森锰锌800倍液＋10%联苯菊酯3000倍液（或2.0%阿维菌素3000倍液）。

注：保护地（温室、大棚、避雨等）栽培，如果前一个生长季节发现白粉病，应添加防治白粉病的药剂。

（2）花序展露期。

① 防治适期描述：是指葡萄第六片叶展叶后，在葡萄园中100%的花序已经显露、花序继续生长，

但 95％花序呈火炬状，花序梗和花梗等没有分开时，是这次防控措施的时期。

② 措施：根据气候情况和葡萄园病虫害发生压力采取措施。一般情况下，花序展露期是 2～3 叶期措施的补充，湖北省的葡萄一般情况下在花序展露期不需要采取措施。多雨年份，可以补充使用一次保护性杀菌剂；干旱年份，虫害发生压力大时，使用一次杀虫剂。

（3）花序分离期。

① 防治适期描述：参阅附录 1。

② 措施：是补充元素营养（硼、锌等）的重要时期。

③ 具体建议：使用硼肥＋锌肥（＋杀菌剂），如 21％保倍硼 2 000 倍液＋锌钙氨基酸 300 倍液（＋30％保倍福美双 800 倍液）。

说明：藤稔等欧美种葡萄容易出现落花、落果较多，授粉不良，大小粒比较严重等现象，建议开花前使用两次硼肥，以及锌钙氨基酸补充锌、钙等元素和营养，促进花的发育和授粉。花序分离也是重要的病虫害防治点，是各种病菌数量的快速增长期，也是炭疽病、霜霉病、黑痘病、灰霉病等病害的防治时期。因此，如果雨水多的年份或者前一个年份病害发生重的葡萄园，应使用 1 次保护性杀菌剂，与硼肥、锌肥等一起使用（选择能与硼肥、锌肥混合使用的药剂）。

④ 调整：去年灰霉病比较严重的果园，加入药剂嘧霉胺，即 50％保倍福美双 1 500 倍液＋40％嘧霉胺 1 000 倍液＋21％保倍硼 2 000 倍液＋锌钙氨基酸 300 倍液。花序分离期是斑衣蜡蝉的防治点，如果有斑衣蜡蝉等害虫为害，应混加杀虫剂，如 50％保倍福美双 1 500 倍液＋5％噻虫嗪水分散粒剂 5 000 倍液＋21％保倍硼 2 000 倍液＋锌钙氨基酸 300 倍液。以往防治措施落实得好、病虫害比较少的葡萄园，可以省略这次药剂。

（4）开花前。

① 防治适期描述：参阅附录 1。

② 措施：一般情况需要使用杀菌剂＋杀虫剂＋微量元素肥料。可以根据农业生产方式，选择药剂。如果杀菌剂、杀虫剂、微量元素肥料等混合使用，需有混合使用的经验和相关试验，否则需要单独使用，如 30％保倍福美双 800 倍液＋50％腐霉利 1 000 倍液＋10％联苯菊酯 3 000 倍液＋21％保倍硼 2 000 倍液＋锌钙氨基酸 300 倍液。

说明：开花前的用药和施肥是保花最重要的措施，与花序分离期一样，此时采取的措施对防治白粉病、炭疽病、白腐病、灰霉病、穗轴褐枯病等都有效，但此时的防控重点是灰霉病、穗轴褐枯病。联苯菊酯能兼治金龟子、蓟马和螨类。

3. 谢花后至套袋

公安县露地栽培的藤稔葡萄谢花后至套袋，一般 25 d 左右，需要使用两次药，并在套袋前用药剂处理果穗。

（1）谢花后第一次药剂。

① 防治适期描述：参阅附录 1。

② 措施：喷施一次药剂。

③ 药剂使用具体建议：一般情况下使用保护性杀菌剂＋杀虫剂，如可以使用 30％保倍福美双 800 倍液＋5％甲维盐 3 000 倍液；对于往年灰霉病发生较严重的葡萄园，使用 30％保倍福美双 800 倍液＋50％腐霉利悬浮剂 1 000 倍液＋5％甲维盐 3 000 倍液；对于白腐病或炭疽病较严重的葡萄园，可以使用 30％保倍福美双 800 倍液＋40％氟硅唑 8 000 倍液＋5％甲维盐 3 000 倍液（或 80％烯啶虫胺・吡蚜酮 5 000倍液）。

说明：此时用药是保果最重要的措施，是花后至成熟期最为重要的防治时期。重点针对霜霉病、灰霉病、炭疽病、白腐病、黑痘病、绿盲蝽、蓟马、介壳虫等，根据葡萄园霜霉病发生压力（雨水的多少）和虫害发生情况（种类和严重程度）确定是否再加入针对霜霉病和防治虫害的药剂。药剂的种类，可以根据农业生产方式进行选择药剂。

（2）花后第二次用药。

① 防治适期描述：参见附录 1。

② 措施：喷施药剂。

③ 药剂使用具体建议：一般情况下使用保护性杀菌剂＋较为广谱的内吸性杀菌剂＋杀虫剂，如可以使用 30%代森锰锌 600 倍液＋40%苯醚甲环唑悬浮剂 3 000～4 000 倍液＋20%氯虫苯甲酰胺 2 000～3 000 倍液。

说明：落花后的第二次用药与第一次用药相辅相成，重点针对灰霉病、炭疽病、白腐病、溃疡病及套袋后的鳞翅目蛀果幼虫等。药剂的种类，可以根据农业生产方式进行选择，如有机农业或其他特殊的农业生产方式可以选择波尔多液、农抗 120、武夷菌素、亚磷酸等。

（3）套袋前果穗处理。

① 防治适期描述：谢花后的 20～25 d，也是果实迅速膨大的时期，先进行果穗整形，果穗整形后 20 h 内进行整形后的果穗处理。处理果穗后，一般在 1～3 d 套袋。

② 措施：果穗药剂处理。

③ 药剂使用具体建议：可以使用 25%保倍 1 500 倍液＋70%甲基硫菌灵 1 000 倍液（或 40%苯醚甲环唑悬浮剂 3 000～4 000 倍液）＋22%抑霉唑 1 500 倍液。

说明：套袋前果穗处理（涮果穗或喷果穗），是防控套袋后果实腐烂相关病害的重要措施之一，可以在果穗整形后、套袋前进行果穗处理。

4. 套袋后至摘袋前

公安县露地栽培的藤稔葡萄，从果实套袋后至摘袋前，需要 80 d 左右的时间。这期间，最为重要的病虫害是葡萄霜霉病和酸腐病，需要根据天气情况和病虫害发生的压力使用 4～6 次药剂。必须采取防控措施的时期是套袋后、转色始期和摘袋前，其他时期根据天气情况使用药剂，一般情况下 10～15 d 使用一次药剂（可以主要选择铜制剂）。

（1）套袋后至转色前。

① 防治适期描述：套袋后，由于果穗整形、套袋等田间作业比较多，套袋结束后应立即使用一次杀菌剂（或套袋完成一块地，就马上使用药剂）。之后，间隔 8～15 d 使用 1 次保护性杀菌剂。

② 药剂使用具体建议：一般情况下，使用广谱保护性杀菌剂，如波尔多液，或 30%保倍福美双 800 倍液，还可以选用 80%代森锰锌可湿性粉剂 800 倍液或 30%代森锰锌悬浮剂 600 倍液等。

说明：套袋后的第一次药剂，重点针对防控霜霉病和保护伤口。

注：可根据天气和霜霉病发生压力，确定是否与防控霜霉病的内吸性药剂混合使用。使用这次药剂之后至转色期之前，根据天气情况使用药剂，以波尔多液等保护性杀菌剂为主，8～15 d 一次。雨水多，8 d 左右使用一次；雨水少，10～15 d 一次；基本没有雨水，20 d 左右一次。田间没有发现霜霉病病叶，只使用保护性杀菌剂；田间发现霜霉病病叶，保护性杀菌剂与防治霜霉病的内吸性药剂混合使用，连续使用两次（8 d 左右一次），之后恢复只使用保护性杀菌剂。

（2）转色期。

① 防治适期描述：参阅附录 1。

② 措施：喷施药剂，可使用杀菌剂＋杀虫剂（＋霜霉病内吸性药剂），如 80%波尔多液 600 倍液＋10%联苯菊酯 3 000 倍液（＋40%烯酰吗啉 1 000 倍液）。

说明：在防控霜霉病等病害的基础上，防控酸腐病。转色期在 7 月初，霜霉病发生流行压力加大，发现霜霉病病叶时，保护性杀菌剂、杀虫剂与霜霉病内吸性药剂混合使用。

（3）转色后至摘袋前。

① 防治适期描述：转色后至成熟，一般需要 40 d 左右的时间。一般可以带袋采收，不需要摘袋。但在成熟后果实颜色还略微差时，可以选择摘袋促进果实上色。如果摘袋，需要根据果实成熟程度、天气或市场需求，选择摘袋时间；摘袋前必须使用一次药剂，以保证成熟、采摘期间的安全。

② 摘袋前药剂使用具体建议：使用广谱保护性杀菌剂，如 30%保倍福美双 800 倍液，或 25%保倍悬浮剂 1 000 倍液，或波尔多液（1∶1∶200）等。

说明：葡萄在果袋内上色比较慢，为增加上色，一般采用摘袋措施，摘袋后 7 d 左右，果实成熟度、颜色等都可以达到成熟水平，进行采收。也可以根据天气或市场需求，适当延迟摘袋，摘袋时果实已经成熟，摘袋后果实很快上色，达到紫色水平，而后进行采收。因摘袋后不再使用农药防治病虫害，并且摘袋后到采收期间等，有比较长的一段时间，从而要求摘袋前必须使用一次药剂，减少病虫危害概率，保证成熟、采摘期间的安全。

注：与套袋后至转色前一样，根据天气状况和霜霉病发生压力，调整使用药剂。一般以保护性杀菌剂为主，10～15 d 使用一次药剂，并根据霜霉病发生压力，适当添加霜霉病内吸性杀菌剂。

5. 采收期

套袋葡萄采收前 15 d 不使用内吸性药剂（不套袋葡萄，采收前 15 d 不使用任何药剂）。采收前 5 d 或摘袋后，不使用药剂和其他病虫害防控措施。出现特殊情况，按照采收期的救灾预案执行。

6. 采收后

果实采收后，已经很长时间不使用药剂，所以果实采收后应立即使用 1 次药剂，一般以铜制剂为主并添加杀虫剂。根据霜霉病等病害的发生情况，以及天气情况，确定是否添加防治霜霉病的内吸性药剂。具体用药方法如下。

（1）采收后，立即使用 1 次杀菌剂＋杀虫剂，如 30％保倍福美双 800 倍液＋97％机油乳剂 200 倍液。

（2）之后 15 d 左右，使用 1 次杀菌剂＋杀虫剂，如 80％波尔多液 300 倍液＋5％甲维盐水分散粒剂 1 500倍液。

（3）第二个 15 d 左右过后，再使用 1 次杀菌剂＋杀虫剂，如 30％氧氯化铜悬浮剂 600 倍液＋22.4％噻虫·高氯氟悬浮剂 2 000 倍液。

注：采收后如果霜霉病病叶比较普遍，在以上药剂中添加防治霜霉病的内吸性治疗剂。

说明：采收后的杀菌剂使用是保证主要叶片完好，从而保证枝条的老熟、花芽的分化、植株的营养储藏等的营养需求。采收后，也是虎天牛的防治关键时期，应添加杀虫剂防治虎天牛。

7. 落叶期

① 防治适期描述：葡萄叶片变黄、自然老化，在落叶前 15 d 左右，使用此次药剂。

② 措施：喷施药剂。

③ 药剂使用具体建议：3～5 波美度石硫合剂。

说明：葡萄落叶前的病虫害防治，会减少病虫害的越冬基数，为第二年的病虫害防治打下基础。

8. 休眠期

① 防治适期描述：葡萄落叶后进入休眠期。休眠期要进行修剪、清园，一般葡萄落叶后就可以进行，也可以在第二年的伤流期之前的任何时期进行。

② 防控目标：减少害虫的数量、降低菌势（减少病菌的数量），从而为第二年的病虫害防治打下基础。

③ 采取的措施：清园措施。

五、公安县露地藤稔葡萄病虫害规范化防控技术简表

按照以上三项内容和病虫害防控理念，可以根据葡萄园的具体情况，确定一个年生长周期的葡萄病虫害规范化防控方案。以下是湖北省荆州市金秋农业高新技术有限公司露地套袋栽培藤稔葡萄病虫害规范化防控技术简表（表 4-4），仅供参考。

表 4-4 湖北省公安县露地套袋栽培藤稔葡萄病虫害规范化防控技术简表

时期		措施	备注
萌芽期（萌芽后展叶前）		5 波美度石硫合剂	必须使用
展叶后至开花前	2～3 叶期	杀虫剂（＋杀菌剂），如 10％联苯菊酯 3 000 倍液，或 5％噻虫嗪水分散粒剂 5 000 倍液	一般使用 1～2 次杀菌剂和 1～2 次杀虫剂。多雨年份应在花序展露期加用一次 30％代森锰锌 600～800 倍液，缺锌的果园可以加用锌钙氨基酸 300 倍液 2～3 次
	花序展露	杀菌剂	
	花序分离	硼肥＋锌肥（＋杀菌剂），如 21％保倍硼 2 000 倍液＋锌钙氨基酸 300 倍液（＋30％保倍福美双 800 倍液）	
	开花前	杀菌剂＋杀虫剂＋微量元素肥料，如 30％保倍福美双 800 倍液＋50％腐霉利 1 000 倍液＋10％联苯菊酯 3 000 倍液＋21％保倍硼 2 000 倍液＋锌钙氨基酸 300 倍液	

（续）

时期		措施	备注
谢花后至套袋前	谢花后2～3 d	保护性杀菌剂＋杀虫剂，如30％保倍福美双800倍液＋5％甲维盐3 000倍液	使用2次药剂＋套袋前药剂处理。有裂果压力的果园可以在套袋前喷施保倍钙1 000倍液2～3次
	谢花后12 d左右	保护性杀菌剂＋较为广谱的内吸性杀菌剂＋杀虫剂，如30％代森锰锌600倍液＋40％苯醚甲环唑悬浮剂3 000～4 000倍液＋20％氯虫苯甲酰胺2 000～3 000倍液	
	套袋前1～3 d	果穗药剂处理，如25％保倍1 500倍液＋70％甲基硫菌灵1 000倍液（或40％苯醚甲环唑悬浮剂3 000～4 000倍液）＋22％抑霉唑1 500倍液	
套袋后至摘袋前	套袋后至转色	广谱保护性杀菌剂，如波尔多液，或30％保倍福美双800倍液；杀菌剂＋杀虫剂（＋霜霉病内吸性药剂），如80％波尔多液600倍液＋10％联苯菊酯3 000倍液（＋40％烯酰吗啉1 000倍液）	从果实套袋后至摘袋前，需要80 d左右的时间。这期间，最为重要的病害是葡萄霜霉病和酸腐病，需要根据天气情况和病害发生的压力使用4～6次药剂。必须采取防控措施的时期是套袋后、转色始期和摘袋前，其他时期根据天气情况使用药剂，一般情况下10～15 d使用一次药剂（可以主要选择铜制剂）
	转色期	1～2次杀菌剂，如波尔多液	
		杀菌剂＋杀虫剂（＋霜霉病内吸性药剂），如80％波尔多液600倍液＋10％联苯菊酯3 000倍液（＋40％烯酰吗啉1 000倍液）	
	转色后至摘袋前	1～2次保护性杀菌剂，如波尔多液	
		摘袋前使用广谱保护性杀菌剂，如30％保倍福美双800倍液，或25％保倍悬浮剂1 000倍液，或波尔多液（1∶1∶200）	
采收期		不使用药剂	
采收后至落叶前	采收后，立即使用	杀菌剂＋杀虫剂，如30％保倍福美双800倍液＋97％机油乳剂200倍液	采收后，针对枝条老熟、营养积累、花芽分化等，需要使用2～3次药剂，针对防治霜霉病（保叶）和虎天牛
	上次用药10～15 d之后	杀菌剂＋杀虫剂，如80％波尔多液300倍液＋5％甲维盐水分散粒剂1 500倍液	
		杀菌剂＋杀虫剂，如30％氧氯化铜悬浮剂600倍液＋22.4％噻虫·高氯氟悬浮剂2 000倍液	
落叶前	落叶前15 d左右	3～5波美度石硫合剂	必须使用

六、葡萄病虫害规范化防控减灾预案

参阅附录1和附录2相关内容。

附录5　辽宁省葡萄病虫害规范化防控技术

一、辽宁省葡萄病虫害规范化防控技术简图

影响辽宁省露地栽培葡萄的重要病害有霜霉病、穗轴褐枯病、酸腐病，虫害有绿盲蝽、蓟马和金龟子等，设施栽培的葡萄最重要的病害是灰霉病和白粉病。露地葡萄其他造成危害的病害还有褐斑病、白腐病、毛毡病等。

近几年，辽宁省葡萄生产中存在的主要病虫害问题及难点包括：霜霉病个别年份爆发，控制不住病情；温室白粉病个别园发生严重；巨峰葡萄花期落花、落果严重；二年生树不明原因死亡。

1. 辽宁省露地栽培套袋巨峰葡萄病虫害规范化防控技术简图

按照以上病虫害问题，经专家会商，辽宁省露地栽培套袋巨峰葡萄，每个年生长周期需要使用7～10次药剂（图4-13）。

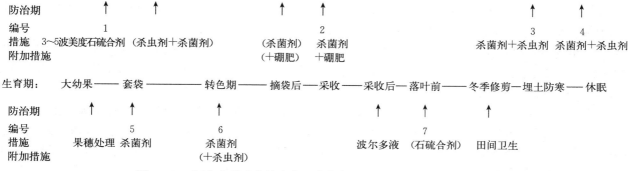

图 4-13　辽宁省露地栽培套袋巨峰葡萄病虫害规范化防控技术简图

2. 辽宁省露地栽培套袋红地球葡萄病虫害规范化防控技术简图

露地栽培的套袋红地球葡萄，每个年生长周期需要使用 9～12 次药剂（图 4-14）。

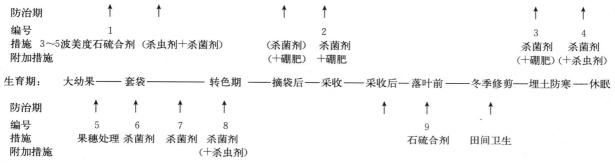

图 4-14　辽宁省露地栽培套袋红地球葡萄病虫害规范化防控技术简图

3. 辽宁省避雨栽葡萄病虫害规范化防控技术简图

避雨栽培（或其他设施栽培）的巨峰葡萄，需要使用 5～7 次药剂；避雨栽培（或其他设施栽培）的红地球等欧亚种葡萄，需要使用 6～8 次药剂（图 4-15）。

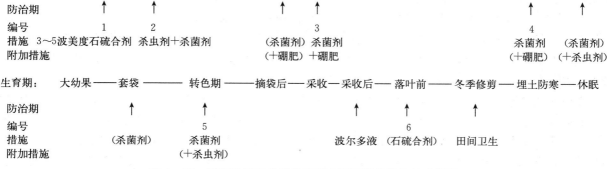

图 4-15　辽宁省避雨栽培葡萄病虫害规范化防控技术简图

二、辽宁省葡萄病虫害防控有效药剂

参阅附录 1 "二、葡萄病虫害防控药剂"。

三、辽宁省葡萄病虫害规范化防控技术措施说明

以下说明，是按照露地栽培巨峰葡萄规范化防控技术进行说明，其他栽培模式请参考说明和解释。

1. 萌芽期

① 防治适期描述：参阅附录 1。

② 防控目标：杀灭、控制越冬后的病、虫，把越冬后害虫的数量、病菌的菌势压低到很低的水平，从而降低病虫害在葡萄的生长前期的威胁，为后期的病虫害防治打下基础。

③ 措施：扒除老皮，喷施 3～5 波美度石硫合剂。可以选取的其他药剂使用措施包括波尔多液＋矿物油乳剂（机油乳剂或柴油乳剂）200 倍液，或 50％保倍福美双 1 500 倍液＋3％苯氧威 1 000 倍液等。要求喷洒药剂要细致周到。

说明：发芽前，是减少或降低病原物、害虫数量的重要时期，在田间卫生（清理果园）的基础上，应根据天气和病虫害的发生情况，选择措施。此次措施，应该对叶蝉、介壳虫、绿盲蝽、红蜘蛛及白粉病等有效。一般情况下，使用 5 波美度的石硫合剂；雨水多、发芽前枝蔓湿润时间长时，使用铜制剂 [可以使用现配的波尔多液 1∶（0.5～0.7）∶（100～200），或商品波尔多液]。各种栽培模式和各种品种，在萌芽期均需要采取措施。

2. 展叶后至开花前

对于辽宁省的葡萄，在展叶后至开花期一般至少使用 1 次杀菌剂＋杀虫剂。露地栽培巨峰，使用 1 次杀菌剂＋杀虫剂。多雨年份应在花序展露期增加一次保护性杀菌剂（如 30％代森锰锌 800 倍液），缺锌的果园可以使用锌硼氨基酸 300 倍液 2～3 次，或增加钙肥（硼、钙肥联合使用，可以减轻裂果的发生）。具体如下。

（1）2～3 叶期。

① 防治适期描述：参阅附录 1。

② 措施：根据病虫害的种类，确定是否使用药剂。有白粉病、绿盲蝽、螨类、介壳虫类为害的葡萄园，应该使用药剂；只有白粉病，使用杀菌剂；白粉病、虫害都有的，使用杀菌剂＋杀虫剂；有绿盲蝽、介壳虫类为害的使用杀虫剂。

③ 药剂使用具体建议：斑衣蜡蝉、叶蝉等为害较重的果园，可以选择 21％噻虫嗪悬浮剂 1 500 倍液；蓟马为害严重的葡萄园，可以选择乙基多杀霉素等；介壳虫为害严重的葡萄园，可以选择螺虫乙酯等；绿盲蝽为害较重的葡萄园，可以选择烯啶虫胺或噻虫嗪；棉铃虫等鳞翅目幼虫，可以选择氯虫苯甲酰胺等。如果有虫害也有螨类为害，使用杀虫杀螨剂，比如 20％乙螨唑悬浮剂；如果有白粉病、黑痘病等病害，也有虫害，使用杀虫剂＋杀螨剂；如果有虫害、螨类及白粉病等病害，使用杀虫杀螨剂＋杀菌剂。

说明：2～3 叶期是叶蝉、绿盲蝽、东方盔蚧、红蜘蛛及白粉病、白腐病的防控适期，一般情况下，使用杀菌剂＋杀虫杀螨剂。对于没有虫害、螨类，也没有白粉病和黑痘病的葡萄园，省略此次药剂；对于没有虫害、螨类，但有白粉病的葡萄园，单独使用杀菌剂，一般保护性杀菌剂就可以，比如波尔多液，或 30％代森锰锌 600 倍液，或保倍福美双 800 倍液；对于有虫害、螨类的葡萄园，使用杀虫剂＋杀菌剂，比如 21％噻虫嗪悬浮剂 1 500 倍液＋30％代森锰锌 600～800 倍液 [有机栽培可以选择机油或矿物油乳剂 200～500 倍液（或苦参碱或藜芦碱）＋80％波尔多液 500 倍液]；对于有虫害、螨类也有白粉病的葡萄园，使用杀虫杀螨剂＋保护性杀菌剂。

春季多雨调整：第一，春雨比较多的年份，在花序展露期和花序分离之间，需要增加使用 1 次杀菌剂，比如 30％代森锰锌 600 倍液，或保倍福美双 800 倍液，或现配的波尔多液。第二，虫害和螨类为害比较严重的葡萄园，在花序展露期和花序分离之间，需要增加使用 1 次杀虫剂，比如 22.4％螺虫乙酯悬浮剂，有机栽培可以选择机油或矿物油乳剂 200～500 倍液，或 0.2～0.3 波美度的石硫合剂（温度在 30 以下的条件下）。第三，介壳虫为害重的葡萄园，在 2～3 叶期使用药剂 7～10 d 后，再使用一次对介壳虫有效的杀虫剂，比如 21％噻虫嗪悬浮剂 1 500 倍液。

（2）花序分离期。

① 防治适期描述：参阅附录 1。

② 措施：使用硼肥，一般年份或管理规范的葡萄园，可以不使用药剂。

③ 药剂使用具体建议：一般情况，建议使用硼锌肥，比如 21％硼酸钠（保倍硼）3 000 倍液＋锌硼氨基酸 300 倍液。

说明：花序分离期是开花前最重要的防治时期，是炭疽病、白腐病、毛毡病、黑痘病、白粉病、灰霉病及叶蝉、红蜘蛛等病虫害的防治适期，尤其是对灰霉病、炭疽病和白腐病，也是补硼增加授粉的重要时期。补锌、钙、氨基酸，可促进授粉和坐果。但对于辽宁西南部地区，如果葡萄园管理规范，之前（萌芽后至花序分离）的防治措施落实到位，病虫害防控压力不大，可以省略此次药剂。

调整：第一，灰霉病当年及去年发生比较严重的葡萄园，建议使用一次对灰霉病有效的杀菌剂，比如30％保倍福美双800倍液＋40％嘧霉胺1 000倍液＋保倍硼3 000倍液＋锌硼氨基酸300倍液。第二，如果连续阴雨天，或者之前该葡萄园病害发生比较严重，建议在花序分离期使用1次杀菌剂。

（3）开花前（始花期）。

① 防治适期描述：参阅附录1。

② 措施：喷施药剂，可以根据农业生产方式，选择药剂。

③ 药剂使用具体建议：一般情况，保护性杀菌剂＋灰霉病及穗轴褐枯病的内吸性杀菌剂＋杀虫剂，比如30％保倍福美双800倍液＋70％甲基硫菌灵1 000倍液＋21％保倍硼3 000倍液＋80％烯啶虫胺·吡蚜酮5 000倍液。有机栽培的葡萄园可以使用1％武夷菌素水剂100倍液＋21％保倍硼3 000倍液。

说明：开花前是重要的防治点，不管是哪些品种、栽培方式，都要使用农药进行防治。开花前易发生多种病虫害，并且花期是最为脆弱的时期，一旦遭受危害，损失没有办法弥补。药剂的使用，以防治花序、花梗、花的病虫为主。此时采取的措施，应该对霜霉病、白粉病、炭疽病、白腐病、黑痘病、灰霉病、穗轴褐枯病及蓟马、斑衣蜡蝉、叶蝉等都有效，但此时的防控重点是灰霉病、穗轴褐枯病。根据葡萄园病虫害种类和农业生产方式选择药剂，比如有机农业或其他特殊的农业生产方式，可以选择使用其生产方式可以使用的药剂，比如波尔多液、农抗120、武夷菌素等。

④ 调整性措施：第一，如果灰霉病发生压力大或者去年发生灰霉病比较严重，使用30％保倍福美双800倍液＋50％腐霉利1 000倍液＋21％保倍硼3 000倍液（＋杀虫剂）。第二，如果连续几年灰霉病发生轻或防控效果好，可以使用省略保护性杀菌剂，比如50％腐霉利悬浮剂1 000倍液＋21％保倍硼3 000倍液（＋杀虫剂）。

说明：根据国家葡萄产业技术体系对我国葡萄灰霉病菌的抗药性检测，我国的抗药性范围和抗药性水平非常高，建议根据每年的抗药性检测结果，选择没有对灰霉病产生抗性的防治灰霉病药剂。

3. 谢花后至套袋前

套袋时间：在果实第一次膨大期开始之后、果穗整形完成后，即可以套袋。一般是谢花后20～30 d套袋（小麦麦收前完成）。根据套袋时间，在谢花后至套袋前使用2次药。第二次药剂后，可以修果穗，果穗整形后，使用药剂处理果穗，然后1～3 d套袋。

注：喷药质量非常重要，避免在果粒上形成药斑。减少或避免药斑最重要的是喷雾质量和喷散适宜的药液量，选择适宜的农药剂型，比如水剂、悬浮剂、微乳剂、水乳剂等，可以减轻药斑的形成，但喷雾质量不好，同样产生药斑，只是比可湿性粉剂或水分散粒剂略轻一些。在同样剂量、同样浓度下，可湿性粉剂和水分散粒剂形成的药斑基本一样（同一企业的同一款产品，可湿性粉剂比水分散粒剂形成的药斑较轻，水分散粒剂的优势是没有粉尘，避免了企业生产工人和使用时的粉尘污染，没有改善悬浮率和颗粒细度）。

（1）谢花后第一次药剂。

① 防治适期描述：参阅附录1。

② 措施：喷施药剂，可以根据农业生产方式，选择药剂。

③ 药剂使用具体建议：一般情况，使用保护性杀菌剂＋针对性的内吸性杀菌剂（＋杀虫剂）。例如，感灰霉病品种（如红地球）可以使用30％保倍福美双800倍液＋50％腐霉利悬浮剂1 000倍液（＋杀虫剂）；感白腐病的品种（如美人指），可以使用30％保倍福美双800倍液＋40％苯醚甲环唑3 000倍液，或80％波尔多液600倍液＋40％苯醚甲环唑3 000倍液（＋10％联苯菊酯3 000倍液）等。

说明：谢花后第一次用药是保果最重要的措施，是花后至成熟期最为重要的防治时期。重点针对灰霉病、炭疽病、白腐病及设施栽培的白粉病，根据葡萄园霜霉病发生压力（雨水的多少）和虫害发生情况（种类和严重程度）确定是否再加入针对霜霉病和防治虫害的药剂。药剂的种类，可以根据农业生产方式进行选择，比如有机农业或其他特殊的农业生产方式可以选择5×10^8 cfu/mL枯草芽孢杆菌50倍液＋保倍硼，或 80％波尔多液 400～500 倍液＋机油或矿物油乳剂（400～800 倍液）（或苦参碱或藜芦碱）或波尔多液、农抗 120、武夷菌素、亚磷酸等。

（2）花后第二次用药

① 防治适期描述：参阅附录 1。

② 措施：喷施药剂，可以根据农业生产方式，选择药剂。

③ 药剂使用具体建议：一般情况，使用保护性杀菌剂＋较为广谱的内吸性杀菌剂＋杀虫剂。例如，可以使用 30％代森锰锌 600 倍液＋70％甲基硫菌灵 800 倍液＋保倍钙 1 000 倍液＋5％甲维盐 3 000 倍液。

说明：落花后的第二次用药，与第一次相辅相成，重点针对灰霉病、炭疽病、白腐病、溃疡病等。药剂的种类，可以根据农业生产方式进行选择，比如有机农业或其他特殊的农业生产方式可以选择波尔多液、农抗 120、武夷菌素、亚磷酸等。

调整：第一，介壳虫、斑衣蜡蝉、蓟马、叶蝉等为害较重的果园，在花后的第一次药剂添加杀虫剂，比如 30％代森锰锌 600 倍液＋70％甲基硫菌灵 800 倍液＋21％噻虫嗪悬浮剂 1 500 倍液。第二，如果加强白腐病的防控效果，可以用氟硅唑，使用 30％代森锰锌 600 倍液＋40％氟硅唑 8 000 倍液（＋杀虫剂）。第三，病害种类多、比较复杂的葡萄园，保护性杀菌剂建议选择保倍福美双，如 30％保倍福美双 800 倍液＋40％氟硅唑 8 000 倍液（＋杀虫剂）。花后是补钙的重要时期，可以添加能与农药一起使用的钙肥，比如保倍钙 1 000 倍液。

注：套袋前果穗处理。

① 防治适期描述：参阅相关附录。

② 措施：果穗药剂处理。

③ 药剂使用具体建议：25％保倍 1 500 倍液＋70％甲基硫菌灵 1 000 倍液＋22％抑霉唑 1 500 倍液。

说明：套袋前果穗处理（涮果穗或喷果穗），是防控套袋后果实腐烂相关病害的重要措施之一，可以在果穗整形后、套袋前进行果穗处理。

4. 套袋后至摘袋前

这期间，需要根据天气情况和霜霉病发生的压力使用多次药剂。最为重要的、必须采取防控措施的防治点是套袋后、转色始期和摘袋前三个时期；其他时期，一般情况下可以不使用药剂，但可以根据天气情况和霜霉病发生压力，调整药剂使用。

注：套袋后是辽宁的雨季，一般情况下，10～15 d 使用 1 次药剂，以防控霜霉病的杀菌剂为主。除以上次措施外，其他时期使用保护性杀菌剂，比如铜制剂（现配波尔多液、氢氧化铜、氧氯化铜等），或代森锰锌（30％代森锰锌、80％代森锰锌可湿性粉剂等）或福美双（80％福美双可湿性粉剂等）等，并根据霜霉病发生压力，配合使用防治霜霉病的内吸性杀菌剂。

（1）套袋后。

① 防治适期描述：套袋后，由于果穗整形、套袋等田间作业比较多，套袋结束后应立即使用一次杀菌剂，或套袋完成一块地，就马上使用药剂。

② 措施：喷施药剂。

③ 药剂使用具体建议：一般情况下，使用保护性杀菌剂（＋霜霉病内吸性杀菌剂）。

说明：套袋后的第一次药剂，重点针对防控霜霉病和保护伤口。比如，可以选取 30％保倍福美双 800 倍液或波尔多液（1∶1∶200），或 80％代森锰锌 800 倍液，或 30％代森锰锌 600 倍液等，并根据霜霉病发生压力确定是否添加防治霜霉病的内吸性药剂。

（2）转色期。

① 防治适期描述：参阅附录 1。

② 措施：喷施药剂，杀菌剂＋杀虫剂。

③ 药剂使用具体建议：一般情况，使用铜制剂＋杀虫剂（＋霜霉病内吸性药剂），比如 30％王铜 600 倍液＋5％甲维盐水分散粒剂 1 500～3 000 倍液（或 22％噻虫·高氯氟 3 000 倍液＋40％烯酰吗啉 1 000 倍液）。

说明：在防控霜霉病等病害的基础上，防控酸腐病。7 月下旬，霜霉病发生流行压力加大，与霜霉病内吸性药剂混合使用（根据压力调整霜霉病内吸性药剂的使用浓度），如 80％波尔多液 600 倍液＋杀虫剂＋霜霉病药剂。

注：葡萄酸腐病绿色防控技术见附录1。

（3）摘袋前。

① 防治适期描述：根据果实成熟程度、天气或市场需求选择摘袋时间。摘袋前必须使用一次药剂，以保证成熟期、采摘期间的安全。

② 药剂使用具体建议：一般情况，使用一次质量比较好的广谱保护性杀菌剂，比如30％保倍福美双800倍液，或25％保倍悬浮剂1 000倍液，也可以选择性价比高的波尔多液（1：1：200）等。

说明：葡萄在果袋内果实上色比较慢，为增加上色，一般采用摘袋措施。摘袋后7 d左右，果实成熟度、颜色等都可以达到成熟水平，进行采收；也可以根据天气或市场需求，适当延迟摘袋，摘袋时果实已经成熟，摘袋后果实很快上色，达到紫红色或紫色水平，而后进行采收。因摘袋后不再使用农药防治病虫害，并且摘袋后到采收前、采收期间等，有比较长的一段时间，从而要求摘袋前必须使用一次药剂，减少病虫的危害概率，保证成熟期、采摘期间的安全。

5. 摘袋后至采收

一般带袋采收，有时为了上色好可摘袋。如果摘袋，需要根据天气状况摘袋（在摘袋后至采收，没有阴雨天）。套袋葡萄采收，不使用药剂、也不使用其他病虫害防控措施。出现特殊情况，按照采收期的救灾措施执行。

6. 采收后至落叶

① 防治适期描述：葡萄果实采收后，立即喷洒一次药剂。

② 措施：喷施药剂，使用杀菌剂（＋杀虫剂）。

③ 药剂使用具体建议：波尔多液（＋杀虫剂）或石硫合剂。

说明：葡萄采收后枝条需要充分老熟，枝蔓和根系需要充分的营养积累，所以要避免病虫危害导致早期落叶。葡萄采收后病虫害的防治，会减少病虫害的越冬基数，为第二年的病虫害防治打下基础。采收后立即使用1次药剂，一般使用铜制剂（如果需要使用杀虫剂，采用80％波尔多液600倍液，或30％王铜800倍液等与杀虫剂混合使用；如果单独使用铜制剂，可以选择波尔多液或其他铜制剂）；这个时期一般使用1次药剂。

注：如果采收晚（采收后就是落叶期）或冬季来临时间早，直接进入下一个环节。

7. 埋土防寒与清园

① 防治适期描述：葡萄开始落叶前15 d左右，叶片开始老化、变色（黄或红），叶片叶脉之间开始干枯，距离落叶还有15 d左右（或者修剪前15 d）；如果采摘后不足15 d，采摘后马上使用这次药剂。

② 措施：喷施药剂。施用药剂后15 d左右清园，清园措施包括清理田间落叶，沤肥或处理；修剪下来的枝条，集中处理；也包括在出土上架后，清理田间葡萄架上的卷须、枝条、叶柄等，剥除老树皮。

③ 药剂使用具体建议：石硫合剂或波尔多液（＋杀虫剂）。

说明：药剂使用后10 d左右开始修剪，修剪后2～3 d，可以进行埋土防寒。葡萄落叶前的病虫害的防治，会减少病虫害的越冬基数，为第二年的病虫害防治打下基础。

四、辽宁葡萄病虫害规范化防控技术简表

辽宁套袋巨峰葡萄病虫害规范化防控技术简表如表4-5所示。

表4-5　辽宁套袋巨峰葡萄病虫害规范化防控技术简表

时期		措施	备注
萌芽期		3～5波美度石硫合剂	萌芽后、展叶前
发芽后至开花前	2～3叶	杀虫剂（＋保护性杀菌剂）	80％波尔多液400～500倍液，或现配波尔多液[1：（0.5～1）：（200～240）倍液]，可以交替使用
	花序分离期	保护性杀菌剂＋杀虫剂	
	开花前	保护性杀菌剂＋灰霉病和穗轴褐枯病内吸性杀菌剂＋杀虫剂，比如：30％保倍福美双800倍液＋70％甲基硫菌灵1 000倍液＋21％保倍硼2 000倍液＋80％烯啶虫胺·吡蚜酮5 000倍液	

（续）

时期		措施	备注
谢花后至套袋前	谢花后2~3 d	保护性杀菌剂＋针对性的内吸性杀菌剂，比如30％保倍福美双800倍液＋40％苯醚甲环唑3 000倍液（＋10％烯啶虫胺水剂）	谢花后到套袋，可以使用1次药剂，但建议谢花后到套袋使用2次药剂。 在套袋前，建议使用果穗处理药剂处理果穗（涮果穗或喷果穗）
	谢花后12 d左右	保护性杀菌剂＋广谱内吸杀菌剂（＋杀虫剂），比如30％代森锰锌600倍液＋40％氟硅唑8 000倍液＋保倍钙1 000倍液＋5％甲维盐2 000倍液	
	套袋前果穗处理	25％保倍1 500倍液＋70％甲基硫菌灵800倍液＋22％抑霉唑1 500倍液	
套袋后至摘袋前	套袋后	广谱保护性杀菌剂，比如30％保倍福美双800倍液	根据具体天气情况和霜霉病发生压力，在其他时期增加使用1~3次药剂，以波尔多液（或其他保护性杀菌剂为主），并根据霜霉病发生压力添加霜霉病内吸性药剂。 套袋后的第一次药剂，对于有虫害的葡萄园，使用50％保倍福美双1 500倍液＋杀虫剂
	转色期	铜制剂＋杀虫剂（＋霜霉病内吸性药剂），比如30％王铜600倍液＋22％噻虫·高氯氟3 000倍液＋40％烯酰吗林1 000倍液	
		葡萄酸腐病绿色防控	
	摘袋前	广谱保护性杀菌剂，比如30％保倍福美双800倍液，或25％保倍悬浮剂1 000倍液	
采收期			不使用药剂
采收后		波尔多液或石硫合剂	使用1~2次

备注：

（1）溃疡病的综合防控技术。溃疡病的防控，是负载量控制、健康栽培技术和药剂使用相结合的防控策略，单独一项技术效果有限。有关药剂防控，疏果后的药剂处理、花前花后的药剂使用，也是针对酸腐病的防控措施。

（2）霜霉病和灰霉病的药剂选择，是在抗药性检测的基础上的精准选择。没有抗药性监测的药剂使用，是目前防治效果不理想的最重要原因之一。

五、辽宁省套袋巨峰葡萄病虫害规范化防控减灾预案

参阅附录1和附录2。

附录6　山东省中西部地区葡萄病虫害规范化防控技术

一、山东省中西部葡萄病虫害规范化防控技术简图

山东省中西部葡萄大部分是露地套袋栽培，防控葡萄病虫害需要使用药剂8~12次，如图4-16所示。

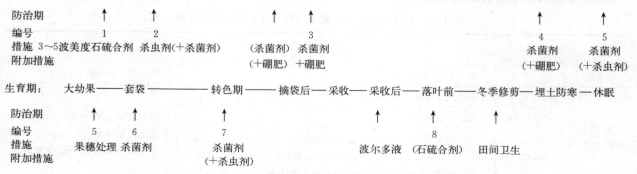

图4-16　山东省中西部露地栽培套袋葡萄病虫害规范化防控技术简图

二、山东省中西部葡萄病虫害防控药剂的使用建议

参阅附录1"二、葡萄病虫害防控药剂"。

三、山东省中西部葡萄病虫害规范化防控技术措施说明

以下说明，是按照措施顺序进行编号。

1. 萌芽期

① 防治适期描述：参阅附录1。

② 措施：扒除老皮，喷施3～5波美度石硫合剂，或波尔多液＋矿物油乳剂（机油乳剂或柴油乳剂）200倍液，或30％保倍福美双800倍液＋3％苯氧威1 000倍液等。要求喷洒药剂要细致周到。

说明：发芽前，是减少或降低病原物、害虫数量的重要时期，在田间卫生（清理果园）的基础上，应根据天气和病虫害的发生情况，选择措施。此次措施，应该对叶蝉、介壳虫、绿盲蝽、红蜘蛛及白粉病等有效。一般情况下，使用5波美度的石硫合剂；雨水多、发芽前枝蔓湿润时间长时，使用铜制剂[可以使用现配的波尔多液1:（0.5～0.7）:（100～200）或商品波尔多液]。

2. 展叶后至开花前

在萌芽后至开花期一般使用2次杀菌剂和1次杀虫剂。多雨年份应在花序展露期增加一次保护性杀菌剂，如30％代森锰锌800倍液。缺锌的果园可以使用锌硼氨基酸300倍液2～3次，或使用增加钙肥（硼钙肥联合使用，可以减轻裂果的发生）。具体如下。

（1）2～3叶期。

① 防治适期描述：参阅附录1。

② 措施：喷施药剂，可以根据农业生产方式，选择药剂。

③ 药剂使用具体建议：一般情况下，使用杀虫杀螨剂＋（杀菌剂）。如果只有虫害，使用杀虫剂，比如21％噻虫嗪水分散粒剂1 500倍液（＋保护性杀菌剂）；如果有虫害也有螨类为害，使用杀虫杀螨剂，比如20％乙螨唑悬浮剂；如果有白粉病、黑痘病等病害，也有虫害，使用杀虫剂＋杀螨剂；如果有虫、螨类也有黑痘病等病害，使用杀虫杀螨剂＋杀菌剂。

说明：2～3叶期是叶蝉、绿盲蝽、东方盔蚧、红蜘蛛及黑痘病、白粉病等的防控适期，一般情况下，使用杀菌剂＋杀虫杀螨剂。对于没有虫害和螨类，也没有白粉病和黑痘病的葡萄园，省略此次药剂；对于没有虫害和螨类，但有白粉病和黑痘病的葡萄园，单独使用杀菌剂，一般保护性杀菌剂就可以，比如波尔多液，或30％代森锰锌600倍液，或保倍福美双800倍液；对于有虫害和螨类为害的葡萄园，使用杀虫剂＋杀菌剂，比如21％噻虫嗪悬浮剂1 500倍液＋30％代森锰锌600～800倍液[有机栽培可以选择机油或矿物油乳剂200～500倍液（或苦参碱或藜芦碱）＋80％波尔多液500倍液]；对于有虫害、螨类也有白粉病、黑痘病等的葡萄园，使用杀虫杀螨剂＋保护性杀菌剂。

春季多雨调整：第一，春雨比较多的年份，在花序展露期和花序分离期之间，需要增加使用1次杀菌剂，比如30％代森锰锌600倍液（或保倍福美双800倍液或波尔多液）。第二，虫害和螨类为害比较严重的葡萄园，在花序展露期和花序分离期之间，需要增加使用1次杀虫剂，比如22.4％螺虫乙酯悬浮剂，有机栽培可以选择机油或矿物油乳剂200～500倍液，或0.2～0.3波美度的石硫合剂（温度在30℃以下的条件）。第三，介壳虫为害重的葡萄园，在2～3叶期使用药剂7～10 d后，再使用一次对介壳虫有效的杀虫剂，比如21％噻虫嗪悬浮剂1 500倍液。

（2）花序分离期。

① 防治适期描述：参阅附录1。

② 措施：使用硼肥，一般年份或管理规范的葡萄园可以不使用药剂。

③ 药剂使用具体建议：一般情况，建议使用硼锌肥，比如21％保倍硼3 000倍液＋锌硼氨基酸300倍液。

说明：花序分离期是开花前最重要的防治时期，是炭疽病、白腐病、毛毡病、黑痘病、白粉病、

灰霉病及叶蝉、红蜘蛛等病虫害的防治适期，尤其是对灰霉病、炭疽病和白腐病，也是补硼增加授粉的重要时期，补锌、钙、氨基酸，可促进授粉和坐果。但对于山东中西部地区，如果葡萄园管理规范，之前（萌芽后至花序分离）的防治措施落实到位，病虫害防控压力不大，可以省略此次药剂。

调整：第一，灰霉病发生比较严重的葡萄园或前一年灰霉病发生比较严重，建议使用一次对灰霉病有效的杀菌剂，比如30％保倍福美双800倍液＋40％嘧霉胺1000倍液＋保倍硼3000倍液＋锌硼氨基酸300倍液。第二，如果连续阴雨天，或者之前该葡萄园病害发生比较严重，建议在花序分离期使用1次杀菌剂。

（3）开花前（始花期）。

① 防治适期描述：参阅附录1。

② 措施：喷施药剂，可以根据农业生产方式，选择药剂。

③ 药剂使用具体建议：一般情况，使用保护性杀菌剂＋灰霉病及穗轴褐枯病的内吸性杀菌剂＋杀虫剂＋硼肥，比如30％保倍福美双800倍液＋70％甲基硫菌灵1000倍液＋21％保倍硼3000倍液＋80％烯啶虫胺·吡蚜酮5000倍液。有机栽培的葡萄园可以使用1％武夷菌素水剂100倍液＋21％保倍硼3000倍液。

调整性措施：A、如果灰霉病发生压力大或者前一年发生灰霉病比较严重，使用30％保倍福美双800倍液＋50％腐霉利1000倍液＋21％保倍硼3000倍液（＋杀虫剂）。B、如果连续几年灰霉病发生轻或防控效果好，可以使用省略保护性杀菌剂，比如50％腐霉利悬浮剂1000倍液＋21％保倍硼3000倍液（＋杀虫剂）。

3. 谢花后至套袋前

套袋时间：在果实第一次膨大期开始之后、果穗整形完成后，即可以套袋。一般是谢花后20～30 d套袋（小麦麦收前完成）。根据套袋时间，在谢花后至套袋前使用1～2次药剂。套袋较早，使用1次药（使用花后第一次）；晚套袋，使用2次药（使用第一和第三次药剂）。套袋前，使用药剂处理果穗，然后1～3 d后套袋。

（1）谢花后第一次药剂。

① 防治适期描述：参阅附录1。

② 措施：喷施药剂，可以根据农业生产方式，选择药剂。

③ 药剂使用具体建议：一般情况，使用保护性杀菌剂＋针对性的内吸性杀菌剂（＋杀虫剂）。例如，感灰霉病品种（如红地球）可以使用30％保倍福美双800倍液＋50％腐霉利悬浮剂1000倍液（＋杀虫剂）；感白腐病的品种（如美人指），可以使用30％保倍福美双800倍液＋40％苯醚甲环唑3000倍液。

（2）花后第二次用药。

① 防治适期描述：参阅附录1。

② 措施：喷施药剂，可以根据农业生产方式，选择药剂。

③ 药剂使用具体建议：一般情况，使用保护性杀菌剂＋较为广谱的内吸性杀菌剂＋杀虫剂。例如，可以使用30％代森锰锌600倍液＋70％甲基硫菌灵800倍液＋保倍钙1000倍液＋5％甲维盐3000倍液。

调整：第一，介壳虫、斑衣蜡蝉、蓟马、叶蝉等为害较重的果园，在花后的第一次药剂添加杀虫剂，比如30％代森锰锌600倍液＋70％甲基硫菌灵800倍液＋21％噻虫嗪悬浮剂1500倍液。第二，如果加强白腐病的防控效果，可以用氟硅唑，使用30％代森锰锌600倍液＋40％氟硅唑8000倍液（＋杀虫剂）。第三，病害种类多、比较复杂的葡萄园，保护性杀菌剂建议选择保倍福美双，比如30％保倍福美双800倍液＋40％氟硅唑8000倍液（＋杀虫剂）。花后是补钙的重要时期，可以添加能与农药一起使用的钙肥，比如保倍钙1000倍液。

注：套袋前果穗处理。

① 防治适期描述：参阅附录1。

② 措施：果穗药剂处理，可选择25％保倍1500倍液＋40％苯醚甲环唑3000倍液＋22％抑霉唑

1 500倍液。

4. 套袋后至摘袋前

这期间，需要根据天气情况和霜霉病发生的压力使用多次药剂；最为重要的、必须采取防控措施的防治点是套袋后、转色始期和摘袋前三个时期，其他时期一般情况下可以不使用药剂，但可以根据天气情况和霜霉病发生压力，调整药剂使用。对于连续几年防控效果好的果园，在天气条件好时，套袋后可以使用1～2次药剂。

注：套袋后，是山东省的雨季，一般情况下12 d左右1次药剂，以防控霜霉病和黑痘病的杀菌剂为主。除以上措施外，其他时期使用保护性杀菌剂，比如铜制剂（现配波尔多液、氢氧化铜、氧氯化铜等），或代森锰锌（30％代森锰锌、80％代森锰锌可湿性粉剂等），或福美双（80％福美双可湿性粉剂等）等，并根据霜霉病发生压力，配合使用霜霉病的内吸性杀菌剂。

（1）套袋后。

① 防治适期描述：参阅附录1。

② 措施：喷施药剂。一般情况下，使用保护性杀菌剂（＋霜霉病内吸性杀菌剂）。可以选取30％保倍福美双800倍液，或波尔多液（1∶1∶200），或80％代森锰锌800倍液，或30％代森锰锌600倍液等，并根据霜霉病发生压力确定是否添加防治霜霉病的内吸性药剂。

说明：套袋后的第一次药剂，重点针对防控霜霉病和保护伤口。

（2）转色期。

① 防治适期描述：参阅附录1。

② 措施：喷施杀菌剂＋杀虫剂。一般情况，使用铜制剂＋杀虫剂（＋霜霉病内吸性药剂），比如30％王铜600倍液＋5％甲维盐水分散粒剂1 500～3 000倍液，或22％噻虫·高氯氟3 000倍液＋40％金科克1 000倍液，或80％波尔多液600倍液＋杀虫剂＋霜霉病药剂。

说明：在防控霜霉病等病害的基础上，防控酸腐病。7月下旬，霜霉病发生流行压力加大，与霜霉病内吸性药剂混合使用（根据压力调整霜霉病内吸性药剂的使用浓度）。

注：葡萄酸腐病绿色防控技术参阅相关附录。

（3）摘袋前。

① 防治适期描述：参阅附录1。

② 药剂使用具体建议：一般情况，使用一次质量比较好广谱的保护性杀菌剂，比如30％保倍福美双800倍液，或25％保倍悬浮剂1 000倍液，也可以选择性价比高的波尔多液（1∶1∶200）等。

5. 摘袋后至采收

一般情况下，套袋葡萄采收不使用药剂，也不使用其他病虫害防控措施。出现特殊情况，按照采收期的救灾措施执行。

6. 采收后至落叶

① 防治适期描述：葡萄果实采收后，立即喷洒一次药剂。

② 措施：喷施药剂，杀菌剂（＋杀虫剂）。

③ 药剂使用具体建议：波尔多液（＋杀虫剂）或石硫合剂。

说明：葡萄采收后，葡萄的枝条需要充分老熟，枝蔓和根系需要充分的营养积累，所以要避免病虫危害导致早期落叶。葡萄采收后病虫害的防治，会减少病虫害的越冬基数，为第二年的病虫害防治打下基础。采收后立即使用1次药剂，一般使用铜制剂（如果需要使用杀虫剂，采用80％波尔多液600倍液，或30％王铜800倍液等与杀虫剂混合使用；如果单独使用铜制剂，可以选择波尔多液或其他铜制剂）；这个时期一般使用1次药剂。

注：如果采收晚（采收后就是落叶期）或冬季来临时间早，直接进入下一个环节。

7. 埋土防寒与清园

① 防治适期描述：修剪后2～3 d，可以进行埋土防寒。

② 清园：埋土防寒前，进行清园。

四、山东省葡萄病虫害规范化防控技术简表

山东省葡萄病虫害规范化防控技术简表见表4-6。

表4-6　山东省葡萄病虫害规范化防控技术简表

时期		措施	备注
萌芽期		3～5波美度石硫合剂	萌芽后、展叶前
展叶后至开花前	2～3叶	杀虫剂＋保护性杀菌剂	80％波尔多液400～500倍液，或现配波尔多液［1∶(0.5～1)∶(200～240)倍液］可以交替使用
	花序分离期	保护性杀菌剂＋杀虫剂	
	开花前	保护性杀菌剂＋灰霉病和穗轴褐枯病内吸性杀菌剂＋杀虫剂，比如30％保倍福美双800倍液＋70％甲基硫菌灵1 000倍液＋21％保倍硼2 000倍液＋80％烯啶虫胺·吡蚜酮5 000倍液	
谢花后至套袋前	谢花后2～3天	保护性杀菌剂＋针对性的内吸性杀菌剂，比如30％保倍福美双800倍液＋40％苯醚甲环唑3 000倍液（＋10％烯啶虫胺水剂）	谢花后到套袋，可以使用1次药剂，但建议谢花后到套袋使用2次药剂。在套袋前，建议使用果穗处理药剂处理果穗（涮果穗或喷果穗）
	谢花后12 d左右	保护性杀菌剂＋广谱内吸杀菌剂（＋杀虫剂），比如30％代森锰锌600倍液＋40％氟硅唑8 000倍液＋保倍钙1 000倍液＋5％甲维盐2 000倍液	
	套袋前果穗处理	25％保倍1 500倍液＋40％苯醚甲环唑3 000倍液＋22％抑霉唑1 500倍液	
套袋后至摘袋前	套袋后	广谱保护性杀菌剂，比如30％保倍福美双800倍液	根据具体情况使用3～4次药剂。套袋后的第一次药剂，对于有虫害的葡萄园，使用50％保倍福美双1 500倍液＋杀虫剂
	转色期	铜制剂＋杀虫剂（＋霜霉病内吸性药剂），比如30％王铜600倍液＋22％噻虫·高氯氟3 000倍液＋40％金科克1 000倍液	
		葡萄酸腐病绿色防控	
	摘袋前	广谱保护性杀菌剂，比如30％保倍福美双800倍液，或25％保倍悬浮剂1 000倍液	
采收期			不使用药剂
采收后		波尔多液或石硫合剂	使用1～2次

五、山东省中西部葡萄病虫害规范化防控减灾预案

参阅附录1。

附录7　天津市滨海新区套袋玫瑰香葡萄病虫害规范化绿色防控技术

根据国家葡萄产业技术体系的工作任务及相关安排，国家葡萄产业技术体系天津综合试验站对近几年天津玫瑰香葡萄病虫害防控中出现的新问题和技术需求进行了调查。通过咨询、田间调查、农户走访等渠道，明确了近几年天津市滨海新区玫瑰香病虫害防控新的技术需求、新问题和技术难点，并依据之前的资料和技术材料形成了"天津市滨海新区套袋玫瑰香葡萄病虫害规范化绿色防控技术"初稿。经病虫草害防控研究室相关岗位及团队成员、天津综合试验站站长及团队成员、滨海新区各单位主抓葡萄产业相关技术的负责人或技术人员与部分葡萄合作社技术骨干和种植大户共同研讨、会商，对形成的"天津市滨海新区玫瑰香病虫害规范化绿色防控技术"初稿进行了修正、规范和优化，共同制订了"天津市滨海新区套袋玫瑰香葡萄病虫害规范化绿色防控技术"方案。

一、天津玫瑰香葡萄病虫害防控基本情况

1. 天津市滨海新区玫瑰香葡萄病虫害种类

根据国家葡萄产业技术体系天津试验站提交的《天津市玫瑰香葡萄病虫害危害种类调查报告》，危害天津玫瑰香葡萄的主要真菌性病害有霜霉病、炭疽病、白腐病、黑痘病、白粉病、灰霉病、房枯病、葡萄溃疡病等，生理性病害主要为气灼病（缩果病），综合性病害主要为葡萄酸腐病，虫害主要为绿盲

蜻、东方盔蚧、葡萄粉蚧、蓟马、小菜蛾、棉铃虫等夜蛾类害虫、介壳虫、葡萄蓝色金龟子、葡萄红蜘蛛等。此外还有细菌性病害葡萄根癌病，以及极个别的葡萄扇叶病毒病和卷叶病毒病。其中，每年必须防治的病虫害有霜霉病、炭疽病、白腐病、酸腐病及葡萄粉蚧、绿盲蝽、介壳虫、葡萄红蜘蛛等。有些年份毛毡病危害较重。简介如下。

（1）炭疽病。天津地区玫瑰香葡萄果实上最主要病害，发病严重年份果实大量腐烂，严重减产。发生时间多从 6 月下旬开始并一直持续到 10 月初，而 8 月下旬至 9 月上旬为发病盛期。葡萄将近成熟时，如遇连绵阴雨，病害将大面积发生。

（2）霜霉病。天津地区玫瑰香葡萄的最主要病害之一，对葡萄的产量及浆果的质量都有较大的影响。最早可于 5 月中下旬发现此病，7 月发病渐多，7—9 月依天气状况，均可形成发病高潮。

（3）白腐病。天津地区玫瑰香葡萄主要病害之一，发病严重年份可造成重大损失。8 月中旬至 9 月中旬，玫瑰香果实成熟季节为该病盛发期。每降一次大雨或连续降雨后的一周左右，会出现一次发病高峰。

（4）毛毡病。天津地区管理不善的果园会严重发生，该病害由虫害锈壁虱寄生所致。锈壁虱 5 月开始发生，6—7 月为盛期，8 月渐缓，10 月中旬该虫进入越冬状态，干旱年份该虫为害相对严重。

（5）黑痘病。春季雨水较多的年份，在滨海新区能见到此病。5 月中、下旬开始发病，管理不善的果园在 7 月达发病高峰。

（6）白粉病。在天津地区虽属偶发病害，但若管理不善，并遇气候适合时，可致大面积发生并造成重大损失。

（7）根癌病。在滨海新区玫瑰香品种上发病率较高。

（8）灰霉病。在滨海新区属轻发生病害，对葡萄生产的威胁较小，但十余年来，已经经历了 2 次大发生。

（9）叶蝉。在滨海新区为害较重，是玫瑰香葡萄主要虫害之一。5 月中、下旬产卵于葡萄叶背的叶脉间或绒毛中。5 月下旬卵开始孵化成第一代若虫，6 月中旬，第一代成虫出现，8 月中旬为第二代成虫盛发期，第三代成虫多在 9—10 月为害，之后随气温下降，进入越冬状态。

（10）东方盔蚧。在管理不善的果园中易发生。

（11）蓝色金龟子。天津地区玫瑰香葡萄苗期主要害虫之一。

（12）红蜘蛛。遇夏季干旱年份，在管理粗放的果园易发生并可造成一定损失。

2. 天津玫瑰香葡萄病虫害防控的问题和难点

天津滨海新区的玫瑰香葡萄，随着多年的规范化防控技术的示范、应用和推广，又出现了新的问题和技术需求。天津综合试验站通过咨询、田间调查、农户走访、专家会商等渠道，发现和汇总出以下新的问题和难点。

（1）存在的问题。

① 一茬果产量过大：玫瑰香葡萄果农多年养成了注重产量的生产经营不良习惯，疏花、疏果力度不够，有果就保留，致使单产过大。

② 大量留二茬果：一部分果农留下了大量的二茬果，糖度不够时，喷洒催红剂上色，致使果品质量不佳。

③ 栽培模式落后：天津市玫瑰香葡萄栽培模式受到多主蔓扇形篱架等早期、传统栽培观念的影响较大，很难更新栽培模式。

④ 用药技术不科学、不规范：忽视规范化预防，注重波尔多液使用，早期石硫合剂的使用不广泛；不重视药剂的轮换施用和用药的连续性，防治效果较差；用药剂量大；缺乏统防统治意识，对食品安全重要性认识不足。

（2）存在的难点。

① 生长调节剂不规范：由于市场消费观念和农户栽培意识使天津地区在鲜食葡萄生产上过于追求高产。生长调节剂的使用也是很不规范，例如果农中有许多使用乙烯利促进玫瑰香葡萄着色的。一部分为了提早上市，另一部分不提早上市也用药剂处理，而且处理浓度较大，处理后口感较差，但是果实呈紫黑色，这也使得果农大量使用药剂促使果实上色。

② 肥料使用不够合理：盲目施肥致使施肥量过大，土壤管理不善。农药和一些新的生产资料在使

用上也很不规范。

③ 灾害性天气（如大风、大雨、冰雹等）近年来危害严重：天津市滨海新区玫瑰香葡萄的栽培方式是露地栽培，架式主要是篱架，包括多主蔓扇形篱架、双主蔓篱架、单主蔓篱架及 Y 形架，但主要还是老果园的架式多主蔓扇形篱架。葡萄套袋栽培比例占茶淀玫瑰香葡萄的 50%，所以本技术规范以露地套袋玫瑰香葡萄为基础进行研发和集成。

二、天津玫瑰香葡萄病虫害绿色防控技术简图

天津市的玫瑰香葡萄是露地套袋栽培，防控葡萄病虫害需要使用 10～14 次药剂，如图 4-17 所示。

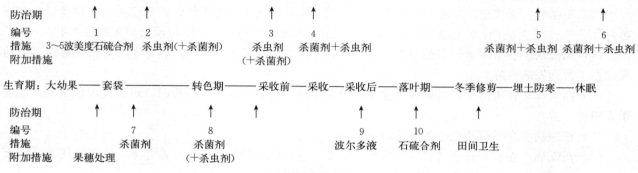

图 4-17　天津市玫瑰香葡萄病虫害绿色防控技术简图

三、天津玫瑰香葡萄病虫害防控药剂的使用建议

参阅附录 1 "二、葡萄病虫害防控药剂"。

四、天津玫瑰香葡萄病虫害规范化防控技术措施说明

1. 萌芽期

① 防治适期描述：参阅附录 1。

② 措施：扒除老皮，喷施 3～5 波美度石硫合剂，或波尔多液＋矿物油乳剂（机油乳剂或柴油乳剂）200 倍液，或 50% 保倍福美双 1 500 倍液＋3% 苯氧威 1 000 倍液等。要求喷洒药剂要细致周到。

说明：发芽前，是减少或降低病原物、害虫数量的重要时期，在田间卫生（清理果园）的基础上，应根据天气和病虫害的发生情况，选择措施。此次措施，应该对叶蝉、介壳虫、绿盲蝽、红蜘蛛及白粉病等有效。一般情况下，使用 5 波美度的石硫合剂；雨水多、发芽前枝蔓湿润时间长时，使用铜制剂，可以使用现配的波尔多液 1:（0.5～0.7）:（100～200）或商品波尔多液。

2. 发芽后至开花前

在萌芽后至开花期一般使用 2 次杀菌剂 2 次杀虫剂。多雨年份应在花序分离期增加 1 次保护性杀菌剂，如 30% 代森锰锌 800 倍液。缺锌的果园可以使用锌硼氨基酸 300 倍液 2～3 次，或使用增加钙肥（硼钙肥联合使用，可以减轻裂果的发生）；花序分离期至开花前叶也是补硼时期，对于需要使用硼肥的葡萄园，可以使用硼肥。具体如下。

（1）2～3 叶期。

① 防治适期描述：参阅附录 1。

② 措施：喷施药剂，可以根据农业生产方式，选择药剂。

③ 药剂使用具体建议：一般情况，使用杀虫杀螨剂＋（杀菌剂）。如果只有虫害，使用杀虫剂，比如 21% 噻虫嗪水分散粒剂 1 500 倍液（＋保护性杀菌剂）；如果有虫害也有螨类为害，使用杀虫杀螨剂，比如 20% 乙螨唑悬浮剂；如果有白粉病、黑痘病等病害，也有虫害，使用杀虫剂＋杀螨剂；如果有虫、螨类也有黑痘病等病害，使用杀虫杀螨剂＋杀菌剂。

说明：2～3叶期是叶蝉、绿盲蝽、东方盔蚧、红蜘蛛及黑痘病、白粉病等的防控适期，一般情况下，使用杀菌剂＋杀虫杀螨剂。对于没有虫害和螨类为害，也没有白粉病和黑痘病的葡萄园，省略此次药剂；对于没有虫害和螨类为害，但有白粉病和黑痘病的葡萄园，单独使用杀菌剂，一般保护性杀菌剂就可以，比如波尔多液，或30％代森锰锌600倍液，或保倍福美双800倍液；对于有虫害和螨类为害的葡萄园，使用杀虫剂＋杀菌剂，比如21％噻虫嗪悬浮剂1 500倍液＋30％代森锰锌600～800倍液，有机栽培可以选择机油或矿物油乳剂200～500倍液（或苦参碱或藜芦碱）＋80％波尔多液500倍液；对于有虫害、螨类也有白粉病、黑痘病等的葡萄园，使用杀虫杀螨剂＋保护性杀菌剂。

（2）花序分离期。

① 防治适期描述：参阅附录1。

② 措施：使用硼肥，一般年份或管理规范的葡萄园可以不使用药剂。

③ 药剂使用具体建议：一般情况，建议使用硼锌肥不使用农药，比如21％保倍硼3 000倍液＋锌硼氨基酸300倍液。

说明：花序分离期是开花前最重要的防治时期，是炭疽病、白腐病、毛毡病、黑痘病、白粉病、灰霉病及叶蝉、红蜘蛛等病虫害的防治适期，尤其是对灰霉病、炭疽病和白腐病，也是补硼增加授粉的重要时期，补锌、钙、氨基酸，可促进授粉和坐果。如果葡萄园管理规范，之前（萌芽后至花序分离）的防治措施落实到位，病虫害防控压力不大，可以省略此次药剂。

调整：第一，灰霉病发生比较严重的葡萄园或去年灰霉病发生比较严重，建议使用1次对灰霉病有效的杀菌剂，比如30％保倍福美双800倍液＋40％嘧霉胺1 000倍液＋保倍硼3 000倍液＋锌硼氨基酸300倍液。第二，如果发芽后阴雨天较多（春季雨水较多时），或者之前该葡萄园病害发生比较严重，建议在花序分离期使用1次杀菌剂。

（3）开花前（始花期）。

① 防治适期描述：参阅附录1。

② 措施：喷施药剂，可以根据农业生产方式，选择药剂。

③ 药剂使用具体建议：一般情况，使用保护性杀菌剂＋灰霉病及穗轴褐枯病的内吸性杀菌剂＋杀虫剂＋硼肥，比如30％保倍福美双800倍液＋70％甲基硫菌灵1 000倍液＋21％保倍硼3 000倍液＋80％烯啶虫胺·吡蚜酮5 000倍液。有机栽培的葡萄园可以使用1％武夷菌素水剂100倍液＋21％保倍硼3 000倍液。

调整性措施：第一，如果灰霉病发生压力大或者前一年发生灰霉病比较严重，使用30％保倍福美双800倍液＋50％腐霉利1 000倍液＋21％保倍硼3 000倍液（＋杀虫剂）。第二，如果连续几年灰霉病发生轻或防控效果好，可以使用省略保护性杀菌剂，比如50％腐霉利悬浮剂1 000倍液＋21％保倍硼3 000倍液（＋杀虫剂）。

3. 谢花后至套袋前

套袋时间：在果实第一次膨大期开始之后、果穗整形完成后，即可以套袋。一般是谢花后20～30 d套袋（小麦麦收前完成）。根据套袋时间，在谢花后至套袋前使用1～2次药剂。套袋较早，使用1次药（使用花后第一次）；晚套袋，使用2次药（使用第一和第二次药剂）。套袋前，使用药剂处理果穗，然后1～3 d套袋。

（1）谢花后第一次药剂。

① 防治适期描述：参阅附录1。

② 措施：喷施药剂，可以根据农业生产方式，选择药剂。

③ 药剂使用具体建议：一般情况，使用保护性杀菌剂＋针对性的内吸性杀菌剂＋杀虫剂。例如，感灰霉病品种（如红地球）可以使用30％保倍福美双800倍液＋50％腐霉利悬浮剂1 000倍液＋5％甲维盐3 000倍液；再比如感白腐病的品种（例如美人指），可以使用30％保倍福美双800倍液＋40％氟硅唑8 000倍液＋5％甲维盐3 000倍液（或80％烯啶虫胺·吡蚜酮5 000倍液）。

说明：谢花后第一次用药是保果最重要的措施，是花后至成熟期最为重要的防治时期，重点针对灰霉病、炭疽病、白腐病、黑痘病及绿盲蝽、蓟马、介壳虫等。根据葡萄园霜霉病发生压力（雨水的多少）和虫害发生情况（种类和严重程度）确定是否再加入针对霜霉病和防治虫害的药剂，药剂的种类，可以根据农业生产方式进行选择，比如有机农业或其他特殊的农业生产方式可以选择 $5×10^8$ cfu/mL 枯草芽孢杆菌 50 倍液＋保倍硼，或 80％波尔多液 400～500 倍液＋机油或矿物油乳剂 400～800 倍液（或苦参碱或藜芦碱），或波尔多液、农抗 120、武夷菌素、亚磷酸等。

（2）花后第二次用药。

① 防治适期描述：参阅附录 1。

② 措施：喷施药剂，可以根据农业生产方式，选择药剂。

③ 药剂使用具体建议：一般情况，使用保护性杀菌剂＋较为广谱的内吸性杀菌剂＋杀虫剂。例如，可以使用 30％代森锰锌 600 倍液＋70％甲基硫菌灵 800 倍液＋保倍钙 1 000 倍液＋20％氯虫苯甲酰胺 2 000～3 000 倍液。

说明：落花后的第二次用药与第一次相辅相成，重点针对灰霉病、炭疽病、白腐病、溃疡病及套袋后的鳞翅目蛀果的幼虫等。药剂的种类，可以根据农业生产方式进行选择，比如有机农业或其他特殊的农业生产方式可以选择波尔多液、农抗 120、武夷菌素、亚磷酸等。

调整：第一，斑衣蜡蝉、叶蝉等为害较重的果园，第一次杀虫剂可以选择 21％噻虫嗪悬浮剂 1 500 倍液；蓟马为害严重的葡萄园，可以选择乙基多杀霉素等；介壳虫为害严重的葡萄园，可以选择螺虫乙酯等；绿盲蝽为害较重的葡萄园，可以选择烯啶虫胺或噻虫嗪；棉铃虫等鳞翅目幼虫为害较重的葡萄园，可以选择氯虫苯甲酰胺等。第二，如果加强白腐病的防控效果，可以用氟硅唑，如 30％代森锰锌 600 倍液＋40％氟硅唑 8 000 倍液（＋杀虫剂）。第三，病害种类多、比较复杂的葡萄园，保护性杀菌剂建议选择保倍福美双，如 30％保倍福美双 800 倍液＋40％氟硅唑 8 000 倍液（＋杀虫剂）。花后是补钙的重要时期，可以添加能与农药一起使用的钙肥，比如保倍钙 1 000 倍液。

注：套袋前果穗处理。

① 防治适期描述：参阅附录 1。

② 措施：果穗药剂处理。可选择 25％保倍 1 500 倍液＋70％甲基硫菌灵 1 000 倍液＋22％抑霉唑 1 500 倍液。

4. 套袋后至摘袋前

天津滨海新区的玫瑰香葡萄从果实套袋后至摘袋前，需要 75 d 左右的时间。这期间，需要根据天气情况和霜霉病发生的压力使用多次药剂，最为重要的、必须采取防控措施的防治点是套袋后、转色始期和采收前三个时期，其他时期一般情况下可以不使用药剂，但可以根据天气情况和霜霉病发生压力，调整药剂使用。

注：套袋后是天津地区的雨季，一般情况下 12 d 左右 1 次药剂，以杀菌剂防控霜霉病为主。除以上 3 次措施外，其他时期使用保护性杀菌剂，比如铜制剂（现配波尔多液、氢氧化铜、氧氯化铜等），或代森锰锌（30％代森锰锌、80％代森锰锌可湿性粉剂等），或福美双（80％福美双可湿性粉剂等）等，并根据霜霉病发生压力，配合使用霜霉病的内吸性杀菌剂。

（1）套袋后。

① 防治适期描述：参阅附录 1。

② 措施：喷施药剂。选择保护性杀菌剂，比如波尔多液，或 30％保倍福美双 800 倍液，根据天气情况和霜霉病发生压力，确定是否添加霜霉病内吸性药剂。

说明：套袋后的第一次药剂，重点针对防控霜霉病、保护套袋前及套袋过程中的伤口。

（2）转色期。

① 防治适期描述：参阅附录 1。

② 措施：喷施药剂，杀菌剂＋杀虫剂＋霜霉病内吸性药剂。比如 80％波尔多液 600 倍液＋10％联苯菊酯 3 000 倍液＋40％烯酰吗啉 1 000 倍液。

说明：在防控霜霉病等病害的基础上，防控酸腐病。7 月下旬，霜霉病发生流行压力加大，与霜霉病内吸性药剂混合使用（根据压力调整霜霉病内吸性药剂的使用浓度）。

（3）摘袋前。

① 防治适期描述：参阅附录 1。

② 药剂使用具体建议：保护性杀菌剂，比如 30％保倍福美双 800 倍液，或 25％保倍悬浮剂 1 000

倍液，或波尔多液（1∶1∶200）等。

说明：除以上三个时期外的其他时期，是根据天气状况和霜霉病发生压力调整使用药剂，一般以保护性杀菌剂为主，10～15 d一次药剂，并根据霜霉病发生压力，适当添加霜霉病内吸性杀菌剂。

5. 摘袋后至采收

套袋葡萄采收前15天不使用内吸性药剂（不套袋葡萄，采收前15天不使用任何药剂）；采收前5天或摘袋后，不使用药剂和其他病虫害防控措施；出现特殊情况，按照采收期的救灾措施执行。

6. 采收后至落叶

① 防治适期描述：葡萄果实采收后，立即喷洒一次药剂。

② 措施：喷施药剂，杀菌剂（＋杀虫剂）。

③ 药剂使用具体建议：波尔多液（＋杀虫剂）或石硫合剂。

说明：葡萄采收后枝条需要充分老熟，枝蔓和根系需要营养的充分积累，所以要避免病虫危害导致早期落叶。葡萄采收后病虫害的防治，会减少病虫害的越冬基数，为第二年的病虫害防治打下基础。采收后立即使用1次药剂，一般使用铜制剂（如果需要使用杀虫剂，采用80％波尔多液600倍液，或30％王铜800倍液等与杀虫剂混合使用；如果单独使用铜制剂，可以选择波尔多液或其他铜制剂）；这个时期一般使用1次药剂。如果采收晚或冬季来临时间早，直接进入下一个环节。

7. 喷药、修剪、埋土防寒与清园

① 防治适期描述：葡萄开始落叶时，或落叶前后，开始修剪。修剪前15～20 d（如果落叶后修剪，落叶前15～20 d），使用药剂。药剂使用后15～20 d，进行冬季修剪，修剪后2～3 d，埋土防寒。

② 措施：喷施药剂、清园。

③ 药剂使用具体建议：石硫合剂或波尔多液（＋杀虫剂）。

8. 休眠期

① 防治适期描述：葡萄落叶后进入休眠期，采后或落叶后进行修剪，修剪后埋土越冬，就是该区域的休眠期。

② 措施：清园，包括清理田间落叶，沤肥或处理。修剪下来的枝条，集中处理；也包括在出土上架后，清理田间葡萄架上的卷须、枝条、叶柄等，及剥除老树皮。

五、天津汉沽玫瑰香葡萄病虫害规范化防控技术简表

按照以上三项内容和病虫害防控理念，可以根据葡萄园的具体情况，确定具体明确的一个生长周期（一年）的葡萄病虫害规范化防控方案，称为简表。以下是建议天津市林果所试验园使用的"汉沽玫瑰香葡萄病虫害规范化防控技术简表"，见表4-7。

表4-7 天津市汉沽玫瑰香葡萄病虫害规范化防控技术简表

时期		措施	备注
萌芽期		3～5波美度石硫合剂	萌芽后、展叶前
发芽后至开花前	2～3叶	杀虫剂＋保护性杀菌剂	80％波尔多液400～500倍液，或现配波尔多液1∶（0.5～1）∶（200～240），可以交替使用
	花序分离期	保护性杀菌剂＋杀虫剂	
	开花前	保护性杀菌剂＋灰霉病和穗轴褐枯病内吸性杀菌剂＋杀虫剂，比如30％保倍福美双800倍液＋70％甲基硫菌灵1 000倍液＋21％保倍硼2 000倍液＋80％烯啶虫胺·吡蚜酮5 000倍液	
谢花后至套袋前	谢花后2～3 d	保护性杀菌剂＋针对性的内吸性杀菌剂，比如30％保倍福美双800倍液＋40％氟硅唑乳油8 000倍液（＋10％烯啶虫胺水剂）	谢花后到套袋，可以使用1次药剂，但建议谢花后到套袋使用2次药剂。在套袋前，建议使用果穗处理药剂处理果穗（涮果穗或喷果穗）
	谢花后12 d左右	保护性杀菌剂＋广谱内吸杀菌剂（＋杀虫剂），比如30％代森锰锌悬浮剂600倍液＋40％氟硅唑8 000倍液＋保倍钙1 000倍液＋5％甲维盐2 000倍液	
	套袋前果穗处理	25％保倍1 500倍液＋70％甲基硫菌灵1 000倍液＋22％抑霉唑1 500倍液	

（续）

时期		措施	备注
套袋后至摘袋前	套袋后	广谱保护性杀菌剂，比如30％保倍福美双800倍液	根据具体天气情况和霜霉病发生压力，在套袋后的其他时期，可以增加使用1～3次药剂，以波尔多液等保护剂为主。 套袋后的第一次药剂，对于有虫害的葡萄园，使用50％保倍福美双1 500倍液＋杀虫剂
	转色期	铜制剂＋杀虫剂（＋霜霉病内吸性药剂），比如30％王铜600倍液＋22％噻虫·高氯氟3 000倍液＋40％烯酰吗啉1 000倍液	
		葡萄酸腐病绿色防控	
	摘袋前	广谱保护性杀菌剂，比如30％保倍福美双800倍液，或25％保倍悬浮剂1 000倍液	
采收期			不使用药剂
采收后		波尔多液或石硫合剂	使用1～2次

六、天津汉沽玫瑰香葡萄病虫害规范化防控减灾预案

参阅附录1。

第五章

葡萄农药精准使用技术

农药的精准使用包括用药时间、选择农药和靶标精准。

第一，是用药时间上的精准。需要两个指标进行把握：病害的侵染循环和害虫的发生规律、预测预报及预警技术给出的预测结果。有时候，这两个方面任何一项，都能作为确定使用农药时间的依据，实现用药时间上的精准；有时候，需要两者结合，才能把握准确的用药时间，充分发挥农药效能。

第二，是农药种类和剂型选择上的精准。这个问题有两个层次：一个是知道哪些农药能用、哪些农药不能用，并且知道这些能够使用的农药种类对哪些防治对象效果较好、能够兼治哪些、混配性如何等。这样，对于每一种病虫害有许多农药种类可供选择，对于多种病虫害同时或相继发生时也可以选择一种农药兼治多种问题，或者通过田间混配使用解决问题。另一个是对于已经使用过的农药种类，尤其是对于多年连续使用的农药种类，研发抗药性检测技术、开展抗药性水平监测，并根据检测和监测结果选择没有抗药性的种类，从而在选择农药种类这一源头上保证农药使用的效果。这两个方面，都是农药种类的精准选择。

第三，农药施用位置的精准，也就是靶标精准。这个问题有两个方面：一个是农药使用机械，把药剂推送或分散到靶标，是施药器械的精准、高效；另一个是利用农药的理化特征，通过使用方式，使农药更加精准的到达靶标。

第一节　葡萄病虫害预测预报

在生产实际中，葡萄病虫害的种类繁多，发生规律也十分复杂，为防治带来了较大的困难。植物病虫害的发生，常受到生物和非生物等因素的综合影响，盛发流行都有一个发生发展的过程。运用科学合理的观测，评估病虫害的发生发展趋势，及时对病虫害的发生与流行进行预测，发出预报和预警，指导田间病虫害防治，这就是病虫害的预测预报技术。根据预测预报体系的精准预测，指导进行精准防控，在提高防治效果的同时可以减少农药使用。

预测预报从时间长度上分为短期预报、中期预报和长期预报，从功能上分为发生期预测预报和发生程度预测预报。短期预报主要是为防控措施服务，中期预报主要是为防控计划或规划服务，长期预报为防控战略服务。发生期预测主要是为准确把握防控时间服务，发生程度预测主要是为是否采取措施服务。

防治决策，首先是防治时间的判断，其次是发生程度的判断。有些病虫害的发生是随着葡萄生育期而发生，如大部分的虫害（叶蝉、介壳虫、盲蝽）。这种病虫害的防治决策，需要发生程度预测进行辅助，以判断是否需要采取防治措施（能造成危害就需要防治，如果只是少量不足以造成损失，就可以不用采取防治措施）。有些病虫害，是随着天气情况及其他情况而变化，虽然年年发生，然而是否造成比较严重的危害、暴发或流行的时间点或时期，是由天气和其他情况综合决定的，如大部分的病害（霜霉病、白粉病）及部分虫害（叶蝉等），这些病虫害发生程度和暴发流行始点的预测，也对应性地给出了采取防控措施的时间点或时间段。

预测预报在病虫害防治中发挥重要作用，对于预测预报系统的研究与开发需要长期的经费投入和开发，即便如此，预测预报也由于准确率低或操作复杂等距离商业化应用还有很长的距离。对于没有预测预报模型的病虫害种类或没有进行预测预报的区域，决策可以依据经验评估法（根据多年的经验和病虫害发生规律进行评估）或专家会商法（在多年经验和病虫害发生规律等资料的基础上，专家会商进行评估）给出的结果，进行防控决策。

本节以葡萄霜霉病、白粉病、白腐病、叶蝉为例进行介绍，用于指导这些病虫害的防控。

一、葡萄霜霉病预测预报

葡萄霜霉病是葡萄生产上最严重的病害之一，在雨水较多的地区和年份危害尤为严重。葡萄霜霉病菌可通过侵染花序和果穗造成直接的产量损失，也可通过侵染叶片造成植株提早落叶和树势衰弱，引起间接的产量损失。一般年份霜霉病的发病率为 20%～30%，严重年份可达 80% 以上，严重制约着葡萄产业的可持续发展。

葡萄霜霉病的最佳防治途径是基于病害精准预测的化学防治。该病害的准确预报，是高效使用农药、有效减少化学农药施用量和次数、避免资源过量使用、降低各种风险的基础。

（一）葡萄霜霉病的侵染循环和发病特点

葡萄霜霉病菌是以葡萄属植物为寄主的一种专性寄生菌，该菌的生活史包括有性繁殖阶段和无性繁殖阶段。卵孢子是葡萄生单轴霉的有性阶段，在秋季末期的病叶组织中产生，并随病残体于土壤中越冬，成为主要的初侵染源。在翌年春季适宜条件下，成熟的卵孢子萌发形成孢子囊，孢子囊随风雨传播到健康的葡萄幼嫩组织上，孢子囊在水滴中萌发，释放出游动孢子，并通过气孔和皮孔进入寄主组织，引起初侵染。在气候条件适宜的情况下，病原物的菌丝体在寄主细胞间扩展蔓延，进入寄主细胞内吸收营养，一般经过 4～12 d 的潜育期后开始发病，在病部产生孢子囊梗和孢子囊。孢子囊在适合的气象条件下萌发产生游动孢子，进行反复地再侵染，导致病害流行成灾。

温度、相对湿度和降水量与葡萄霜霉病的发生、流行、成灾等密切相关。由于病菌的萌发和侵入均需要水，因此水分的存在（降雨、结露和浓雾）是该病害发生和流行的关键。果园地势低洼、植株过密、架式低矮、郁闭遮阴、管理粗放等均有利于病害的发生和流行。此外，葡萄品种间抗病性有明显的差异，美洲种葡萄较抗病，而欧亚种葡萄则较感病。

（二）葡萄霜霉病预测模型的要素组成

植物病害流行是由寄主、病原物及环境三方面复杂的互相作用，植物病害预测的要素应根据流行规律，从寄主、病原物及环境因素中选取。国内外葡萄霜霉病预测模型多采用气象条件、菌量、栽培条件和寄主植物生育状况等因素作为重要的预测依据，其中气象因素对霜霉病流行的影响程度最为显著，如温度、相对湿度、叶面湿润度、降水量和光照等环境因素均可影响病菌的萌发、侵染、潜育、产孢和存活等诸多流行环节。筛选与病害密切相关的气象因子是构建病害预测模型的关键所在，国内外学者的研究也有所不同。以卵孢子萌发为例，Gehmann 采用高于有效积温的积累天数仅能预测首个卵孢子成熟时间；Hill 建立了基于日平均温度、相对湿度和降水量的卵孢子萌发高峰期模型，可用于计算卵孢子萌发的潜伏期；Kennelly 等建立了以降水量、温度和物候期为预测因子的卵孢子侵染模型；Rossi 等和 Caffi 等利用有效积温的积累天数、相对湿度和降水量来准确预测卵孢子萌发时间。李华等应用人工神经网络构建了卵孢子萌发模型于葡萄霜霉病预测。

（三）葡萄霜霉病研究方法和模型类型

有关葡萄霜霉病预测方面的研究工作已有半个多世纪的历史，最早源于 Goidànich 总结了一组不同温度和相对湿度条件下卵孢子萌发率的表格，用以确定卵孢子萌发侵染所需的温度、降水量和叶片面积阈值，并另设计了一套用于计算孢子囊产生时间的图表。这类通过资料整理、因素选择、模式选择和拟合度检验等过程，构建模型进行病害预测的方法，被称为数理统计模型预测法，属于经验预测法。该方法的优点是只要有足够的可靠数据，组建模型就比较简单，使用亦很方便。但由于统计数据不全或代表性欠佳等导致预测具有一定的片面性，且数理统计预测仅用于简单的因果关系推导，将整个系统作为黑箱处理，所以模型的适应性较差，只能内插，不宜外延。

随着计算机的广泛应用和运算能力增强，不同国家的研究学者相继将葡萄霜霉病菌的生物学特性和定量模型按照客观系统的结构重新组装了系统模拟模型，或称机理模型。该预测方法可不断利用过去、现在和未来人类对病害流行的认识、经验和数据中最精华的科学信息，同时也有助于加强病害流行研究的系统观、整体观和动态观。瑞士的 Vinemild 系统是基于病原生物学数据和气象数据的模拟模型，包括病菌无性阶段孢子的侵染循环、寄生生长发育和发病率模型三个子模型，前两个组分的结果作为第三个组分的输入，模型输出以叶片发病率表示，后来把施药效果作为一个子模型纳入总模型之中。意大利的 PLASMO 系统历经十余年的研发和完善，已在意大利多个地区成功应用，该模型可准确预测霜霉病初侵染时期，并可减少杀菌剂施用次数或改善杀菌剂施用时期。模型包括卵孢子萌发，孢子囊产生和存活，游动孢子释放、存活和扩散，病斑侵染和潜育，以及寄主叶面积增长等子模型，输出以感病叶面积的百分比表示。DMCAST 是一种利用气象数据模拟葡萄初侵染和再侵染的预测系统。初侵染模型包括卵孢子成熟度、冬季降水量和寄主生长发育三个子模型。再侵染模型根据温度、空气相对湿度、叶片湿度和光照时长预测病害流行严重程度。此外，法国、德国、澳大利亚、新西兰、中国等国家也相继构建了葡萄霜霉病系统模拟模型，并用于葡萄霜霉病的预警和管理。

（四）葡萄霜霉病流行预测研究进展

1. 病害流行过程重要环节的定量化研究

植物病害流行学的病理学基础是研究病原物的侵染过程和病害循环。将病害流行解析为按一定顺序连接的若干阶段。各阶段定量分析的基础是病害或病原物的若干可以观测的状态之间的变化速率。为此，很多学者开展了葡萄霜霉病流行过程中重要环节的定量化研究，包括卵孢子成熟、萌发，孢子囊萌发、产孢、飞散，游动孢子释放，侵入、潜育期等诸多环节。

卵孢子休眠是由环境条件、营养渗透性和内源性抑制物质综合作用的生理现象。如果环境条件适宜，卵孢子即可终止休眠，开始萌发。当休眠打破，卵孢子即可萌发。然而由于卵孢子的形成是一个漫长的时期，卵孢子群体的成熟度并不一致，因此萌发是一个逐渐的过程。卵孢子萌发产生的孢子囊可存活几小时至几天，存活时间由温度和湿度决定。孢子囊在水中可释放 4～8 个游动孢子。游动孢子具有双鞭毛，必须在水中游动存活；游动孢子对干燥十分敏感，一旦水分不足便会立即死亡。近年来的研究表明无需较大降水（小于 0.2 mm/h）即可将游动孢子飞溅至叶片上。一旦接触到叶片，游动孢子可通过叶片表面水膜游动到叶片背面的气孔处，形成芽管贯穿气孔，包囊在气孔腔内。温度和相对湿度可影响潜育期的长短，Rossi 等学者通过逐小时计算潜育过程和置信区间更精确地反映了二者和潜育期之间的关系。潜育期与寄主组织、个体发育、植株年龄及抗性均有关，如在果实中的潜育期长于在叶片上。病斑在侵染后 5～18 d 显症，其上产生孢子囊梗和孢子囊。孢子囊可无性繁殖产生游动孢子，是再侵染主要来源。光照可抑制霜霉病菌产孢，因此产孢多在夜晚发生，产孢的另一个要求就是高湿。人工条件下，产孢的最低湿度要求在 93%～98%，而田间观测到相对湿度在 65%～100% 即可产孢。在田间条件下，温度不是抑制产孢因子之一：在美洲种上，10～30 ℃ 均可产孢，最佳温度为 20 ℃；在酿酒葡萄上最佳产孢温度为 18～20 ℃ 和 16～28 ℃。

2. 葡萄霜霉病预测模型研究

（1）葡萄霜霉病初侵染模拟和再侵染模拟模型。

① 初侵染模拟模型：Rossi 等采用系统分析方法构建了葡萄霜霉病初侵染模拟模型，利用病菌生活史不同的阶段代表模型的状态变量。模型假设形成初侵染的有效卵孢子量是由上一生长季末病残体上越冬卵孢子数量决定的，并根据"水热效应时间"模拟了卵孢子的生理成熟度。当卵孢子达到生理成熟，单次降水量大于 0.2 mm/h 时，模型会模拟病残体或土壤中卵孢子的萌发过程。卵孢子一旦萌发，根据温度即可模拟卵孢子萌发过程，湿度将不再成为限制因素。卵孢子萌发形成孢子囊，其存活时间由温度和相对湿度共同决定。模型完成对卵孢子萌发的模拟后，再根据叶面湿润时间和温度模拟游动孢子的释放过程。病菌的潜育期长短取决于温度，当潜育期结束后，病斑即可显症。该模拟模型使得研究人员和植保管理人员逐步评估初侵染过程，实现了卵孢子形成初侵染的定量分析，根据气象参数预测病菌萌发、侵染和显症等诸多环节。

② 再侵染模拟模型：葡萄霜霉病无性态的生活与流行模型（PALM），该模型模仿了人工环境条件下病菌群体的演化。病原物人工群体包括病菌无性态阶段各种生活型，生活型之间属渐进发育关系，根据环境因素及生活型本身的特性变化，不同生活型则存活、繁殖或死亡。当在模型中输入空气温度、相

对湿度、降水量及施用时间等数据，模型就会输出在某一状态下各种病菌生活型群体的变化情况。此外，比较成熟的再侵染模拟模型包括 Vinemild、MILVIT、D-model、PRO 和 PLASMO，这些模型分别在瑞士、法国、奥地利、德国和意大利研发。上述模型运行方式相似，可实现病害流行严重程度预测和风险预估，科学指导杀菌剂施用。

（2）葡萄霜霉病预警系统研究。一些预测模型在应用过程中会出现错误的预测预报，受到地区限制无法准确预测，这是由于模型的表现主要受环境、品种及病原物等因素的影响，其中气象条件的差异仍然是最主要的影响因素。Orlandini 等认为不同地区间相对湿度和叶面湿润时间的较大差异是模型不能准确模拟的主要原因。因此对于模型来说，除了要考虑各种模拟方法的优缺点以外，应在充分分析预测对象及其背景的基础上考虑方法的适用性，能够较好地提取现有资料中的有效信息达到最佳预测预报的效果。

植物预警系统可以被认为是一个推理机器，该机器可以根据获得的条件和既定的规则（建立的模型和预先设定的各种问题的解决方案）进行推理，最终输出合理的解决方案，并将之反馈给使用者。预警系统最基本的原则就是信息的可获得性（只要有需要，任何时间、任何地方都可以获得该系统所反馈的信息）。应用概念模型定量地将葡萄霜霉病菌生活史中的有性阶段和无性阶段连接起来，构成了在病原生物学上清晰的框架。以预测模型为理论基础的预警系统可将获得的理论数据应用于田间生产实践之中。Rossi 等人应用葡萄霜霉病防控实时预警系统评估其所组建模型。预警系统包括三个部分：实时天气数据和 3 d 内的短期气象预报；病害模型；手机短信服务（SMS）。当模型根据天气数据确定侵染时期或基于短期天气预报对侵染时期进行预测后，SMS 可向 6 个监控园区管理人员的手机发送短信。该系统可通过葡萄霜霉病卵孢子萌发过程、短期气象预报和实时气象记录，向手机发送短消息提示预测结果和防控建议。

二、葡萄白粉病预测预报

葡萄白粉病是我国干旱区域葡萄产区（如东疆吐哈盆地产区、南疆焉耆盆地产区、库沙新拜产区、和田产区、新疆伊犁河谷产区、云南宾川产区等）及设施栽培（河北饶阳促早产区、南方避雨栽培产区等）的重要病害。随着设施栽培面积的扩大，葡萄白粉病的危害日益严重，是我国葡萄生产中的重要病害之一。

（一）葡萄白粉病的侵染循环和发病特点

葡萄白粉病是由葡萄钩丝壳菌（*Erysiphe necator* Schw.）寄生引起的。该病原物在病部产生的分生孢子梗、分生孢子和菌丝等在表皮呈白色粉状物，该病菌还可以在叶片、果实及枝条上形成闭囊壳。在土壤或植物病残体中的闭囊壳、枝条中的菌丝体及芽鳞中的分生孢子，是其越冬态。在春季闭囊壳释放出子囊孢子、菌丝体产生分生孢子，当环境温度超过 10 ℃时可进行侵染；之后，随着病症的出现不断产生分生孢子进行再侵染。

白粉病菌菌落生长和产孢适宜的温度范围较广，为 23～30 ℃。在持续适宜的环境条件下，葡萄白粉病的潜育期可以短至 5 d，但在连续低温条件下，潜育期也会随之增加，例如，当环境温度低至 9 ℃时，潜育期则延长至 25 d。病害发生的温度范围为 6～32 ℃。分生孢子萌发的温度范围为 4～35 ℃，以25～28 ℃时萌发率最高，当温度达到 35 ℃时，分生孢子的萌发受到抑制，而当分生孢子被置于 40 ℃的高温一段时间后，即被杀死。菌丝生长的温度范围为 5～40 ℃，但当其在 36 ℃条件下持续暴露 10 h 则失活。白粉病菌是一种最能耐旱的真菌，虽然其分生孢子的萌发和菌丝生长的最适相对湿度是 85%，但在相对湿度低到 8% 的干燥条件下，其分生孢子也可以萌发；相反，多雨对白粉菌反而不利。分生孢子在水滴中会因膨压过高而破裂，因此，干旱的夏季和温暖而潮湿、闷热的天气利于白粉病的大发生。

葡萄白粉病各地发生时期及发病盛期均与当地环境密切相关，广东、湖南、上海等地于 5 月下旬至6 月上旬开始发病，6 月中下旬至 7 月上旬为发病盛期，果实成熟期高温多湿的闷热天气常引起流行蔓延；黄河故道、陕西关中于 6 月上中旬开始发病，7 月中下旬以后达发病高峰；山东和辽宁南部于 7 月上中旬开始发病，7 月下旬至 8 月上旬为发病盛期。

葡萄白粉病危害葡萄的叶、果实、新枝蔓等。叶片发病后，在叶片正面覆盖白粉状霉层，严重时叶面卷曲不平，白粉布满叶片，逐渐使病叶卷缩、枯萎而脱落。幼果受害后，果实萎缩变硬，严重时脱落。果实稍大时受害，首先在褪绿斑块上出现黑褐网状或芒状花纹，覆盖一层白粉，病果停止生长、硬化、畸形，有时开裂，味极酸。新梢、果柄及穗轴受到病原物侵染后，起初发病部位白色，后期变为黑褐色、网状线纹，覆盖白色粉状霉层。因此，白粉病发生严重时，严重影响果实产量和质量。

（二）葡萄白粉病预测预报技术研究进展

在 20 世纪 90 年代早期，世界各地的植物病理学家开始研发葡萄白粉病预测模型，该模型可以为种植者提供预测，并帮助他们预测白粉病的暴发，以便更精确地掌握预防白粉病的治疗时间。其中一个模型引起了全世界种植者的注意：Gubler - Thomas 白粉病指数（PMI）模型。PMI 是一个简单的风险指数，是建立在白粉病菌生长的观察、分生孢子形成和侵染基础上的，其范围从 0（无风险）到 100（风险值极高）。PMI 可以通过与专业软件相连接的现场气象站计算，并可通过各种外部来源数据为美国加州葡萄种植区的广大地区提供预测结果。田间试验表明，根据 PMI 制订的葡萄白粉病防控方案减少了杀菌剂的使用，在一个葡萄生长季节中减少了 2～3 次杀菌剂的使用，且病害控制在相同或更好水平。

三、葡萄白腐病预测预报

葡萄白腐病是在世界性病害之一，在埋土防寒区域及栽培架式比较低（结果枝组距离地面比较低）的区域种植的葡萄受害比较重。在危害严重区域，白腐病每年造成的葡萄产量损失达 20%～50%，严重年份高达 80% 以上，甚至绝收。

国内外目前对于葡萄白腐病的研究较少，已有的报道主要集中在病原物及其生物学特性方面。截至目前，对葡萄白腐病流行模型的系统研究极为缺乏，仅查阅到一篇报道研究了葡萄白腐病田间流行时间动态预测模型，为我国辽宁省为准确预测葡萄白腐病的发生及有效防控提供科学依据的预测预报模型。

研究结果表明，葡萄白腐病发生率与时间、积温和降水量等因素有关。刘长远等通过时间、积温和降水量对葡萄白腐病流行动态的模拟研究，得出以下结论：葡萄白腐病田间流行可用逻辑模型和生长曲线模型进行预测。采用逻辑模型可以较好地模拟葡萄白腐病田间流行随时间的增长动态情况，采用生长曲线模型可以较好地模拟沈阳地区葡萄白腐病发生率随积温和降水量的增长动态情况。葡萄白腐病病粒发病率（x）与葡萄生长时间（t）关系可用 $x=1/[0.01+127.6597\mathrm{EXP}（-0.0600\,t）]$ 模型模拟，与葡萄生长时的有效积温（T）关系可用 $x=\mathrm{EXP}（0.00068\,t-4.4154）$ 模型模拟，与葡萄生长时期的降水量（R）关系可用 $x=\mathrm{EXP}（0.0251R-8.8282）$ 模型模拟。防治葡萄白腐病的最佳时期可用逻辑模型和生长曲线模型预测。预测防治指标为葡萄出芽后 69～81 d（7 月中下旬），有效积温在 5 473～6 493 ℃或降水量在 324.1～351.7 mm 是防治葡萄白腐病的最佳时期。

四、葡萄叶蝉预测预报

（一）葡萄叶蝉的发生规律与为害特点

叶蝉是葡萄上的重要害虫，国内各葡萄产区普遍发生。为害葡萄的叶蝉主要有两种，即二黄斑叶蝉和葡萄斑叶蝉，均属同翅目叶蝉科。两种叶蝉常混发，除为害葡萄外，还为害樱桃、桃、梨、苹果和山楂等果树。

二黄斑叶蝉每年发生 3～4 代，葡萄斑叶蝉每年发生 3 代，两种叶蝉的发生时间相近，均以成虫在葡萄园附近的枯叶、灌木丛等隐蔽处潜藏越冬。越冬成虫于翌春 3 月中下旬开始活动，先在葡萄园边发芽早的苹果、梨、桃、山楂、樱桃等树上为害，在葡萄展叶后为害葡萄。成虫产卵于叶片背面的叶脉中或绒毛内，卵散产，产卵部位呈现淡褐色。二黄斑叶蝉越冬成虫于 4 月中下旬产卵，5 月中旬开始出现一代若虫，5 月底至 6 月上旬出现第一代成虫，以后世代重叠，第二代成虫以 8 月上中旬发生最多，为害较盛，第三、四代成虫主要于 9—10 月发生，10 月中下旬陆续越冬。葡萄斑叶蝉 5 月下旬幼虫出现，

6月上旬开始出现第一代成虫，8月中旬和9—10月分别为第二代和第三代成虫发生盛期。两种叶蝉的卵期均在10 d左右，初孵化的幼虫集中在叶背为害，此时活动量很小，一周后活动活泼，用手触动叶子，若虫爬行迅速，取食也活跃；初羽化的成虫通过一定静伏阶段，进行取食后活跃，并开始交配产卵。成虫善飞蹦而敏捷，趋光性强，在上午和阴天时活动取食，中午阳光强烈时隐伏于叶背面蔽光处，受惊扰后即飞往他处。卵期—若虫期—成虫期一个世代大约一个月。葡萄叶蝉不喜欢为害嫩叶，主要在成熟叶片上为害，先从蔓条基部老叶上发生，逐渐向上部叶片蔓延，葡萄整个生长季节均受其害，随时间推移为害逐渐加重，为害至葡萄落叶后转入越冬场所越冬。两种叶蝉均以成虫和若虫群集于叶片背面刺吸汁液，使叶片正面呈现密集的白色小斑点，受害严重时，小白点连成大的斑块，叶色苍白、枯焦，严重影响叶片的光合作用和有机物的积累，造成葡萄早期落叶，树势衰退，影响当年甚至第二年的产量。葡萄叶蝉虽不直接为害果实，但所排出的虫粪污染果面，造成黑褐色粪斑，影响果实品质。

（二）葡萄叶蝉的预测预报

1. 发生期确定

成虫发生期根据灯诱结果确定。每代成虫发生盛期从虫量出现突增日起，到高峰后的突减日止，盛发期内诱虫量最多的日期为高峰日。用三点（地块）系统调查葡萄园，数据的平均值作为全年葡萄叶蝉的发生消长，5 d一次的调查数据用数据处理系统（DPS）提供的差值处理校正成每天一次的数据。每代葡萄叶蝉发生为害始期、末期，分别指百叶虫量上升和下降至1 000头的日期，始期与末期之间的天数为葡萄叶蝉发生为害天数，为害期内，百叶虫量最高的日期为葡萄叶蝉发生为害高峰日。

2. 发生量的表示及发生程度的划分标准

越冬基数用4月中旬普查苹果、梨、桃树的百叶成虫量表示，各代成虫发生量用高峰日单灯诱虫量表示，葡萄园发生量用葡萄叶蝉发生为害高峰日百叶虫量和平均最高变色叶率表示。发生程度以发生为害高峰日百叶虫量和平均最高变色叶率为指标划分成五级（表5-1）。

表5-1　葡萄叶蝉发生程度划分标准

发生级别（级）	一	二	三	四	五
发生程度	轻发生	中等偏轻	中等发生	中等偏重	大发生
高峰日百叶虫量（头）	≤1 000	1 001～4 000	4 001～7 000	7 001～10 000	>10 000
平均最高变色叶率（%）	≤5	5.1～20	20.1～40	40.1～60	>60

3. 发生期预测

主要依据灯诱成虫发生期来预测下代发生期。成虫高峰日后10～20 d为下代卵孵化及低龄若虫高峰日，即防治适期。

4. 发生程度预测

一般采取逐代预测。根据上代防治后的田间残留虫量及灯诱成虫量，结合历史资料和气象预报，对下代发生程度做出综合预测。

第二节　农药种类和剂型的精准选择

一、农药简介

（一）农药的概念

1. 农药

农药是指具有预防、消灭或者控制危害农业、林业的病、虫、草、鼠和其他有害生物及能调节植物、昆虫生长的化学合成或来源于生物、其他天然物质的一种或几种物质的混合物及其制剂（《中华人民共和国农药管理条例》）。

2. 农药的分类

农药的分类，是指从不同角度和标准对农药进行划分。

按照毒性综合评价可分为高毒、中等毒、低毒三类（《农药安全使用规定》）。

按照防治对象可分为杀虫剂、杀菌剂、杀螨剂、杀线虫剂、杀鼠剂、除草剂、植物生长调节剂等。

按照来源可分为矿物源农药、生物源农药和化学合成农药三类。

按照作用方式，杀虫剂分为胃毒剂、触杀剂、熏蒸剂、内吸性杀虫剂、驱避剂、性诱剂、拒食剂、不育剂、粘捕剂、昆虫生长调节剂、增效剂。杀菌剂分为保护剂、铲除剂、治疗剂、内吸性杀菌剂、防腐剂。除草剂分为触杀性除草剂、内吸性除草剂。

有机合成农药按照化学结构可分为有机磷类、氨基甲酸酯类、拟除虫菊酯类、有机氮类、有机硫类、酰胺类、脲类、醚类、酚类、苯氧羧酸类、三氮苯类、二氮苯类、苯甲酸类、脒类、三唑类、杂环类、香豆素类、有机金属化合物等。

3. 农药的剂型

工厂里生产出来未经加工的农药称为原药，将原药与多种配加物一起经过一定的工艺处理，使之具有一定组分和规格的农药加工形态，称为农药剂型。

绝大多数农药原药必须加工成各种剂型方可使用。通过剂型加工可改变农药的物理性状，提高农药生物活性，使高毒农药低毒化，控制原药释放速度，扩大使用方式和用途，提高对施用者的安全性，延缓靶标生物抗药性，以及降低对环境的污染。

主要的加工剂型可分为粉剂（DP）、可湿性粉剂（WP）、可溶性粉剂（SP）、水分散粒剂（WG）、可分散液剂（DC）、乳油（EC）、悬浮剂（SC）、悬乳剂（SE）、水乳剂（EW）、微乳剂（ME）、微囊悬浮剂（CS）、缓释剂（BR）、可分散片剂（WT）、颗粒剂（GR）、气雾剂（AE）、熏蒸剂（VP）、烟剂（FU）、油剂（OL）、颗粒剂（GR）、微粒剂（MG）、悬浮种衣剂（FS）等。

（二）发展历程及研究进展

1. 不同种类农药的发展及研究进展

为兼顾防治病虫害和环境保护的需求，农药经历了从高毒到低毒，从无机合成农药到有机合成农药，从高效农药到超高效农药的发展历程。近 20 年来，人们对农药的看法和农药自身的发展也发生了很大的变化，同时也产生了各种各样的认识。人们一方面寻找病虫防治的其他途径（如生物防治、基因工程等），另一方面也在积极对农药自身进行改造和完善。目前，世界新型农药的开发是以化学农药的绿色发展为主线，同时动物源、植物源、微生物源等天然农药的开发也受到关注。

（1）化学农药顺应时代需求，不断发展。有机氯、氨基甲酸酯和有机磷农药中高毒、高残毒、高抗性的品种将被改造或被淘汰。拟除虫菊酯中的氯代菊酯类将受限制或被淘汰。世界化学农药的发展方向是杂环、含氟和手性化合物，其中杂环类化合物仍占主导地位。在世界农药专利中，大约有 90% 是杂环化合物，其中重要的原因是它对温血动物、鸟类、鱼类毒性低，但却有很高的药效，特别是对蚜虫、飞虱、粉虱、叶蝉、蓟马等这些个体小、繁殖力强、世代重叠严重、易产生抗性的害虫有很好的效果。例如，吡唑类的吡虫啉杀虫剂、三唑啉酮类的除草剂、β-取代丙烯羧酸酯（酰胺）类的杀菌剂，都是突出的代表。

（2）微生物源农药的研发取得积极进展。由于化学农药研究开发费用高、周期长，且对环境影响的潜在风险，国内外对微生物源农药的开发越来越重视，并取得可喜成绩。在微生物农药中，农用抗生素的发展要比活体微生物农药的发展快得多，最具有代表性的是阿维菌素，它是一种杀虫杀螨剂，同时在它的基础上还开发出许多新的品种。发展较快的还有木霉素和黏帚霉素类，它们对立枯病、猝倒病及菌核病都有相当突出的效果，具有杀螨作用的还有浏阳霉素、华光霉素和多杀霉素，防治真菌性病害的有武夷霉素、多抗霉素等，防治细菌性病害的有中生菌素、新植霉素等，防治病毒病的抗生素有宁南霉素等。

（3）植物源农药的研发成效显著。自 20 世纪 30 年代以来，我国开始从事植物提取物类生物农药研究工作。近年来，人们进一步对印楝、川楝、银杏、苦皮藤、茵蒿等一些植物投入力量进行开发研究，从而使植物源农药获得新生，并且成为当今创新化学农药的重要依据。在高等植物中，发现菊科类植物有杀虫杀菌活性，楝科植物已被证明对害虫有拒食作用，卫矛科植物提取物能够防治水稻、玉米和蔬菜中的害虫，卷柏科、瑞香科植物也成为生物农药研究领域的热点。

植物源农药主要分为生物碱类、萜类、萘醌类、黄酮类化合物、挥发油、光活化毒素类、羧酸酯类、甾体类。目前，约有 17 种植物源农药及 200 多个产品已注册。主要配方是水溶液（AS），大多数注册的产品是苦参碱（54 个产品），其次是油菜素内酯（35 个产品）。

2. 农药剂型的发展及研究进展

早期的农药制剂主要为了满足在大面积范围内均匀使用少量农药的需要而发展。最初使用的剂型是粉剂（DP），它由农药原药、助剂和填料混合均匀而成，具有使用方便、撒布效率高、成本低等优点，尤其适宜于防治暴发性病虫害。但是，这种剂型使用粉粒不易附着在植物表面上，利用率低，且容易形成粉尘污染，危及人畜健康和环境安全。为了满足安全、有效、经济、方便、环保的要求，（除了不断研发新的农药种类外）新剂型也需要不断推陈出新，研发新剂型、改造老剂型是农药发展的亮点之一。

当前，全球农药剂型发展的趋势首先是发展水基化剂型，尽量降低石油类溶剂的使用量，其次是以水分散粒剂（WG）和水溶性粒剂（SG）替代粉剂或某些液剂。这种改变不仅能够降低农药施用过程中粉尘污染、对使用者的经皮毒性，还可以减少运输和储存中的可燃概率。农药新剂型正稳步发展，2010年在美国、日本等国家登记的农药品种中有 35% 采用了新剂型技术。

国内的农药剂型研发与加工，近 10 年也取得了长足进步，并且随着胶体与界面化学、表面活性化学等相关学科的发展，农药剂型加工行业的发展十分迅速，正在不断适应优质、高效、可持续的农业发展需要。

目前，农药剂型的发展趋势及研究进展体现在以下方面。

（1）绿色环保农药剂型不断发展。粉剂、乳油和可湿性粉剂是比较传统的农药剂型。乳油需要使用大量苯类溶剂，有机溶剂对农药毒性和环境都有影响。粉剂和可湿性粉剂持效期较短、使用效率低，需要增大施药量和施药频率，既提高了生产成本，又增加了有害生物产生抗药性的风险，农产品中农药残留及环境压力等加大，且存在粉尘污染。因此，追求绿色环保、安全高效的剂型，成为现在农药发展的重要课题之一，适合水溶性、无粉尘、缓释等需求的剂型成为农药加工领域的研究热点。

① 水基化剂型。悬浮剂（SC）、水乳剂（EW）、微乳剂（ME）等剂型以水为介质，大大减少有机溶剂的使用，从而降低了有机溶剂对人畜安全的影响，减小了对环境污染的压力，且在一定程度上可降低对作物的药害。

目前，全球安全的农药新剂型中涉及悬浮剂的活性成分多达 350 个，明显多于其他新剂型。国内已登记的悬浮剂的农药活性成分约 270 个，在国内市场得到广泛认可和使用的农药有效活性成分的剂型多以悬浮剂为主，如氯虫苯甲酰胺 200 g/L 悬浮剂、螺螨酯 240 g/L 悬浮剂、嘧菌酯 250 g/L 悬浮剂等。此外，国内对水乳剂的发展也十分重视，到 2008 年在我国登记的水乳剂品种已达 395 个（包括国外公司 76 个），如 10% 氰氟草酯水乳剂、40% 毒死蜱水乳剂、4.5% 高效氯氰菊酯水乳剂和 1.8% 阿维菌素水乳剂等产品。微乳剂工业化还处于初级阶段，国外已有 10% 高效苯醚菊酯、5% 氯菊酯微乳剂等商品，我国已有 8% 氰戊菊酯、5% 高效氯氰菊酯等微乳剂产品。

② 高效、省力化剂型。随着我国城镇化建设步伐加快，农村劳动力相对缺乏，而田间病虫草害发生导致的生产过程用药压力并没有减少，所以高工效和省力剂型受到人们的欢迎。中国农业科学院植物保护研究所袁会珠研究员、中国农业大学理学院何雄奎教授等全国多个研究团队在省力化剂型和施药技术方面研究较为深入，在油悬浮剂、泡腾片剂、大粒剂、撒滴剂、展膜油剂、热雾剂、航空喷雾制剂等研发上也取得了很多优秀成果。

油悬浮剂根据使用时稀释介质的不同分为可分散油悬浮剂（OD）和油悬浮剂（OF），目前研究开发和实际使用的主要是可分散油悬浮剂。到 2013 年底，油悬浮剂登记总数为 282 个，占到整个农药制剂产品的 1.3%，以除草剂为主，其中烟嘧磺隆为主要活性成分。

水分散粒剂在我国发展非常迅速，现已开发了包括 97% 乙酰甲胺磷、80% 特丁净、80% 戊唑醇、70% 吡虫啉、40% 烯酰吗啉、10% 苯醚甲环唑和 5% 甲维盐等多个水分散粒剂产品。

大粒剂通常以水溶性薄膜包装，使用时将袋状的大粒剂投施到水稻田中，水溶性袋膜迅速溶解（10～60 s），释放出较小的颗粒飘浮在水层上面（90～180 s），最后均匀崩解扩散至整片农田（9～10 min）。大粒剂作为省力化施药的代表剂型之一，尤其适用于水稻田的除草、杀虫和杀菌等，在我国南方地区使用较广泛。

③ 控释和缓释技术及产品。缓释剂（briquette，简称 BR）是具有控制释放能力的各种剂型的总称，是根据有害生物的发生规律、危害特点及环境条件，通过农药加工手段，使农药按需要的剂量、特定的时间来持续稳定的释放，以达到最经济、安全、有效地控制有害生物的剂型。

在实际使用过程中，农药品种理化性质和使用目的不同，对农药实现缓释和控释具有重要意义。主要表现在以下几个方面：改变了活性成分释放性能，延长持效期，减少用药量和用药次数，减缓有害生物抗药性发生；阻止药剂受光照、温度、空气、土壤、微生物等因素影响而发生分解，减少了挥发、流失的可能性；降低药剂在土壤中的吸附，最大限度发挥药效；减少药剂在土壤中的淋溶和残留，避免进入水体产生污染，同时减少药害发生；抑制挥发性，屏蔽气味，减少刺激性，降低对有益生物和人畜的毒性；改善生物农药理化性质的稳定性，扩大应用范围。目前，微胶囊剂是控制释放技术中重要技术之一。

④ 种子处理。应用种衣剂、拌种剂等种子处理技术是实现作物良种标准化、播种精量化及农业生产增收节支的重要途径，其显著的防效和环保意义已被人们广泛认可，符合我国高产、高效、优质农业的发展要求。

与发达国家相比，国内种衣剂仍存在较多问题，今后需要向以下几个方面发展：引入新颖的有效成分品种；缩短成膜时间，提高包衣覆盖率，减少种衣脱落；开展特异型种子处理技术（抗除草剂、抗逆境、抗倒伏）的研究；增强种衣剂的专一性和针对性，制定统一的质量标准。

（2）高性能农药助剂的推广使用。农药助剂是农药剂型加工和应用中使用的除农药有效成分以外的其他辅助物质的总称，主要包括润湿剂、分散剂、乳化剂、溶剂、增效剂和渗透剂等。近年来，随着表面活性化学和化工行业的发展，国内涌现出多家研究和开发农药助剂的公司，并推出了多款高效、低毒的高性能农药助剂，部分产品的应用性能优于国外助剂产品，有力推动了我国农药剂型加工行业的发展。

（3）农药剂型理论研究手段与方法的完善。最初，国内对农药剂型加工过程中各项技术指标的表征多采用目测和显微测微尺等较简易的手段进行，试验效率低，且结果不准确。随着激光粒度测定仪、Zeta 电位仪、电子扫描与衍射显微镜（SEM）、透射电子显微镜（TEM）、X 射线光电子能谱分析（XPS 衍射）、表（界）面张力仪、流变仪等先进仪器的出现，以及相关学科的发展，农药剂型加工的理论研究也在不断深入，正朝着微观、量化和精准的方向不断发展。

在农药悬浮剂稳定性的研究中，通过引入固液吸附理论和静电稳定理论，以及对悬浮剂流变学的研究，可以有效指导助剂品种和用量的选择，理论预测样品储存稳定性的好坏，使人们有的放矢地进行悬浮剂配方的研制。Turbiscan Lab 是采用穿透力极强的近红外脉冲光源研究液体分散体系稳定性的专用仪器，能快速、准确分析乳状液、悬浮液等体系的乳化、絮凝、沉淀等现象，定量分析上述现象所发生的速率及粒子平均粒径、浓度等特性，可以为水乳剂物理稳定性评价和配方优化提供可靠依据。

二、葡萄上可以使用的农药种类

哪些农药可以在葡萄上使用呢？

（1）经过农业农村部农药检定所登记的农药种类在我国葡萄上才能使用，这种使用才是合法的。

（2）出口到其他国家的葡萄可以使用的农药种类是该国已经登记的、生产可用的。

（3）特殊救灾性措施，应按照农业农村部农药检定所相关豁免使用的规则和要求进行使用。

本书提供以下资料供葡萄生产者参考：我国禁止在葡萄上使用的农药；我国登记的可以在葡萄上使用的农药（化合物）；欧盟及美国、日本等地允许使用在葡萄上使用的农药种类。

注：这四份资料，为 2019 年的资料；随着时间的变化，资料中的内容会发生变化，比如禁止使用的农药会增加、允许使用的农药随着新的更高效更环保的研发产生而增加。

（一）我国禁止在葡萄上使用的农药

目前，葡萄上禁止使用的农药有：六六六、滴滴涕、毒杀芬、二溴氯丙烷、杀虫脒、二溴乙烷、除草醚、艾氏剂、狄氏剂、汞制剂、砷类、铅类、敌枯双、氟乙酰胺、甘氟、毒鼠强、氟乙酸钠、毒鼠硅、甲胺磷、对硫磷、甲基对硫磷、久效磷、磷胺、苯线磷、地虫硫磷、甲基硫环磷、磷化钙、磷化镁、磷化锌、硫线磷、蝇毒磷、治螟磷、特丁硫磷、氯磺隆、胺苯磺隆、甲磺隆、福美胂、福美甲胂、三氯杀螨醇、林丹、硫丹、杀扑磷、甲拌磷、甲基异柳磷、克百威、水胺硫磷、氧乐果、灭多威、涕灭威、灭线磷、内吸磷、硫环磷、氯唑磷、乙酰甲胺磷、丁硫克百威、乐果、氟虫腈、溴甲烷、百草枯水剂、链霉素。

注：氟虫胺自 2020 年 1 月 1 日起禁止使用，百草枯可溶胶剂自 2020 年 9 月 26 日起禁止使用，2,4-滴丁酯自 2023 年 1 月 29 日起禁止使用。

(二) 目前我国登记的可在葡萄上使用的农药

1. 杀菌剂

杀菌剂含量、有效成分及剂型如下。

(1) 29％石硫合剂水剂。

(2) 75％百菌清可湿性粉剂及与福美双、甲霜灵的混剂。

(3) 36％甲基硫菌灵悬浮剂及与吡唑嘧菌酯、戊唑醇的混剂。

(4) 2％、4％嘧啶核苷类抗菌素水剂。

(5) 50％福美双可湿性粉剂及与百菌清、多菌灵、吡唑醚菌酯的混剂。

(6) 50％腐霉利可湿性粉剂或 43％腐霉利悬浮剂及与异菌脲、嘧菌环胺的混剂。

(7) 77％硫酸铜钙可湿性粉剂。

(8) 20％松脂酸铜。

(9) 80％代森锰锌可湿性粉剂及与甲霜灵、精甲霜灵、烯酰吗啉、霜脲氰、波尔多液、噁唑菌酮的混剂。

(10) 2％大黄素甲醚水分散粒剂。

(11) 20％吡噻菌胺悬浮剂。

(12) 50％、80％烯酰吗啉水分散粒剂，或 10％、20％、25％、40％、50％烯酰吗啉悬浮剂，或 50％烯酰吗啉可湿性粉剂，或 10％、15％烯酰吗啉水乳剂及与异菌脲、嘧菌酯、氰霜唑、吡唑醚菌酯、二氰蒽醌、唑嘧菌胺、喹啉铜、霜脲氰、甲霜灵、代森锰锌的混剂。

(13) 20％抑霉唑水乳剂及与醚菌酯的混剂。

(14) 50％啶酰菌胺水分散粒剂，或 30％、43％啶酰菌胺悬浮剂及与咯菌腈、吡唑醚菌酯、肟菌酯、嘧菌环胺、异菌脲、嘧菌酯的混剂。

(15) 25％、30％吡唑醚菌酯水分散粒剂，或 25％、30％吡唑醚菌酯悬浮剂及与乙嘧酚磺酸酯、氯氟醚菌唑、戊唑醇、丙森锌、苯醚甲环唑、啶酰菌胺、福美双、氰霜唑、烯酰吗啉、代森联、氟环唑、霜脲氰、噁唑菌酮、甲基硫菌灵、壬菌酮、双胍三辛烷基苯磺酸盐、精甲霜灵、氟唑菌酰胺、氨基寡糖素的混剂。

(16) 20％、60％、80％嘧菌酯水分散粒剂，或 25％、30％嘧菌酯悬浮剂，或 20％嘧菌酯可湿性粉剂及与烯酰吗啉、戊唑醇、抑霉唑、霜脲氰、氰霜唑、啶酰菌胺、井冈霉素、噁唑菌酮、氟唑菌酰胺、苯醚甲环唑、己唑醇的混剂。

(17) 25％乙嘧酚磺酸酯微乳剂及与吡唑醚菌酯、己唑醇的混剂。

(18) 225 g/L、500 g/L 异菌脲悬浮剂，或 50％异菌脲可湿性粉剂及与烯酰吗啉、腐霉利、啶酰菌胺、嘧霉胺的混剂。

(19) 10％、20％氰霜唑悬浮剂，或 25％氰霜唑可湿性粉剂，或 50％氰霜唑水分散粒剂及与氟唑菌酰胺、噁唑菌酮、吡唑醚菌酯、烯酰吗啉、嘧菌酯、霜脲氰、丙森锌的混剂。

(20) 86％波尔多液水分散粒剂，或 80％波尔多液可湿性粉剂，或 20％波尔多液悬浮剂及与代森锰锌、霜脲氰的混剂。

(21) 20％、40％咯菌腈悬浮剂及与啶酰菌胺、嘧菌环胺、嘧霉胺的混剂。

(22) 1％蛇床子素水乳剂及与苦参碱的混剂。

（23）50％嘧菌环胺水分散粒剂，或40％嘧菌环胺悬浮剂及与腐霉利、啶酰菌胺、咯菌腈的混剂。

（24）60％代森联水分散粒剂及与吡唑醚菌酯的混剂。

（25）22.5％啶氧菌酯悬浮剂。

（26）30％氟环唑悬浮剂及与吡唑醚菌酯、嘧菌酯的混剂。

（27）25％戊菌唑悬浮剂，或80％戊菌唑水分散粒剂及与嘧菌酯、甲基硫菌灵、克菌丹、多菌灵、肟菌酯的混剂。

（28）30％咪鲜胺微囊悬浮剂，或25％咪鲜胺乳油，或50％咪鲜胺可湿性粉剂及与氟硅唑的混剂。

（29）20％霜脲氰悬浮剂及与嘧菌酯、吡唑醚菌酯、氰霜唑、烯酰吗啉、精甲霜灵、代森锰锌、烯肟菌酯、波尔多液的混剂。

（30）50％肟菌酯水分散粒剂及与啶酰菌胺、戊唑醇、氟吡菌酰胺的混剂。

（31）2×10^8 cfu/g木霉菌可湿性粉剂。

（32）10％氟噻唑吡乙酮可分散油悬浮剂及与噁唑菌酮的混剂。

（33）20％丙硫唑悬浮剂。

（34）30％、40％苯醚甲环唑悬浮剂，或10％苯醚甲环唑水分散粒剂，或40％苯醚甲环唑水乳剂及与吡唑醚菌酯、嘧菌酯、霜霉威的混剂。

（35）5％、25％己唑醇悬浮剂，或5％、10％己唑醇微乳剂及与多菌灵、嘧菌酯、乙嘧酚磺酸酯的混剂。

（36）16％多抗霉素可溶粒剂。

（37）23.4％双炔酰菌胺悬浮剂。

（38）70％丙森锌可湿性粉剂及与吡唑醚菌酯、氰霜唑、缬霉威的混剂。

（39）3×10^8 cfu/g哈茨木霉菌可湿性粉剂。

（40）80％三乙膦酸铝水分散粒剂及与氟吡菌胺、氟吗啉、甲霜灵的混剂。

（41）40％氟硅唑乳油，或10％氟硅唑水分散粒剂，或10％氟硅唑水乳剂及与咪鲜胺的混剂。

（42）86.2％氧化亚铜可湿性粉剂。

（43）0.3％丁子香酚可溶液剂。

（44）33.5％喹啉铜悬浮剂及与烯酰吗啉、噻菌灵的混剂。

（45）12.5％烯唑醇可湿性粉剂。

（46）50％咪鲜胺锰盐可湿性粉剂。

（47）40％腈菌唑可湿性粉剂。

（48）50％克菌丹可湿性粉剂及与戊唑醇的混剂。

（49）77％氢氧化铜可湿性粉剂，或46％氢氧化铜水分散粒剂。

（50）40％双胍三辛烷基苯磺酸盐可湿性粉剂及与吡唑醚菌酯的混剂。

（51）40％嘧霉胺悬浮剂，或80％嘧霉胺水分散粒剂及与咯菌腈、异菌脲的混剂。

（52）0.3％苦参碱水剂，或1.5％苦参碱可溶液剂及与蛇床子素的混剂。

（53）2％氨基寡糖素可湿性粉剂及与吡唑醚菌酯的混剂。

（54）5％亚胺唑可湿性粉剂。

以下登记的可在葡萄上使用的农药只是出现在混配制剂中。

（55）噁唑菌酮与氰霜唑、吡唑醚菌酯、嘧菌酯、代森锰锌的混剂。

（56）氯氟醚菌唑与吡唑醚菌酯的混剂。

（57）精甲霜灵与代森锰锌、吡唑醚菌酯、氰霜唑的混剂。

（58）二氰蒽醌与烯酰吗啉的混剂。

（59）壬菌铜与吡唑醚菌酯的混剂。

（60）井冈霉素与嘧菌酯的混剂。

（61）多菌灵与己唑醇、戊唑醇、福美双的混剂。

（62）氟吗啉与三乙膦酸铝的混剂。

（63）噻菌灵与喹啉铜的混剂。

（64）氟唑菌酰胺与吡唑醚菌酯的混剂。

（65）甲霜灵与烯酰吗啉、代森锰锌、霜霉威、百菌清、三乙膦酸铝的混剂。

（66）烯肟菌酯与霜脲氰的混剂。

（67）唑嘧菌胺与烯酰吗啉的混剂。

（68）缬霉威与丙森锌的混剂。

2. 植物生长调节剂

植物生长调节剂含量、有效成分及剂型如下。

（1）75％、85％赤霉酸结晶粉，或75％赤霉酸粉剂，或3％、4％赤霉酸乳油，或4％、6％赤霉酸可溶液剂，或20％赤霉酸可溶粉剂及与苄氨基嘌呤、噻苯隆、氯吡脲的混配制剂。

（2）5％、10％S-诱抗素可溶液剂，或5％S-诱抗素水剂。

（3）0.01％14-羟基芸苔素甾醇可溶液剂。

（4）0.1％氯吡脲可溶液剂及与赤霉酸的混剂。

（5）0.1％、0.2％、0.5％噻苯隆可溶液剂及与赤霉酸、14-羟基芸苔素甾醇的混剂。

（6）50％单氰胺水剂。

（7）0.03％1-甲基环丙烯粉剂。

（8）1.2％吲哚丁酸水剂及与萘乙酸的混剂。

（9）0.003％丙酰芸苔素内酯水剂。

（10）20％萘乙酸粉剂及与吲哚乙酸的混剂。

（11）0.01％芸苔素内酯可溶液剂。

（12）24-表芸苔素内酯及与其他芸苔素内酯、噻苯隆的混剂。

（13）苄氨基嘌呤与赤霉酸的混剂。

（14）烯腺嘌呤与羟烯腺嘌呤的混剂。

3. 杀虫剂

杀虫剂含量、有效成分及剂型如下。

（1）22％氟啶虫胺腈悬浮剂。

（2）1％苦皮藤素水乳剂。

（3）25％噻虫嗪水分散粒剂。

（4）1.5％苦参碱可溶液剂，见杀菌剂（52）。

4. 除草剂

除草剂含量、有效成分及剂型如下。

（1）48％莠去津可湿性粉剂。

（2）18％草铵膦可溶液剂。

（3）0.1％、0.2％、0.5％噻苯隆可溶液剂。

（三）欧盟及美国等地可以在葡萄上使用的农药

欧盟（截止到2019年底）葡萄园法定使用的农药（化合物）如下。

1. 除草剂

（1）aclonifen 苯草醚。

（2）amitrole 杀草强。

（3）chlorotoluron（unstated stereochemistry）氯麦隆。

（4）diclofop 禾草灵。

（5）diflufenican 吡氟酰草胺。

（6）diquat 敌草快。

（7）flufenacet 氟噻草胺。

（8）flumioxazine 丙炔氟草胺。

（9）fluometuron 氟草隆（伏草隆）。

（10）glufosinate 草铵膦。

（11）haloxyfop－P 精吡氟禾草灵。

（12）imazamox 甲氧咪草烟。

（13）imazosulfuron 吡唑嘧磺隆。

（14）isoproturon 异丙隆。

（15）lenacil 环草定。

（16）linuron 利谷隆。

（17）mecoprop 2－甲－4－氯丙酸。

（18）metalaxyl 甲霜灵。

（19）metribuzin 嗪草酮。

（20）metsulfuron－methyl 甲磺隆。

（21）molinate 禾草敌。

（22）nicosulfuron 烟嘧磺隆。

（23）oxadiargyl 丙炔噁草酮。

（24）oxadiazon 噁草酮。

（25）oxyfluorfen 乙氧氟草醚。

（26）pendimethalin 二甲戊乐灵。

（27）profoxydim 环苯草酮。

（28）propoxycarbazone 丙苯磺隆。

（29）prosulfuron 氟磺隆。

（30）quinoxyfen 喹氧灵。

（31）quizalofop－P（variant quizalofop－P－tefuryl）精喹禾灵及各种喹禾糠酯。

（32）sulcotrione 磺草酮。

（33）tepraloxydim 吡喃草酮。

（34）tri－allate（暂时没有中文名称）。

（35）triasulfuron 醚苯磺隆。

2. 杀菌剂

（1）bromuconazole 糠菌唑。

（2）carbendazim 多菌灵。

（3）copper compounds（variants copper hydroxide，copper oxychloride，copper oxide，bordeaux mixture and tribasic copper sulphate）铜制剂（各种氢氧化铜、氧氯化铜、波尔多液、三键硫酸铜）。

（4）cyproconazole 环唑醇。

（5）cyprodinil 嘧菌环胺。

（6）difenoconazole 苯醚甲环唑。

（7）dimoxystrobin 醚菌胺。

（8）epoxiconazole 氟环唑。

（9）famoxadone 噁唑菌酮。

（10）fludioxonil 咯菌腈。

（11）fluopicolide 氟吡菌胺。

（12）fluquinconazole 氟喹唑。

（13）isopyrazam 吡唑萘菌胺。

（14）metalaxyl 甲霜灵。

（15）metconazole 叶菌唑。

（16）myclobutanil 腈菌唑。

（17）prochloraz 咪鲜胺。

（18）propiconazole 丙环唑。

（19）tebuconazole 戊唑醇。

（20）tebufenpyrad 吡螨胺。

（21）triazoxide 咪唑嗪。

（22）ziram 福美锌。

3. 杀虫杀螨剂

（1）bifenthrin 联苯菊酯。

（2）dimethoate 乐果。

（3）esfenvalerate 顺式氰戊菊酯。

（4）etofenprox 醚菊酯。

（5）etoxazole 乙螨唑。

（6）fenbutatin oxide 苯丁锡。

（7）fipronil 氟虫腈。

（8）lambda - cyhalothrin 高效氯氟氰菊酯。

（9）lufenuron 虱螨脲。

（10）methomyl 灭多威。

（11）pirimicarb 抗蚜威。

（12）thiacloprid 噻虫啉。

4. 植物生长调节剂

（1）1 - methylcyclopropene 1 -甲基环丙烯。

（2）paclobutrazol 多效唑。

5. 杀鼠剂

（1）bromadiolone 溴敌隆。

（2）difenacoum 联苯杀鼠萘。

（3）warfarin （暂时没有中文名称）。

6. 杀线虫剂

（1）ethoprophos 灭线磷。

（2）fenamiphos 克线磷。

（3）oxamyl 杀线威。

7. 土壤处理剂

metam 威百亩。

三、葡萄上使用农药种类和剂型的精准选择

（一）农药种类的精准选择

农药的精准选择是规范防治的关键步骤。首先，根据葡萄的生产形式选择药剂，如有机农业选择有机农业可以使用的农药；其次，按照安全性、时效性、时段性进行选择；第三，根据抗药性检测和监测的结果，剔除已经产生抗药性的种类，或者选择抗药性水平低、抗性频率低的种类。

1. 安全性

安全性包括四方面内容。

一是对葡萄安全，如克菌丹和百菌清对葡萄花序及花后小幼果容易产生药害，所以在葡萄的花期和幼果期不能选择这些农药。有些葡萄品种的嫩梢和幼叶对异菌脲敏感，所以在前期不能使用异菌脲，在转色期或成熟前期则可以使用。

二是对人畜安全，有两个层面的意思：第一，尽量选择使用低毒高效药剂；第二，在使用时做好防护，并且避免让畜禽等接触药剂。

三是对环境安全，指农药使用后对环境没有不良影响。如高效氯氰菊酯对一些水生生物高毒，所以不能在靠近水塘或水系（河流、湖泊等）区域使用，在干旱和半干旱地区且远离池塘的葡萄园可以使用。

四是对后续产品的安全，指不能对后续产品的质量安全及品质造成影响。如葡萄生长中后期使用咪鲜胺，对一些品种的果实风味产生影响，对酿酒品种的后续酿酒也可能会产生影响。因此，在封穗后至采收前应避免选择咪鲜胺，在开花前或果实采收后可以选择使用。

2. 时效性

时效性是指对每一个生理阶段的所有问题（不同区域、品种、生理阶段面对的问题不同）有效，能解决这个时段的所有病虫害问题。当时采取的措施能发挥效能，解决本时段所要求的效能。减少农药使用种类、剂量和次数，是实施时效性的难度和技术含量所在。

以开花前为例。开花前葡萄上病虫害的种类和危害程度随着种植区域性的气象状况、品种等有很大区别，但开花前在每一个葡萄产区都是全年的病虫害重要防控点。因此，选择针对重要病害的广谱保护性杀菌剂与特定用途的农药混合使用，是这个时段农药选择的要点。如在云南宾川，品种主要为红地球，重要病害是灰霉病、白粉病，其他病虫害还有炭疽病、黑痘病、霜霉病、蓟马、盲蝽等，一般可以选择使用 30%吡唑·福美双悬浮剂 600 倍液＋21%噻虫嗪悬浮剂 1 500 倍液；再比如在辽宁省北镇，品种主要为巨峰，重要病害是穗轴褐枯病，其他病害还有灰霉病、霜霉病等，一般可以选择使用 30%代森锰锌悬浮剂 400～600 倍液。药剂的种类选择和使用剂量，可以根据年份的气象条件和去年葡萄园病虫害实际发生情况，进行添加或减少。

3. 时段性

葡萄的不同发育阶段有不同的病虫害问题，同一种病虫害在不同的生育阶段，对需要防控的药剂特征的要求也不同。因此，药剂的选择应该适应对病虫害阶段性防控的要求。比如灰霉病的防控，有甲基硫菌灵、腐霉利、异菌脲、嘧霉胺、啶酰菌胺、咯菌腈、抑霉唑、双胍三辛烷基苯磺酸盐、吡噻菌胺、嘧菌环胺、福美双等及多种混配制剂，可供选择。在不同生育阶段花前、花后、封穗前、转色期、成熟期及储运期针对灰霉病使用的药剂也有不同。

花前，需要防控的病虫害种类多，防治措施的主要目的是保证花期的安全，所以选择的杀菌剂最好是能够防治灰霉病的广谱保护性杀菌剂（或者说以这种选择为基础），如福美双、甲基硫菌灵、保倍福美双等；花后，需要防治的病虫害种类也是比较复杂，并且需要对灰霉病菌有比较好的杀灭效果，所以选择内吸性较好、较为广谱的杀菌剂，可以选择保倍福美双＋咯菌腈或代森锰锌＋吡噻菌胺；封穗前，重点是针对穗轴和果梗，主要防治灰霉病和白腐病，需要内吸性较好的杀菌剂，腐霉利、嘧菌环胺比较适合这个时期；转色期和成熟前期，主要是避免果穗被进一步感染，所以啶酰菌胺、异菌脲等适合这个时期使用；双胍三辛烷基苯磺酸盐、抑霉唑适合采收前及储藏期的灰霉病防控。当然，以上的选择是在病原物对这些杀菌剂没有产生抗药性的基础上的选择，如果病原物已经对有些杀菌剂产生了抗药性，首先要排除已经产生抗药性的种类，再在其他种类中进行选择。因此，虽然许多杀菌剂都是优秀的杀菌剂，但对于作物的生长阶段而言，能充分发挥其作用需要与阶段性的需求相匹配，这就是药剂选择的时段性。这种时段性的精准选择，可以最大限度发挥农药的作用，提高药效、减少农药的使用，这也是药剂精准选择的技术难点。

（二）农药剂型的精准选择

农药剂型与施用的方式，决定着到达靶标的效率。选择农药种类之后，需要根据使用方式选择农药的剂型。选用农药应根据作物、防治对象、施药器具和使用条件决定选择的剂型及制剂。杀虫剂的乳油效力要显著高于悬浮剂和可湿性粉剂，同一种农药有效成分以选用乳油为好；叶面喷雾用的杀菌剂宜选择悬浮剂或可湿性粉剂，因为杀菌剂对病原物细胞壁和细胞膜的渗透是溶解在叶面水膜中进行的；叶面喷洒用的除草剂以含有机溶剂的乳油、浓乳剂、悬浮剂等剂型为好，具有良好润湿和渗透作用的可湿性粉剂、悬浮剂等剂型也可选用；施用于水田或土壤中的除草剂，以颗粒剂和其他能配制表土的剂型用得较多。作为乳油的替换剂型，悬浮剂的药效虽低于乳油，但显著高于可湿性粉剂。

第三节　葡萄有害生物抗药性检测与治理

对常用药剂进行抗药性检测与监测，选择没有抗药性（或抗药性水平低、频率低）的农药种类，是减少农药使用量的重要内容，也是抗药性治理的基础。

一、抗药性的概念及研究历史

（一）概念

抗药性主要包括害虫的抗药性和植物病原物的抗药性。因为葡萄上最重要的有害生物类群是病原物（葡萄病害），所以本部分的内容重点介绍植物病原物的抗药性。

植物病原物抗药性是指本来对农药敏感的野生型植物病原个体或群体，由于遗传变异而对药剂出现敏感性下降的现象。联合国粮食及农业组织对杀菌剂抗药性推荐的定义是"遗传学为基础的灵敏度降低"，包含两方面含义：一是病原物遗传物质发生变化，抗药性可以稳定遗传；二是抗药突变体对环境有一定的适合度，即与敏感野生群体具有生存竞争力，如越冬、越夏、生长、繁殖和致病力等有较高的适合度。

（二）发展历史及概况

植物病原物抗药性发展相对较晚，20 世纪 50 年代中期，美国 James G. Horsfall 才提出病原物对杀菌剂敏感性下降的问题。但由于当时使用的杀菌剂几乎都是传统的、非选择性保护性杀菌剂，作用位点多，不易引发病原物产生抗药性，所以未对农业生产造成很大的危害，也未引起人们的重视。直至 60 年代末 70 年代初，随着高效、内吸、选择性强的现代杀菌剂被开发和广泛使用，病原物对杀菌剂的抗性越来越严重和普遍，常导致植物病害化学防治失败，农业生产遭受巨大损失。并且由于植物病原物增长快、数量多，即使抗药性病原物在群体中所占比例很小，也可能在很短的时间内引发病害的流行，因此杀菌剂的抗药性受到广泛关注。国内外研究表明，已发现产生抗药性的病原物种类有植物病原真菌、细菌和线虫，其中病原真菌的抗药性是农业生产中最常见的，其他病原物如病毒、类立克次体和寄生性种子植物，因其化学防治水平还较低，有些甚至还缺乏有效的化学防治手段，还未出现抗药性。目前，由于抗药性而在我国某些地区防病效果不佳的真菌药剂主要有苯基酰胺类、苯并咪唑类、麦角甾醇生物合成抑制剂类等内吸性杀菌剂的部分品种，以及二甲酰亚胺类等保护性杀菌剂部分品种和一些抗生素类化合物，给农业生产带来极大的经济损失。

二、葡萄上常用杀菌剂的抗药性研究概况

（一）苯基酰胺类杀菌剂

苯基酰胺类杀菌剂（phenylamide fungicides，PAFs）主要包括甲霜灵、苯霜灵和噁霜灵三种，三种药剂相互之间存在交互抗性。这类杀菌剂是通过特异性地抑制核糖体 RNA 聚合酶 I 的活性干扰蛋白质及 RNA 的生物合成，对病原物的菌丝生长、吸器的形成及孢子囊的产生等均具有良好的抑制作用。

甲霜灵应用最为频繁和普遍，对其抗药性的监测与研究也较为普遍和深入，早在 1977 年，甲霜灵就作为系统性杀菌剂被引入用来防治卵菌病害，主要用于防治疫霉和霜霉引起的病害。1978 年，以色列最早报道使用该药剂防治黄瓜霜霉病失败，紧接着荷兰和爱尔兰也报道马铃薯晚疫病菌对其普遍产生了抗药性。Fourie 等 2017 年报道南非地区葡萄霜霉病菌对甲霜灵药剂的抗性频率已达 94.2%。我国许多地区的卵菌均对该药剂产生了严重的抗药性，Sun 等 2010 年报道我国葡萄霜霉病菌对甲霜灵的抗性水平较高；2017—2018 年，周连柱对云南宾川县、广西兴安县、山东烟台市、湖南芷江县、山西清徐县及黑龙江哈尔滨市等我国主要葡萄产区霜霉病菌的甲霜灵抗性情况进行了检测，结果表明云南宾川县、广西兴安县、山东烟台市和湖南芷江县等地区均检测到抗性菌株的存在，且抗性频率在 26.75%～100%。

目前，卵菌对苯基酰胺类杀菌剂的抗性基因和基因组中的突变位点尚不明确。

（二）羧酸酰胺类杀菌剂

羧酸酰胺类杀菌剂（carboxylic acid amides，CAAs）是用于缓解甲霜灵抗性而研发的一类结构新颖的药剂，主要包括双炔酰菌胺、烯酰吗啉、丁吡吗啉、氟吗啉等。作用机制主要是通过对游动孢子的释放、游动及休止孢子的形成产生抑制作用，从而抑制病原物的菌丝生长、卵孢子或孢子囊的形成及孢子囊和休止孢子的萌发。

烯酰吗啉是该类杀菌剂中研发最早的一种药剂，20 世纪 80 年代由美国氰氨公司研发并投入市场，对霜霉病和疫病有特效，但 Albert 等 1994 年发现法国部分地区的葡萄霜霉病菌群体对该药剂的敏感性降低，随后在意大利、德国、瑞士等多个地区相继监测到烯酰吗啉的抗性菌株。1996 年，烯酰吗啉在我国登记用于葡萄霜霉病的防治，距今已有 20 多年的用药历史。2010 年 Sun 等对采自我国 11 个地区的 392 株霜霉病菌进行了抗药性检测，但未发现抗性菌株，但 2015 年 Zhang 等在广西资源县采集到对烯酰吗啉具有抗药性的霜霉病菌，这是国内首次关于葡萄霜霉病菌对烯酰吗啉产生抗性的报道。目前，在我国辽宁、山西、河北、山东、湖北、湖南、云南等地的葡萄产区均检测出大量抗性菌株，有的产区抗性频率甚至高达 90% 以上。

大量研究表明，病原物对烯酰吗啉等该类药剂的抗性主要与纤维素合酶 1 105 位密码子编码基因的碱基突变有关。病菌自然状态下纤维素合酶 PeCesA3 蛋白在 1 105 位的密码子为 GGC，编码甘氨酸（Gly），在烯酰吗啉药剂的选择压力下，该位点发生碱基突变，由原来的 GGC 突变为 AGC［编码丝氨酸（Ser）］或者突变为 GTC［编码缬氨酸（Val）］。并且发现在所有对烯酰吗啉敏感的菌株中，在 1 105 位点编码的氨基酸为 Gly/Gly、Gly/Val、Gly/Ser，而在抗烯酰吗啉的菌株中，该位点编码的氨基酸为 Ser/Ser、Val/Val、Ser/Val。即只有病菌在该位点发生纯合突变，病菌才会由原来的对烯酰吗啉敏感转变为抗性，杂合子表现为敏感。

（三）甲氧基丙烯酸酯类杀菌剂

甲氧基丙烯酸酯类杀菌剂（quinone outside inhibitors，QoIs）是 20 世纪 90 年代末期开发的一类作用位点新颖的杀菌剂，代表药剂有嘧菌酯、吡唑醚菌酯、肟菌酯、氟醚菌酯等。葡萄上常用的有嘧菌酯和吡唑醚菌酯，其作用机制主要通过特异性结合线粒体呼吸链中细胞色素 bc1 复合物的 Qo 位点（泛醌氧化位点），阻碍电子传递，抑制线粒体的呼吸作用，进而抑制孢子囊萌发、游动孢子的释放和游动，对病害无治疗作用。

该类药剂于 1996 年进入市场用于防治小麦白粉病，两年后在德国首次发现了抗 QoⅠ类杀菌剂的菌株，抗性频率高达 90%。1999 年，法国和意大利相继报道发现抗 QoⅠ类杀菌剂的葡萄霜霉病菌。同年，在其他国家和地区也相继检测到抗性菌株。王喜娜等 2014 年在我国河北永清县的葡萄园中检测到抗性霜霉病菌的存在，这也是我国首次报道发现霜霉病菌的嘧菌酯抗性菌株。目前，在我国辽宁、山西、河北、山东、湖北、湖南、云南等地的葡萄产区均检测出抗性菌株，其中辽宁等地的抗性频率高达 100%。

这类药剂抗药性属于线粒体基因控制的质量遗传，在多数病原物中，抗性个体的细胞色素 b 基因中主要存在两种抗性突变，分别为 143 位甘氨酸被丙氨酸替代（G143A）和 129 位苯丙氨酸被亮氨酸替代（F129L），其中 G143A 突变类型最为普遍。

（四）氰基乙酰胺类杀菌剂

霜脲氰（cymoxanil）是 20 世纪 70 年代末被研发并广泛应用于葡萄园内的一类系统防治卵菌病害的杀菌剂。霜脲氰对病菌的各个生命活动进程均有影响，在核酸和氨基酸的生物合成等一些二级反应过程中发挥重要作用，对 DNA 合成过程的影响明显大于对 RNA 合成的影响，但霜脲氰的主要作用位点、作用机制目前仍不清楚。

在欧洲，20 世纪 80 年代开始使用霜脲氰防治葡萄霜霉病（一般采用和其他杀菌剂的混合制剂），20 世纪 90 年代在意大利北部的两个葡萄园中检测到抗性菌株的存在，随后欧洲的一些国家也相继报道发现抗性菌株。霜脲氰最早于 20 世纪 90 年代初在中国登记使用，大部分地区使用该药剂防治病害长达

10 年以上，主要是与其他药剂的混合制剂，这在一定程度上降低了病原物对其产生抗药性的概率。周连柱等 2019 年对来自我国河北、江苏及广西等地的霜霉病菌菌株检测结果显示，虽然有一定比例的低抗和中抗菌株，但总体上霜霉菌对该药剂的敏感性较好，能继续有效防控葡萄霜霉病。

（五）磺胺咪唑类杀菌剂

磺胺咪唑类杀菌剂代表药剂为氰霜唑（cyazofamid），作为对卵菌纲病害有特效的一类药剂，与苯酰胺类、羧酸酰胺类杀菌剂无交互抗性，市场上多是与烯酰吗啉、嘧菌酯等药剂的混合制剂。氰霜唑是一种保护性杀菌剂，作用部位是在酶的 Qi 中心，通过结合细胞色素 bcl 复合体中的 Qi 位点阻断卵菌线粒体细胞色素 bcl 络合物中的电子传递来干扰能量供应，从而干扰能量供应阻碍游动孢子萌发、游动至孢子囊形成的各个生育阶段，实现预防和控制病害蔓延。

目前，国内外对氰霜唑抗药性的研究相对较少，2008 年 Kousik 等首次报道美国东南部疫霉抗性菌株的存在。国内，2019 年周连柱对我国湖北、湖南及广西等地葡萄霜霉病菌株对氰霜唑抗药性进行了检测，虽然也检测出一定比例的低抗和中抗菌株，但总体上对该药剂的敏感性较好。

（六）苯并咪唑类杀菌剂

苯并咪唑类杀菌剂（methyl benzimidazole carbamate，MBCs）是一类作用于真菌 β 微管蛋白的杀菌剂，代表品种有噻菌灵（thiabendazole）、苯菌灵（benomyl）、甲基硫菌灵（thiophanate methyl）和多菌灵（carbendazim）等，是 20 世纪 60、70 年代开发的一大类杀菌剂。该类杀菌剂具有高度的选择性和强烈的广谱抗性。对子囊菌亚门某些病原物、担子菌亚门真菌中的大多数病原物及半知菌有效。在葡萄上主要用于葡萄灰霉病的防治，通过抑制灰霉病菌菌丝的分隔和伸长来达到杀菌作用。

随着该类杀菌剂的大量使用，1987 年我国已发现了对多菌灵产生高水平抗性的灰霉菌株，并且发现该抗性可稳定遗传。至今已有多种重要病原物对其产生严重的抗药性，药效均有不同程度的下降，有的甚至完全失效，如葡萄灰霉病菌、水稻恶苗病菌、小麦赤霉病菌、油菜菌核病菌、甜菜褐斑病菌、芦笋茎枯病菌、苹果炭疽病菌、黄瓜黑星病菌等。

大量研究结果显示，灰霉病菌对苯并咪唑类杀菌剂产生的抗性由一个主效基因控制，其第Ⅶ连锁群上 β 微管蛋白基因（*BENA*）的不同位点发生点突变，包括该基因转录翻译蛋白上的第 198 位谷氨酸（E198A/G/KV）和 200 位苯丙氨酸，使病菌对多菌灵等苯并咪唑类药剂产生不同程度的抗药性。

（七）二甲酰亚胺类杀菌剂

二甲酰亚胺类杀菌剂（dicarboximide fungicides，DCFs）是于 20 世纪 70 年代研发的一类新型保护性杀菌剂，包括异菌脲（iprodione）、乙烯菌核利（vinclozolin）及腐霉利（procymidone）等。这类杀菌剂对灰霉病的防治有特效，被广泛用于葡萄灰霉病的防治。

随着该类杀菌剂使用时间的延长和使用剂量的增大，田间灰霉病菌对 DCFs 的抗性现象日益严重。郑媛萍在 2016—2017 年采自山东蓬莱、湖北荆州、黑龙江哈尔滨、山西太谷、云南宾川和辽宁北镇等主要葡萄产区的灰霉菌中均检测到抗性菌株的存在，且抗性频率高达 100%，说明该类药剂对葡萄灰霉病的防效接近或完全丧失。同时，大量研究发现灰霉菌对二甲酰亚胺类中各品种杀菌剂之间具有正交互抗性。另外，该类杀菌剂与芳香烃类杀菌剂之间也具有正交互抗性，但是与苯并咪唑类杀菌剂间没有交互抗性关系。

研究发现，灰霉病菌对 DCFs 的抗性与组氨酸激酶 *BcOs1* 基因有关。在采自法国、英国、以色列、日本、新西兰、瑞士和美国的菌株中，BcOs1 蛋白第 1 365 位密码子编码基因的 S/N/R 点突变与病原物对该类药剂的低水平抗性有关。在我国河南省的灰霉病菌腐霉利抗性菌株中发现 Q369P 和 N373S 点突变，研究表明，这两个位点的连锁突变与灰霉病菌的中等抗药性有关。

（八）苯吡咯类杀菌剂

苯吡咯类杀菌剂（phenylpyrroles）是一类新型、杀菌谱广的高效内吸性杀菌剂，代表药剂为咯菌腈和拌种咯等，可以抑制灰霉病菌菌丝体生长、孢子发芽和芽管伸长。该类药剂与二甲酰亚胺类药剂的抗菌谱相似，并且二者之间存在正交互抗性。目前，咯菌腈的作用机制主要被认为与抑制 PKⅢ激酶和葡萄糖磷酸化相关的转运过程有关，从而影响渗透压调节相关的信号转导途径，进而起到杀菌作用。

2013 年，美国弗吉尼亚州、马里兰州、南卡罗来纳州报道发现极少量的咯菌腈抗性菌株，但是也只是低到中等抗性的菌株，未发现高抗菌株。2017 年，德国东南部观赏植物和树莓上抗咯菌腈的灰霉菌株的比例分别达到了 20％和 100％。2015 年，中国浙江草莓灰霉菌中发现比例为 1.8％的咯菌腈抗性菌株，2018 年，郑媛萍在葡萄灰霉菌中发现少量咯菌腈抗性菌株，且抗性频率较低，也未检测出高抗菌株。

（九）烟酰胺类杀菌剂

啶酰菌胺（boscalid）是新型烟酰胺类杀菌剂（carboxamide fungicides）中的一种，于 1992 年被德国巴斯夫公司率先开发出来的一种内吸性杀菌剂，杀菌谱较广，还可以和多种农药混合使用，用于多种作物真菌病害如灰霉病、白粉病及各种腐烂病等的防治。烟酰胺类杀菌剂能够抑制真菌线粒体内膜呼吸链上的琥珀酸脱氧酶的活性，影响线粒体内膜呼吸链中的电子传递，阻碍三羧酸循环，影响组成细胞的基本物质和能量的产生，进而干扰真菌细胞的分裂和生长，对病原真菌产生神经活性起到抑菌作用。

2007 年，Avenot 等人首次在美国加利福尼亚州的开心果上分离得到了抗啶酰菌胺的互隔交链孢霉菌株，并且经过研究发现，互隔交链孢霉的琥珀酸脱氢酶 $SdhB$ 基因上的 277 位组氨酸发生了抗性突变，原本的组氨酸在突变后变成了酪氨酸或者精氨酸，而这种突变引起了互隔交链孢霉对啶酰菌胺的抗药性。目前已经发现 $SdhB$ 上的点突变有 H272Y/R/L、P40S、P225T/F/L、N230I，$SdhD$ 上的点突变 H132R，这些突变位点都可能引起灰葡萄孢菌对啶酰菌胺的抗药性。并且有研究表明，带有 P225F/L 和 H272L/Y 突变位点的灰霉菌啶酰菌胺抗性菌株表现出较高水平的抗性，而带有 N230I、P225T 和 H272R 突变位点的灰霉菌抗性菌株则可引起相对较低水平的抗性。郑媛萍在采自山东蓬莱、辽宁北镇、山西太谷、云南宾川、湖北荆州和黑龙江哈尔滨 384 株灰霉病菌中检测到 46.61％的抗性菌株，且抗性菌株的突变位点主要分布在 $SdhB$ 基因的 272、230 位氨基酸上，H272R 占绝大多数（96.11％）。

（十）苯胺基嘧啶类杀菌剂

20 世纪 90 年代中期，苯胺基嘧啶类杀菌剂（anilino pyrimidines）被引入欧洲并在此后开始被使用，主要包括嘧菌环胺、嘧菌胺、嘧霉胺等。该类杀菌剂对灰葡萄孢的萌发并不会产生影响，但是能够抑制芽管的伸长和菌丝的生长，抑制离体菌丝内甲硫氨酸的生物合成。

我国从 20 世纪 90 年代开始使用苯胺基嘧啶类杀菌剂，距今已有 20 余年的历史，但国内早在 2002 年始就有许多关于其抗药性的报道。例如，2002 年纪明山等发现辽宁地区番茄灰霉菌对嘧霉胺的抗性频率达到了 22.9％，且抗性菌株均处于中抗水平；2004 年贾晓华等人在江苏淮阴地区发现灰霉菌对嘧霉胺的抗性频率高达 43.64％；2015 年浙江草莓灰霉菌对嘧霉胺的抗性频率达到了 69.20％；2016—2017 年郑媛萍在 6 个主要葡萄产区的灰霉菌中同样检测到大量抗性菌株，抗性频率均在 90％以上。

目前，已经发现灰霉菌对该类药剂产生的三种抗性类型：AniR1、AniR2 与 AniR3，它们分别由相应的基因 $ANI1$、$ANI2$ 和 $ANI3$ 控制。其中，AniR1 抗性基因型菌株对苯胺基嘧啶类杀菌剂具有中高度抗性，AniR2 和 AniR3 抗性基因型菌株主要在孢子的芽管伸长阶段对苯胺基嘧啶类杀菌剂表现出抗性。

（十一）咪唑类杀菌剂

咪唑类杀菌剂（sterol demethylation inhibitor，DMIs）是目前农业上广泛使用的甾醇生物合成抑制剂类杀菌剂，其中包含三唑类、咪唑类、嘧啶类和吡咯类。DMIs 通过抑制 14-α-脱甲基酶，使真菌体内的麦角甾醇生物合成受阻而起到抑菌作用。

DMIs 杀菌剂从 20 世纪 70 年代开始被用于农业病害的防治，如今已经有超过 34 种 DMIs 杀菌剂被商业化并投入田间使用，而抑霉唑（imazalil）就是 DMIs 杀菌剂中的重要品种，被广泛用于防治植物病原真菌病害，尤其是果蔬采后的青霉病和绿霉病等。运用抑霉唑防治柑橘采后青霉病和绿霉病在世界上已经有 30 多年的历史，在我国有 20 余年的历史，但灰霉菌对抑霉唑的抗性研究却鲜有报道。目前，仅有的报道是抑霉唑对灰霉病菌的作用方式主要是抑制菌丝的生长，并且其与多菌灵、腐霉利、异菌脲、咯菌腈、嘧霉胺、啶酰菌胺的组合之间均不存在交互抗性。

（十二）有机硫类杀菌剂

有机硫类杀菌剂用于作物病害防治已有多年历史，常用品种主要分为两类：二甲基二硫代氨基甲酸盐（福美双、福美铁、福美锌等）和亚乙基双二硫代氨基甲酸盐（代森铵、代森锌、代森锰锌等）。福美双属于有机硫类杀菌剂中的二甲基二硫代氨基甲酸盐，其作用机制是通过干扰三羧酸循环破坏辅酶 A 影响脂肪酸的氧化，抑制以铜、铁等为辅基的酶的活性，阻断三羧酸循环等重要代谢途径。有机硫类杀菌剂具有高效、低毒、杀菌广谱、不易产生抗性等特点，广泛用于葡萄霜霉病、白粉病和灰霉病的防治。

目前，对于该类杀菌剂的抗性研究较少。2005 年，张博等在辽宁检测到葡萄白腐病菌高抗福美双菌株；2018 年，郑媛萍发现在我国葡萄灰霉病菌中同样存在抗性菌株，但其与多菌灵、腐霉利、异菌脲、咯菌腈、嘧霉胺、啶酰菌胺之间均不存在交互抗性。

三、葡萄上主要病原物的抗药性检测技术

（一）传统检测方法

葡萄病原物对杀菌剂的抗药性传统检测方法通常采用叶盘漂浮法、菌丝生长抑制法和孢子萌发法。不同的病原物选择的方法也不同，对于专性寄生菌，如葡萄霜霉菌，只能在葡萄上生长，并以梨形吸器伸入寄主细胞内吸收养分进行侵染，因此检测葡萄霜霉病菌对杀菌剂抗性的传统方法为叶盘漂浮法。对于能够离体培养的病原物可以采用菌丝生长速率法和孢子萌发法进行测定，如葡萄灰霉菌、炭疽菌等。

传统检测方法具有操作简单、节省材料、与田间发病反应最为接近等优点，但也存在工作量大、周期长、灵敏度低等缺点，尤其是葡萄霜霉菌，对培养条件需求较严苛，单个叶盘稳定性差，检测效率较低。

（二）分子检测方法

随着现代分子技术的不断发展与创新，分子检测技术因其具有灵敏高、操作便捷等特点而深受广大科研工作者的青睐。目前，随着部分常用杀菌剂抗性机制的明确，分子检测技术也被广泛应用于病原菌的抗药性检测，例如，限制性片段长度多态性聚合酶链式反应（restricted fragment length polymorphisms，PCR - RFLP）、环介导恒温扩增法（loop - mediated isothermal amplification，LAMP）、突变扩增系统（amplification refractory mutation system，ARMS）PCR、Taqman - MGB 探针实时荧光 PCR 检测技术和高通量测序法等。

1. PCR - RFLP 技术

PCR - RFLP 技术的原理是通过 PCR 技术对目的条带进行扩增，然后利用 DNA 限制性内切酶对已扩增的产物进行酶切，采用琼脂糖凝胶电泳对酶切产物进行分析。Aoki 等基于引起羧酸酰胺类杀菌剂抗性的单核苷酸突变这一原理，开发了 PCR - RFLP 方法进行葡萄霜霉病菌对烯酰吗啉的抗药性检测，该方法显著提高了检测效率，但在 PCR 扩增后需要一步额外的酶切反应来区分抗性和敏感等位基因。

2. 环介导恒温扩增法

LAMP 是于 2000 年由 Notomi 等首次报道的一种方便快捷、灵敏度极高且廉价的核酸扩增方法。该技术已经广泛应用于医学、食品等诸多领域中病原物检测及植物病原真菌的抗药性检测。段亚冰等根据小麦赤霉病菌对多菌灵抗性基因型 F167Y 的 $\beta2 - tubulin$ 基因为靶标，设计并筛选特异引物建立了基于 LAMP 技术快速检测小麦赤霉病菌对多菌灵抗性的方法体系。该方法简便、快速、准确、廉价，并且不需要特定实验仪器就能快速完成检测，非常适用于在田间现场检测或基层部门应用，为生产中病原物群体对药剂抗性风险发展的动态监测及植物病害的综合防控提供用药指导。

3. 高分辨率溶解曲线

高分辨率溶解曲线（high resolution melting，HRM）是利用与荧光染料结合的双链 DNA 在温度

升高的过程中会发生减色效应的物理性质，根据 DNA 序列中 GC 碱基含量、目的条带的长度及碱基互补性差异所形成的特征熔解曲线分析核苷酸差异的技术。该方法可以区分单个碱基的差异，并且可通过熔解曲线的形态变化将杂合子与纯合子之间的单碱基差异区分开。该技术操作简单，无需设计特异性探针和荧光标记，只需要一对引物即可进行等位基因的变化识别，并且 HRM 技术不受突变碱基位点与类型的局限，既能对单个菌株进行基因型鉴定，也能对混合群体样本进行定量检测，同时还具有特异性强、成本低及适用范围广等优势。但由于 HRM 技术是利用 DNA 特征性熔解曲线来研究 DNA 特性的一种方法，所以 DNA 模板的性质、PCR 中离子浓度的细微变化都可能影响 HRM 的分析结果，且 HRM 技术对仪器精密度要求非常高，目前存在结果不稳定的现象，需要进一步提高。

4. ARMS PCR 检测技术

ARMS PCR 检测技术的原理是在一个 PCR 中加入两对引物，经过 PCR 扩增后，将扩增产物经琼脂糖凝胶电泳，根据条带的大小来区分扩增产物。2017 年，Zhang 等利用葡萄霜霉病菌对烯酰吗啉产生抗药性后编码 CesA3 蛋白的第 1 105 位密码子处发生碱基突变这一原理设计了一对分别针对抗性和敏感等位基因的内引物和一对外引物，开发了葡萄霜霉病菌抗药性快速检测的 ARMS PCR 方法。该方法可以在一个反应中区分抗性和敏感的纯合子菌株及杂合子菌株，快速准确。Zhang 等利用该技术检测到广西资源县葡萄霜霉病的烯酰吗啉抗性菌株，这是国内首次关于抗烯酰吗啉菌株的报道。ARMS PCR 技术简单易操作，对设备要求低，但由于在一个反应中加入两对引物可能出现假阳性高等问题。

5. Taqman - MGB 探针实时荧光 PCR 检测技术

Taqman 荧光探针是一种寡核苷酸探针，荧光基团连接在探针的 5′末端，而淬灭剂则在 3′末端。PCR 扩增时在加入一对引物的同时加入一个特异性的荧光探针，探针完整时，报告基团发射的荧光信号被淬灭基团吸收；PCR 扩增时，Taq 酶的 5′—3′外切酶活性将探针酶切降解，使报告荧光基团和淬灭荧光基团分离，从而荧光监测系统可接收到荧光信号，即每扩增一条 DNA 链，就有一个荧光分子形成，实现了荧光信号的累积与 PCR 产物形成完全同步。在 Taqman 探针的 3′端加入 MGB（小沟结合染料），可以显著提高探针的退火温度，从而大幅减少探针长度，提高特异性，因此 Taqman - MGB 探针非常适用于 DNA 单点突变的检测。2017 年，王喜娜基于葡萄霜霉病菌纤维素合酶 3（*CesA3*）基因的第 1 105 位密码子碱基突变介导的对羧酸酰胺类杀菌剂抗性，以及细胞色素氧化酶 b 细胞（*cyt b*）基因的第 143 位点处的碱基突变介导的对甲氧基丙烯酸酯类杀菌剂的抗性机制，分别设计相应的引物和探针，开发 Taqman - MGB 探针实时荧光 PCR 抗药性分子检测技术。结果表明，利用此方法不仅能够有效、快速检测葡萄霜霉病菌对烯酰吗啉及嘧菌酯的抗性情况，还能够准确区分其对烯酰吗啉敏感的杂合子和纯合子菌株，并且与传统分子检测方法相比，检测灵敏度得到了极大提高。该方法能够极大地减轻工作量，提高效率，尤其适合于像葡萄霜霉病菌等活体营养性菌株的抗药性检测。

6. 高通量测序技术

高通量测序技术能够在突变位点附近直接进行 DNA 测序，无须烦琐的实验，即可得到病原物抗性基因信息，并且能够一次并行对几十万条到几百万条 DNA 分子进行分析。该方法具有敏感度高、通量高、成本低、检测速度快、覆盖度广等优点，目前已在害虫、植物病原真菌等的抗药性监测方面发挥重要作用。2018 年，郑媛萍根据已报道的葡萄灰霉病菌对多种药剂的抗性机制，针对不同药剂的突变位点设计相应引物，开发了能够同时检测多种药剂抗性突变的高通量测序技术，并采用上述方法检测了 384 株灰霉病菌株对多菌灵、腐霉利异菌脲、啶酰菌胺和 MDR1（多药抗性类型 1）的相关突变位点的频率，并发现了很多新的突变位点，为葡萄灰霉病的防治及进一步探索病原物的抗药性机制奠定基础。

四、抗药性治理策略

（一）基本原则

抗药性治理策略实际上就是以科学的方法，最大限度地阻止或延缓病原物对相应农药抗性的发生和抗性病原群体的形成，达到延长药剂的使用寿命、确保化学防治效果的目的。其基本原则如下：使用易发生抗药性的农药时，应考虑采用综合防控措施，尽可能降低药剂对病原物的选择压力；考虑所有与抗药性发生的相关因子；在田间出现实际抗药性导致防效下降以前，及早采用抗药性策略。

（二）治理策略

1. 建立重要病害对常用药剂的敏感性基线，建立有关技术资料数据库

开展抗药性风险评估研究，尽快建立重要植物病原物对常用杀菌剂的敏感基线，建立有关杀菌剂的技术资料数据库。研究还未发现抗药性的病原物药剂组合产生抗药性的潜在风险，及早采用合理用药措施。

2. 监测重要病原物对常用药剂的抗性发生动态，建立抗药性病原群体流行测报系统

病原物对杀菌剂抗药性产生经过出现（emergence）、选择（selection）和调整（adjustment）三个阶段。在杀菌剂使用初期，病原群体中只存敏感菌株，随后通过突变或基因重组等产生抗性菌株，抗性菌株因竞争优势在群体中的比例不断提高，并以遗传迁移形式扩散到其他群体，导致大范围内杀菌剂药效减弱甚至完全失效。因此，应注意对重要病原物常用药剂抗药性现状及发展趋势的连续监测，从而及时地指导防治过程中药剂用量或品种的调整，防止抗性突变体的释放和蔓延。

3. 现有药剂的合理使用

抗药性的产生与杀菌剂的种类和使用方法也有关。一般而言，病原物对靶标单一的杀菌剂较容易产生抗药性，而对靶标位点多的杀菌剂不易产生抗药性。另外，不适当的使用方法会加速杀菌剂防效的下降。因此，在病害的防治过程中一定要注意药剂的合理使用，主要的措施有以下几种：使用最低有效剂量；在病害发生和流行的关键时期用药，尽量减少用药次数；避免在较大范围内使用同种或同类药剂，防止产生交互抗性；选择不同作用机制的杀菌剂混用或交替使用；在抗性发生严重的地区回收药剂并停止使用。

4. 新型药剂的开发

根据杀菌剂的生物活性、毒理及抗药性发生的机制，开发负交互抗性杀菌剂及研制混配药剂也是抗药性治理的一种有效途径。

5. 采用综合防控策略

根据病原物的生物学、遗传学和流行学原理，采用综合防治策略。例如，去除残枝落叶、保持田间卫生和加强病害预测预报，不但能减少初侵染源和病害流行，降低农药的使用频率和剂量，也可降低病原物的群体量和抗药性产生的概率，使菌剂的使用寿命延长。

五、抗药性水平检测监测与药剂的精准选择

在必须使用农药时，首先对生产方式的药剂进行选择，其次对有效药剂进行筛选。在筛选的药剂中，把产生抗药性的删除，再之后按照安全性、时效性、阶段性进行选择。

对于一个葡萄产区，需要在建立重要病害对常用药剂的敏感性基线基础上，根据已经建立的抗药性检测方法，每年对常用药剂的抗药性频率进行检测监测，以指导药剂的精准选择。不能选择已经产生抗药性（抗药性水平、抗药性频率）的农药种类，选用没有抗药性（或抗药性水平和抗药性频率低）的农药种类。如果选择了已经产生抗药性的农药种类，会造成防治效果差甚至防治失败，造成比较大的损失。

因此，每年对常用农药进行抗药性检测监测，并根据监测结果对药剂进行选择，是科学使用农药、减少农药使用的重要措施。

第四节　葡萄园常用施药方法及装备

把农药用到作物、田间去，让农药发挥应该发挥的作用，就是农药使用技术。通过农药使用技术，让农药能够到达适宜的位置或部位，这个需要到达的适宜位置就是农药使用的靶标。把农药使用到达靶

标的设备，就是农药施用装备。

农药使用的靶标，实际上有两层意思：第一层是指把农药使用到应该到达的地方或位置，比如给作物喷洒农药，把药液均匀周到地喷洒到作物上，这个应该喷到的位置就是靶标；另一层意思是，农药使用之后（如喷雾，喷洒到植物上之后），再经过吸收和传导，或接触和取食等渠道，到达发挥作用的位置，比如有机磷农药使用到植物上后昆虫通过接触、取食等渠道，使农药分子到达昆虫神经元受体才能发挥作用，这个发挥作用的位置也称为靶标。本节内容所说的靶标，是指第一层意思。

通过农药使用技术和施用设备使其到达应该到达位置的比例，就是农药的利用率。农药的使用技术及设备，一直在追求提高靶标的精准率、提升农药的利用率。

本节内容，首先介绍农药的常用施药方法和装备，其次介绍葡萄园农药设备的选型和农药的精准使用。

一、常用施药方法

一般是根据使用方法的不同，将农药加工成适宜的剂型。同时，剂型的改进和优化，是为了更好地配合使用方法，使到达靶标的效率、利用率更高。

（一）喷雾法

利用喷雾器（机）将液态农药喷洒成雾状分散体系的施药方法称为喷雾法，喷雾法是农、林、牧有害生物防治中应用最广泛的施药方法，也是葡萄病、虫、草害防治最常用的方法。喷雾法符合操作者的习惯，使用方便，适用范围广，在今后很长时间内，喷雾法仍将是农药使用技术中最重要的方法。

为了方便有效成分发挥作用，绝大部分农药均被加工为可供兑水喷雾使用的剂型，如乳油、水剂、可湿性粉剂、悬浮剂、微乳剂、干悬浮剂、水分散粒剂等，不同剂型的农药制剂兑入一定量的水混合调制后，即能形成均匀的乳状液、溶液或悬浮液等药液，再利用喷雾器（机）使药液雾化成微小的雾滴。雾滴的粒径随喷雾器（机）喷头的结构、参数及喷雾时的作业参数而定，通常喷头孔径愈小、涡流室愈小、喷雾压力愈大，雾化出来的雾滴粒径愈小，同等体积药液所形成的雾滴数目则愈多。例如，1 个 400 μm 的粗雾滴变为 200 μm 的细雾滴时，雾滴数目增加到 8 倍，变为 100 μm 的弥雾滴时，雾滴数目增加到 64 倍，变为 50 μm 的气雾滴时，雾滴数目增加到 512 倍。由此可见，减小喷雾雾滴粒径，可大大增加雾滴在作物叶片上的覆盖密度及雾滴击中靶标生物的概率，从而提高防治效果。20 世纪 50 年代前，主要采用大容量喷雾，每 667 m^2 施药液量在 50 L 以上，但近 10 多年来喷雾技术有了很大的发展，主要是低容量、超低容量喷雾技术在农业生产上得到推广应用后，每 667 m^2 施药液量可减至 0.3～3 L，甚至更低。因低容量、超低容量喷雾方法具有用药液量少、防治效果高及用工少、工效高、经济效益高等许多优点，目前美国、日本等国家已广泛采用。

（二）喷粉法

喷粉法是利用施药机械所产生的风力将农药粉剂吹散后，使粉粒飘扬在空中，再沉积到作物和防治对象上的施药方法。由于大田喷粉易被风吹失和易被雨水冲刷，缩短药剂残效期，降低防治效果，同时易受自然风场的不利影响，产生严重的农药飘移污染，因而喷粉法主要适用于温室、大棚等密闭空间内的作物病虫害防治。在温室、大棚内喷洒具有一定细度和分散度的粉剂农药，可使粉粒在空间扩散、飞翔，并飘浮相当长的时间，进而在靶标生物上产生比较均匀的沉积分布，并可有效避免传统的大容量喷雾技术引发的室内湿度骤增，诱发二次病害的问题，从而提高防治效果。

（三）土壤处理

土壤处理是采用覆膜熏蒸、化学灌溉、土壤注射、撒施颗粒等方法对土壤进行药剂处理的方法。土壤处理可有效杀灭土壤中的植物病原物、害虫、线虫、杂草等，也可通过种子、幼芽及根系吸收将内吸性杀虫剂、杀菌剂向上传递，防治作物地上部分的病虫害，或将内吸性植物生长调节剂吸收进入植株体内，对作物的生长和发育进行化学调控。土壤处理可在作物播种或定植之前进行，也可在作物生长期间施于植株基部附近的土壤，如用药液浇灌或在地面打洞后投入颗粒状的内吸性药剂等。

（四）涂抹法

用涂抹器将药液涂抹在植株某一部位的局部施药方法称为涂抹法。按涂抹部位的不同，分为涂茎法、涂干法和涂花器法 3 种。涂抹用的药剂可为内吸剂或触杀剂，为使药剂牢固地黏附在植株表面，通常需要加入黏着剂。涂抹法施药有效利用率高，不会产生雾滴飘移污染，适用于果树和树木病虫害的防治。

（五）电热熏蒸法

电热熏蒸法是利用电热熏蒸器的恒温加热原理和硫黄等药剂的升华特性，使药剂升华、汽化成极其微小的颗粒的施药方法。这些极其微小的药剂颗粒在温室、大棚、库房等密闭空间内做充分的布朗运动、飘浮、扩散、均匀沉积分布在靶标生物的各个位置，有效防治多种病虫害。电热熏蒸法简单易行，防治效果好，既可用于温室、大棚内的葡萄病虫害防治，也可用于库房熏蒸减少葡萄在储藏过程中病害的发生。

（六）烟雾法

烟雾法又分为热烟雾法和常温烟雾法。热烟雾法是利用热烟雾机将油剂农药分散成为高分散度的气/液分散体系的施药方法。常温烟雾法是利用常温烟雾机将液态农药分散成气/液分散体系的施药方法，其实质为喷雾法。由于热烟雾法形成的烟雾粒径仅为 $0.1\sim10\ \mu m$，而常温烟雾法形成的雾滴粒径也小于 $20\ \mu m$，在大田环境下极易发生飘移，并很难沉降于靶标生物上，因而该方法仅适合在温室、大棚等密闭空间内使用。由于烟雾的粒子很小，在空气中悬浮的时间较长，沉积分布均匀，防效高于一般的喷雾法和喷粉法。

（七）航空施药法

航空施药法是利用飞机或其他飞行器上运载的施药系统将农药液剂、粉剂、颗粒剂等从空中均匀撒施到靶标区域的施药方法。它是效率最高的施药方法，但农药飘移严重，对环境污染风险高，适用于水田、丘陵山地、果园、森林、草原等地块施药。航空施药的飞行器主要包括固定翼飞机、单（多）旋翼直升机、滑翔机、动力伞等。目前我国应用较为广泛的是有效载荷低于 20 kg 的单（多）旋翼植保无人机进行低容量或超低容量喷雾，用于喷洒杀虫剂、杀菌剂、植物生长调节剂等，每 667 m^2 施药液量 $0.3\sim2\ L$，超低容量喷雾必须喷洒专用油剂或农药原油，一般要求雾滴覆盖密度为 20 个/cm^2 以上。

（八）种子处理法

种子处理有拌种、浸种、闷种和包衣 4 种方法。葡萄的育苗利用扦插技术，在葡萄实生苗培育上，可以用种子处理法控制病虫害携带或传播。

二、常用施药装备

施药装备（又称植保机械）的种类很多。由于农药的剂型和作物种类多种多样，要求对不同病虫害的施药技术手段也多种多样，决定了植保机械品种的多样性。常见的有背负式手动（电动）喷雾器、背负式喷雾喷粉机、热烟雾机、担架式机动喷雾机、喷杆喷雾机、果园风送式喷雾机等，以及撒粒机、诱杀器、拌种机、土壤消毒机等其他机械。

施药机械的分类也多种多样，通常按喷施农药的剂型种类、用途、配套动力、操作方式、携带和运载方式等进行分类。

（1）按喷施农药的剂型和用途分，有喷雾器（机）、喷粉器（机）、烟雾机、撒粒机等。

（2）按配套动力分，有人力、畜力、电动、油动、拖拉机悬挂或牵引式、航空植保机具等。人力驱动的施药机具一般称为喷雾器、喷粉器；机动的施药机具一般称为喷雾机、喷粉机等。

（3）按运载方式分，有手持式、背负式、担架式、手推车式、拖拉机牵引式、拖拉机悬挂式及自走式等。

随着农药的不断更新换代，以及对喷洒（撒）技术的深入研究，国内外出现了许多新的喷洒（撒）技术和理论，从而又出现了对植保机械以施药液量多少、雾滴大小、雾化方式等进行分类。

（4）按施药液量多少，可分为常量喷雾、低容量喷雾、超低容量喷雾等机具。

（5）按雾化方式，可分为液力式喷雾机、气力式喷雾机、热力式喷雾机、离心式喷雾机等。

（6）按施药技术，可分为风送式喷雾机、静电喷雾机等。

葡萄上农药的使用，主要是喷雾（机）器，以下介绍葡萄园常用植保机械。

（一）背负式手动喷雾器

1. 基本原理与结构

背负式手动喷雾器由药液箱、唧筒、空气室、出水管、手柄开关、喷杆、喷头、摇杆部件和背带部件组成。作业时，通过摇杆部件的摇动，使皮碗在唧筒和空气室内轮回开启与关闭，从而使空气室内的压力逐渐升高（最高 0.6 MPa），药液箱底部的药液经过出水管再经喷杆，最后由喷射部件喷雾实现防治作业。背负式喷雾器结构如图 5-1 所示。

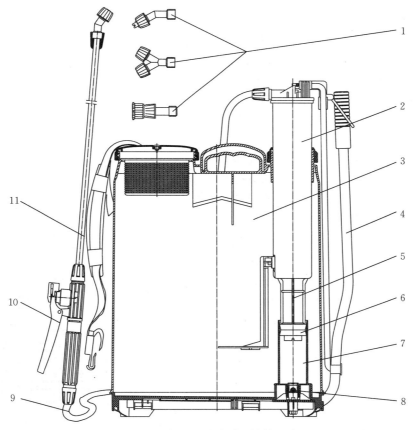

图 5-1 背负式手动喷雾器结构示意图

1. 喷射部件 2. 空气室 3. 药液箱 4. 摇杆 5. 塞杆 6. 皮碗 7. 唧筒 8. 进水阀 9. 喷雾软管 10. 开关 11. 喷杆

2. 特点

背负式手动喷雾器是我国普及程度最广、保有量最大的传统型施药机具，它具有成本低、操作简单、适应性广等特点。通过更换喷头或改变喷片孔径大小，既可进行常量喷雾，也可实现低量喷雾，满足了葡萄不同生长阶段的病虫害防治需求。但由于其作业效率较低，难以适应规模化防治。

（二）背负式电动喷雾器

1. 基本原理与结构

背负式电动喷雾器由药箱、底座、蓄电池、微型电机、隔膜泵、输液管、喷射部件、背带部件、充电器等组成。低压直流电源（蓄电池）为微型电机提供能源，微型电机驱动隔膜泵工作，将药液箱内的药液吸入液泵并加压后排出，药液经过输液管，最后经喷射部件雾化后喷出。背负式电动喷雾器结构如图5-2所示。

2. 特点

背负式电动喷雾器是我国近年来迅速发展的一种新型喷雾器，市场保有量正在快速增长。与手动喷雾器相比，电动喷雾器具有省力、操作方便、喷雾压力稳定、雾化质量好等特点，是背负式手动喷雾器的理想替代产品。

（三）背负式喷雾喷粉机

1. 基本原理与结构

背负式喷雾喷粉机（也称弥雾机）由机架、离心式风机、汽油机、油箱、药箱、喷管及喷射部件等组成。作业时，汽油机带动离心式风机，风机产生的高速气流把药粉喷入喷管（或把药液压送到喷头），再由喷管内的高速气流将药剂吹向靶标作物。背负式喷雾喷粉机结构如图5-3所示。

2. 特点

背负式喷雾喷粉机是采用气流输粉、气压输液、气力喷雾原理，由汽油机驱动的机动植保机械，具有轻便、灵活、高效等特点，可进行低量喷雾、超低量喷雾、喷粉等多项作业，满足了不同剂型农药的喷洒需求。该机具风机产生的强力气流不仅可使药液雾滴向远程分布，而且能增强雾滴在作物冠层中的穿透性，明显提高低量喷雾条件下药液在靶标作物上的覆盖密度和分布均匀性，在提高防效的同时，大大减少农药使用量。

（四）担架式（推车式）机动喷雾机

1. 基本原理与结构

担架式（推车式）机动喷雾机由机架、发动机（汽油机、柴油机或电动机）、液泵、吸水部件和喷射部件等组成，有的还配置了自动混药器。作业时，发动机带动液泵运转，液泵将药液吸入泵体并加压，高压药液通过喷雾软管输送至喷射部件，再由喷射部件进行宽幅远射程喷雾。以3WKY40型担架式机动喷雾机为例，其结构如图5-4所示。

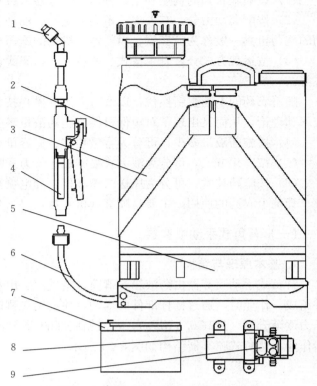

图5-2 背负式电动喷雾器结构示意图

1. 喷射部件 2. 药箱 3. 背带 4. 开关 5. 底座 6. 输液管 7. 蓄电池 8. 微型电机 9. 隔膜泵

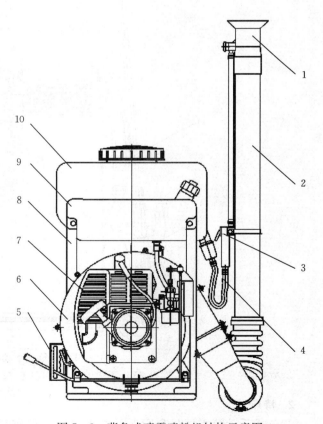

图5-3 背负式喷雾喷粉机结构示意图

1. 喷口 2. 喷管 3. 输液开关 4. 输液管 5. 操纵机构 6. 风机部件 7. 汽油机 8. 机架 9. 油箱 10. 药箱

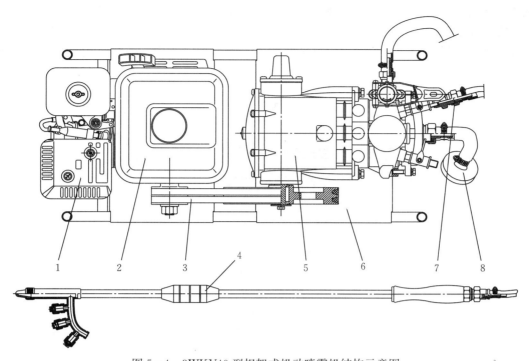

图 5 - 4　3WKY40 型担架式机动喷雾机结构示意图

1. 发动机　2. 油箱　3. 传动机构　4. 喷射部件　5. 液泵　6. 机架　7. 喷雾软管　8. 吸水部件

2. 特点

担架式（推车式）机动喷雾机具有作业效率高、有效射程远、雾滴穿透性强、雾量分布均匀等特点。该机具通过远射雾、圆锥雾和扇形雾等多种雾型组合喷洒，提高了雾量分布均匀性，通过高压喷雾，增加了雾滴在作物冠层中的穿透性和药液在作物叶背等隐蔽部位的覆盖密度。但该机型属常量喷雾，存在施药液量大、雾滴粗、易流失等缺点。

（五）背负式动力喷雾机

1. 基本原理与结构

背负式动力喷雾机由机架、汽油机、液泵、喷射部件、管路、油箱、药箱等部件组成。液泵分别与进水管、出水管和回水管连通，进水管与药箱连通，出水管连接喷管，回水管连接药箱。作业时，汽油机驱动液泵，将药箱内的药液吸入后加压，高压药液通过喷雾软管输送至喷射部件，再经喷射部件雾化后进行喷洒。背负式动力喷雾机结构如图 5-5 所示。

2. 特点

背负式动力喷雾机是欧美国家小型植保机具的主机型，品种较多、造型美观、工艺先进，药箱容量从 12～25 L 不等，液泵以微型柱塞泵、隔膜泵为主，喷射部件以单头可调式喷枪和小型喷杆为主。与背负式手动（电动）喷雾器相比，具有作业效率高、雾化质量好、雾滴穿透性强、雾量分布均匀等特点，与背负式喷雾喷粉机相比，则具有对靶性好、雾滴飘移量少等优势。

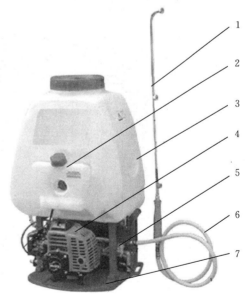

图 5 - 5　背负式动力喷雾机结构示意图

1. 喷射部件　2. 油箱　3. 药箱　4. 汽油机
5. 液泵　6. 喷雾软管　7. 机架

（六）高地隙喷杆喷雾机

1. 基本原理与结构

高地隙自走式喷杆喷雾机由高地隙自走式底盘和喷杆喷雾系统两大部分组成。喷雾系统部分由隔膜泵、药液箱、液压升降机构、调压分配阀、多功能控制阀、风机、喷杆部件等组成。作业时，主药箱的药液经过滤器，流经隔膜泵产生压力，经过压力阀流向控制总开关和射流搅拌，此时流向控制总开关的一部分药液通过自洁式过滤器、分配阀至喷杆及喷头进行喷雾。以 3WX-2000G 为例，其结构如图 5-6 所示。

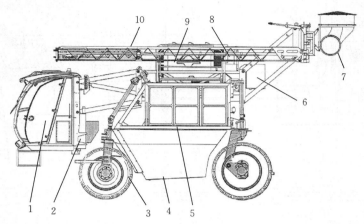

图 5-6 3WX-2000G 高地隙喷杆喷雾机结构示意图（中农丰茂植保机械有限公司）

1. 驾驶室 2. 柴油箱系统 3. 行走系统 4. 药箱部件 5. 车架部件 6. 液压系统 7. 风幕部件 8. 电力系统 9. 发动机部件 10. 喷杆部件

2. 特点

高地隙喷杆喷雾机的底盘离地间隙高，田间通过性能好，喷杆升降范围大，可广泛用于玉米、棉花、甘蔗等高秆作物的不同生长期，尤其是中后期的病、虫、草害防治，也可用于酿酒葡萄等篱笆式栽培作物。较普通拖拉机配套使用的悬挂或牵引式喷杆喷雾机，自走式高地隙喷杆喷雾机更具有机械化和自动化程度高、使用方便、通过性好、适用范围广、施药精准高效等优点，可有效提高农药利用率、减少农药使用量和对环境的污染（图 5-7）。

图 5-7 高地隙喷杆喷雾机

（七）高地隙吊杆喷雾机

1. 基本原理与结构

高地隙吊杆喷雾机的喷雾系统主要由隔膜泵、药液箱、射流泵、射流搅拌器、液压升降机构、调压分配阀、喷杆桁架、横喷杆、吊杆及喷头等部件组成。其工作原理与常规横喷杆喷雾机近似，主要差异是在横喷杆上增加了吊杆，使得农药在田间的沉积分布发生变化，增加了药液在植株中下部及叶背等隐蔽部位的沉积率。结构示意图如图 5-8 所示。

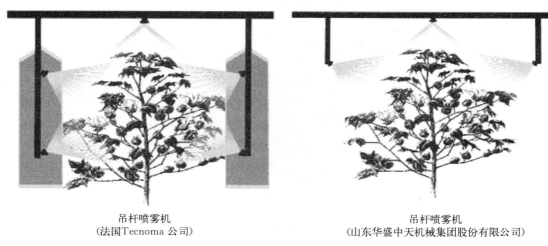

吊杆喷雾机
(法国Tecnoma 公司)

吊杆喷雾机
(山东华盛中天机械集团股份有限公司)

图 5 - 8　高地隙吊杆喷雾示意图

2. 特点

高地隙吊杆喷雾机的吊杆通过软管连接在横喷杆下方，工作时吊杆由于自重而下垂，当行间有枝叶阻挡可自动后倾，避免损伤作物。吊杆的间距可根据作物的行距任意调整，在每个吊杆下部安装的喷头方向也可调整，在对作物进行喷雾时，使作物的中下部及叶面、叶背都能均匀附着药液。此外，还可以根据作物冠层结构特点用无孔的喷头片堵住部分喷头，用剩下的喷头喷雾以节省药液。

(八) 果园风送式喷雾机

风送喷雾是联合国粮食及农业组织推荐的一种先进的施药技术。该技术通过风机产生的强力气流不仅使得药液雾滴向远程分布，而且有助于雾滴穿透茂密的植株冠层，并促使叶片翻动，明显提高低量喷雾条件下药液在靶标作物上的覆盖密度和均匀性，在提高防效的同时，大大减少了农药使用量。配置大型轴流或离心风机的风送施药装备已在发达国家的农业（尤其是果园）病虫害防治领域得到广泛应用。果园风送式喷雾机不仅施药技术先进，而且作业效率高，适用于较大面积果园施药，是葡萄病虫害防治的理想机型。不同型号的果园风送式喷雾机的结构与工作原理有所不同，以下将重点介绍我国已有的几种主要机型。

1. 3WG - 800A 型牵引式果园喷雾机

（1）基本原理与结构。3WG - 800A 型牵引式果园喷雾机主要由动力系统、喷雾系统、风送系统、机架等几部分组成。其中机架的前部设计有牵引挂钩，后部安装有牵引轮，可在配套拖拉机的牵引下行走。喷雾系统由药液箱、轴流风机、液泵、调压分配阀、过滤器、吸水阀、传动轴和喷洒装置等组成。风送系统的主要工作部件为轴流风机，它由叶轮、叶片、导风板、风机壳和安全罩等组成，为了引导气流进入风机壳内，风机壳的入口处特制成有较大圆弧的集流口，在风机壳的后半部设有固定的出口导风板，以消除气流圆周分速带来的损失，保证气流轴向进入、径向流出，以提高风机的效率。

3WG - 800A 型牵引式果园喷雾机的工作原理是：配套拖拉机输出的动力通过传动系统驱动液泵与风机叶轮运转。当拖拉机驱动液泵运转时，水源处的水经吸水滤网、开关、过滤器，进入液泵，然后经调节分配阀总开关的回水管及搅拌管进入药液箱，在向药液箱加水的同时，将农药按所需的配比加入药箱，这样就边加水、边混合农药。药箱中的药液经出水管、吸水阀、过滤器与液泵的进水管进入液泵，经液泵加压后，由液泵的出水管路进入调节分配阀的总开关，在总开关开启时，药液经 2 个分置开关，通过其输液管进入喷洒装置的喷管中，再由喷头雾化后喷出。风机所产生的强力气流，则将喷头喷出的雾滴二次雾化成更加细小的雾滴，并向远程输送，直至到达并沉积于靶标作物之上。

（2）特点。3WG - 800A 型牵引式果园喷雾机的大流量高压混流式风机，出风口成 90°扇形展开、风力强劲，出口风速大于 20 m/s，在施药过程中不仅能将农药雾滴向远程输送，并能将果树叶片吹翻，使叶片正反面均匀着药，从而提高防治效果。该机型作业效率高，每天施药面积 9.3～13.3 hm²，适用于大面积种植的葡萄、苹果、桃树、梨树等规范化果园施药作业（图 5-9）。

图 5-9 3WG-800A 型牵引式果园喷雾机（南通黄海药械有限公司）

2. 3WG-8A 型履带自走式果园喷雾机

（1）基本原理与结构。3WG-8A 型履带自走式果园喷雾机主要由电器系统、药箱系统、风送系统、喷雾系统和行走系统等几部分组成（图 5-10）。行走系统的发动机带轮将动力通过减速箱和传动轴分别传给机器两边的履带，带动履带旋转，履带式底盘的各动能全部采用摇杆式无线遥控操作。喷雾系统的发动机输出轴通过带及带轮带动风机叶轮高速旋转，产生高压高速的气流，同时带动液泵，将高压药液输送至风机出风口，与高压气流混合喷出。

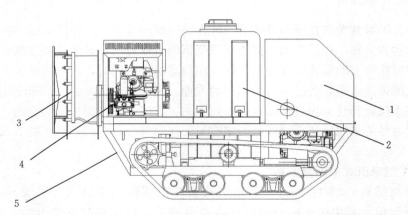

图 5-10 3WG-8A 履带自走式喷雾机（南通广益机电有限公司）
1. 电器系统 2. 药箱系统 3. 风送系统 4. 喷雾系统 5. 行走系统

（2）特点。3WG-8A 型履带自走式喷雾机结构紧凑，机型小巧，行走与风送系统采用双发动机设计，动力强劲，不仅使得小型自走式履带底盘在田间多种复杂条件下具有良好的通过性，实现 25°爬坡功能，并且确保喷雾系统与风送系统具有足够的喷雾压力与风量及风速，能将药液雾化成细小雾滴，并输送、传递、均匀沉积于靶标作物的各部位。底盘各功能（前进、后退、转弯、加减档、油门控制等）全部采用摇杆式无线遥控操作，实现了人机分离作业，既保障了作业人员的安全，又便于喷雾机进入果枝低矮的果园施药。遥控器采取电脑双功发射，防止遥控器和接收机有一方发生故障本底盘都能立刻停止工作，进一步确保安全作业。该机型适用于大面积种植的葡萄、苹果、桃、梨、柑橘、猕猴桃等果园，尤其适用于作业空间狭小的果园或山地果园施药。

3. 3WZ-500L 型风送式喷雾机

（1）基本原理与结构。3WZ-500L 型风送式喷雾机主要由动力系统、喷雾系统、风送系统、机架等几部分组成（图 5-11）。行驶系统与喷雾系统采用双引擎配置，喷雾系统的发动机输出轴通过皮带传动驱动风机叶轮高速旋转，产生高压高速气流，同时驱动液泵运转，将药液箱中的药液吸入泵体加压后排出，高压药液经喷雾管路输送至安装于风机出风口的环形喷杆，再由喷杆上的喷头雾化后喷出。风机所产生的高压高速气流，则将喷头喷出的雾滴进行二次雾化，再向远程输送，直至到达并沉积于靶标作物之上。行走系统的发动机通过变速箱将动力传给后桥，驱动轮子前进或后退。

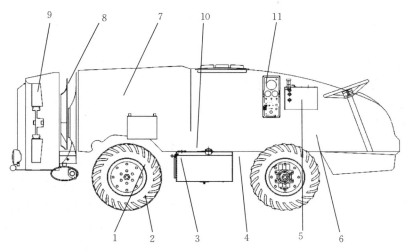

图5-11 3WZ-500L风送式喷雾机（山东永佳动力股份有限公司）

1. 主行车架 2. 行驶关联部件 3. 升降架 4. 行驶控制系统 5. 液压系统 6. 主行线束仪表盘 7. 动力系统 8. 喷雾系统 9. 风送系统 10. 风送车架部分 11. 喷雾控制系统

（2）特点。3WZ-500L型风送式喷雾机的行驶系统与喷雾系统采用双引擎配置，自走式底盘为四轮驱动，更有助于跨越障碍物，在田间平稳行驶，从而提高了喷雾效率，减少了漏喷、重喷。风送式喷雾使得雾滴在靶标作物冠层中的穿透性更强，沉积分布更均匀，从而提高了防治效果。自动升降系统可使机具针对不同高度及冠层结构的果树进行对靶喷雾，提高了农药利用率。

4. 隧道式循环喷雾机

（1）基本原理与结构。隧道式循环喷雾机由机架、药液箱、喷雾系统和药液回收循环系统组成（图5-12）。喷雾系统包括液泵、分配阀、竖直喷杆和管路等部件，药液回收循环系统由壁面罩盖、栅格端面罩盖、平板端面罩盖、顶部弹性遮挡、罩盖宽度调节油缸和药液回收器等部件组成。壁面罩盖、栅格端面罩盖、平板端面罩盖与顶部弹性遮挡形成一个隧道式的罩盖，喷雾系统的竖直喷杆固定在壁面罩盖内部，作业时罩盖骑跨在篱架型作物上，形成一个封闭空间，喷雾作业在这个封闭空间中进行。罩盖可以拦截脱离靶标区的雾滴，将其收集在承液槽内，然后通过药液回收器吸取承液槽中的药液回收至药液箱。

图5-12 隧道式循环喷雾机

（2）特点。隧道式循环喷雾机的最大特征是拥有一个隧道型的罩盖，罩盖属于药液回收循环系统的一部分，而喷雾系统的竖直喷杆安装在罩盖内部。喷雾作业过程在一个近乎封闭的空间内完成，药液回收循环系统既能够改变喷头周围的空气流场，减弱外界气流对雾化药液的影响，减少飘失，也能起到拦截雾滴、收集空气飘失和叶面流失的药液进行回收再利用的作用，从而大大提高了农药利用率，避免了环境污染。该机型适用于酿酒葡萄等篱架式栽培作物施药。

（九）植保无人机

近年来，植保无人机在我国迅猛发展，2017年我国生产无人机农业航空技术产品与材料的企业已超过400家，无人机航空植保作业在各地广泛应用。较传统地面施药装备，植保无人机不受地形、田块、作物等影响，作业效率高，作业时不碾压作物；较固定翼航空施药装备，植保无人机不仅对起飞着陆的场地要求低，无须专用的地面设施，并且外形尺寸小、重量轻、操控灵活、安全系数高、超低空飞行能力强，超低空喷洒作业可大大减少雾滴在非处理区的飘移与环境污染。虽然目前植保无人机在葡萄园没有得到应用，但作为发展方向，本节进行简要介绍。

植保无人机从机型上可分为单旋翼无人机和多旋翼无人机，其中多旋翼无人机有 4 旋翼、6 旋翼、8 旋翼、16 旋翼、24 旋翼等多种；从动力上可分为油动和电动；从操控方式上可分为全自主自动和手动控制。目前，我国植保无人机的载药量最小 5 L，最大 60 L，70％的机型载荷在 10 L 左右，配置的喷头主要有圆锥雾喷头、扇形雾喷头、离心雾化喷头 3 种，喷雾液泵有隔膜泵、齿轮泵、蠕动泵 3 种。

随着植保无人机施药配套装备与技术的发展，植保无人机在农作物病虫害防治中高效、节水、节药和节约劳动力的优势越发凸显。然而在植保无人机作业过程中最突出的问题就是防治效果无法保证和作物药害问题，主要体现在：药剂选择不当导致防治失败或出现药害；剂型选择不当，造成喷头堵塞、药剂结块或者不同剂型药剂混合过程出现破乳结块从而影响防治效果；缺乏航空植保专用助剂或助剂添加不当，致使药剂蒸发、飘移从而影响防治效果；飞行速度、高度和喷幅等飞行参数选择不当造成防治效果降低。因此，植保无人机喷施药剂和制剂选择准则及助剂的评价标准是目前我国农业航空低空低容量喷雾技术所需解决的主要问题，也是制约我国无人机植保快速发展的技术瓶颈。

随着电子技术和人工感知技术的应用，部分无人机产品能实现定高定速飞行、航线规划、自动避障、断点续喷、变量喷洒、药量检测、失控返航、电子围栏、低电压保护、断桨保护、一键侧移等功能，逐步实现智能精准喷雾作业。

1. 单旋翼植保无人机

（1）基本原理与结构。单旋翼植保无人机机体主要由主旋翼系统、尾旋翼系统、发动机组件、传动系统、飞控箱、尾管组件、油箱组件、罩壳组件等组成（图 5-13）。农药喷洒系统由飞机发电系统、喷头、药液泵、喷杆、药液箱、施药控制系统、固定支架等组成。

图 5-13 单旋翼植保无人机（无锡汉和航空技术有限公司）

单旋翼植保无人机的喷药原理为：当进行喷洒作业时，打开遥控器的喷洒控制开关，喷洒指令被发送到无人机的接收机，收到喷洒信号后，接收机发出指令控制药液泵进行工作，药液泵将药箱内的药液送入喷雾管路中，再由喷头雾化后喷出。雾滴在泵压、惯性、重力及旋翼产生的下旋气流的共同作用下，喷施到靶标作物上。

（2）特点。单旋翼植保无人机的前进、后退、上升、下降主要是依靠调整主桨的角度实现的，转向是通过调整尾部的尾桨实现的，主桨和尾桨的风场相互干扰的概率低，风场统一，喷雾沉积分布均匀。下压风场大、桨叶产生的下洗气流能够使药液到达作物底部，从而满足多种作物如大田作物、高秆作物、果树和较茂密作物的作业需求。

2. 多旋翼植保无人机

（1）基本原理与结构。多旋翼植保无人机进行农药喷洒就是利用多旋翼无人机搭载农药喷洒系统，在飞行控制系统和喷洒控制系统的作用下，通过远程遥控器控制完成飞行姿态动作和喷药动作。多旋翼植保无人机的飞行原理是通过电子调速器调节各电机的转速和旋向进而来改变各旋翼的转速和旋向，实现无人机的起降及飞行姿态的平衡稳定控制。

多旋翼植保无人机的农药喷洒系统由药液箱、喷头、喷杆、药液泵、喷洒控制系统、控制线和喷雾管路等部件组成（图 5-14），其工作原理与单旋翼植保无人机基本相同，但由于两者的下旋气流速度场分布不同，喷头的配置也有所不同。

图 5-14 多旋翼植保无人机（深圳市大疆创新科技有限公司）

（2）特点。多旋翼植保无人机结构简单，操控便捷，飞行可靠。电动多旋翼无人机受限于锂电池的技术瓶颈，具有载重小、续航时间短等缺陷，植保作业时需要频繁更换电池，降低了作业效率。而油动多旋翼无人机相对来说在载重和续航方面优势比较突出，但维修成本高。

三、葡萄园施药机械的选型

葡萄园农药的使用主要包括两个方面：种植前的土壤消毒、栽种后的喷雾。在葡萄生产过程中，农药最主要的施药器械是喷雾设备。

目前，我国葡萄的种植模式、架式、叶幕型等多种多样，所以施药机械的大小、型号也是多种多样。在实际生产中，选择喷药器械应契合把农药安全、高效、精准地施用到葡萄植株上的要求。

经专家会商，葡萄园喷雾机械选型应该有三个方面需要考虑。

（1）风送式喷雾好于普通喷雾。葡萄与其他果树类似，枝叶较为茂密、冠层较厚，叶幕系数一般在2～6（不同生态区域）。风机的气流有助于把雾滴吹送至叶幕层的各个部位，并且风可以促使叶片翻动，提高了药液附着率。

（2）雾滴的细度越细越好。虽然细度越细小不一定越好（如果雾滴太细小超过一定限度，增加了飘移、不利于雾滴沉降），但从现阶段喷雾机械的综合质量上看，雾滴越细越好。

（3）喷雾质量及展着在葡萄上的药液量，是操作者与设备的配合结果。因此，能实现喷药均匀周到的效果（单位面积上沉降的雾滴数量多，但不会形成雾滴之间的融合、不会造成流失）时，单位面积农药药液的量越少越好。例如，每 667 m² 同样喷施 30 kg 药液时，在叶片上平均形成 40 个/cm² 雾滴的喷药设备，好于平均形成 30 个/cm² 雾滴的喷药设备。同理，形成 50 个/cm² 雾滴的喷雾质量，使用 35 kg 药液的好于使用 40 kg 药液的喷药设备。

根据以上喷雾设备选择考虑的因素，专家组建议在我国葡萄生产上选择以下喷雾机械。

（一）静电喷雾及超低容量喷雾器

静电喷雾器（机）和超低容量喷雾器（机）适合设施栽培的葡萄。设施栽培的葡萄，包括促早栽培、延迟栽培、早促成＋避雨栽培、冷棚栽培等多种形式。

（二）背负式电动风送喷雾器

适用于小面积葡萄园喷药使用。背负式电动风送喷雾器是对普通喷雾器的喷头做了升级，专门设置了一个风筒，使雾滴进行二次雾化和加速，雾滴更细，喷雾面积扩大、射程远，显著提高喷雾效率和质量。风筒式喷头弥雾效果比普通喷头高 10～15 倍，具有省时、省力、操作方便等优点。同时，该喷雾器价格便宜、机型小、携带方便、使用灵活（图 5-15）。

图 5-15 背负式电动风送喷雾器

（三）担架式动力喷雾机

担架式动力喷雾机适合于山地葡萄园和地形复杂的葡萄园喷药使用，是目前的一种小型动力植保机械，机器主要由三缸泵、配套动力机（汽油机、柴油机、电动机）及零部件组成（图 5-16）。这种机器喷雾压力高（1～1.25 Pa）、喷雾流量大（30～40 L/min）、穿透力较强、射程远、价格便宜，是目前果园最常用的施药机械。喷药机连接分离的盛药容器与 200 m 左右的喷雾管，扩大了作业环境，延长了作业时间。由于机型紧凑、重量轻，既可单人手提移动机器，也可以固定在各种农用机动车上使用，方便灵活，不受地形、地势和树形限制。

图 5-16　担架式动力喷雾机

（四）风送喷药机

风送式喷药机包括牵引式风送喷药机和自走式风送喷药机。根据地势、土壤和覆盖物（杂草等），确定牵引动力的大小及行走的方式（自走和牵引）。这类喷药机械，作业效率高，适合于大型、标准化栽培的葡萄园。

四、雾滴检测与喷雾质量改善技术

喷药设备确定（或者利用现有喷药设备）后，怎样提高喷雾质量和防治效果呢？

首先，利用雾滴检测卡监测喷雾质量，确定喷头、喷片等是否需要更换；其次，利用雾滴检测卡或其他检测方法，确定行走速度、压力、单位面积使用药液的量等参数，用于田间实施。

雾滴检测卡的应用：在葡萄园叶幕冠层中的各代表性部位，悬挂雾滴检测卡（图 5-17）。喷洒药液后，观察雾滴检测卡的单位面积雾滴数量，作为调换易损件（喷头、喷片）的依据，也作为确定喷雾压力、行走速度的依据，从而确定适宜的单位面积药液喷施量。

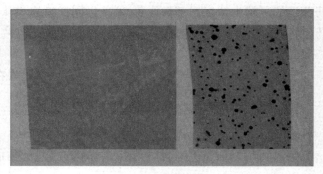

图 5-17　雾滴检测卡

第五节　利用农药在葡萄体内的传导特性精准施药

农药种类繁多，也有各种各样的特征。对于使用到植物体上的农药种类，可以按照是否能进入植物体内，划分为能进入植物体的农药、不能进入植物体的农药。对于能进入植物体的农药，首先是农药如何进入植物的体内（植物体对农药的吸收），之后是农药在植物体内的分散（在植物体内的传导）。

一、农药在葡萄体内的传导方式

（一）农药的吸收

农药的吸收是指农药从施药点到目标靶点，如葡萄的韧皮部、木质部或管胞纤维束内的传导过程。吸收可在植物的任何部位进行，如葡萄叶片、茎部或是根部均可以吸收农药。20 世纪 80 年代研究者们对植物的根部、基部、干部使用内吸性化学药剂来控制作物病害。将杀虫剂或杀菌剂直接输入或注入树干基部的维管束内，使植物主动或被动地吸收而通体带药，可以降低对周围环境的污染，同时减少农药的使用量。

1. 叶片对农药的吸收

葡萄叶片表面包被着角质层，农药通过扩散作用穿过角质层，然后从角质层解吸进入含水非原质体与细胞壁内。农药进入葡萄的叶片存在亲脂性和亲水性两条途径。亲脂性农药通过葡萄表皮的运动，可用定量数学模型表示。Collander 测定了 70 种化合物在 Nitella 细胞的渗透性，表明化合物的亲脂性和植物吸收之间的关系遵循 Fick 扩散第一定律，$J=-P$（a1-a0），其中：J 为单位时间内的透过量，P 为膜的渗透性变量，a1 和 a0 为膜内和膜外的活度（kg/m³）。细胞膜穿透变量 P 与油水分配系数 Kow 的关系也可以用 $P=DK/\Delta X$ 表示，其中 D 是扩散系数，K 是分配系数，ΔX 是膜厚度。Riederer 认为，如果角质层扩散是限制叶片吸收农药的决定性因素，那么分子的大小、温度和角质层的性质就决定了扩散系数。亲水性的农药可通过葡萄表皮气孔和横穿表皮的导管渗透而进入。

2. 枝蔓、叶柄、卷须及果梗对农药的吸收

葡萄当年的绿色部分枝蔓对农药的吸收与叶片对农药的吸收类似。葡萄需要涂蔓（涂穗轴）用药时，枝蔓对农药的吸收对发挥药效尤为重要。枝蔓注射用药，也是通过枝蔓吸收来实现。

3. 根部对农药的吸收

根部对农药的吸收研究的比较透彻，主要是研究根对除草剂的吸收。当农药与植物根毛接触后，穿过根表皮进入内部组织，而后通过质外体途径或共质体途径进入木质部导管。通过质外体途径进入的农药不进入活细胞，仅在质外体中，也就是细胞壁、细胞间空隙由外向内扩散，当扩散到凯氏带时即进入内皮层细胞，在内皮层细胞通过胞间连丝在活细胞之间移动，随后穿过中柱鞘及中柱内薄壁细胞传导至导管。或者绕过凯氏带后，农药重新返回质外体内，而后扩散至导管。农药的亲脂性及浓度差决定扩散的难易程度，非极性强、亲脂性强的物质倾向于通过共质体方式进行植物体内运输传递，如菲、芘等；而极性强、亲水性强的物质则倾向于通过质外体通道（非原质体通道）传递。

鉴于植物根系可合成某些重要有机物并向外分泌，因此不同种类植物的根对同种化合物的吸收和传导有所不同。如大麦、黄瓜和苹果的白粉病防治中，采用叶面喷施乙嘧酚及其类似物效果理想，但是从根部施药时则对苹果白粉病的防治效果甚微。因此，不同植物根的摄取对同一化合物具有高度的选择性，草本植物和木本植物间的区别较大。

（二）农药的传导

1. 农药传导的内涵

化学物质在植物体内的传导，其概念早在 800 多年前就提出来了，但仅限于试验和推理阶段。借鉴于现代科学的发展，包括植物解剖学、生理学、生物化学等方面研究成果，化学农药在植物体内传导的理论逐渐形成和完善。

农药在葡萄体内的传导方式同样可大致区分为局部传导、向上传导和双向传导 3 种类型。其中，局部传导主要是指药剂在同一葡萄叶片范围内的传导，包括从叶尖到叶柄和从叶的正面到背面或方向相反的传导，即所谓广义的传导。向上和双向的传导是一种真正意义上（系统性）的传导，也可以称为狭义的传导。

农药的向上传导发生在木质部中，当化学农药具有适当的油水分配系数和电离常数，即为亲脂性中等的化合物，既能保证正常运转，又能保证积累，从而达到植物通体带药控制害虫。双向传导则是化学农药既能通过木质部传导又能通过韧皮部传导，这些药剂能够扩散进入筛管中，且滞留能力比向上传导的农药强，但比典型的韧皮部传导的农药弱，在随着同化物移动时，不断有一些分子扩散到质外体，随着蒸腾流移动，这些化合物在植物体内既可传导至受药点以下的位置，又可传导至蒸腾作用强烈的叶片。目前所谓的双向传导化学农药通常情况下依然是以向上传导为主。

（1）农药在葡萄叶部的传导与分布。农药进入葡萄叶片后主要通过共质体系和质外体系装入筛管细胞进行传导。一般说来，亲水性的农药主要集聚于双子叶植物叶的边缘上，对于葡萄叶片也是一样的，但农药的转移途径和速度依然取决于农药的分子结构、叶片的解剖学结构、叶片发育时期及其光合产物的传导方式。向上传导的内吸性农药，如三唑酮只能从植物叶基向叶尖传导；向下或双向传导的农药，如氟硅唑、甲霜灵、噻嗪酮等则可以向植物叶基或其他叶片或根部转移。

（2）农药在葡萄枝蔓及茎（叶柄、穗轴及卷须）的传导与分布。内吸性农药进入葡萄枝蔓同样有向上或双向传导两种可能。农药一般侧向运转，后随葡萄的蒸腾流或同化流进行上下传导。如甲霜灵注入雷司令葡萄枝蔓后，可以渗透进入韧皮部，上行输导至叶片及果实，也可转移到韧皮部而发挥生理生化作用；三唑类农药腈菌唑、戊菌唑和戊唑醇分别注射进入雷司令葡萄的茎部后上行输导至叶片，对葡萄白粉病的防治效果均可达到60%以上。使用喷雾施用三唑类农药时，其累加效果较好，虽然采用注射施药的线性回归结果也表现出同样的趋势，但是总体上来说防治效果并不均一，这可能是三唑类农药注射到雷司令葡萄体内后出现传导不均匀的现象；相比之下，注射甲霜灵控制葡萄霜霉病时在雷司令葡萄体内传导均匀，这可能是药剂的传导方式与农药的性质紧密相关。

2. 农药在植物体内的转移途径

Wild等人认为有机化合物在植物体内的迁移存在两种途径，一个是共质体通道（symplastic pathway），即通过细胞之间传递；另一个是质外体通道（apoplastic pathway），即通过细胞间的细胞壁传递。如图5-18所示。

对于向上传导的农药，当农药进入导管后即可随蒸腾流向上移动，蒸腾作用强烈的成熟叶片聚集的农药较多，且主要位于叶片尖端或边缘，而幼嫩组织的蒸腾作用较弱，这类农药则聚集的较少。植物对农药的吸收及农药的传导，与农药本身的亲脂性密切相关，而农药在植物体内的滞留，与木质素的含量有关（老根和枝蔓含木质素较多，对农药的滞留作用强于幼小部位）。

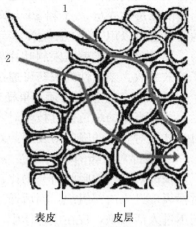

图5-18　农药在植物体内转移途径
（引自 Wild E，2005）
1. 质外体通道　2. 共质体通道

3. 农药在植物体内的传导

农药的向上传导发生在木质部中。农药进入木质部有质外体和共质体两种途径。植物木质部传导能力最好的农药为亲脂性中等的化合物。亲脂性太弱时，跨膜扩散能力差，难以抵达导管；而亲脂性太强时，极易吸附在内皮层凯氏带上和细胞膜体系上而不能自由扩散。传统植物生理学理论认为，木质部运输的是光合作用所需的无机盐溶液，向上运输至叶部，光合作用产物则是从韧皮部向下输送至生长、代谢部位。农药进入木质部以后随蒸腾作用向上运输，因此向上运输的农药需具有一定的亲水性和亲油性（油/水分配系数）才能正常运输，通过积累使植物通体带药从而达到控制害虫的目的。

衡量农药在木质部传导能力的指标通常用蒸腾流浓度因子（transpiration stream concentration factor，TSCF）评价药剂在木质部中的移动能力。TSCF的定义是蒸腾流中药剂浓度与植物根部所处介质中药剂浓度的比值，TSCF取决于植物的种类及其代谢生理学。与向上传导不同的是某些化合物可以同时在质外体和共质体中传导，但在共质体中的传导能力低于在质外体的传导能力。一般双向传导型的药物是指介于木质部输导型和韧皮部输导型之间的化合物。那些能够扩散进入筛管中、在其中滞留能力比木质部输导型化合物强但比典型的韧皮部输导型化合物弱的药剂，在随着同化物移动的过程中，不断地有一些分子扩散到质外体而随着蒸腾流移动。因而，这些化合物在植物体内既可传导至受药点以下的位置，又可传导至蒸腾作用强烈的叶片中。

化合物究竟以何种方式的传导为主，主要取决于植物种类，尤其是植物同化流方向的季节性变化的影响。实践表明，对于那些需要传导到植物根部的药剂，常在晚春和早秋的时候使用会得到最大的向下输导量。进入韧皮部筛管的两种装载方式即质外体和共质体途径的重要性与植物种类有关。不同植物种类其胞间连丝的数量不尽相同。任何一个确定的植株，对于在其韧皮部中传导的化合物其透过筛管细胞膜的能力（P）都有一定的要求，只有当除草剂的P值处在一定范围内，才可显示韧皮部移动特性。化合物的P值大于植株的要求范围时，它难以在筛管中滞留，将显示木质部传导特性。其实，大多数木质部输导型药剂并非不能进入筛管，而是由它们的P值过大所致。因此，从这个意义上来说，植物的双向传导更多地受制于植物的种类。

二、利用农药传导性进行病虫害精准防治的研究进展

研究表明，在农药使用中仅有0.1%的药剂直接作用于其靶标病虫害。利用农药的内吸性及在植物体内的转导，提高农药施用过程中的对靶效率，不但可以提高防治效果，还可以降低操作或使用成本，

也是大幅度减少农药使用量的重要技术。

药剂涂枝蔓或包扎药剂，首先进入韧皮组织，然后由横向输导组织进入木质部，最终同时在韧皮部和木质部内输导。如采用 2.5％咯菌腈 100 倍液或 200 倍液、50％多菌灵＋70％代森锰锌涂茎对芦笋茎枯病的防治效果均在 86％以上。

注射用药，药剂直接进入木质部组织，通过木质部输导进行病虫害防治。如 Clifford 等采用茎秆注射的方法来控制苹果病害和桃李病害，Prasad 等和 Phair 将苯菌灵注射入榆树枝干减少农药的使用量。VigieleCio 等在温室中生长 6 个月的葡萄及自田间移栽至花盆里两年半生的葡萄注射了硫虫灵和杀线威，成功防治盆栽试验土壤中的线虫。Magaray 和 Wactel 等在葡萄茎秆上注射盐酸土霉素，连续 6 年均成功控制雷司令葡萄的黄化病。Marco 等连续 5 年多次在雷司令等 3 个葡萄品种上注射三乙膦酸铝，防治 Esca（注：一种枝蔓病害），并进一步在实验室和温室中验证了葡萄注射三乙膦酸铝可有效防治Esca。Düker 和 Kubiak 报道了在雷司令葡萄的茎秆上注射甲霜灵对叶片和果实上霜霉病的防治效果均超过了 70％。Düker 和 Kubika 在雷司令葡萄的茎部分别注射三唑类农药腈菌唑、戊菌唑和戊唑醇，对葡萄白粉病的防治效果均在 60％以上，其农药用量仅为喷洒用药量的 10％。此外，国内还有采用注射农药防治龟蜡蚧、萧氏松茎象幼虫和泡桐叶甲等的报道。注射施药不受外部环境和危害部位及高度的影响，药液利用效率高，施药剂量精确。

三、我国在葡萄上登记的具有内吸传导性的杀虫剂和杀菌剂

我国在葡萄上登记的具有内吸传导特征的杀菌剂和杀虫剂有以下种类，可以参考其内吸传导特征，进行精准施药。

（一）内吸传导性杀菌剂

1. 甲基硫菌灵及多菌灵

（1）生理生化作用。甲基硫菌灵是多菌灵的前体，多菌灵杀菌的生理生化作用是抑制 β 微管蛋白合成。

（2）作用机制。甲基硫菌灵和多菌灵具有保护和治疗功能，被根和绿色组织吸收向顶传导，通过抑制芽管的发育、附着体的形成和菌丝体的生长而发挥杀菌作用。

（3）应用。甲基硫菌灵和多菌灵杀菌谱广，包括白粉病、溃疡病、灰霉病及念珠菌属、核盘菌属等多种病害，喷施或涂抹伤口（伤口保护）。

2. 腐霉利

（1）生理生化作用。腐霉利作用于丝裂原活化蛋白组氨酸激酶，影响病原物的信号转导。

（2）作用机制。腐霉利有保护和治疗作用，在根系吸收，传导到叶片、花序和花。

（3）应用。腐霉利用于防治葡萄孢属、菌核菌属、念珠菌属和链格孢属等病原物引起的灰霉病、穗轴褐枯病、叶斑病等病害。

3. 烯酰吗啉

（1）生理生化作用。烯酰吗啉是磷脂生物合成及细胞壁合成抑制剂，抑制卵菌细胞壁的形成。

（2）作用机制。烯酰吗啉具有保护和抑制产孢功能。有 Z 和 E 两种异构体，Z 比 E 有更高活性，但因为在光照条件下两种异构体快速互相转化，所以田间应用上区分两个异构体没有意义。

（3）应用。烯酰吗啉用于卵菌中霜霉病的防治，一般与接触性杀菌剂混合使用，使用剂量为 2 010～2 505 g/hm²。

4. 抑霉唑

（1）生理生化作用。抑霉唑是甾醇去甲基化抑制剂，也称为麦角甾醇合成抑制剂。

（2）作用机制。抑霉唑具有保护和治疗作用。

（3）应用。抑霉唑用于水果、蔬菜和花卉等作物的多种真菌病害的防治，特别是白粉病；用于柑橘类、核果、香蕉及种薯的储藏期病害防治；用于禾谷类的种子包衣。对于对苯并咪唑类杀菌剂产生抗性的病菌高效。种子处理剂量为每 100 kg 种子用 4～5 g、花卉和蔬菜每 100 L 水中加入 5～30 g、采后处

理每吨水果用量为 2～4 g（均为有效成分的量）。

5. 啶酰菌胺

（1）生理生化作用。啶酰菌胺是琥珀酸脱氢酶抑制剂，抑制线粒体电子传递链中的琥珀酸泛醌还原酶（也称为复合体Ⅱ）。

（2）作用方式。啶酰菌胺是叶部使用的杀菌剂，在植物叶片内有跨膜和向顶运转功能，具有预防作用（在某些情况下，也有治疗作用），抑制孢子萌发、芽管伸长，对真菌发育的其他阶段也有效。

（3）应用。啶酰菌胺用于葡萄等多种水果、蔬菜、花卉、草坪上的白粉病、灰霉病，以及链格孢真菌、菌核菌、霉菌球菌属造成的叶斑病、褐腐病等。

6. 吡唑醚菌酯

（1）生理生化作用。吡唑醚菌酯通过阻断细胞色素 bc1 复合体的电子转移，抑制线粒体呼吸。

（2）作用方式。吡唑醚菌酯是具有保护、治疗和转氨酶特性的杀菌剂，也会导致生理效应，如延缓衰老、使叶片变绿、更好地抵抗生物和非生物胁迫，以及更有效地利用水和氮。

（3）应用。吡唑醚菌酯在葡萄上用于防治霜霉病和白粉病，使用剂量为每公顷 50～250 g 有效成分，与生态区域和果园位置有关，并且因抗药性产生而药效降低。

7. 嘧菌酯

（1）生理生化作用。嘧菌酯通过阻断位于泛醌氧化位点的细胞色素 b 和细胞色素 c1 之间的电子转移，抑制线粒体呼吸，有效防治对 14-脱甲基酶抑制剂、苯酰胺、二甲酰胺或苯并咪唑类产生抗药性的菌株。

（2）作用方式。嘧菌酯是跨薄壁组织传导和内吸性的杀菌剂，具有保护、疗效、铲除作用，抑制孢子萌发和菌丝生长，并具有阻止孢子产生的作用。

（3）应用。嘧菌酯使用剂量为每公顷 100～375 g 有效成分，喷雾防治葡萄霜霉病和白粉病。

8. 乙嘧酚磺酸酯

（1）生理生化作用。乙嘧酚磺酸酯可抑制核酸合成（腺苷脱氨酶）。

（2）作用方式。乙嘧酚磺酸酯是具有保护和治疗作用的系统传导杀菌剂，被叶片吸收，在木质部和跨薄壁组织传导。因其高挥发性，当喷洒到叶片上部均匀时（只有部分叶片覆盖药液）能有效控制病害，且具有抑制产孢作用。

（3）应用。乙嘧酚磺酸酯防治葡萄白粉病使用剂量为每公顷 150～750 g 有效成分，对有些作物（梨、苹果、草莓等）可能有轻微药害。

9. 异菌脲

（1）生理生化作用。异菌脲影响渗透信号转导中有丝分裂活化的蛋白组氨酸激酶。

（2）作用方式。异菌脲为接触杀菌，具有保护和治疗作用，抑制孢子萌发和真菌菌丝生长。

（3）应用。叶部喷雾，使用剂量为每公顷 510～1 005 g 有效成分，防治灰葡萄孢、链格孢、丝核菌、丛梗孢属、核盘菌属、伏革菌属、黑粉菌属、茎点霉属、丝核菌等病原物造成的病害。

10. 氰霜唑

（1）生理生化作用。氰霜唑是苯醌内抑制剂。氰霜唑与甲氧基丙烯酸酯类的杀菌剂都是抑制线粒体呼吸链中的复合体Ⅲ（泛醌细胞色素 c 还原酶），但氰霜唑抑制细胞色素 bc1 的 Qi（泛醌还原位点），而甲氧基丙烯酸酯类抑制细胞色素 bc1 的 Qo（泛醌氧化位点）。防治对象不同，选择性与目标酶的敏感性不同有关。

（2）作用方式。氰霜唑用于叶面及土壤，是预防性杀菌剂，具有残留药效长及抗雨水冲刷作用，具有渗透（穿过细胞壁）性和治疗作用，抑制霜霉病菌生育循环的各个阶段。

（3）应用。叶面喷雾，使用剂量为每公顷 60～100 g 有效成分。

11. 嘧菌环胺

（1）生理生化作用。嘧菌环胺可能是甲硫氨酸生物合成和真菌水解酶分泌物的抑制剂，与苯并咪唑类、氨基甲酸酯类、二甲酰胺类、咪唑类、吗啉类、喹啉类、甲氧基丙烯酸酯类及三唑类的杀菌剂没有交互抗性。

（2）作用方式。嘧菌环胺是内吸性杀菌剂，叶面施用后被植物吸收传导至各组织，在木质部向顶传导，抑制叶内和叶表面的菌丝穿透（侵入）和生长。

（3）应用。叶面喷洒用于葡萄、花卉等作物，也用于大麦的种子包衣，使用剂量因作物、病害种类及使用方法等不同，每公顷使用 150～1 500 g 有效成分。

12. 啶氧菌酯

（1）生理生化作用。啶氧菌酯是苯醌外抑制剂（Qo 位点是指线粒体内膜外侧的醌氧化位点，作用在这个位点上的杀菌剂称为 QoI），通过阻断 Qo 中心的细胞色素 bc1 电子转移，抑制线粒体呼吸。

（2）作用方式。啶氧菌酯是具有独特分布特性的保护性和治疗性杀菌剂，包括系统向顶性和跨薄壁组织的传导、叶片的蜡质层扩散和空气中分子的再分布。

（3）应用。叶面喷洒，杀菌谱广，在葡萄上用于防治霜霉病和黑痘病，使用剂量为每公顷 250 g 有效成分。

13. 氟环唑

（1）生理生化作用。氟环唑可抑制甾醇生物合成的 C‑14‑去甲基酶。

（2）作用方式。氟环唑是保护性和治疗性杀菌剂。

（3）应用。杀菌谱广，用于多种作物，在葡萄上用于防治葡萄白粉病，使用剂量为每公顷 125 g 有效成分。

14. 戊菌唑

（1）生理生化作用。戊菌唑是甾醇去甲基（麦角甾醇生物合成）抑制剂。

（2）作用方式。戊菌唑是内吸性杀菌剂，具有保护、治疗和铲除作用。能被鲜活的植物组织迅速吸收并传导，尤其是向顶传导。

（3）应用。戊菌唑种子包衣及喷雾，杀菌谱广，用于多种作物。在葡萄上用于防治白粉病，使用剂量为每公顷 100 g 有效成分。

15. 霜脲氰

（1）作用方式。霜脲氰具有保护和治疗作用，叶面使用，有接触杀菌和局部传导并抑制孢子形成的作用。

（2）应用。霜脲氰防治霜霉病一般与保护性杀菌剂混配使用，以延长持效期。

（3）混配性。霜脲氰不能与碱性物质使用。

16. 肟菌酯

（1）生理生化作用。肟菌酯是苯醌外抑制剂，阻断 Qo 中心细胞色素 bc1 的电子转移，抑制线粒体呼吸。

（2）作用方式。肟菌酯是作用于中胚层的以预防为主的广谱杀菌剂，其特点是随蒸腾和表面的水分运动进行再分配（传导），具有良好的耐雨冲刷性和持效活性。

（3）应用。肟菌酯对子囊菌、半知菌、担子菌和卵菌等有效。在病菌发育早期（包括孢子萌发、芽管伸长和附着胞形成）控制白粉病、叶斑病及其他果实病害。用于大田作物、园艺作物及草坪。使用剂量取决于作物、病害种类和使用方法，用量为每公顷 50～550 g 有效成分。

17. 苯醚甲环唑

（1）生理生化作用。苯醚甲环唑是甾醇去甲基抑制剂。抑制细胞膜麦角甾醇生物合成，阻止真菌生长。

（2）作用方式。苯醚甲环唑是内吸性杀菌剂，具有预防和治疗作用。被叶片吸收，向顶和跨薄壁组织传导。

（3）应用。苯醚甲环唑是新型广谱杀菌剂，用于叶面喷药或种子处理。对子囊菌、担子菌和半知菌具有持久的预防和治疗活性。用于防治葡萄、柚子、核果、马铃薯、甜菜、油菜、香蕉、谷类、水稻、大豆、观赏植物等作物的多种病害，使用剂量为每公顷 30～125 g 有效成分。用于小麦和大麦的种子处理，每 100 kg 种子使用剂量为 3～24 g 有效成分。

（4）植物毒性。对于小麦，在某些环境条件下如果早期使用可能会形成褪绿斑驳，但对产量没有影响。国内登记的防治对象有葡萄炭疽病、白腐病、黑痘病。

18. 己唑醇

（1）生理生化作用。己唑醇可抑制麦角甾醇生物合成（甾醇去甲基化抑制剂）。

（2）作用方式。己唑醇是内吸性杀菌剂，具有预防和治疗作用。

（3）应用。己唑醇可防治多种真菌病害，特别是子囊菌和担子菌，如防治葡萄上的黑腐病和白粉病，每公顷使用剂量为15～250 g有效成分。也用于香蕉、葫芦、辣椒和其他作物。

（4）植物毒性。除了在苹果品种McIntosh有药害外，其他作物直接使用后没有药害。国内登记的防治对象有葡萄白粉病。

19. 双炔酰菌胺

（1）生理生化作用。双炔酰菌胺可能是磷脂生物合成和细胞壁合成的抑制剂。

（2）作用方式。双炔酰菌胺是叶面使用的预防性杀菌剂，具有一定的治疗效果，能有效抑制孢子萌发、菌丝生长和产孢。吸附在植物蜡层上具有防止雨水冲刷作用。

（3）应用。双炔酰菌胺可防治葡萄霜霉病。

20. 三乙膦酸铝

（1）生理生化作用。三乙膦酸铝可能是通过抑制孢子萌发或阻止菌丝体发育及孢子形成而起作用。

（2）作用方式。三乙膦酸铝是内吸传导性杀菌剂，通过植物的叶片或根迅速吸收，可以向顶和向基部传导。

（3）应用。三乙膦酸铝用于防治葡萄霜霉病，使用剂量为每公顷2 010 g有效成分。不能与叶面肥混用。

21. 氟硅唑

（1）生理生化作用。氟硅唑可抑制麦角甾醇生物合成（甾醇去甲基抑制剂）。

（2）作用方式。氟硅唑是内吸性杀菌剂，具有保护和治疗作用。

（3）应用。氟硅唑是广谱性、内吸性杀菌剂，有预防和治疗作用，对多种病原物（子囊菌、担子菌和半知菌）有效，使用剂量为每公顷50～200 g有效成分，用于多种作物上，葡萄上可防治白粉病和黑腐病，在我国登记的防治对象是白腐病、炭疽病和黑痘病。

22. 烯唑醇

（1）生理生化作用。烯唑醇是甾醇去甲基（麦角甾醇生物合成）抑制剂。

（2）作用方式。烯唑醇是内吸性杀菌剂，具有保护和治疗作用。

（3）应用。葡萄上防治白粉病，我国登记的防治对象是葡萄黑痘病。

23. 腈菌唑

（1）生理生化作用。腈菌唑可抑制麦角甾醇生物合成，是甾醇去甲基抑制剂。

（2）作用方式。腈菌唑是内吸性杀菌剂，具有保护和治疗作用，向上传导。

（3）应用。腈菌唑可防治子囊菌和担子菌引起的病害，葡萄上防治白粉病。使用剂量一般为每公顷30～140 g有效成分。可用于叶面喷洒、种子处理和采后处理。我国登记在葡萄上的防治对象为炭疽病。

24. 嘧霉胺

（1）生理生化作用。嘧霉胺是氨氨酸生物合成抑制剂，抑制侵染所需酶的分泌。

（2）作用方式。嘧霉胺为接触杀菌，跨膜传导，有保护和治疗效果。

（3）应用。防治灰霉病，使用剂量为每公顷500～1 000 g有效成分。

25. 甲霜灵和精甲霜灵

（1）生理生化作用。甲霜灵和精甲霜灵通过干扰核糖体RNA的合成，抑制真菌中蛋白质合成。

（2）作用方式。甲霜灵和精甲霜灵为内吸传导杀菌剂，具有保护和治疗作用，被叶、茎和根吸收。

26. 噻菌灵

（1）生理生化作用。噻菌灵通过与微管蛋白结合抑制有丝分裂，从而严重损害真菌的生长和发育。

（2）作用方式。噻菌灵具有保护和治疗作用的内吸性杀菌剂。在处理过的果蔬和块茎表面形成保护层。

27. 缬霉威

（1）生理生化作用。缬霉威可能是磷脂生物合成和细胞壁合成的抑制剂，影响游动孢子和孢子囊生殖管的生长、菌丝体的生长和产孢。

（2）作用方式。缬霉威是内吸性杀菌剂，具有保护、治疗和铲除作用，依靠蒸腾作用进行传导和分布。

（二）具有内吸传导特征的杀虫剂

1. 氟啶虫胺腈

在我国葡萄上登记的防治对象是绿盲蝽。

2. 噻虫嗪

噻虫嗪是乙酰胆碱受体兴奋剂，影响昆虫中枢神经系统的突触，是具有触杀、胃毒和内吸性的杀虫剂，迅速进入植株并在木质部向上传导，在我国葡萄上登记的防治对象是介壳虫。

四、利用农药的内吸传导特征防治葡萄病虫害的实用技术

（一）葡萄树干高压注射精准施药技术

1. 技术简介

传统施药方法是采用喷雾，在葡萄叶片表面喷洒杀菌剂或在树干接近土壤的部分喷洒杀虫剂。但采用这种传统的施药方式，易导致农药在作物之间的空隙处沉积，同时飘洒现象严重，一方面影响了喷药效果，增加成本，另一方面使大量农药流入非靶标环境中，造成浪费和增加环境风险。树干高压注射技术通过向树干内强行注入药剂，将果树所需杀虫剂、杀菌剂等药液直接注入木质部导管的蒸腾液流中，传导到靶标部位，从而防治病虫害。内吸性药物、矿物质、植物生长调节剂等药物，通过高压注入树体内，它们会随树体的水分运动而发生纵向运输，同时在运输过程中发生横向的扩散，既能够从根部向顶梢叶片运输、扩散、存留和发生代谢，同时有些药物又能够随下行液经韧皮部筛管转运到根部，或直接从木质部向韧皮部转移、传输、扩散、存留和发生代谢。有研究表明，在农药使用中仅有 0.1% 的药剂直接作用于其标靶病虫害。注射施药是可提高对靶效率的施药方法，如用茎秆注射的方法来控制苹果、桃和李病害，将苯菌灵注射入榆树枝干减少农药的使用量，将甲霜灵注射入葡萄枝蔓中用于防治霜霉病，注射三唑酮防治葡萄白粉病、霜霉病及根部线虫。

2. 技术使用要点

（1）注药方式。采用外界压力将农药强制注入树体的高压强力注射方式，如高压注药器。

（2）施药器械。高压强力注射方式所用设备结构相对较复杂，需配置给压设备和特制的专用注射针头。简易的高压注射装置可用踏板式喷雾器与特制针头组装而成。

（3）注射液。选用内吸性药物，如噻虫嗪、戊唑醇等便于传导。一般水剂更利于传导，并可减少溶剂对植物的药害和对环境的污染。药剂和最终配制的注射液应为中性或弱酸性。

（4）注射部位和深度。注射部位一般选在距地面 30～50 cm 处。注射深度一般以注射到木质部为准，药剂可随蒸腾流上升到树冠和叶面。防治根部害虫时最好注射到韧皮部，药剂可随筛管传导到根部，起到防治作用。

（5）注药剂量。注药剂量应根据树木大小、害虫致死量和农药毒力来确定，一般每株树按每 10 cm 干径 1～2 mL 百分百原药稀释到质量分数 5%～15% 注射。

（6）注射时间。注药时间的选择随防治对象的不同而不同，可根据病虫害的发生规律及防治的最佳时间来选择。矫治缺素症在春天发芽后注药最好，出于增加树体营养储备的目的，也可选择在秋天落叶后注射。

3. 技术适宜区域

本技术适用于喷施和土施等常规方法受环境因素影响大、效果不稳定、难以普及的葡萄园区。

4. 注意事项

树干注射必然导致伤口，为避免伤口感染病菌，应在注药同时注入一定量的杀菌剂，减少感染，也可用塑料布包扎伤口等方法来防止伤口腐烂。

技术支持单位：云南农业大学植物保护学院

技术支持专家：杜飞、邓维萍、朱书生

（二）树干自流注射精准施药技术

1. 技术简介

树干自动输液法可提高农药施用过程中的对靶效率，不但可以提高防治效果，还可以降低操作或使用成本，也是大幅度减少农药使用量的重要技术。自流式树干输液法是指挂输液瓶或输液袋导输，主要借助于植物的蒸腾拉力，将药液输入植物体内，进而传导到标靶部位，从而防治病虫害。

2. 技术使用要点

（1）注药方式。利用树体的蒸腾拉力将农药注入树体的自流式。

（2）施药器械。自流式注药设备结构简单，可以用常规的医用输液装备直接改装而成，或采用自流式果树注药器。

（3）注射液。选用内吸性药物，如4‰吡虫啉注干剂，便于传导。一般水剂更利于传导，并可减少溶剂对植物的药害和对环境的污染。药剂和最终配制的注射液应为中性或弱酸性。

（4）注射部位和深度。注射部位一般选在距地面 $10\sim30$ cm 处。注射深度一般以注射到木质部为准，药剂可随蒸腾流上升到树冠和叶面；防治根部害虫时最好注射到韧皮部，药剂可随筛管传导到根部，起到防治作用。

（5）注药剂量。注药剂量应根据葡萄树大小、害虫致死量和农药毒力来确定，一般药液的浓度常低于 $2\,000\times10^{-6}$ mg/kg。

（6）注射时间。注药时间可根据病虫害的发生规律及防治的最佳时间来选择。矫治缺素症在春天发芽后注药最好，出于增加树体营养储备的目的，也可选择在秋天落叶后注射。

3. 技术适宜区域

本技术适用于喷施和土施等常规方法受环境因素影响大、效果不稳定、难以普及的葡萄园区。

4. 注意事项

树干注射必然导致伤口，为避免伤口感染病菌，应在注药同时注入一定量的杀菌剂，减少感染，也可用塑料布包扎伤口等方法来防止伤口腐烂。由于注孔周围长时间的药液浸润，如果采用高浓度的农药，可造成对树木形成层和韧皮部等组织的伤害，故药液的浓度常低于 $2\,000\times10^{-6}$ mg/kg。注药期间需定时看管。

技术支持单位：云南农业大学植物保护学院
技术支持专家：杜飞、邓维萍、朱书生

第六章

葡萄农药高效使用技术

第一节　农药田间混配增效技术

一、农药混合使用的基本概念

（一）农药混合使用的概念

农药的混合使用，就是把两种或两种以上的农药，混合在一起使用。分为两种情况：第一种，是混配制剂或复配制剂，就是农药生产企业将两种或两种以上的农药有效成分，按照研发目的及试验数据，把农药有效成分、各种添加剂、助剂等按一定比例加工成某种剂型，形成农药产品，在市场上销售，购买后直接使用。第二种，是田间病虫害的发生比较复杂，需要同时防治几种对象，甚至包括病害和虫害，把两种或多种药剂混合在一起使用，同时防治多种防治对象，也就是现混现用。

（二）农药混合使用的目的

农药的混合使用，有三个目的。

第一，田间病虫害防治的需求。田间某一个阶段有多种病虫害的发生，需要同时防治，当一种农药不能实现多种病虫害同时防治时，则需要把两种或几种农药混合在一起使用，施用一次农药同时防治多种病虫害。如在葡萄的花前或花后，需要杀虫剂和杀菌剂混合使用，同时防治病害和虫害。

第二，是有害生物抗药性治理的策略之一。当某一种防治病虫害的农药存在产生抗药性风险时（尤其是作用位点单一、内吸传导的高效或超高效农药），为了阻止或延缓抗药性产生从而延长农药的使用寿命，需要把这种农药与多作用位点的保护性杀菌剂混合使用。如甲霜灵、精甲霜灵是防治葡萄霜霉病的特效药剂之一，具有良好的内吸传导作用，但霜霉病菌容易产生抗药性，所以需要与代森锰锌、百菌清等混合使用，不但可以提高药效，还可以延缓或避免病原物产生抗药性。

第三，追求更好的防治效果和减少农药使用量。在农药制剂中，有些化合物与其他化合物同时存在时，能产生 $1+1>2$ 效果，这种现象称为协同增效作用，从而提高防治效果或减少农药的使用。

农药混合使用，就是为了提高农药的使用效率，减少农药的使用量。

（三）农药混合使用的意义

1. 复配制剂

市场上的复配制剂，是在相关科学试验和数据的基础上研发的，其作用之一就是农药化合物之间有协同增效作用，能够提高药效、减少农药的使用量，或者根据田间病虫害防治需求同时防治某一时期的多种对象。

2. 田间现混现用

田间生产实际中，农作物常常会受到几种病虫同时危害，如果逐一防治，既增加施用次数，又增加农药用量。将两种或两种以上农药有目的地进行混合配制后一起喷洒，施药一次可同时防治几种病虫对象。这种田间现混现用的农药使用模式，（如果混合使用科学合理）可减少用药次数、节药省工，在降低成本的同时减少了农药对环境污染的压力。

田间农药的现混现用，是田间病虫害防治的现实需求。科学合理的混合使用在兼治几种病虫害的同时，减少喷药次数、提高药效、延缓害虫抗性、经济实用，是农药减量增效及有害生物综合治理的重要措施之一。

（四）农药混配技术方向

1. 农药有效成分之间的相互作用关系

两种或几种农药混合在一起，化合物之间会相互作用，对靶标生物可能会产生三种作用：相加作用、增效作用或拮抗作用。相加作用指混配的各种药剂有效成分独立作用，相互之间没有影响，混配的实际效果与根据各单剂相加计算而得的理论值一致；增效作用指混配的各种药剂有效成分因相互作用而促进，混配的实际效果大于理论值；拮抗作用则指混配的各种药剂有效成分因相互作用而干扰，混配的实际效果小于理论值。一般地讲，只有具有增效作用的化合物之间才能进行混配，这种混配能充分表现其优点和特色；而表现相加作用的化合物之间一般不进行混配，但有时也进行混合使用，目的是同时防治多种防治对象。不管是复配制剂还是田间使用，都必须避免混合之后拮抗作用的发生。

2. 复配制剂

根据组成复配剂的农药种类数可将复配剂分为二元复配剂和多元复配剂。由两种农药单剂组成的复配剂称为二元复配剂，由三种或三种以上农药单剂组成的复配剂称为多元复配剂。农药复配剂中绝大多数都是二元复配剂，多元复配剂较少。

目前，复配杀菌剂的剂型已用到了所有剂型，如可湿性粉剂、胶悬剂、水剂、乳油、悬浮剂、烟剂、种衣剂、水分散粒剂。而且复配剂的研究也从杀虫剂与杀虫剂、杀菌剂与杀菌剂和杀虫剂与杀菌剂间的复配，发展到杀虫、杀菌、植物营养调节剂等多元、多类型、多功能混剂。例如，将杀菌剂与杀虫剂复配达到病虫兼治的目的，如醚菌酯与咪蚜胺复配同时防治霜霉病与蚜虫；菌剂与微生物源或植物源杀菌剂复配，如三唑酮与井冈霉素防治水稻纹枯病；杀菌剂与植物生长元素或增效剂进行复配，如杀菌剂与微量元素复配成可湿性粉剂防治油菜菌核病，具有抑菌和增加油菜生长后期抗病力的双重作用。

二、农药混配技术的发展历史

（一）复配制剂

20 世纪 70 年代前后，由于农药的毒性问题、新品种开发费用的增加、研发周期的延长及抗药性的产生使得对农药混用的研究更盛行，如日本 1977 年以后登记的 1 000 余种农药制剂中，混剂就达 500 余种，占注册药剂总量的 50%。1975—1976 年北美市场混剂约占出售品种的 20%。同时，欧美国家对复配制剂的研究得到迅速发展，关于农药混配的研究、专利不断涌现。

20 世纪 60—70 年代，杀虫混剂甲六粉（甲基对硫磷与六六六混合制剂）、粘虫散（六六六与滴滴涕的混合制剂）、杀菌剂五西合剂（五硝基苯与西力生的混合制剂）、五赛合剂（五氯硝基苯与赛力散的混合制剂）等混配制剂产品就已在我国农业生产上广泛使用。目前，化工研究院所、植保科研和技术部门等，都注重复配剂的研制和开发，研发制剂和田间混合使用已经成为普遍现象。1999 年农业部农药检定所临时登记的混剂品种约为 2 232 个，截止到 2015 年 7 月，我国农药混配制剂登记产品 8 404 个，配方 1 449 个，3 964 种配比，包括 259 个有效成分。而实际生产中，农民自配、混配用药的比例远高于此水平。

（二）农药的田间现配现用

现代农业生产中，病虫害发生越来越复杂、越来越严重。在某一作物的某一个时期，如果面临的病虫害问题多，就需要农药产品的混合使用。

从 20 世纪 80 年代开始，我国农业生产中（尤其是效益较好的农产品生产中）农药产品的混合使用越来越多；至 21 世纪，农药产品的混合使用已经是一种普遍现象。

三、农药田间混配增效技术在葡萄病虫害防治上的最新研究进展

（一）葡萄上登记的农药复配制剂

以葡萄及药剂混用为关键词，搜索到 318 个发明专利，其中 2010 年之前共 25 项、2011—2015 年共 165 项、2016—2017 年共 128 项专利发布，其数值呈现快速增长趋势。以杀菌剂为例，其混配研究主要集中于选择性较强的内吸性杀菌剂与非内吸性杀菌剂的混配、高成本的内吸性杀菌剂与低成本的保护性杀菌剂的混配及作用对象不同的杀菌剂混用。如唑醚菌酯＋代森锰锌（1∶10）、代森锰锌＋环丙唑醇（13∶1）、丙硫咪唑＋咯菌腈、苯醚甲环唑＋福美双（1∶15）、环氟菌胺＋代森锰锌（6∶16）、吡唑醚菌酯＋多抗霉素（1∶2）的混配对葡萄主要病害有协同增效作用。

混合用药在葡萄病虫害防治中表现为多种混配形式，如化学药剂与化学药剂、常用杀菌（虫）剂与助剂、生物药剂与化学药剂等混配。

葡萄上混合制剂的研发主要集中于病害，对于虫害、草害的研究相对较少。

1. 防治葡萄霜霉病混配制剂

截止到 2018 年 3 月，我国登记的防治葡萄霜霉病的农药混剂为 41 种（有效成分），约占葡萄农药混剂总量（72 种）的 56.94％（表 6-1）。剂型主要为可湿性粉剂、水分散粒剂及悬浮剂。烯酰吗啉混配的制剂数量最多，为 9 种，吡唑醚菌酯混配为 8 种，（精）甲霜灵的混配剂为 6 种。其中，78％波尔·锰锌可湿性粉剂、60％嘧菌·代森联水分散粒剂、400 g/L 克菌·戊唑醇悬浮剂、60％唑醚·代森联水分散粒剂及 28％井冈·嘧菌酯等，在葡萄上登记有两种或两种以上的防治对象。

表 6-1 防治葡萄霜霉病的农药混剂

混剂产品	剂型	防治对象	使用剂量（有效成分）
1.5％苦参·蛇床素	水剂	葡萄霜霉病	15～18.75 mg/kg
25％甲霜·霜霉威	可湿性粉剂	葡萄霜霉病	312.5～416.7 mg/kg
38％精甲·霜脲氰	水分散粒剂	葡萄霜霉病	95～126.7 mg/kg
68％精甲霜·锰锌	水分散粒剂	葡萄霜霉病	1 020～1 224 g/hm²
58％、70％、72％甲霜·锰锌	可湿性粉剂	葡萄霜霉病	1 418.1～1 740 g/hm²
72％甲霜·百菌清	可湿性粉剂	葡萄霜霉病	720～900 mg/kg
50％甲霜·三乙膦酸铝	可湿性粉剂	葡萄霜霉病	750～1 000 倍液
35％氰霜唑·嘧菌酯	悬浮剂	葡萄霜霉病	145.8～194.4 mg/kg
25％烯肟·霜脲氰	可湿性粉剂	葡萄霜霉病	100～200 g/hm²
30％烯酰·甲霜灵	水分散粒剂	葡萄霜霉病	300～450 g/hm²
40％烯酰·嘧菌酯	悬浮剂	葡萄霜霉病	133.3～200 mg/kg
40％烯酰·氰霜唑	悬浮剂	葡萄霜霉病	100～133.33 mg/kg
40％烯酰·异菌脲	悬浮剂	葡萄霜霉病	267～400 mg/kg
45％烯酰·吡唑酯	悬浮剂	葡萄霜霉病	187.5～375 mg/kg
47％烯酰·唑嘧菌	悬浮剂	葡萄霜霉病	262.5～525 mg/kg
48％烯酰·霜脲氰	悬浮剂	葡萄霜霉病	160～240 mg/kg
69％烯酰·锰锌	可湿性粉剂	葡萄霜霉病	1 380～1 725 g/hm²
40％烯酰·喹啉铜	悬浮剂	葡萄霜霉病	200～267 mg/kg
50％氟吗·乙铝	可湿性粉剂	葡萄霜霉病	500～900 g/hm²
44％霜脲·锰锌	水分散粒剂	葡萄霜霉病	977～1 257 mg/kg
60％霜脲·嘧菌酯	水分散粒剂	葡萄霜霉病	300～500 mg/kg
70％霜脲·氰霜唑	水分散粒剂	葡萄霜霉病	87.5～116.7 mg/kg
63％苯甲·霜霉威	悬浮剂	葡萄霜霉病	458～573 mg/kg

（续）

混剂产品	剂型	防治对象	使用剂量（有效成分）
66.8%丙森·缬霉威	可湿性粉剂	葡萄霜霉病	668～954 mg/kg
68.75%噁酮·锰锌	水分散粒剂	葡萄霜霉病	800～1 200 倍液
30%噁酮·吡唑酯	水分散粒剂	葡萄霜霉病	85.7～100 mg/kg
75%噁酮·嘧菌酯	水分散粒剂	葡萄霜霉病	150～187.5 mg/kg
64%噁酮·氰霜唑	水分散粒剂	葡萄霜霉病	85～98.5 mg/kg
27%寡糖·吡唑酯	水乳剂	葡萄霜霉病	90～135 mg/kg
28%井冈·嘧菌酯	悬浮剂	葡萄霜霉病、白腐病、黑痘病	187～280 mg/kg
40%、45%、50%、60%、70%、80%多·福	可湿性粉剂	葡萄霜霉病	1 000～1 500 mg/kg
70%百·福	可湿性粉剂	葡萄霜霉病	875～1 167 mg/kg
78%波尔·锰锌	可湿性粉剂	葡萄白腐病、霜霉病	1 300～1 560 mg/kg
85%波尔·霜脲氰	可湿性粉剂	葡萄霜霉病	1 062.5～1 416.7 mg/kg
60%嘧菌·代森联	水分散粒剂	葡萄白腐病、霜霉病	461.54～600 mg/kg
400 g/L 克菌·戊唑醇	悬浮剂	葡萄白腐病、霜霉病、炭疽病	267～400 mg/kg
60%唑醚·代森联	水分散粒剂	葡萄白腐病、霜霉病、炭疽病	300～600 mg/kg
50%唑醚·丙森锌	水分散粒剂	葡萄霜霉病	312.5～625 mg/kg
40%唑醚·氰霜唑	水分散粒剂	葡萄霜霉病	72.7～88.9 mg/kg
24%唑醚·壬菌铜	微乳剂	葡萄霜霉病	150～300 mg/kg
30%唑醚·精甲霜	水分散粒剂	葡萄霜霉病	100～200 mg/kg

2. 防治葡萄白腐病的混配制剂

我国登记的防治葡萄白腐病菌的农药混剂为 14 种（有效成分），剂型以悬浮剂、水分散粒剂为主（表 6 - 2）。32.5%（30%、40%）苯甲·嘧菌酯悬浮剂、30%戊唑·多菌灵悬浮剂、75%戊唑·嘧菌酯水分散粒剂、45%唑醚·甲硫灵悬浮剂及水乳剂、25%硅唑·咪鲜胺水乳剂、41%甲硫·戊唑醇悬浮剂主要针对葡萄白腐病菌，其他 7 种药剂兼防其他病害。其中，60%吡唑醚菌酯·代森联水分散粒剂 1 000 倍液、75%肟菌·戊唑醇水分散粒剂 3 000 倍液、30%戊唑·多菌灵 800 倍液、25%甲硫·腈菌可湿性粉剂 600 倍液等有相关研究和试验文献，生产上使用时可以参考。

表 6 - 2　防治葡萄白腐病的农药混剂

混剂产品	剂型	防治对象	使用剂量（有效成分）
32.5%、30%、40%苯甲·嘧菌酯	悬浮剂	葡萄白腐病	130～162.5 mg/kg
30%戊唑·多菌灵	悬浮剂	葡萄白腐病	270～315 g/hm²
75%戊唑·嘧菌酯	水分散粒剂	葡萄白腐病	150～250 mg/kg
78%波尔·锰锌	可湿性粉剂	葡萄白腐病、霜霉病	1 300～1 560 mg/kg
75%肟菌酯·戊唑醇	水分散粒剂	葡萄白腐病、黑痘病	125～150 mg/kg
400 g/L 克菌·戊唑醇	悬浮剂	葡萄白腐病、霜霉病、炭疽病	267～400 mg/kg
60%唑醚·代森联	水分散粒剂	葡萄白腐病、霜霉病、炭疽病	300～600 mg/kg
38%唑醚·啶酰菌	水分散粒剂	葡萄白腐病、灰霉病	190～380 g/hm²
45%唑醚·甲硫灵	悬浮剂、水乳剂	葡萄白腐病	300～450 mg/kg
43%氟菌·肟菌酯	悬浮剂	葡萄白腐病、炭疽病、黑痘病	150～250 mg/kg
25%硅唑·咪鲜胺	水乳剂	葡萄白腐病	200～250 mg/kg
41%甲硫·戊唑醇	悬浮剂	葡萄白腐病	410～512.5 mg/kg
28%井冈·嘧菌酯	悬浮剂	葡萄白腐病、炭疽病、霜霉病	187～280 mg/kg
60%嘧菌·代森联	水分散粒剂	葡萄霜霉病、白腐病	300～600 mg/kg

3. 防治葡萄炭疽病的混配制剂

我国登记的防治葡萄炭疽病菌的农药混剂为 4 种（有效成分），分别为 30% 苯醚·嘧菌酯悬浮剂 150～300 mg/kg、30%（25%）硅唑·咪鲜胺水乳剂 150～200 mg/kg、400 g/L 克菌·戊唑醇悬浮剂 267～400 mg/kg、60% 唑醚·代森联水分散粒剂 300～600 mg/kg。其中，后两个混剂还登记了葡萄霜霉病、白腐病等两种防治对象。

除以上登记药剂以外，有资料报道，生长期采用混配杀菌剂 70% 百菌清·代森锌可湿性粉剂 100～120 g/hm²，或 58% 甲霜灵·锰锌 1 000 倍液，或 78% 波尔·锰锌 600 倍液，或 55% 福美双·吡唑嘧菌酯（10∶1）550 mg/L，或 20% 吡唑醚菌酯 2×10¹⁰ cfu/g 枯草芽孢杆菌可湿性粉剂 1 000～2 000 倍液，或 2% 氯啶菌酯·苯醚甲环唑乳油（10∶1）90～120 g/hm² 等对葡萄炭疽病有较好的田间防治效果。

4. 防治葡萄白粉病的混配制剂

防治葡萄白粉病菌的农药混剂为 5 种（有效成分），分别为 24%（40%）苯甲·吡唑酯悬浮剂、30% 己唑·嘧菌酯悬浮剂、24% 双胍·吡唑酯可湿性粉剂、42.4% 唑醚·氟酰胺悬浮剂、50% 氟环·嘧菌酯悬浮剂。其中，24% 双胍·吡唑酯可湿性粉剂可用于防治葡萄灰霉病（表 6-3）。

表 6-3 防治葡萄白粉病的农药混剂

混剂产品	剂型	防治对象	使用剂量（有效成分）
42.4% 唑醚·氟酰胺	悬浮剂	葡萄白粉病	100～200 mg/kg
24%、40% 苯甲·吡唑酯	悬浮剂	葡萄白粉病	200～266.7 mg/kg
50% 氟环·嘧菌酯	悬浮剂	葡萄白粉病	167～250 mg/kg
30% 己唑·嘧菌酯	悬浮剂	葡萄白粉病	50～75 mg/kg
24% 双胍·吡唑酯	可湿性粉剂	葡萄白粉病、灰霉病	120～240 mg/kg

5. 防治葡萄其他病害的混配制剂

已登记的混剂中，防治葡萄黑痘病的有 55% 喹啉·噻灵可湿性粉剂、75% 肟菌酯·戊唑醇及 43% 氟菌·肟菌酯悬浮剂 3 种；防治葡萄灰霉病的有 38% 唑醚·啶酰菌胺水分散粒剂、40% 嘧霉·异菌脲悬浮剂、42.40% 唑醚·氟酰胺悬浮剂及 24% 双胍·吡唑酯可湿性粉剂 4 种；防治葡萄穗轴褐枯病的是 300 g/L 醚菌酯·啶酰菌胺悬浮剂（表 6-4）。

表 6-4 防治葡萄其他病害的农药混剂

混剂产品	剂型	防治对象	使用剂量（有效成分）
55% 喹啉·噻灵	可湿性粉剂	葡萄黑痘病	458～687.5 mg/kg
75% 肟菌酯·戊唑醇	水分散粒剂	葡萄白腐病、黑痘病	125～150 mg/kg
43% 氟菌·肟菌酯	悬浮剂	葡萄黑痘病	150～250 mg/kg
38% 唑醚·啶酰菌胺	水分散粒剂	葡萄灰霉病	190～380 mg/kg
42.40% 唑醚·氟酰胺	悬浮剂	葡萄灰霉病	100～200 mg/kg
40% 嘧霉·异菌脲	悬浮剂	葡萄灰霉病	400～533 mg/kg
300 g/L 醚菌酯·啶酰菌胺	悬浮剂	葡萄穗轴褐枯病	150～300 mg/kg
24% 双胍·吡唑酯	可湿性粉剂	葡萄白粉病、灰霉病	120～240 mg/kg

此外，室内筛选出 10% 苯醚甲环唑水分散粒剂·50% 多菌灵可湿性粉剂（质量比 4∶1、2∶1、1∶1）、50% 咪鲜胺可湿性粉剂·70% 甲基硫菌灵可湿性粉剂（质量比 4∶1、2∶1、1∶1）较好的杀菌剂组合，对葡萄褐斑病防效较好。氯啶菌酯与苯醚甲环唑按 10∶1 混配的复配制剂抑制穗轴褐枯病菌菌丝生长效果较好，银泰和腈菌唑按 5∶1 比例复配对防治葡萄黑痘病有协同增效作用，咯菌腈与咪鲜胺 1∶1 配比对防治葡萄灰霉病菌有明显增效作用。这些研究为田间病害防治提供理论基础。

（二）田间农药产品的混合使用

在田间生产实际中，有农药产品之间、农药与中、微量肥料之间及农药与农药助剂之间的混合使用。

田间农药产品的混合使用，是同一时期的田间需求，与该时期的病虫害种类和危害程度、作物的营养需求有关。同时有病害和虫害威胁时，需要杀虫剂和杀菌剂的混合使用；某一时期需要同时防治多种病害时，如果一种杀菌剂不能落实防控要求，则需要两种或多种杀菌剂的混合使用；当需要使用农药防治病虫害又同时需要补充中、微量元素营养时，则需要农药与中、微量元素肥料的混合使用；因作物器官（叶片、花序、枝蔓等）的特殊结构，而农药产品本身的特征不能互相匹配时，需要农药与特殊的助剂进行混合使用，以提高药效、减少农药使用量、降低农业生产成本。

1. 农药助剂与防治葡萄病虫害

在当前倡导、推广精准施药和农药减量增效的形势下，添加增效剂来防治农业病虫害是切实提高防治效果和降低化学农药用量的有效途径之一，有助于促进农药使用技术的发展。目前在葡萄上应用研究的增效剂主要分为：有机硅表面活性剂、非离子增效剂及其他三大类。

（1）有机硅表面活性剂。具有降低药液表面张力，提高药液黏附及渗透性，并增强药剂抗雨水冲刷能力的特点。据管丽琴等研究发现，百湿露 3 000 倍液与农药推荐剂量混用对葡萄霜霉病增效作用显著，且每 667 m² 用水量为常规用水量的 50%～70%；李宝燕等发现杰效利 3 000 倍液与常规有效杀菌剂混用后能够增强对葡萄白腐病、炭疽病、霜霉病的防治效果，并降低 20% 喷雾量，每次可节省 660 L/hm² 的淡水量；张新等研究表明菲蓝 3 000 倍液、杰效利 3 000 倍液与杀虫剂常量混用后用于高效防治葡萄斑叶蝉。

（2）非离子增效剂。具有吸附和渗透作用，与农药混用后，可将农药吸附成更大分子的物质，能增强其效能。已报道的在葡萄上应用的此类增效剂有倍创、渗展宝、一可佳等商品。研究表明，杀菌剂减量 30%＋实际农药用量 14% 的倍创能够增强杀菌剂的药效，渗展宝 3 000 倍液、一可佳 3 000 倍液＋杀虫剂常量可显著控制葡萄斑叶蝉虫害。

（3）其他类。张新等研究表明一种新型的广谱高效农药增效剂，含有黏着成膜剂，能增强农药渗透性、展着性和黏附性，能迅速促进药剂穿透抗性害虫体表及蜡质层。

较为详细的"农药助剂及在葡萄病虫害防控上的应用"，请参考本章第三节内容。

2. 防治葡萄害虫及病害的混配

目前对于防治葡萄害虫的混配也有一些报道，如 3 波美度石硫合剂＋0.3% 洗衣粉、40% 阿维·螺螨酯 1 500 倍液防治葡萄短须螨，0.54% 蛇床子素·苦参碱（1∶2）可溶液剂、1.5% 印楝素·蛇床子素（1∶4）可溶液剂防治葡萄绿盲蝽；杀虫剂与活性剂混配防治葡萄斑叶蝉，80% 波尔多液 800 倍液与 10% 吡虫啉 2 000 倍液混配（1∶1，V/V）防治细菌和果蝇，提高防治葡萄酸腐病的效果。

总体上看，防治葡萄虫害的混配研究较少，既能杀菌又能治虫的混剂更是研究极少。而在实际生产中，同时喷施杀虫剂和杀菌剂防治害虫和病害的机会较多，且由于杀虫、杀菌混剂具有一次用药，兼治虫害、病害，节省工时的优点，农户一般根据病虫害发生规律进行田间简单桶混。时常出现随意配比混配、擅自加大用药量或提高药剂浓度等不科学混用的现象，因此关于此部分的混配需进一步的研究。

四、葡萄园农药混合使用的指导原则和实用技术

在整个生育期，葡萄经常受到多种病虫危害，病虫先后发生或在某一生长阶段同时发生。因此，防治时应做到全面考虑，一次用药能兼治同一个时间点的几种病虫，从而实现减少用药次数和降低农药使用量、提高防治效率的目的。

田间农药混合使用技术在葡萄上使用时，需要考虑以下步骤或原则。

（一）农药的混配性能

获得农药之间（及农药与中、微量元素肥料之间、农药与助剂之间）混合使用的相关资料有三个途径。

1. 农药登记资料

我国及世界各国，有许多已经登记使用的混剂产品。这些混配制剂中的农药有效成分之间是可以混

合使用的，尤其是同一剂型的农药。剂型不一致的，可以在相关专家指导下进行混合使用。根据我国已登记在葡萄上的农药种类，可以进行混合使用的农药包括以下种类。

（1）百菌清，可以与福美双、甲霜灵、百菌清等混合使用。

（2）甲基硫菌灵，可以与吡唑嘧菌酯、戊唑醇等混合使用。

（3）福美双，可以与百菌清、多菌灵、吡唑醚菌酯等混合使用。

（4）腐霉利，可以与异菌脲、嘧菌环胺等混合使用。

（5）代森锰锌，可以与甲霜灵、精甲霜灵、烯酰吗啉、霜脲氰、波尔多液、噁唑菌酮等混合使用。

（6）烯酰吗啉，可以与异菌脲、嘧菌酯、氰霜唑、吡唑醚菌酯、二氰蒽醌、唑嘧菌胺、喹啉铜、霜脲氰、甲霜灵、代森锰锌等混合使用。

（7）抑霉唑，可以与醚菌酯等混合使用。

（8）啶酰菌胺，可以与咯菌腈、吡唑醚菌酯、肟菌酯、嘧菌环胺、异菌脲、嘧菌酯等混合使用。

（9）吡唑醚菌酯，可以与乙嘧酚磺酸酯、氯氟醚菌唑、戊唑醇、丙森锌、苯醚甲环唑、啶酰菌胺、福美双、氰霜唑、烯酰吗啉、代森联、氟环唑、霜脲氰、噁唑菌酮、甲基硫菌灵、壬菌酮等混合使用。

（10）双胍三辛烷基苯磺酸盐，可以与精甲霜灵、氟唑菌酰胺、氨基寡糖素、吡唑醚菌酯等混合使用。

（11）嘧菌酯，可以与烯酰吗啉、戊唑醇、抑霉唑、霜脲氰、氰霜唑、啶酰菌胺、井冈霉素、噁唑菌酮、氟唑菌酰胺、苯醚甲环唑、己唑醇等混合使用。

（12）乙嘧酚磺酸酯，可以与吡唑醚菌酯、己唑醇等混合使用。

（13）异菌脲，可以与烯酰吗啉、腐霉利、啶酰菌胺、嘧霉胺等混合使用。

（14）氰霜唑，可以与氟唑菌酰胺、噁唑菌酮、吡唑醚菌酯、烯酰吗啉、嘧菌酯、霜脲氰、丙森锌等混合使用。

（15）波尔多液，可以与代森锰锌、霜脲氰等混合使用。

（16）咯菌腈，可以与啶酰菌胺、嘧菌环胺、嘧霉胺等混合使用。

（17）蛇床子素，可以与苦参碱等混合使用。

（18）嘧菌环胺，可以与腐霉利、啶酰菌胺、咯菌腈等混合使用。

（19）代森联，可以与吡唑醚菌酯等混合使用。

（20）氟环唑，可以与吡唑醚菌酯、嘧菌酯等混合使用。

（21）戊菌唑，可以与嘧菌酯、甲基硫菌灵、克菌丹、多菌灵、肟菌酯等混合使用。

（22）咪鲜胺，可以与氟硅唑等混合使用。

（23）霜脲氰，可以与嘧菌酯、吡唑醚菌酯、氰霜唑、烯酰吗啉、精甲霜灵、代森锰锌、烯肟菌酯、波尔多液等混合使用。

（24）肟菌酯，可以与啶酰菌胺、戊唑醇、氟吡菌酰胺等混合使用。

（25）氟噻唑吡乙酮，可以与噁唑菌酮等混合使用。

（26）苯醚甲环唑，可以与吡唑醚菌酯、嘧菌酯、霜霉威等混合使用。

（27）己唑醇，可以与多菌灵、嘧菌酯、乙嘧酚磺酸酯等混合使用。

（28）丙森锌，可以与吡唑醚菌酯、氰霜唑、缬霉威等混合使用。

（29）三乙膦酸铝，可以与氟吡菌胺、氟吗啉、甲霜灵等混合使用。

（30）氟硅唑，可以与咪鲜胺等混合使用。

（31）喹啉铜，可以与烯酰吗啉、噻菌灵等混合使用。

（32）克菌丹，可以与戊唑醇等混合使用。

（33）嘧霉胺，可以与咯菌腈、异菌脲等混合使用。

（34）苦参碱，可以与蛇床子素等混合使用。

（35）氨基寡糖素，可以与吡唑醚菌酯等混合使用。

（36）噁唑菌酮，可以与氰霜唑、吡唑醚菌酯、嘧菌酯、代森锰锌等混合使用。

（37）氯氟醚菌唑，可以与吡唑醚菌酯等混合使用。

（38）精甲霜灵，可以与代森锰锌、吡唑醚菌酯、氰霜唑等混合使用。

（39）二氰蒽醌，可以与烯酰吗啉等混合使用。

（40）壬菌铜，可以与吡唑醚菌酯等混合使用。

（41）井冈霉素，可以与嘧菌酯等混合使用。

（42）多菌灵，可以与己唑醇、戊唑醇、福美双等混合使用。

（43）氟吗啉，可以与三乙膦酸铝等混合使用。

（44）噻菌灵，可以与喹啉铜等混合使用。

（45）氟唑菌酰胺，可以与吡唑醚菌酯等混合使用。

（46）甲霜灵，可以与烯酰吗啉、代森锰锌、霜霉威、百菌清、三乙膦酸铝等混合使用。

（47）烯肟菌酯，可以与霜脲氰等混合使用。

（48）唑嘧菌胺，可以与烯酰吗啉等混合使用。

（49）缬霉威，可以与丙森锌等混合使用。

2. Pesticide Manual

Pesticide Manual（《农药手册》）对农药混配的标准描述为：目前已经发现不能混合使用的，需要标明（其他的应该都能混合使用）。例如：

（1）百菌清，不能与油剂混合使用。

（2）甲基硫菌灵，不能与碱性及含铜化合物混合使用。

（3）代森锰锌，不能与氧化剂和酸性物质混合使用。

……

3. 相关研究资料或实际经验

农业科技工作者和田间操作者，在生产实际或田间防治探索中获得的相关试验或实际经验，如3波美度石硫合剂＋0.3％洗衣粉、80％波尔多液800倍液与10％吡虫啉2 000倍液混配。这些技术资料和实际经验，一般具有局限性，不一定具有普适性。

（二）解决阶段性问题

有关农药的选择，首先是根据农药的防治对象（杀菌谱、杀虫谱）等进行选择，再根据相关抗药性检测监测结果、植物安全性、时段性等剔除禁用及不能选择的种类（请参考相关章节的内容）。

把选择的农药根据田间防控病虫害种类的实际需求，列出相关混合使用的草案（多种配合、多种选择），这些草案中每一项混合使用，能实现解决阶段性问题的目的（防治所有阶段性的防治对象）。

（三）混合使用方案的选择

首先对混配方案进行选择：把《农药手册》中能够相互混合使用、能解决阶段性病虫害问题的所有配方进行对比，根据农药化合物的混配特征，选择最优的配合使用组合。最优组合具有以下特征：能够相互混合使用，或者没有相关不能混合使用的资料和经验；根据各自的防治对象，混合使用能够解决所有阶段性所有问题；符合使用农药的剂量最少（按照配比测算）、经济实惠、操作易行的要求。

其次，是对选择的最优组合进行相关混合使用试验：一是预混合试验。混配过程中，不能出现浑浊、沉淀、起泡等类似于化学反应的现象。二是安全性试验。增加剂量（按照设计使用剂量增加一倍的剂量）在1～2株葡萄上使用，使用后一周之内没有不正常表现（与没有使用药剂的植株进行比较）。混合试验没有问题的，可以进行田间的混合使用。

当然，可以根据现有的混合使用经验（其他葡萄园已经使用过的，或者试验示范证实的）进行田间的现混现用。如在葡萄开花前，需要防治灰霉病、穗轴褐枯病、黑痘病、霜霉病及盲蝽、叶蝉、蓟马、短须螨等病虫害，也需要补充微量元素硼，一般选择广谱的、混配性好的保护性杀菌剂与杀虫杀螨剂及硼肥等混合使用，30％保倍福美双800倍液＋21％噻虫嗪悬浮剂1 500倍液＋40％氟硅唑乳油8 000倍液＋21％保倍硼可湿性粉剂4 000倍液（硼肥）＋硫酸锌2 000倍液（锌肥）是使用的成熟配方，可以直接选用。

附录 1　合理利用混剂防治葡萄霜霉病

1. 技术简介

葡萄霜霉病是葡萄上的重大病害。目前，生产上对葡萄霜霉病的防治策略主要是化学药剂防治。霜霉病发生危害时期，一般也是黑痘病、白腐病、炭疽病等病害的发生时期，如何减少药剂的用量并且提高防治效果不仅是研究重点，并且是重大的农业生产问题。合理的农药混配不仅可以提高防治力，还可以在扩大防治谱的同时防治多种病害、减少农药用量等，是目前葡萄上有害生物综合防治的一项重要措施，也是农药减量增效的一种主要方法。

2. 技术使用要点

（1）根据以往当地葡萄霜霉病发生情况，在病害发生前施用保护性杀菌剂，发病前或初期施用兼有保护和治疗作用的混剂。

（2）田间可选择喷施以下混剂：2.2%多抗霉素·丁子香酚1 000倍液、45%福美双·吡唑醚菌酯2 000倍液、4.5%多抗霉素·小檗碱700倍液、60%吡唑醚菌酯·代森联水分散粒剂1 500倍液、66.8%丙森锌·缬霉威可湿性粉剂600倍液、50%烯酰·嘧菌酯悬浮剂2 000倍液、60%霜脲·嘧菌酯水分散粒剂1 200倍液等。

注：根据抗药性检测结果选择药剂，避免选择抗性频率高的药剂及含有该有效成分的混配制剂。

（3）药剂配置时，采用二次稀释。用少量水先溶解药剂后再加足所需水量，田间桶混药剂要求现混现用，喷雾时使叶片正反面及果实均匀着药。

（4）以上药剂可根据其可混性，与倍创2 000倍液，或杰效利3 000倍液，或百湿露3 000倍液混用以增强防效。

3. 技术适宜区域

本技术适合有葡萄霜霉病及其他多种病害发生的葡萄园。

4. 注意事项

（1）以上推荐的化学药剂间隔7～14 d喷施1次，每季最多施药3次，建议不同作用机制的杀菌剂轮换使用。

（2）生物混剂使用间隔期可适当缩短至7～10 d。

（3）药剂使用过程中有其他病害发生时，若所选用药剂没有兼治作用，应添加相应的药剂防治；有虫害发生的园区，选择有效杀虫药剂进行混用。

（4）保护性杀菌剂在病害发生前用药效果好，兼有保护和治疗作用的混剂可于发病前或初期用药。

（5）喷药要均匀周到，同时应选在无风晴天喷药，严禁在露水未干、中午烈日及天气潮湿时喷药。

附录 2　合理利用混剂防治葡萄主要果实病害

1. 技术简介

葡萄白腐病、炭疽病、灰霉病的防治是葡萄生产中的一个重要环节，化学药剂防治是主要的防治手段。

2. 技术使用要点

（1）开花前防治。花序展露期、开花前使用药剂。

（2）谢花后防治。立即喷施药剂1次、间隔7～10 d再使用1次。

（3）根据所选择药剂的混配性能，与倍创2 000倍液、杰效利3 000倍液、百湿露3 000倍液混用以增强防效。

（4）药剂配置时，采用二次稀释。用少量水先溶解药剂后再加足所需水量，喷雾时使叶片正反面及果实均匀着药。

3. 技术适宜区域

本技术适合所有葡萄园。

4. 注意事项

（1）7—8月，尤其是多雨潮湿天气，选择的药剂应注意同时兼防葡萄霜霉病或添加防治霜霉病的内吸性药剂。

（2）为减缓抗药性的产生，用药时应以预防和初期防治为主。应注意生物药剂和化学药剂的交替使用，保护性杀菌剂与治疗性杀菌剂等进行复配或者交叉使用，在同一个生产季同一种单剂的使用次数不超过2次。

（3）根据降雨及病害发生发展程度，间隔10 d左右用药1次，生物混剂使用间隔期可适当缩短至7~10 d。

（4）药剂使用过程中，有其他病害发生时，若所用药剂没有兼治作用，应添加相应的药剂防治；有虫害发生的园区，选择有效杀虫药剂进行混用防治。

（5）喷药要均匀周到，同时应选在无风晴天喷药，严禁在露水未干、中午烈日及天气潮湿时喷药。

技术支持单位：山东省烟台市农业科学研究院

技术支持专家：王英姿，李宝燕，王培松

第二节　农药助剂的应用

农药助剂，是指除有效成分以外的任何被有意地添加到农药产品中，本身不具备农药活性，但能够提高或改善，或者有助于提高或改善农药产品的物理、化学性质的单一组分或者多个组分的混合物。农药助剂的基本理化性质是全球通用的，尽管产品的种类和商业上的名称众多，但是按化学类别可以划分为表面活性剂、油类助剂、聚合物、磷脂类及无机盐等。本章节介绍农药助剂的基本情况及在葡萄上的应用前景。

一、农药助剂应用历史

农药助剂是围绕着农药生产加工需求和使用技术需求而不断发展的，最终目的都是为了提高农药利用率，增强防治效果，减少资源浪费，保障食品安全和环境保护。助剂的应用历史可追溯到19世纪末，最初的目的是改善硫黄、石灰、铜、砷制剂的黏着性，主要使用面粉、糖及肥皂液等。为了提高杀虫、杀菌活性，1900—1920年出现了加入油类作为助剂的报道。20世纪30年代报道了助剂表面张力、接触角、润湿性等对药剂性能影响的初步研究。20世纪40—50年代，随着现代有机合成农药的问世，新型助剂开始产生和应用，非离子型表面活性剂被证实比肥皂液更能提高农药活性。20世纪60—70年代，人们发现使用表面活性剂和油类助剂（如煤油）等可降低除草剂和喷洒液的用量，提高叶面对喷施药液的吸收。20世纪80年代起，在农药制造商大力推荐和推广下，促进了助剂的研究和开发，并获得迅速发展和大量应用。到90年代，人们更注意到农药的理化性能和生物活性对助剂性能的要求是不同的。因此，国外农化公司十分重视助剂的应用开发和研究，并生产出具有各种性能的一系列产品，如在除草剂标签上都有相应桶混/喷雾助剂的用法；在推出农药新产品的同时也推出与其匹配的桶混/喷雾助剂。国外在助剂使用中，采用桶混加入特别普遍。我国农药助剂的发展是从20世纪50年代研究乳化剂开始的，经过60多年的发展，我国农药助剂的研究和应用取得了长足的进展。但就总体而言，除乳化剂、分散剂、润湿剂、渗透剂和增效剂外，其他助剂品种少，有些助剂还是空白。我国助剂使用主要是在制剂加工配方中加入，目的主要是满足改善剂型理化性能如乳化、悬浮、展布、抗冻、消泡和热贮稳定性等要求和药效，对桶混/喷雾助剂的应用开发和研究相对较少。

农药助剂种类繁多，助剂产品的种类和质量对农药剂型及农药使用技术的发展和产品改进有重要的促进作用。助剂的使用不仅仅是凭经验或者在增强药效作用后经筛选得到的，助剂的选择是随着农药的性质、作用模式（残留、接触或内吸）、剂型类型（溶液、乳液、悬浮液、粉剂和粒剂等）、使用方式（配方助剂或者桶混/喷雾助剂）和靶标作物（草、虫或菌）的性质而改变的。随着农药剂型加工技术以及农药施用技术的创新和发展，农药助剂的种类和用途不断被拓展。

二、农药助剂的分类

农药助剂可以按照其在农药中的使用方式、化学结构类型、功能、表面活性及相对分子质量大小等进行分类。农药助剂按照其在农药中的使用方式，可分为配方助剂（formulation additive）和桶混/喷雾助剂（spray adjuvant）。配方助剂是在农药制剂加工生产过程中添加在配方之中，以满足剂型加工、理化稳定性及功效性要求的物质。根据其在农药制剂中的功能又可以分为溶剂、乳化剂、润湿剂、分散剂、防冻剂、消泡剂、填料、警戒色及防腐剂等化学物质。桶混/喷雾助剂是指为了提高农药制剂的生物活性，在使用前添加至农药喷洒液中，可改善药液在靶标及植物叶片上的润湿、附着、展布与渗透等界面特性的一类物质。包括植物油类、矿物油类的除草剂增效剂，增加润湿和铺展的有机硅类，以及近几年新增的植物精油和高分子等桶混/喷雾助剂。据统计，我国每年需要消耗桶混/喷雾助剂 6 万 t，主要有植物油类、矿物油类、高分子类、无机盐类、表面活性剂类、有机硅表面活性剂类等。不同功能助剂作用机制不同，但归纳起来看主要是改变药液的物理化学性质，改善雾滴谱，减少挥发、飘移，改善液滴与植物叶面的作用过程、作用状态，增加药液在靶标作物叶面的润湿性能，从而提高药液沉积、活性成分吸收及药效。

我国习惯于按照农药助剂是否具有表面活性将助剂分为表面活性剂和非表面活性物质两大类。非表面活性物质主要是指在农药剂型加工过程中使用的一些惰性物质或者溶剂、填料等改善农药剂型物理化学性能或稳定性能的物质。主要包括农药剂型加工中使用的载体、填料或吸附剂（如白炭黑、高岭土、陶土、无机盐等），醇类、醚类以及烃类等溶剂与助溶剂，草酸、柠檬酸、碳酸钠、三聚磷酸钠等 pH 调节剂，黄原胶等增稠剂，酸性红、玫瑰精、亮蓝等警戒色素。农药助剂更多的是各种表面活性剂类物质，其分子结构特征是具有不对称性，其分子是由亲水（或憎油）的极性基团和亲油（或疏水）的非极性基团（一般是碳氢键）所组成的。因此，表面活性剂分子具有两亲性质，被称为两亲分子，图 6-1 给出了阴离子表面活性剂脂肪醇硫酸酯钠［如 $CH_3(CH_2)_{11}OSO_3Na$］两亲分子的结构示意图。

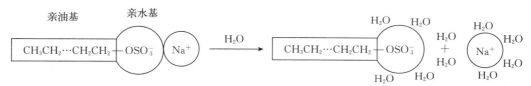

图 6-1　脂肪醇硫酸酯钠分子结构示意图
（引自杜凤沛，2009）

表面活性剂分子亲水基的种类很多，如羧基、硫酸基、磺酸基、磷酸基、氨基、季胺基、酰胺基、聚氧乙烯基等。疏水基则主要有各种长链的碳氢基团、碳氟基团、聚硅氧烷链、聚氧丙烯基等。由于表面活性剂的品种繁多，因而分类方法也很多，可以从表面活性剂的用途、物理性质或化学结构等角度来分类，但最常用和最方便的是按其化学结构进行分类，即根据亲水基的类型和它们的电性不同来区分。凡溶于水后能发生解离的称为离子型表面活性剂，并根据亲水基的带电荷情况可进一步分为阳离子表面活性剂、阴离子表面活性剂及两性表面活性剂等。凡在水中不能解离为离子的称为非离子型表面活性剂，一些重要的表面活性剂类型归纳在图 6-2 中。表内所列的亲水基种类虽不完全，但实际应用的表面活性剂一般不超出这些。憎水基 R 可简单地分为脂肪烃和芳香烃两类。若再细分，可按照憎水基中碳原子数目的多少、有无支链及亲水基的位置、数目、荷电多少等分类。表面活性剂多种多样的应用就是靠分子结构上的这种差异演变而来的。除人工合成的以外，还有许多天然的表面活性剂，其中包括磷脂（如卵磷脂）、水溶性胶（如阿拉伯胶、瓜胶）、藻朊酸盐等。

农药助剂按照相对分子质量大小又可以分为普通助剂和高分子型助剂。一般有机物的相对分子质量约在 500 以下，但有些有机化合物（如蛋白质、纤维素等）的相对分子质量很大，有的甚至达到几百万。斯陶丁格（Staudinger）把相对分子质量大于 1 万的物质称为高分子化合物。按照来源不同，高分子助剂可分为天然高分子助剂和合成高分子助剂两类。合成高分子助剂大体上有缩聚物和加聚物两大

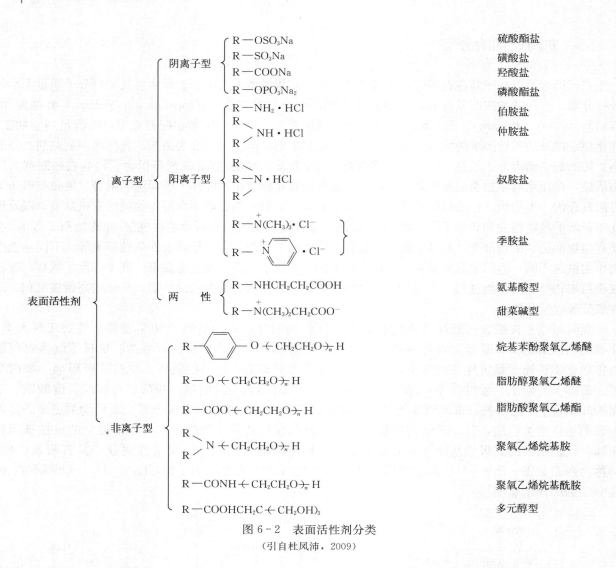

图 6-2　表面活性剂分类
(引自杜凤沛, 2009)

类,如丙烯酸聚合物、聚乙烯吡咯烷酮、聚乙烯醇(PVA)、聚乙烯醚、聚丙烯酰胺等。常见的天然高分子助剂有藻酸(钠)、果胶、淀粉、蛋白质等。

三、农药助剂的应用

经过几十年的努力,我国已经开发出一系列用于乳油、可湿性粉剂、水剂、悬浮剂等制剂的乳化剂、分散剂、润湿剂及渗透剂、增效剂、增稠剂、成膜剂等配方助剂,基本可以满足目前农药乳油、水乳、悬浮剂等农药剂型生产加工。随着农药产品向绿色、安全、高效、环境友好方向发展,农药助剂也正朝着高效能、低用量、多功能、优质、价廉的方向发展。本节重点介绍农药桶混/喷雾助剂应用的情况。

农用桶混/喷雾助剂一直被誉为农药产品不可或缺的幕后英雄。在过去,喷雾助剂的价值一直被忽略,都是当作配药或赠品,并没有体现它的真正价值。而现在的桶混/喷雾助剂经过几代的升级,已经有了很大的进步,它的价值逐渐被广泛认知和挖掘出来。农药化肥减施增效、农业绿色发展等国家战略的稳步推进,以及种植模式改变带来的施药技术、施药装备、施药方式的变革,都为农用助剂尤其是农用桶混/喷雾助剂的高速发展提供了条件。

桶混/喷雾助剂是农药在喷洒前直接添加在药液中与农药现混现用,能改善药液理化性质的一种农药助剂。通过桶混/喷雾助剂的使用,可以降低药液的表面张力,改善药液在靶标作物叶面的润湿性能,增加药液在靶标作物的渗透能力,提高农药雾滴的抗雨水冲刷能力,防飘移、抗蒸发、抗光解,以及改善不同农药的兼容性等,大幅度提高农药利用率,并能弥补常规农药剂型产品对低容量或超低容量喷雾作业的适应性，从而提高防治效果，推动精准施药、减量施药等新技术的应用。桶混/喷雾助剂种类、功能多样，使用便捷灵活，可与化学农药、生物农药和叶面肥等桶混使用。桶混/喷雾助剂按照化学类别分主要有植物油类、矿物油类、有机硅类及表面活性剂类等，本章介绍几类常用的桶混/喷雾助剂及应用。

（一）矿物源喷雾助剂

油类在农药中既可用作油类助剂，也可用作农药及替代苯类的溶剂。油类助剂是除了表面活性剂之外，用量最大和最重要的助剂。它们的使用可以降低农药喷雾药液的表面张力，降低农药液滴在植物叶面的接触角，表现出润湿、铺展、黏附、渗透和耐雨水冲刷的优异性能，从而提高药效。油类助剂在农药中应用由来已久，早在 20 世纪初为了提高杀虫、杀菌活性就有加入油类助剂的报道；在除草剂中的应用可追溯到 20 世纪 60 年代，1963 年就有矿物油在莠去津中应用的报道，随后又有植物油在莠去津和甜菜宁中应用的报道。

目前，油类助剂应用类型主要有矿物油和植物油 2 种类型。

矿物源喷雾助剂以精炼矿物油为原料。一般来说，使用矿物油的重油比轻油表现出较好的药效，但同时也容易产生药害，油的相对分子质量越大，药效越好，药害也越重。现在已经不用相对分子质量来衡量矿物油的轻、重，而改用碳链数来表示，一般农用矿物油的使用范围在 C16（轻）～C30（重）。此外，矿物油中芳香烃和不饱和烃分子的含量越多，则安全性越低。芳香烃和不饱和烃含量高是产生药害的根源，而且一些多环芳香烃和不饱和烃对人还有致癌作用，也是严重污染环境的物质。人们早已研究出用硫酸可以除去矿物油中产生药害的这些物质，也确认非磺化物含量高于 92% 的喷淋（矿物）油可以在作物上安全使用，现在随着提炼技术的提高，喷淋（矿物）油中非磺化物含量可超过 95%，甚至最高可达 99%。

矿物油助剂中碳氢化合物的主要结构是脂肪和环状碳氢化合物类结构，两种结构形式与含量的不同造成了矿物油助剂的黏度差异，矿物油助剂黏度不同对农药的增效作用也各显差异。矿物油广泛应用于作物的病虫综合治理，能增加药剂的黏度，在农药使用过程中添加矿物油可延长药液雾滴干燥时间、促进药剂吸收与渗透、促进农药在难润湿靶标上的吸附。此外，矿物油使药剂在植物叶面上（尤其是蜡质层厚的植物）不易反弹和滚落，避免造成药剂的流失。矿物油既能作为增效剂，又能单独作为杀虫剂使用。

1. 矿物源喷雾助剂在除草剂上的应用

20 世纪 60 年代，矿物油助剂开启了油类助剂作为喷雾助剂在除草剂中使用的大门，1963 年报道了矿物油在除草剂阿特拉津中的增效作用。

王金信等在室内及温室条件下研究 10 种不同黏度的矿物油助剂对除草剂防除杂草的增效作用时发现，矿物油对除草剂的增效作用与其黏度有关，黏度为 46 mm²/s（40 ℃）的矿物油助剂对除草剂的增效作用最大，且矿物油助剂对除草剂的增效性能有选择性。

2. 矿物源喷雾助剂在杀虫剂上的应用

当矿物油与大多数杀虫剂混合使用时，能增加农药有效成分的沉积量和抗冲刷能力，并协助农药有效成分穿透害虫和作物体表，进入害虫和作物体内，从而有效提高农药的防治效果。王仪等研究了矿物油喷雾助剂对高效氯氰菊酯在甘蓝叶片表面的渗透性能，结果表明，加入 20% 矿物油助剂的高效氯氰菊酯在 6～15 h 期间，药液渗透效率为空白对照的 9.9 倍。同时发现，未加矿物油助剂的处理组在渗透时间为 13 h 时，达到最大渗透率 2.21%；添加矿物油助剂的处理组在渗透时间为 22.4 h 时停止渗透，最大渗透率为 5.4%。

3. 矿物源喷雾助剂在杀菌剂上的应用

矿物油本身具有抑制病原真菌菌丝体和分生孢子的生长和繁殖作用。卢慧林研究了矿物油对无机铜制剂防治柑橘疮痂病和柑橘全爪螨的增效作用。研究结果表明，矿物油与铜制剂混合使用后，77% 氢氧化铜可湿性粉剂、53.8% 氢氧化铜可湿性粉剂和 30% 碱式硫酸铜悬浮剂对疮痂病的平均防治效果分别增加了 28.25%、20.19% 和 16.79%，对全爪螨则分别增加 73.37%、51.47% 和 91.95%。

矿物油助剂具有诸多优良特性，保证了其作为喷雾助剂使用对农药的增效作用高于常见的表面活性剂类喷雾助剂，特别是在干旱、高温等不良环境条件下，其对除草剂的增效性能更佳。但是，此类助剂在田间温度＞28 ℃、空气相对湿度＜65％时无明显增效作用，在实际的田间应用中需重视温湿度是否适宜。

（二）植物源喷雾助剂

随着农药助剂学科的进一步发展与环保意识、环境监测手段的不断加强，人们开始意识到矿物油助剂造成的药害、毒害、生物降解等环境问题的严重性。因此，人们开始把喷雾助剂开发的视野转移到来源于自然界的植物油上面。植物油助剂具有与表面活性剂相似的诸多优良特性，如植物油助剂也可以降低农药药液的表面张力与接触角、增强药液在植物叶片上的润湿性、增加农药在靶标上的铺展面积、提高药液渗透性，同时可使雾滴容易黏附在植物叶片表面、增强药液耐雨冲刷性和促进药液在靶标叶片的吸收，从而可提高农药的药效与农药的有效利用率，实现农药减量化使用的目的。

一般农化领域的植物油包括两种类型，一种是传统层面上的植物油，另一种是酯化植物油。植物油的主要成分是由脂肪酸与甘油化合形成的三酰基甘油（triacylglycerols，又称甘油三酯）。植物油的性质与使用价值由脂肪酸的种类、含量和三酰基甘油的空间结构决定。植物油桶混/喷雾助剂是在传统植物油中添加表面活性剂组成的混合物。一般有四种类型：第一种，植物油（crop oil）。该种类型的植物油类喷雾助剂含植物油95％～98％、非离子表面活性剂2％～5％。第二种，植物催化油（crop oil emulsifier）。该种类型的喷雾助剂含植物油83％～85％、非离子表面活性剂15％～17％。第三种，植物油浓缩物（vegetable oil concentrates）。含植物油85％～88％、乳化剂12％～15％。第四种，植物原油（crop oritgin oil）。该种类型的喷雾助剂含菜籽油85％～93％、非离子表面活性剂7％～15％。

酯化植物油类桶混/喷雾助剂的植物油来自天然或者部分精制的植物脂肪酸短链烷基酯的酯化植物油。常见的有来自棉籽油、可可油、大豆油、椰子油、葵花油等的植物油类助剂，最多可提高农药药效2～3倍。通过酯化手段得到的酯化植物油助剂大大增强了其对靶标的亲酯性，可大幅度提高农药药效（5～10倍）。

1. 植物源喷雾助剂在除草剂上的应用

油类助剂对除草剂的增效作用和作物的安全性十分明显，在除草剂中得到了广泛应用，尤其是在玉米和大豆田的茎叶处理剂中使用较多。加入油类助剂的主要作用：可减少药剂挥发和飘移的损失；可降低药剂的表面张力，使药剂易于润湿；增加药剂的黏度，使药剂在植物叶面上（尤其是蜡质层厚的植物）不易反弹和滚落，避免造成药剂的流失；增加药剂在植物叶面上的黏着量，同时也增强了药剂耐雨水冲刷能力，有利于药剂的吸收；油类（除矿物油外）属天然产品，无毒，能被植物吸收利用，可被植物和土壤生物分解，有利于保护环境；与植物有亲和性，对植物使用安全，不易产生药害；能采用低容量喷雾，大幅度降低药剂的喷液量。郭红霞等研究了七种甲酯化植物油及其复配助剂对噁唑酰草胺的增效作用，研究结果表明，当甲酯化植物油助剂的体积分数为喷液量的0.5％时，能显著提高噁唑酰草胺药液在稗草叶面上的沉积量，沉积量增加范围为11.17％～143.60％。王欢等研究发现，植物油助剂对我国大豆、玉米田除草剂常用剂型（水乳、乳油、悬浮剂）均有增效作用。肖慰祖等研究了植物油类助剂对双草醚和氰氟草酯的增效作用，结果表明，每667 m² 添加 90 mL 植物油助剂后，双草醚对3～4叶期稗草的 ED_{90}（抑制杂草生长量90％的剂量）由3.651 1 g降至0.932 9 g，植物油助剂明显增加了双草醚对稗草的防效；每 667 m² 添加 90 mL 植物油助剂后，氰氟草酯对3～4叶期稗草和千金子的防效均有所提高，氰氟草酯对稗草的 ED_{90} 由 10.903 5 g 降至 5.231 1 g，对千金子的 ED_{90} 由 6.840 0 g 降至 2.873 6 g。王坤芳等发现甲基化植物油对精喹禾灵和烟嘧磺隆除草剂防除少花蒺藜草有明显的减量增效作用。酯化植物油对于防除大规模杂草比其他助剂更有效，除此之外，在干旱胁迫下酯化植物油对除草剂的增效作用也不容小觑。

2. 植物源喷雾助剂在杀虫剂上的应用

阳廷密等探索了植物油助剂对螺螨酯防治柑橘全爪螨的增效作用和减量作用，研究结果表明，螺螨酯常量单用的防治效果，药后 1 d 为 57.75％，药后 3～30 d 为 72.75％～87.68％；添加助剂后的防治效果，药后 1 d 为 84.99％～87.58％，药后 3～30 d 为 96.79％～100.00％。螺螨酯减量30％单用时的防治效果，药后 1 d 仅为 23.15%，药后 3～30 d 为 26.62%～77.26%；添加助剂后的防治效果，药后 1 d 为 69.30%～88.12%，药后 3～30 d 为 96.29%～100.00%。

孙才权等通过稻茎浸渍法测定甲酯化植物油喷雾增效剂对 80% 烯啶·吡蚜酮水分散粒剂防治水稻褐飞虱室内活性的影响，结果表明，80% 烯啶·吡蚜酮水分散粒剂和甲酯化植物油混配对 3 日龄水稻褐飞虱幼虫具有很高的活性，加入 0.3% 甲酯化植物油的致死中浓度（LC_{50}）值为 0.583 2 mg/L，加入 0.6% 甲酯化植物油的 LC_{50} 值为 0.461 2 mg/L，都明显低于 80% 烯啶·吡蚜酮水分散粒剂单用的 LC_{50} 值（0.704 8 mg/L）。同时，甲酯化植物油在试验用量范围内对水稻安全。

张春华等归类出了可添加植物油喷雾助剂的常见除草剂、杀虫剂与杀菌剂，并推荐了植物油喷雾助剂的使用剂量，以喷液量浓度计算，喷雾助剂的添加剂量一般是施液量的 0.5%～1%，如表 6-5 所示。

表 6-5　添加植物油喷雾助剂的常见药剂

农药分类	农药名称	植物油增效剂用量
除草剂	烟嘧磺隆	喷液量的 0.5%～1%
	磺草酮	喷液量的 0.5%～1%
	莠去津	喷液量的 0.5%～1%
	精喹禾灵	喷液量的 0.5%～1%
	禾草灵	喷液量的 0.5%～1%
	三氟羧草醚	喷液量的 0.5%～1%
	烯禾啶	喷液量的 0.5%～1%
	草甘膦	喷液量的 0.5%～1%
杀虫剂	阿维菌素	喷液量的 0.5%～1%
	甲维盐	喷液量的 0.5%～1%
	吡虫啉	喷液量的 0.5%～1%
	功夫	喷液量的 0.5%～1%
	米螨	喷液量的 0.5%～1%
杀菌剂	甲霜灵	喷液量的 0.5%～1%
	多菌灵	喷液量的 0.5%～1%
	丙环唑	喷液量的 0.5%～1%
	甲基硫菌灵	喷液量的 0.5%～1%

（三）有机硅表面活性剂喷雾助剂

表面活性剂主要起润湿、展布、黏着、渗透、移行、促进或改善配伍性作用，能降低药液的表面张力，提高液滴在靶标表面的润湿、展布、覆盖和滞留，还可以溶解表皮蜡质层，促进活性成分的渗入和有利吸收。曹冲发现用作助剂的表面活性剂主要有非离子、阳离子和阴离子型表面活性剂。阳离子表面活性剂通常使用在作物上易发生药害，因此应用较少。阴离子表面活性剂是加工农药各种制剂不可缺少的加工助剂。非离子型表面活性剂通用性强，应用最多。大多是基于聚氧乙烯（EO）的亲水基，通过 1 个给定的亲油基，改变 EO 的量，得到有不同物理-化学性质的一系列产品，非离子表面活性剂在桶混中的代表性用量为最终喷雾体积浓度的 0.1%～0.5%。

农用有机硅助剂是一种有机硅表面活性剂，主要成分是聚乙氧基改性三硅氧烷（分子结构如图 6-3 所示），具有良好的润湿性、延展性、耐雨水冲刷性和气孔渗透率，是我国农业生产中最常用的农药助剂之一，在杀虫剂、杀菌剂和除草剂中均有使用。有机硅表面活性剂对农药增效的特性有：有机硅表面活性剂可以在很短的时间内将溶液的表面张力降至 27 mN/m，甚至更低，从而提高了药液在靶标植物叶片上的润湿性能；具有超强的展布能力，有机硅喷雾助剂的主要有效成分是聚醚改性三硅氧烷化合物，其在纯水中添加浓度为 0.1% 时的扩展面积是未添加时的 10 倍以上，该种特性可使药液在极短时间内在靶标植物叶片上达到最大覆盖；高渗透性也是将有机硅作为喷雾助剂使用的强力推手。因此，有机硅助剂常作为喷雾助剂使用，对防治烟粉虱、棉蚜、麦长管蚜、苹果红蜘蛛等刺吸式口器的害虫具有显著的增效作用；对甜菜夜蛾（*Spodoptera exigua*）、小菜蛾（*Plutella xylostella*）等害虫的防治亦表现出增效作用。同时，对多种杀菌剂、除草剂也有增效作用。有机硅助剂作为桶混/喷雾助剂使用，可以降低农药用量，减少喷液量，从而减少农药残留和环境污染，增加作物的食用安全性。

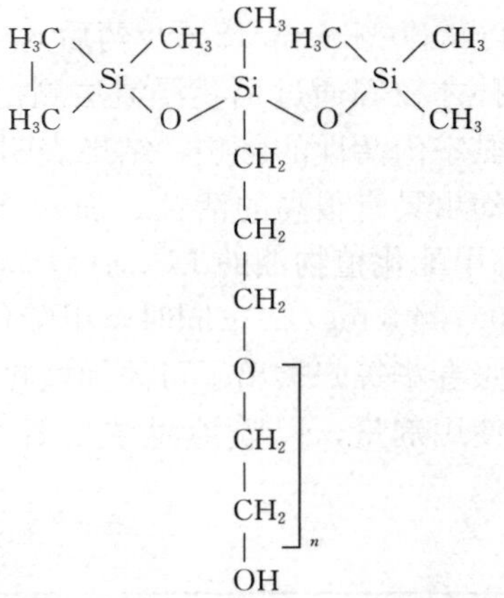

1. 有机硅喷雾助剂在除草剂上的应用

1992 年美国商品化的 Silwet L-77 作为草甘膦的喷雾助剂拉开了有机硅表面活性剂作为喷雾助剂使用的序幕。由于有机硅助剂不带电荷，在水中很少部分解离甚至不会解离，属于非电解质。在普通盐的存在下，本身具有化学惰性，因此可以与大多数的除草剂混用。有机硅表面活性剂具有降低药液表面张力、增强药液铺展能力等优良特性，作为喷雾助剂使用时可增强除草剂的药效。添加有机硅助剂的药液其表面张力降至很低，可在植物叶片上瞬间展布，有利于药液通过植物气孔、皮孔等形态学结构进入植物体内部。

图 6-3 聚乙氧基改性三硅氧烷的结构式

滕春红等研究发现，有机硅助剂混用于莠去津对阔叶杂草有明显的增效作用，温室盆栽试验和田间试验结果表明，仅为喷液量的 0.1%，可增加防效 40%。白从强等研究发现，绿麦隆在 675 g/hm² 剂量下添加 0.05%的有机硅助剂 Silwet806 进行茎叶喷雾处理可有效治理抗性日本看麦娘，防治效果在 90%以上，与推荐剂量绿麦隆单用时相当，因此，绿麦隆与 Silwet806 混用不仅有利于抗性日本看麦娘的治理，而且显著降低了绿麦隆用量，有利于小麦田化学除草剂的减量使用。姜伟丽等研究发现，除草剂中添加有机硅助剂具有明显的增效作用，在减少用药量的同时，可以显著提高草甘膦水溶剂、乙草胺乳油对棉田杂草的防效，并延长持效期。其中，有机硅按照 2 000～6 000 倍液与草甘膦水溶剂 1 230 g/hm²＋乙草胺乳油 1 500 g/hm² 混配对棉田杂草的防效较为优良，既能消灭杂草，又能有效抑制杂草种子的萌发，且防除杂草的速效性和持效性均较好。这有利于延缓杂草的抗药性，节省劳动成本，提高劳动效率。姜咏芳等研究发现，烟嘧磺隆对稗草和反枝苋的防效随着喷雾液中有机硅助剂浓度的提高而增加，有机硅助剂用量由 0.01%提高到 0.04%时，其对烟嘧磺隆防除稗草的增效幅度由 29.83%提高到 70.12%；有机硅助剂用量由 0.01%提高到 0.03%时，对防除反枝苋的增效幅度由 10.15%提高到 19.26%。当有机硅助剂用量大于 0.04%时，随着其浓度的增加对烟嘧磺隆防效的增加幅度有所降低。

2. 有机硅喷雾助剂在杀虫剂上的应用

有机硅作为喷雾助剂使用，对杀虫剂有增效作用，对于不同的农药，有机硅的减量增效作用不同。如有机硅 Silwet408 的 5 000 倍液与阿维菌素、氯虫苯甲酰胺混用防治小菜蛾时，可减少 20%农药量，有机硅助剂 Silwet618 对啶虫脒防治蚜虫有明显的增效作用，增效倍数高达 210 倍。徐广春等研究发现，添加 125 mg/L 的有机硅助剂（Silwet408）后，200 g/L 氯虫苯甲酰胺悬浮剂 5 000 倍液对稻纵卷叶螟药后 14 d 的保叶效果和杀虫效果均显著提高。吴颖仪等研究表明，有机硅助剂 3 000 倍液与 5%啶虫脒乳油推荐用量混用，能显著提高啶虫脒对烟粉虱的防效，持效期为 9～15 d，与只施用 5%啶虫脒推荐用量的处理相比，添加有机硅后，啶虫脒减量 40%以内，其药后 3 d、9 d 对烟粉虱的防效有增效作用，但差异不显著。在 5%啶虫脒乳油中加入农用有机硅，能提高啶虫脒对烟粉虱的防效并减少 5%啶虫脒乳油 10%～40%的施用量。庾琴等研究发现，添加有机硅助剂 Silwet408 可显著提高 3%阿维菌素微乳剂对苹果红蜘蛛的毒力及田间防效。封云涛等研究表明，2%甲维盐微乳剂 5 000 倍液中添加 0.03%的有机硅助剂 Silwet408 在保证对小菜蛾防治效果相当的情况下，药剂用量可减少 33%。李保同等研究发现，添加 5%有机硅的 5%甲氨基阿维菌素苯甲酸盐水分散粒剂药后 3 d 和 7 d 对甜菜夜蛾防效分别为 81.57%和 82.66%，显著优于对照药剂 5%甲氨基阿维菌素苯甲酸盐水分散粒剂。

3. 有机硅喷雾助剂在杀菌剂上的应用

任莉等发现有机硅助剂对咪鲜胺防治油菜菌核病有增效作用。陈莉等研究了有机硅助剂对多菌灵和三唑酮防治小麦赤霉病的增效作用，结果表明，加入有机硅助剂可提高多菌灵和三唑酮在小麦植株上的沉积量，有机硅助剂浓度为 1.0 mL/L 时两种杀菌剂在叶片中的沉积量最高，在模拟降雨条件下，加入有机硅助剂可增强多菌灵和三唑酮耐雨水冲刷能力，提高防治小麦赤霉病的效果。

有机硅喷雾助剂可以促进药液在靶标作物叶面均匀展布，溶解植物叶片表面的角质层和细胞壁的类脂部分等非极性物质，促进药液在植物叶片的渗透和吸收，减少了药液不必要的流失。有机硅表面活性剂作为喷雾助剂使用其添加量一般为喷液量的 0.1%～0.5%。但是，有机硅类表面活性剂的使用也有特殊性与局限性：首先，在空气相对湿度 65% 以下、气温 27 ℃ 以上的干旱条件下，有机硅助剂的增效作用降低，这也是非离子表面活性剂作为喷雾助剂使用的最大劣势；其次，有机硅类喷雾助剂与农作物没有亲和性，在其发挥增效作用的同时会溶解农作物叶片表面的角质层和细胞膜，若与触杀型苗后除草剂混用，会加重药害的程度；最后，有机硅类喷雾助剂对溶液的 pH 非常敏感，在 pH<5 或 pH>9 的情况下有机硅助剂会发生缩聚反应，对农药失去增效作用，因此，在实际的田间使用中要考虑 pH 对有机硅喷雾助剂的影响。

四、农药助剂在葡萄病虫害防治中作用的相关研究与应用

葡萄病虫害的防治除了农业防治外，化学防治不可或缺；随着防治压力的加大，带来生产成本增加、病虫抗药性产生频率加快、农药残留风险增加、作物药害和环境污染风险加大等问题，制约了葡萄产业的健康发展。助剂的合理使用，对于提高农药利用率、增强农药对作物的安全性、降低农药有效成分使用量、减少环境污染和提高经济效益等方面起着十分重要的作用。

（一）农药助剂在防治葡萄病虫害防治中作用的相关研究

管丽琴等研究了有机硅助剂与杀菌剂混用防治葡萄霜霉病的增效作用，结果表明，有机硅助剂与杀菌剂混用后增效作用显著，可明显起到提高药效、降低农药用量、节约成本、减少农药对环境污染等作用，且对作物安全。张新等用 3 种杀虫剂（吡虫啉、噻虫嗪、吡嗪酮）与有机硅增效剂混配，进行葡萄斑叶蝉的田间药效试验，结果表明，有机硅助剂可延长持效期，减少药剂的施用量。王强等试验调查了 6 种药剂与 2 种助剂混配对新疆葡萄霜霉病的田间防效及药效持效期，试验结果表明，250 g/L 嘧菌酯悬浮剂、86.2% 氧化亚铜这两种药剂可以与非阴离子助剂混配；55% 噁酮霜脲氰、250 g/L 嘧菌酯与有机硅增效剂混配，不仅在大田中的防治效果比较好，而且持效期也相对比较长。已有的文献中对于葡萄病虫害化学农药防治使用增效助剂研究最多的是有机硅类助剂，张伟等评价了 3 种有机硅助剂对于不同果树品种果实安全性的影响，结果表明，有机硅助剂对蛇龙珠葡萄果实未出现药害。

（二）农药助剂在防治葡萄病虫害防治中的实用技术

请见本节附录 1 和附录 2。

（三）葡萄病虫害防治中农药助剂的应用前景

助剂的选择是随着农药的性质、作用模式（残留、接触或内吸）、所用的剂型类型（溶液、乳液、悬浮液、粉剂和粒剂等）和给定靶标（草、虫或菌）的性质而改变的。助剂的使用，也可能对葡萄品质产生影响。油类助剂和有机硅类助剂都具有各自独特的优异性能，并且在农业上获得应用，但是在葡萄上的相关研究和应用较少。有机硅类喷雾助剂与农作物没有亲和性，在其发挥增效作用的同时会溶解农作物叶片表面的角质层和细胞膜，虽然有文献表明有机硅类对葡萄的品质没有影响，但是在添加有机硅助剂的同时，需要考虑用量及混配药剂的性质。近年来，植物油的使用量不断增加，是由于其来源于自然界，更具环保性；短链（C1～C4）的酯化植物油的使用比植物油和矿物油有更高的效率，能明显提高靶标的渗透性，与植物有亲和性，对植物使用安全，不易产生药害，在葡萄作物的应用中有更好的前景。

附录1　农药助剂与杀菌剂混用防治葡萄主要病害

1. 技术简介

葡萄在我国种植广泛，对产量影响较大、发生面广、危害严重的葡萄病害主要有3种：葡萄霜霉病、白腐病、炭疽病。

生产上防治上述葡萄病害主要以化学防治为主，由于病害在生长季节可重复侵染，需要长期、大量使用化学药剂进行防护。因此，如何提高农药的利用率，在作物生长周期内减少农药使用次数及农药使用量成为生产上需要解决的重要问题，而有效助剂与常规农药混用是提高农药利用率的有效方法之一。

增效剂是一类基本无生物活性的化合物，单独使用对有害生物无效，但与农药混用能显著提高药剂毒力或药效，不仅减少了农药的使用量，而且减少了农药残留量。倍创是一种非离子增效剂，其主要成分是食品添加剂，辅助部分为低毒易降解的溶剂。倍创具有吸附和渗透作用，与农药混用后，可将农药吸附成更大分子的物质，能增强其效能，减少用量。

杰效利是一种有机硅助剂，主要功能成分是烷氧基改性聚三硅氧烷，能大大降低水表面张力。加入药液中，能在很大程度上降低药液的表面张力，帮助药液完成在植物表面的黏附和向植物体内的渗透，并增强药剂抗雨水冲刷能力，从而达到提高效果、省水省工的目的。

2. 技术使用要点

（1）选用药剂。选择防治葡萄霜霉病、白腐病、炭疽病的常规药剂，如50％多·锰锌可湿性粉剂、35％丙环·多、45％福美双·吡唑醚菌酯、72％霜脲·锰锌可湿性粉剂、25％苯醚甲环唑、50％烯酰吗啉、10％苯醚甲环唑水分散粒剂、25％嘧菌酯悬浮剂、80％代森锰锌可湿性粉剂、25％戊唑醇水乳剂品、50％代森锰锌·多菌灵可湿性粉剂、25％丙环·多悬乳剂等。

注：根据抗药性检测结果选择药剂，避免选择抗性频率高的药剂及含有该有效成分的混配制剂。

（2）常规药剂与增效剂的混配浓度。杀菌剂减量30％＋实际农药用量14％的倍创；农药用量减少20％＋杰效利3 000倍液；农药用量减少20％＋百湿露3 000倍液。

（3）施药时间。葡萄新梢抽生期到果实膨大期。

（4）施药方法。用少量水先溶解药剂后再加足所需水量，喷雾时使叶片正反面及果实均匀着药，田间首次用药为保护性用药，以后间隔10～14 d用药一次。

3. 技术适宜区域

本技术适合葡萄霜霉病、白腐病或炭疽病发生的任何葡萄园。

4. 注意事项

（1）混用时，通过仔细查看药剂说明，判断是否能与所选增效剂混用，可根据其可混性，与杰效利3 000倍液或选用农药用量减30％＋实际用药量14％的倍创混用以增强防效。

（2）在葡萄敏感期（开花及幼果期）应选用相对安全的药剂，尽量避免使用三唑类药。

（3）与增效剂混用的有效药剂，尽量选择不同作用机制的药剂，并进行合理轮换使用，防止抗药性的产生。

（4）其他病害或虫害发生时，应根据所用混剂防治情况添加相应的其他药剂进行兼防。

（5）必须施药均匀。

技术支持单位：山东省烟台市农业科学研究院

技术支持专家：王英姿，李宝燕，王培松

附录2　农药助剂与杀虫剂混用防治葡萄斑叶蝉

1. 技术简介

葡萄斑叶蝉在葡萄叶片背面用口针吸食汁液，目前的防治措施多使用化学药剂。

2. 技术使用要点

（1）杀虫剂。可选用10％吡虫啉可湿性粉剂、25％噻虫嗪水分散粒剂、25％吡蚜酮水分散粒剂。

（2）增效剂。可选用配渗展宝（SZB）、菲蓝（FL）、一可佳（YKJ）、杰效利（JKL）、弹指间（TZJ）。

（3）混用浓度。10％吡虫啉可湿性粉剂30 000倍液＋菲蓝有机硅助剂3 000倍液，25％噻虫嗪水分散粒剂80 000倍液＋增效剂弹指间5 000倍液、渗展宝3 000倍液、菲蓝有机硅助剂3 000倍液，25％吡蚜酮可湿性粉剂30 000倍液＋渗展宝3 000倍液、菲蓝3 000倍液。

（4）施药时间。葡萄斑叶蝉发生早期。

（5）施药方法。用少量水先溶解药剂后再加足所需水量，喷雾时使叶片正反面均匀着药。

3. 技术适宜区域

本技术适合有斑叶蝉发生的葡萄园区。

4. 注意事项

（1）与增效剂混用的有效药剂，尽量选择不同作用机制的药剂，并进行合理轮换使用，防止抗药性的产生。

（2）其他病害或虫害发生时，应根据所用混剂防治情况添加相应的其他药剂进行兼防。

（3）必须施药均匀。

技术支持单位：山东省烟台市农业科学研究院

技术支持专家：王英姿，郝敬喆，李宝燕，王培松

第三节　病虫害专业化统防统治

一、病虫害专业化统防统治发展历程

专业化统防统治技术是我国病虫害防控实践中逐渐形成一个概念，经历了一个从无到有、从初期探索到全力推进的发展过程。

（一）国外相关情况

国外相关资料显示，20世纪40—50年代，有机合成杀虫剂的大量、无节制使用被证明存在明显问题，Carson R. 女士《寂静的春天》对此进行了描述。绿色革命之父的Borlaug提出了"监督控制"化学杀虫剂的田间施用，以减少对害虫天敌种群和数量上的伤害。采用生态调控进行植物病虫害防治的有害生物综合治理理论、研究和实践，是在20世纪80年代逐渐发展起来的。国外具有"统防统治"内涵的技术模式已存在上百年，体现在重大病虫害、检疫性病虫害、区域性专业化服务等方面，并且发挥着重要作用。例如，在19世纪，依据《哈奇法案》和《斯密斯-利佛法案》，美国的农业研究机构和大学采用各种方式培训和指导农民运用先进实用技术成果进行规模化、专业化的农业生产。

（二）国内病虫害统防统治的发展

蝗灾是我国历史上三大自然灾害，但蝗灾肆虐的历史在新中国成立后不久就戛然而止，是我国植保工作巨大成就之一，东亚飞蝗防控，具有典型的统防统治的特点。自20世纪50年代中期开始，根据东亚飞蝗生活史及发生灾变规律，成立的专家团队制订了以河道和湖泊及沿海滩涂的生态改造为基础、滋生地群集型监测预警与防治为重点、避免种群迁飞为目标、一旦形成迁飞种群就地消灭的应急措施为预案等一整套东亚飞蝗防治的技术方案，并组织专业队伍实施，成功治理了在中国历史上肆虐的蝗灾。再比如经过几十年的努力，小麦锈病、迁飞性害虫黏虫等严重影响我国农业生产和社会稳定的重大病虫害得到有效控制，从实质上也是得益于专业化的统防统治。

农作物病虫害被划定为农业生物灾害，是自然灾害的一个类群，具有自然灾害的特征。预防和治理自然灾害，从本质上是一种社会工作，是需要多部门、多层次等相互协调、配合。并且农作物病虫害是

各种病原物、害虫等造成的，而这些有害生物具有生物学、生态学、生理学等的独特特征和规律，包括其特定的发生规律和致灾机制，所以预防和控制需要专家和专业人员参与。农业生物灾害的这些特征，决定了专业化统防统治的技术支撑需求。种植者进行的病虫害防控，在缺乏统防统治的内涵和技术支撑的前提下，实现好的防治效果、高的资源利用率、生态环境的维持和优化等目标，存在困难或差距。

从病虫害专业化统防统治发展历程上看，2008 年前处于自由发展阶段。2008 年奥运会召开之际，需要对空中的草地螟等迁飞昆虫进行防治，保证开幕式灯光效果。以中国农业科学院植物保护研究所为专家团队制订防控方案，在各相关单位和区域的实施，保证了奥运会开幕式的成功，是一次典型的专业化统防统治实践。2008 年之前的病虫害防控实践，也充分证实了病虫害专业化统防统治的必要性，专业性统防统治也是现代农业发展的刚性技术需求。社会管理者及技术支撑单位，在充分认识到病虫害统防统治的重要性和必要性之后，2009 年在杭州召开全国专业化统防统治经验交流会，2010 年专业化统防统治列入中央 1 号文件，农业部将此项工作列为整个种植业的工作重点，全面实施农作物病虫害专业化统防统治"百千万行动"。2011 年在长沙成功召开全国农作物病虫害专业化统防统治工作会，农业部发布 1571 号公告《农作物专业化统防统治管理办法》，推进和落实统防统治工作。2012 年中央 1 号文件再次要求大力推进，到 2013 年累计实施统防统治面积 849.3 万 hm^2，小麦重大病虫害统防统治覆盖率已达 30％以上，水稻重大病虫害也达 25％左右。

专业化统防统治不仅是中国农业现代化的选择，也是保障我国粮食供应安全、质量安全和农业生态环境安全、资源合理使用的有效途径。例如，2015 年重庆市秀山县示范 666.7 万 hm^2 秧田采取阻隔预防病虫害、太阳能杀虫灯诱击害虫、昆虫性引诱剂诱杀害虫、生物农药控制病虫等专业化统防统治与绿色防控技术，减少农药用量 20％以上。顺昌县种植面积 8 000 hm^2 柑橘，综合应用"冬季清园＋捕食螨＋生草栽培＋修剪控梢＋杀虫灯＋合理用药"的专业化统防统治病虫害绿色防控技术，防治效果达 85％以上，产量损失控制在 8％以内，与果农自防区相比，示范区化学农药的使用减少 3 次，用量减少 20％～30％，果园有益昆虫明显增多，瓢虫数量由平均 6 头/m^2 增加到 9 头/m^2，草蛉数量由平均 4 头/m^2 增加到 7 头/m^2。2012 年贵州省毕节市试点葡萄病虫害专业化统防统治区，平均防治效果均达到 80％以上，葡萄炭疽病、黑痘病和葡萄透翅蛾的平均防治效果分别高出农民自防区 20.62％、18.13％ 和 12.22％。2013—2015 年贵州省金沙县通过实施葡萄专业化统防统治与绿色防控融合示范，病虫害总体防治效果达 80％以上，每 667 m^2 挽回葡萄产量损失 105 kg，按当地市场批发价每千克 8 元，每 667 m^2 挽回经济损失 840 元。

病虫害专业化统防统治成为了一种趋势和潮流，是病虫害防治中不可或缺的生力军，其技术体系是对病虫害综合治理体系的发展与延续。

二、病虫害专业化统防统治的概念和内涵

（一）病虫害专业化统防统治的概念

病虫害专业化统防统治，是把过去政府主导、全社会参与的农业生物灾害防治，交给市场、专业团队，是现代农业发展过程中的一种病虫害防控方式。

病虫害专业化统防统治，是病虫害防控技术的田间落实体系，这个体系中病虫害防控技术方案（包括每一项病虫害防治技术措施）的确定是由专业团队完成，而技术措施落实到田间则交给市场，由具备相应植物保护专业技能和设备的服务组织，开展社会化、规模化、集约化的农作物病虫害防治服务，是病虫害防治方式、方法的一种创新。

（二）病虫害专业化统防统治的内涵

病虫害专业化统防统治，是我国植保方针"预防为主，综合防治"及"科学植保、公共植保、绿色植保"新理念下，对有害生物综合治理（integrated pest management，IPM）的具体体现形式。

我国植物保护方针，指明了农作物病虫害防控的方向、策略和原则：预防比防治更重要、源头治理比田间防控重要、田间防控是以生态学为原理指导下的综合防控。

Prokiop 博士定义了有害生物综合治理：以决策为基础的过程，包括协调使用多种策略，以生态和

经济上合理的方式，优化控制所有类别的有害生物，包括昆虫、病原体、杂草、鼠害。病虫害专业化统防统治是有害生物综合治理（IPM）的扩大与提升。有害生物综合防治（IPM）是针对一个地块或一种作物采取生物、物理和化学的方法防控致害昆虫、病原物和其他生物。专业化统防统治是在一个区域，一般是指在一个生态区域或者具有大尺度或相对独立（封闭）的生态环境内实施。依赖作物-有害生物-环境的相互关系，系统地降低有害生物种群密度，减轻或消除由此造成的商品品种数量减少和经济效益损失。

病虫害专业化统防统治主要包括应用生态学原理把病虫害的防控提升为在一个生态区域内各种复杂的环境条件下有害生物数量变化内在动力间的互相牵制而实现有效控制；统防统治方案的关键措施，在执行过程中依赖多部门机构和不同学科之间相互配合，由政府组织协调各部门间的复杂性问题；统防统治方案中数据库、模型因子和当地气象资料就其本质而言是密集型的信息汇总和系统利用；统防统治方案顺利执行的重要性，体现在经济、生态、社会等的综合评价。

（三）病虫害专业化统防统治的技术方向

1. 源头预防技术

源头预防包括清洁（消毒）、选择健康的繁殖材料（脱毒、检疫）、区域选择、地形选择、土壤健康与维护（土壤消毒、土壤改良）。

2. 传统生物防控技术

传统生物防控包括采用对靶标病虫害具有寄生性、扑食性、致病性的生物防治措施，或采用竞争性和其他有益手段减少病虫危害的措施。

3. 昆虫行为学防控技术

昆虫行为学防控包括性激素、代谢调节、食诱剂、趋避剂、信息素、化感物（信息化合物）及其他天然化学产物的利用，以及配合使用的诱杀药剂、诱捕器械、不育（雄性不育）等技术。

4. 寄主抗性利用

栽培病虫害抗性作物品种或品系，包括工厂化种植与饲养动植物抗性品种。

5. 农业栽培措施及生态调控

采用轮作倒茬、作物品种间作、土壤水肥管理、地膜秸秆覆盖、中耕修剪、病残体带出田外等田园健康栽培措施，制订交替种植和收获年历和相关措施。

6. 物理防控技术

采用物理机械技术在经济阈值范围内减少病虫种群数量和密度，具体有黄蓝板诱集色谱趋性昆虫、真空泵收集小型有翅昆虫和防虫网技术措施。

7. 化学药剂防控技术

使用广谱性有机保护制剂或人工合成的生物源制剂，例如真菌源药剂阿维菌素、蜕皮激素，混配杀虫、杀菌剂，改进施药技术和设备，提高施药效率，减少对非靶标生物的伤害。

8. 环境保护或优化

统防统治组织形式包括农民、营销代理人和消费者的参与。

（四）病虫害专业化统防统治的存在形式和相关问题

从我国现阶段农业生产的实际情况上看，病虫害专业化统防统治表现为三种形式：一是重大成灾性病虫害、检疫性病虫害的防控，以政府各级农业主管部门主导、农业科研教学和技术部门参与提供技术支撑、各相关区域及从业人员实施的统防统治技术模式；二是区域性的具备相应植物保护专业技能和设备的服务组织（企业、团体），按照技术方案为农业生产单元（种植企业、种植户、种植区域等）提供病虫害防控措施（主要是喷施农药）田间服务；三是单一作物的专业合作社或种植协会，组织相关专家进行病虫害防控技术会商、制订病虫害防控技术方案，由各社员自行或服务组织进行病虫害防控措施的田间实施。

从我国病虫害专业化统防统治的实践上看，专业化统防统治存在四个难点或问题。

1. 技术方案的科学性和系统性及每一项技术措施的准确性，存在技术难点

生产实际中，每一种作物上可能有多种病虫发生危害，每一个生育阶段可能会面对不同的病虫害问题。面对如此复杂的情况，在各阶段选择和确定适宜的防治措施存在难度。对于农田（果园、大田等）生态系统而言，存在各种因素之间复杂的互作关系，最重要的因素是作物对各种病虫害的抗病抗虫性（抗某种病虫害，可能对另一种病虫害敏感等）利用、病虫害的抗药性监测与药剂的精准选择、农田环境和气象条件与作物和病虫害关系的利用等，评估所选择的措施对各种关系的作用和影响存在技术难度。病虫害的防控具有系统性，是一个系列化的系统工程，包括预防性措施、种群控制措施、应急措施等，选择和决策具体防治措施及措施之间的配套和相互衔接存在技术难度。保证防治效果、生产优质农产品，首先体现的是技术方案的科学性、完整性、系统性，其次是每一项措施的准确性、有效性、衔接度；技术方案或技术模式，是专业化统防统治的难点和成败的关键。

2. 机械化、标准化操作与农业种植方式的矛盾，目前难以解决

机械化、标准化是高效植保服务的前提条件，但现在的实际情况是大田作物（小麦、玉米、水稻等）农业标准化种植基本符合机械化操作的条件，而果树、蔬菜等农作物的规范化种植存在问题，种植者的随意种植（株行距等）是普遍现象，很难实现规范化种植，为机械化、标准化的高效服务造成困难，从而导致专业化施药队伍规模小、缺乏较好的盈利模式。

3. 缺乏系统化的农业机械和作业服务

病虫害综合防控的措施，不只是喷药、施药，还包括田间卫生及农业废弃物的处理等。从我国统防统治的技术服务形势上看，农业机械及作业服务一般只是喷药队、施药队，与农业生产的作业需求存在差距。

4. 缺少运行成功的模式和样板

病虫害专业化统防统治虽然是由国家、政府支持，市场巨大，符合我国现阶段现代农业产业的发展，其合理性、重要性及优势得到公认，但目前没有比较成功运行的模式和样板。

三、专业化统防统治在葡萄病虫害防治上的实践

专业化统防统治在葡萄病虫害上的防控基本是以第三种形式存在，即葡萄产区、生态区域、专业合作社、种植协会，根据国家相关课题或研究形成的病虫害防控技术，或组织相关专家进行病虫害防控技术会商、制订病虫害防控技术方案，由种植者自行或服务组织进行病虫害防控措施的田间实施。

（一）植物健康概念下的葡萄病虫害综合防控技术

按照刘永强等提出的植物健康概念，葡萄病虫害综合防控分为三个阶段：葡萄种植前的病虫害预防技术系统、树形培养阶段的配套技术系统、年生长周期的病虫害防控系统。

葡萄种植前的病虫害预防技术系统，包括品种的选择、脱毒苗木的选择和应用、种苗种条的检疫和消毒；土壤检测与配方施肥技术方案、土壤消毒或土壤处理、土壤改良或土壤局部改良。

树形培养阶段配套系统，包括株行距、架式、叶幕型等规划设计；根据规划设计，实施标准化、规范化栽培。

结果丰产期的年生长周期病虫害防控系统，包括病虫危害种类的记录（葡萄病虫害的识别与诊断鉴定）；葡萄病虫危害种类防治关键时期的梳理；葡萄病虫害防控技术措施的梳理；葡萄病虫害种群监测与预测预警；葡萄园病虫害的规范化防控；葡萄产品及环境的质量安全跟踪及检测。

（二）按照葡萄年生长周期进行的葡萄病虫害规范化防控技术

请参考第四章第四节。

第四节　农药缓释技术与产品

针对防治对象及环境因素，自 20 世纪 80 年代起，中国开始将微囊控释技术应用到了农药领域。随

着高分子材料的发展，微囊制剂在农药领域的研究取得了突破性进展。农药缓释剂可有效延长药剂在作物上的持效期，从而对提高农药利用率、减少用量具有重要意义。

近年来，我国因病虫害防治难度不断加大，农药使用量总体呈上升趋势，其中 2018 年，我国种植业农药使用量为 83.19 万 t。目前，我国农药平均利用率仅为 38.8%，大部分农药通过径流、渗漏、飘移等流失。数据显示，传统农药通过各种途径流失进入环境中的农药比例高达 50%～70%，靶标利用率更是不足 1%。而农药剂型的改变、施药方式的改进，将助于提高防治效果、减少使用量，保护农田生态环境、促进生产与生态协调发展。

我国生产和使用的高效环保农药剂型比重不高，品种仍以乳油、可湿性粉剂等传统剂型为主，有效利用率普遍偏低（图 6-4）。

农药缓/控释技术，是农药剂型和使用的新发展方向，对于减少有机溶剂的使用、农药残留，提高农药利用率，减轻农业源污染具有重要的意义。

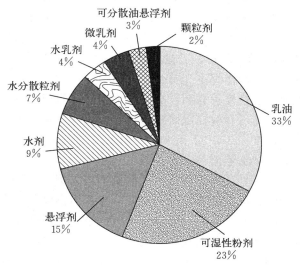

图 6-4　2018 年我国农药使用剂型占比

一、农药缓/控释技术

缓/控释农药是指利用物理或化学的方法，将农药活性分子装载进入载体，使农药按照一定的浓度缓慢地释放出来，以达到延长农药持效期、减少用药次数、提高农药利用率等目的。犹如给农药穿上了一层"保护衣"，避免了农药和外界环境的直接接触，最大限度地减少农作物上农药使用量，实现更有效、更安全的用药。

从药剂学角度来说，最低有效浓度（A）、常规剂型和控释剂型使用后药剂的浓度变化（B 和 C），作物不产生药害的最大承受浓度（D）与时间的关系如图 6-5 所示。从图看出常规剂型在允许的剂量以下而远高于有效剂量以上用药。施药后浓度急速

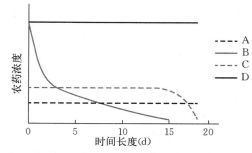

图 6-5　常规剂型和控制释放型的持效期对比图

A. 最低有效浓度　B. 常规剂型的药剂浓度变化　C. 控释剂型浓度变化　D. 作物不产生药害的最大承受浓度

变化，经过较短时间就失去了生物学作用；要想延长持效期，就需要增大用量，但又不能超过造成药害的剂量（这样造成使用一次药剂的持效期比较短）。而控制释放剂型，能在高于有效剂量的水平上，比较长时间、持续发挥作用。

1. 缓释制剂的优点和应用

新型农药缓释剂能够根据害虫的发生规律、为害特点及环境条件，通过一定的加工手段，使活性成分能够根据需要的剂量、特定的时间、持续稳定地释放。其具有如下的优点。

（1）减少用药量。可以根据植物不同阶段的生长需求和害虫暴发的规律施用农药。因此，可以大幅削减农药的施用量，这样可以减少农药在环境中的因光解、微生物降解、挥发等造成的损耗，可减少用药量，延长使用效果。

业内专家胡树文认为"缓/控释农药对于农业生产最大的好处在于省工节本、长效增产，能有效减少施药次数和用药量，减少环境中的流失、损耗，一季水稻通常要打药 5～6 次，而使用缓/控释农药可将施药次数降低为 2～3 次"。李跃飞等研制的 15% 吡虫啉微胶囊，在稀释 3 000 倍和 4 000 倍的情况下，施药 60 d 后对三角枫等园林植物上星天牛的防治效果仍有 90%。熊忠华通过微囊化植物源杀虫剂鱼藤酮，可调控其释放天数长达 22 d，延长了持效期、改善了其光稳定性。

（2）安全性好，解决了药害问题。该特点在种子药剂处理中尤为明显。种子药剂处理是现代农业中非常重要的一项植保措施，也是中国"种子工程"的重要内容。种衣剂具有靶向性强、施药高效经济、对天敌安全等优点，但种衣剂本身也存在两点不足之处：对作物生长中后期病虫害控制作用较差；对种子存在药害风险。微囊悬浮种衣剂的发展在很大程度上弥补了种衣剂这两大缺陷。

花生地下害虫较重、防治难度大，常用毒死蜱进行种子处理，但传统药剂毒死蜱乳油，持效期短，仅维持 10 d 左右，且在花生萌发期易对幼芽造成伤害；使用毒死蜱微囊悬浮剂，则可使药效延长一倍以上，且对作物更为安全。中国农业科学院植物保护研究所采用原位聚合方式研发的 18% 氟虫腈·毒死蜱微囊悬浮种衣剂首次实现了固体原药和液体原药的同时包覆成囊，对花生出苗和生长安全，种子包衣一次即可有效控制蛴螬为害，与常规种衣剂相比防治效果提高 48.4%。目前，已在山东、河南、河北等地推广 2.67 多万 hm²，防治效果均为 70% 以上。现在市场上已经有 70 多个商品化毒死蜱微囊悬浮剂或微囊悬浮种衣剂。

（3）更环保。以高效氯氟氰菊酯为例，将其制成高含量微胶囊悬浮剂，可以有效解决传统乳油剂型含量低、持效期短、利用率低、存在污染风险等问题。

（4）改善药剂的效果和功效。由于施药量和时间都得到控制，可以达到定点、定位、定时的效果，减少了活性成分的损失，改善了药剂的性能，便于储存运输和使用。研究表明，针对小麦、西瓜、桃等作物的不同虫害，施加了不同缓释期的农药。常规药剂处理的作物在一周后即遭受虫害，而缓控释农药作物在 3～4 周内未见明显虫害。

（5）残留更小。就农药残留量方面，我国多地的甘蔗、黄瓜、烟草、小麦、瓜果蔬菜等多种作物两年的动态残留检验结果显示，使用缓释粒剂的后农产品的残留量均不到标准规定的 1/3，而且有多点、多地未检出农产品残留，低于中华人民共和国国家标准量及欧盟标准量、美国标准量和世界卫生组织（WHO）标准量等。

总之，农药缓释技术的使用价值主要集中体现在五个方面：一是在地下建立长效智能化防御机制，全生长期防治病虫害；二是建立土壤生态友好与天敌友好的低残留、低毒害机制；三是使人类可以安全高效应用农药，同时减少了资源的浪费；四是更符合保障粮食作物产量安全和质量安全，保障农产品在化学防控体系中的安全绿色化生态化；五是简化传统农田管理模式，替代花样繁多的"土壤处理、拌种、茎叶喷雾、丢芯、套袋"等病虫害防治方法。解放劳动力，提高机械化程度。

2. 农药缓释剂的类型

根据农药缓释剂的加工方法，农药缓释剂主要分为物理型缓释剂和化学型缓释剂两种。

（1）物理型缓释剂。包括包覆性微囊、吸附性颗粒、均一混溶体系、包合型缓控释体系等，是将农药活性成分"溶解"于聚合物中，或使用其他物理方法使其与聚合物混成一体，该型缓释剂由于其缓释能力可控性强，发展极为迅速，是市场上的主要缓释剂加工方法。图 6-6 展现了电镜下观察的纳米介孔二氧化硅和纳米介孔二氧化硅-嘧霉胺载药颗粒。可观察到，在载药前载体具有清晰的介孔结构，而载药后介孔结构不再清晰，说明通过物理作用负载的农药进入了载药的介孔结构中。

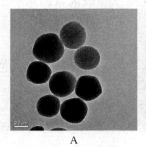 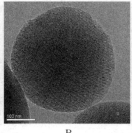 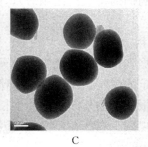 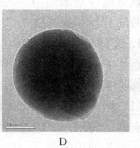

A　　　　　　　B　　　　　　　C　　　　　　　D

图 6-6　纳米介孔二氧化硅（A，B）和纳米介孔二氧化硅-嘧霉胺载药颗粒（C，D）电镜图

（引自 Zhao 等，2017）

（2）化学型缓释剂。是利用农药本身的活性基团（如—COOH、—OH、—SH、—NH₂）使农药活性成分于天然、半合成、全合成的高分子聚合物，通过共价键或离子键结合在一起；或通过聚合反应形成和农药活性成分的聚合物形式。化学型缓释剂中农药活性成分与聚合物之间的化学键断裂受聚合物

骨架的亲水、亲油、结合程度、立体结构、颗粒大小等多种因素影响，进而表现出不同的释放速度。

目前研究最多、应用最为广泛的是包覆性微囊，其原理是将芯材制成几个纳米至几十微米的颗粒，然后通过物理或化学方法在芯材表面形成囊壁，通过调节囊壁组成、厚度、强度和孔径大小达到控制释放的目的。

根据农药剂型划分，市面上应用缓释技术的主要剂型包括微囊悬浮剂、种子处理微囊悬浮剂、部分颗粒剂和缓释粒剂，尤以微囊悬浮剂技术最为成熟、应用最为广泛。特别值得一提的是，缓释粒剂于2010年获得国际专利权，并于2011年正式在我国农业部获得登记。目前，我国是唯一登记该剂型的国家，这也是中国农药技术领先于世界的一个标志。

二、农药缓释剂的国内外研究进展及产品介绍

药物释放技术最早应用于农业方面，包括化肥、农药的释放，随后，向医药领域扩展。在农药方面，1974年美国Pennewalt农资公司推出了全球首款缓释农药——微胶囊化甲基对硫磷。随后，二嗪农、滴滴涕、矮壮素、氯菊酯等多种农药微胶囊制剂陆续面世，市场反应良好。澳洲已先后商业推广了包括杀螟松、辛硫磷、灭多威在内的50多种高毒农药的微胶囊制剂。此外，还有在土壤中能以水解、渗透及扩散等形式缓释的农药微胶囊，能有效防治多种公共卫生害虫的杀螟硫磷微胶囊，微囊杀螨剂、微囊除草剂、微囊趋避剂等均陆续被开发。

目前，全球范围内缓/控释农药产品已多达100余种，多用于稳定性差、见光易分解的药剂（如吡虫啉、噻虫嗪、阿维菌素、多菌灵等）或需要多次施用的药剂。

我国的首个缓释农药产品是20%对硫磷微囊悬浮剂，于1982年问世。此后，随着国外著名农资企业对缓释农药制剂的快速研发，国内也陆续开发了系列微胶囊悬浮剂。目前，已获得登记的微囊悬浮剂有255个，涵盖杀虫剂、杀菌剂、杀线虫剂、除草剂，如辛硫磷、高效氯氟菊酯、毒死蜱、阿维菌素、除虫菊酯、嘧菌酯、三唑磷、甲草胺、乙草胺等多个有效成分的微胶囊悬浮剂均已获得农业农村部批准登记，并得到广泛推广应用。

种子处理微囊悬浮剂获得登记的产品有10个，主要集中于杀虫剂，包括噻虫嗪、高效氯氟氰菌酯、噻虫胺、毒死蜱、吡虫啉等，杀菌剂仅有咯菌·嘧菌酯及福美双。

获得登记的缓释粒剂还较少，仅有12种，主要集中在阿维菌素、噻虫嗪、吡虫啉、杀虫单等有效成分及其复配，唯一登记的缓释粒杀菌剂为苯甲·戊唑醇，尚无除草剂获批。以农药"混博"（2%吡虫啉缓释粒剂）为例，该药在我国6个省37个试验点开展了其防治小麦蚜虫示范试验，防效显著，且对小麦增产作用明显。据测算，"混博"可降低每季打药劳动力成本300元左右，实现每公顷综合效益1 500元以上。

就葡萄病害防治而言，目前唯一登记用于葡萄的缓释产品是江苏明德立达作物科技有限公司的30%咪酰胺微囊悬浮剂，用于葡萄炭疽病的防治。推荐于病害发生前或初见零星病斑时叶面喷雾1～2次，视天气变化和病情发展，间隔7～10 d，每季作物最多使用3次，安全间隔期7 d，根据作物长势，每667 m² 喷药液量45～75 L，叶面均匀喷雾。更多用于葡萄病害防治的缓释产品仍有待开发。

总之，农药缓释剂与其他剂型相比，具有附加值更高、环境污染更小、工艺流程更复杂、持效期更长的特点，是农药剂型的发展趋势，具有较为广阔的应用前景。

第七章

葡萄农药替代技术

利用物理、生物、农业防治措施，使用植物源、微生物源、矿物源农药等防治病虫害，称为化学农药防控的替代技术。把化学农药替代技术中目前能够应用的田间技术或研究比较丰富正在推广的技术，作为本章内容进行介绍。

第一节　葡萄脱毒技术及脱毒苗木利用

一、葡萄脱毒苗概念

1. 葡萄脱毒苗的定义

将通过田间筛选或者人工培育（热处理、茎尖培养、抗病毒剂等）等技术方式获得，经过检测不携带指定病毒、品种纯正，并在苗木繁育过程中有效避免再感染，按照相关标准要求繁育的葡萄苗木称为葡萄脱毒苗。

不同历史时期和不同国家对葡萄脱毒苗（或称葡萄无毒苗、认证葡萄苗）有不同的要求。比如欧洲，20世纪60年代只针对症状，不表现症状就算是葡萄脱毒苗；70年代只针对扇叶和卷叶，没有携带葡萄扇叶病毒和葡萄卷叶病毒等同于脱毒苗；80年代以来不但规定了不能表现病毒病症状，还规定了不能携带的具体病毒种类。我国葡萄脱毒苗目前规定不得表现病毒病症状，且不携带葡萄病毒A（GVA）、葡萄卷叶伴随病毒1（GLRaV-1）、葡萄卷叶伴随病毒3（GLRaV-3）、葡萄扇叶病毒（GFLV）、葡萄斑点病毒（GFkV）5种病毒。

2. 脱毒苗木的发展方向

脱毒苗木利用涉及病毒种类鉴定及检测、脱毒技术及脱毒苗木繁育等多个方面。随着病毒病原鉴定技术的发展，危害较重的新病毒不断发现，葡萄脱毒苗的标准将进一步修订，并将纳入新的病毒种类。在进一步完善病毒检测技术和脱毒技术的基础上，应注重设计和制订田间防护措施，保护种植在田间的脱毒苗木免受病毒的再次侵染和危害。

二、葡萄脱毒苗的研究历史

脱毒筛选是进行葡萄改良的一项重要技术，是从20世纪初开始逐渐发展完善起来的。脱毒的主要目的是获得不携带重要病毒的接穗和砧木，并防止其进一步被携带病毒的繁殖材料所感染。葡萄种植者最初以原始的方式实践着脱毒筛选，即选择无明显症状、品种优良的葡萄进行繁殖。

20世纪初，德国开启了当地的葡萄栽培品种改良项目，对单株葡萄进行了脱毒筛选和无性繁殖。20世纪中期，法国和意大利采取同样的方式进行葡萄改良，同时指出除保证品种纯正外，还应登记繁殖材料的最初来源。20世纪60年代末，欧盟委员会颁布了68/93/EC号令"葡萄无性繁殖材料出售规则（marketing of vegetatively propagated material of grapevine）"，该号令将繁殖材料划分成初级的、认证的及标准的3个级别，规定生产初级的、认证级别的繁殖材料的母本园土壤中不应存在有害生物，尤其是病毒；对影响繁殖材料质量的有害生物只容许在最低限制水平范围内；母本园区必须与表现病毒病症状的植株隔离。该号令随后于1971年（71/140号令）进行了修订，规定生产初级的繁殖材料的葡萄园中，必须保证不存在有害的葡萄病毒病，尤其是葡萄扇叶病和葡萄卷叶病；同时，也规定生产不同级别繁殖材料的葡萄园必须与表现病毒病症状的植株进行隔离。由于欧盟各成员国之间病毒检疫的标准不同，影响了其苗木出口及苗木交流。针对这一问题，1991 年由国际葡萄病毒病及类似病害研究委员会（ICVG）成员组成的专家组，经研究产生了一个提案，促使相关官员对 68/93/EC 号令的进一步修订。最后的修订版本为 2005 年（2005/43 号令），规定土壤或基质应充分保障不存在有害生物或者其传播介体，特别是传播病毒病的线虫；原种和母本园应该给予适当的防护，以避免被有害病原物的再次感染；有害病原物应控制在最低限制水平范围内。2005/43/EC 号令规定的最低限制水平范围仅规定繁殖材料中不携带葡萄扇叶病毒、南芥菜花叶病毒（ArMV）、葡萄卷叶伴随病毒 1、葡萄卷叶伴随病毒 3 及葡萄斑点病毒（仅指在砧木中）。该法令的相关规定与葡萄病毒学家及 ICVG 的建议不太一致，包括容许葡萄斑点病毒出现在接穗中，且没有规定繁殖材料不携带普遍认为造成嫁接不亲和的葡萄卷叶伴随病毒 2（GLRaV - 2）和葡萄卷叶伴随病毒 2 RG 株系以及邹木复合复合病的相关病原物。按照 2005/43/EC 号令，欧洲葡萄产业容许生产在最低限制水平范围检疫合格的苗木。然而，由于该号令设立的标准为最低标准，因此容许各个欧盟成员国提出更严格的脱毒规程。之后，意大利葡萄种植户及育种专家于 2008 年签署了由林业、农业及食品管理部门授权的协议，将葡萄卷叶伴随病毒 2、葡萄病毒 A 和葡萄病毒 B（GVB）等病毒也列为必须脱除的对象。

20 世纪 60 年代初，美国加利福尼亚州葡萄产业受到病毒病的严重影响，为此，加利福尼亚大学戴维斯分校（UCD）开始启动葡萄砧木脱毒计划（clean grape stock program）项目，通过热处理或茎尖培养方式对当地主栽及进口的葡萄品种进行脱毒处理。该项目最终促使了现在全国健康植物联盟（葡萄）（national grape clean plant network，NCPN Grapes）的形成，2010 年葡萄无毒繁殖材料组织合并成一个单一的国家联盟，由 5 个中心组成。其中，加利福尼亚大学戴维斯分校植物基础服务中心按照"Protocol 2010"标准对葡萄繁殖材料进行 38 个病原物检测，经检测不携带病毒的葡萄单株［不考虑沙地葡萄茎痘病毒（GRSPaV）］种植在戴维斯分校内。从该中心培育的葡萄繁殖材料具有加利福尼亚食品农业部门的认证资格，可直接供给葡萄种植户种植。

加拿大于 1997 年制定植物保护出口认证条例（plant protection export certification program，PPECP），该条例最初主要目的是为了满足从国外进口苗木的需要。后来在加拿大本土上也采用该条例来规范植物繁殖材料的生产。PPECP 是一项非强制性的、常规的用于规范脱毒苗木的条例，主要用来解决植物检疫认证问题。满足 PPECP 要求的苗木繁殖材料需通过加拿大食品检疫局（CFIA）植物健康中心或其批准的实验中心的检测，确保不携带相关病原物。PPECP 规定检测的病原对象包括 22 种葡萄病毒、4 种支原体、2 种细菌、8 种真菌。

阿根廷和智利分别于 2001 年和 2007 年发布了无毒苗木的认证标准。这两个国家的苗木认证标准规定的检测对象仅包括几种重要的葡萄病毒。其中，在阿根廷，葡萄苗木的检测对象为葡萄扇叶病毒、葡萄卷叶伴随病毒 1、葡萄卷叶伴随病毒 2、葡萄卷叶伴随病毒 3、葡萄斑点病毒，且不表现皱木复合病、花叶、脉坏死等症状。在智利，主要病毒检测对象为葡萄扇叶病毒、葡萄卷叶伴随病毒 1、葡萄卷叶伴随病毒 2、葡萄卷叶伴随病毒 3、葡萄病毒 A、葡萄病毒 B 等。

我国葡萄病毒病研究相对于国外起步较晚，开始于 20 世纪 80 年代。一直以来，我国对葡萄病毒病的研究主要集中在病毒病种类调查、病原物鉴定及检测、脱毒技术等几个方面。20 世纪 80—90 年代，科研工作者已对我国各个产区的葡萄病毒病进行了详细的调查和分析，通过对田间症状观察，发现我国葡萄病毒病主要包括葡萄扇叶病、卷叶病、斑点病、皱木复合病等几种类型。至今为止，危害我国葡萄的病毒病主要还是这几类，但随着检测水平的提高，相关病毒种类逐渐增加。针对这几类葡萄病毒病，在我国先后报道了 13 种葡萄病毒，包括葡萄卷叶伴随病毒 1、葡萄卷叶伴随病毒 2、葡萄卷叶伴随病毒 3、葡萄卷叶伴随病毒 4（GLRaV - 4）、葡萄卷叶伴随病毒 7（GLRaV - 7）、葡萄扇叶病毒、葡萄病毒 A、葡萄病毒 B、葡萄病毒 E（GVE）、葡萄斑点病毒、沙地葡萄茎痘病毒、灰比诺葡萄病毒（GPGV）、葡萄浆果内坏死病毒（GINV）。目前，葡萄病毒病尚无有效的药剂进行防治，种植脱毒苗是最有效的防治方法。为推进我国葡萄无毒化栽培，提高我国葡萄产量和品质，中国农业科学院果树研究所依托农业部于 2010 年发布了农业行业标准《葡萄无病毒母本树和苗木》（NY/T 1843），该标准规定了葡萄无病毒母本树和苗木的质量要求、检验规则、检测方法等，规定了葡萄无病毒母本树和苗木中不应携带葡萄扇叶病毒、葡萄卷叶伴随病毒 1、葡萄卷叶伴随病毒 3、葡萄病毒 A、葡萄斑点病毒 5 种葡萄病毒。并于 2013 年发布了农业行业标准《葡萄苗木脱毒技术规范》（NY/T 2378），规定了葡萄苗木脱毒的术语和定义、脱毒对象及脱毒方法等。

三、最新研究进展

与无毒葡萄苗木相关的研究主要集中在葡萄病毒鉴定、脱毒技术及脱毒苗木繁育、病毒对葡萄的影响及无毒苗木的经济价值等几个方面。

1. 葡萄病毒鉴定

近些年，高通量测序技术及生物信息学发展迅速，已广泛运用于植物病毒的鉴定。高通量测序技术与先前的检测技术明显不同，它不是针对某一种病毒进行检测，而是对葡萄植株的整个转录本进行深测序，通过数据分析来明确其携带的所有病毒和类病毒。葡萄病毒种类很多，复合侵染现象比较普遍，一种葡萄病毒病症状的发生可能由一种或者多种病毒引起，给病害的诊断带来困难。高通量测序能够提供足够大的数据量，能更全面地分析可能造成葡萄危害的所有病毒及其新的变种。最近，许多新的葡萄病毒已通过高通量测序的方法鉴定出来，包括西拉衰退病毒 1（GSyV‑1）、葡萄脉明病毒（GVCV）、葡萄病毒 F（GVF）、灰比诺葡萄病毒、葡萄红斑相关病毒（GRBaV）、荣迪斯叶片变色相关病毒（GRL-DaV）、葡萄蚕豆萎蔫病毒组病毒（GFabV）、葡萄双生病毒 A（GGVA）等。一些新的葡萄变种也通过高通量测序方法鉴定出来，包括葡萄病毒 F 新变种、葡萄扇叶病毒的新变种、葡萄浆果内坏死病毒新变种等等。在这些新发现的病毒中，有几种病毒被认为与葡萄扇叶病和葡萄卷叶病发生相关，因此，是葡萄病毒学家普遍关注的对象。其中，灰比诺葡萄病毒、葡萄浆果内坏死病毒和葡萄蚕豆萎蔫病毒组病毒引起葡萄症状与葡萄扇叶病症状类似，葡萄红斑相关病毒引起的症状与葡萄卷叶病症状类似。需注意的是，这些新病毒均暂未列入脱毒苗木的脱除对象，这主要是因为对这些新病毒的认识尚浅。因此，进一步对新病毒的发生、分布及致病性进行系统性研究十分必要，其结果可作为是否将它们列为脱除对象的依据。此外，随着高通量测序成本的降低，高通量测序技术有望成为苗木认证中最重要的检测手段之一。

2. 脱毒方法及繁育技术

主要的脱毒方法包括热处理、化学处理、茎尖培养、体细胞胚胎发生、电疗法和冷冻疗法等。目前，较为有效地脱除葡萄病毒的方法是热处理或者茎尖培养结合化学处理的方法，热处理或者化学处理结合茎尖培养可以较高地提高脱毒效率，但对一些类病毒似乎无效。体细胞胚胎发生脱毒方法可以脱除类病毒，但操作上相对烦琐。电疗法和超低温脱毒目前在葡萄病毒病的脱除中应用的比较少，但由于设备简单、操作简便、时间短等优点，在今后的脱除研究中有很好的前景。在实际运用上，热处理或者化学处理结合茎尖培养是目前葡萄脱毒过程中运用最多的脱毒方法。

建立适宜的脱毒苗木繁育技术对防治病毒病非常关键，这方面也有很多研究进展。脱毒苗木繁育包括土壤消毒、毒源隔离、传虫介体的防控等相关措施。这些措施和方法需建立在相关知识积累的基础之上，包括病毒流行规律、土壤和田间传毒介体的种类鉴定、病毒时空分布规律等。美国和欧洲等葡萄生产国先后确定了螨、蚜、叶蝉等是葡萄病毒病和植原体病害的传播介体，并研究建立了虫传介体的鉴定和防控技术，为预防病害发生提供了技术支持。新建脱毒葡萄园应选择几年内未栽植过葡萄且没有传毒介体的土地，定植后可采用杀虫剂（吡虫啉）对新种植的葡萄苗木系统处理，防止粉蚧等传播介体在病毒侵染的潜伏期寄生。为防止新建葡萄园或苗圃受邻近的葡萄园或苗圃病毒侵染，可采用以下措施：新建的无病毒葡萄园或苗圃应与普通葡萄园或苗圃通过道路或者防护林隔开 20 m 以上；相同区域内，对普通葡萄园或苗圃内粉蚧等传播介体进行化学防治，阻止其飞到新建脱毒葡萄园或苗圃中传播病毒；在普通葡萄园或苗圃工作的人及使用的工具，不应在相同的时间段出现在脱毒葡萄园或苗圃中。目前，我国的脱毒苗木的繁育实行分级实施和管理，包括原种圃建立和管理、一级母本园建立与管理、二级母本园建立与管理、无病毒苗圃建立和管理等。原种是经过脱毒和单株检测获得的核心繁殖材料，是非常宝贵的无毒繁殖材料，需严加保护。原种圃一般应建在防虫网室或防虫温室中，实行单株容器栽培。葡萄无病毒苗圃建在 5 年内未栽培葡萄，经高温消毒，确保不携带活体植物种子、病菌、害虫等的基质。无病毒母本树从无病毒原种上采集插条、接穗，通过扦插或嫁接到同级无病毒砧木上繁殖获得。繁殖无病毒母本树的基质经消毒处理，或在 10 年内未栽植葡萄的地块上进行，且与普通葡萄园相隔 30 m 以上，或用防虫网隔离。用于无病毒苗木繁育的所有繁殖材料必须从无病毒母本树采集葡萄种条并且种植在没有传毒线虫的土地上，距离普通葡萄园或苗圃 30 m 以上，苗圃地不能连作，可种植其他作物进行轮作。

3. 病毒对葡萄的影响及无毒苗木的经济价值

病毒侵染对葡萄影响的相关研究主要集中在病毒对葡萄生理、产量、品质及葡萄酒质量等几个方面的影响上。对大部分病毒而言，病毒的侵染通常会引起葡萄叶片的光合作用效率下降。葡萄扇叶病毒不同株系及在不同的品种上造成的危害程度不同，感染葡萄扇叶病的葡萄与健康葡萄相比，引起的产量损失约 28%～77%，浆果重量下降 5.1%～11%。虽然葡萄扇叶病可导致葡萄产量急剧下降，但对葡萄和葡萄酒的质量影响相对较小，甚至也有报道对葡萄和葡萄酒的品质有较好的影响。葡萄卷叶病毒侵染的葡萄与健康葡萄相比，产量下降 20%～30%，果实糖分可减少 9%，且由葡萄卷叶病感染的葡萄酿造的葡萄酒中酒精、聚合色素及花青素等均显著降低。一些感染葡萄卷叶伴随病毒 3 且不表现明显症状的美国和法国葡萄杂种，果实重量也下降 5%，果实汁液滴定酸增加 5%～9%。

最近一些研究报道了葡萄卷叶病毒及使用脱毒苗木对葡萄经济价值的影响。Atallah 等对英国五指湖地区的品丽珠葡萄园进行了研究，发现在整个生命周期内，在没有任何病害控制措施的情况下，由葡萄卷叶伴随病毒 3 带来的经济损失可达 25 407 美元/hm²（产量下降 30%），至 41 000 美元/hm²（产量降低 50%，品质降低 10%）。在葡萄园感染卷叶病的葡萄植株少于 25% 的情况下，淘汰单个感病植株对控制病毒病发生效果显著，可减少经济损失 3 000～23 000 美元/hm²，另外，及时使用无毒苗替换掉病株，可进一步减少损失至 1 800 美元/hm²。与其他措施相比，及时淘汰和替换表现病毒病症状的葡萄植株是较为有效的控制田间病毒病发生和危害的措施。采用该防治措施，2 hm² 的葡萄园 50 年产生的净增值为 59 000 美元。在加利福尼亚北海岸地区也进行了葡萄卷叶伴随病毒 3 对葡萄经济收益影响的研究，根据对该地区使用无葡萄卷叶伴随病毒 3 的苗木的成本及收益的计算结果，进而推算整个北海岸葡萄产业的经济效益，结果表明通过使用不携带葡萄卷叶伴随病毒 3 的苗木每年收益超过 5 000 万美元，远远超过脱毒过程中的成本消耗。新西兰建立了一个用于分析病毒传播及对葡萄经济价值影响的模型，利用该模型计算了在 3 个年份（2012 年、2015 年和 2017 年）病毒造成的累加损失为每公顷 30 000 新西兰币。

四、今后发展方向

应根据我国葡萄苗木病毒病发生现状，制定适宜的无病毒苗木繁育标准。我国主要发生的葡萄病毒病种类与国外类似，包括葡萄扇叶病、卷叶病及皱木复合病等。经过多年的病毒检测，基本确定与我国葡萄卷叶病和皱木复合病发生相关的病毒种类与国际上已报道的病毒相同，主要包括葡萄卷叶伴随病毒1、葡萄卷叶伴随病毒2、葡萄卷叶伴随病毒3、葡萄卷叶伴随病毒4、葡萄卷叶伴随病毒7、葡萄病毒A、葡萄病毒B、葡萄病毒E等几种病毒。而对于葡萄扇叶病，中国农业科学院果树研究所通过对一些表现扇叶病类似症状的样品进行高通量测序发现了几种新的葡萄病毒，包括葡萄浆果内坏死病毒、灰比诺葡萄病毒和葡萄蚕豆萎蔫病毒组病毒，初步结果表明这几种病毒与葡萄扇叶病症状的发生相关，这使得对葡萄扇叶病的病原物有了更清楚的认识。在这些研究的基础上，应进一步评估新病毒的致病性及危害程度，从而确定我国葡萄的主要脱除对象。先前制订的行业标准《葡萄无病毒母本树和苗木》规定的检测对象主要是参照国外的相关标准来确定的，属于对脱毒苗木最基本的要求。因此，随着我国葡萄病毒病及病毒的深入研究，需进一步地对现行的行业标准进行修订，使其更加完善有力。

在进一步改善检测和脱毒技术的基础上，建立行之有效的田间防护措施，防止种植田间的脱毒苗木再次感染病毒。逆转录聚合酶链反应（RT－PCR）方法是目前最常用的检测手段，可对病毒进行快速、有效的检测。由于葡萄病毒种类及其变种较多且在葡萄体内分布不均匀，单一 PCR 检测往往不能满足快速和高灵敏度的需求，因此，研究建立多重的、高灵敏的检测方法仍十分必要。脱毒技术上，目前热处理结合茎尖脱毒技术相对成熟，可有效地脱除相关病毒，但随着葡萄产业快速发展，脱除的速度及效率上仍需进一步地提高。改善现有的检测方法和脱毒技术固然重要，但这已不是影响无毒化栽培进程的最主要的绊脚石。将来制约和影响无毒化栽培的主要问题是如何保障栽植在田间的脱毒材料不再受病毒的侵染和危害。因此，今后需对病毒的发生规律、致病性、寄主与病毒的互作、病毒的复合侵染及病毒间互作等各个方面开展深入系统的研究，揭示病毒和寄主互生规律，为制订有效的防护措施打下基础。

附录 1 葡萄苗木脱毒技术

1. 技术简介

病毒侵染葡萄后，利用寄主的营养物质生长繁殖，干扰葡萄正常生理代谢活动，造成树体衰退、产量降低、品质下降、经济寿命缩短、嫁接成活率降低、抗逆性减弱等危害。葡萄以无性繁殖为主，病毒主要随砧木和接穗广泛传播，一旦侵染，即终生带毒，持久危害，无法通过化学药剂进行有效控制（但需要使用药剂防治传毒介体，阻止病毒病在田间的扩展，造成更严重的危害）。大力发展葡萄无毒化栽培是防止病毒病危害，提高葡萄质量、产量和经济效益的有效途径之一。

用于葡萄病毒的脱除方法，目前主要报道了以下 6 种，即热处理脱毒、茎尖培养脱毒、热处理结合茎尖培养脱毒、抗病毒抑制剂脱毒、体细胞再生脱毒和超低温处理脱毒。

热处理脱毒方法是利用病毒和寄主植物对高温忍耐性的差异，使植物的生长速度超过病毒的扩散速度，从而得到一小部分不含病毒的新梢，以达到脱除病毒的目的。热处理脱毒方法在苹果和梨树上应用较多，在葡萄脱毒试验中，发现其顶芽十分幼嫩，很难嫁接或扦插成活，故单纯热处理方法不适用于葡萄脱毒。热处理方式包括盆苗热处理和试管苗热处理两种。

茎尖培养脱毒方法的原理是植物体内病毒靠维管束系统远距离移动，分生组织中没有维管束存在，病毒只能靠胞间连丝近距离移动，速度很慢，难以达到生长活跃的分生组织，所以旺盛生长的茎尖分生组织一般都少有病毒分布。但由于不带病毒的部分很小，要切取 0.5 mm 以下大小的茎尖分生组织进行培养才可能脱除病毒，而过小的茎尖成活率低、生长缓慢、脱毒周期长、技术要求高，不利于推广应用。

目前，应用最多、脱毒效果稳定、所需周期较短、技术要求不高的葡萄病毒脱除方法是热处理结合茎尖培养脱毒。由于热处理抑制了病毒繁殖扩散速度，使植物本身所具有的顶端免疫区扩大，从而有利于切取较大的茎尖，提高培养成活率和脱毒效率。

2. 技术使用要点

（1）器材。超净工作台、高压灭菌锅、光照培养箱、体视显微镜、pH 计、电磁炉、电冰箱、电子天平、消毒器、弯头镊子（25 cm）、解剖刀、解剖针、组织培养瓶、封口膜、培养皿、三角瓶等。

（2）盆栽苗热处理。取待脱毒葡萄品种的盆栽苗置于温室中，苗木萌动发芽后，放入光照培养箱中。恒温热处理：在 38 ℃±1 ℃条件下处理 30～40 d。变温热处理：32 ℃和 38 ℃每隔 8 h 变换一次，处理 60 d。每天光照 12 h 以上，光照度为 5 000～10 000 lx。处理结束后从该盆栽苗上剪取顶芽，进行茎尖培养，茎尖培养方法见（4）。

（3）试管苗热处理。待脱毒试管苗转接后，于 25～28 ℃继代培养 10～15 d，置恒温培养箱中（32 ℃）培养 1 周，然后升温至 38 ℃±1 ℃，每天光照 12 h 以上，光照度 1 500～2 000 lx，依据不同葡萄品种特性恒温热处理 30～40 d 或变温热处理（温度为 32 ℃和 38 ℃每隔 8 h 变换一次）60 d。为防止培养基干燥，热处理期间，可加入少量灭菌的 1/2 MS 培养基。热处理到期后，从试管苗上剥取 0.2～0.3 cm 茎尖进行培养。

（4）茎尖培养。

① 培养基制备：采用 MS 基本培养基，添加植物生长调节剂、蔗糖、琼脂等。

② 盆栽苗热处理后茎尖分离培养：从热处理到期的盆栽苗上，采集生长旺盛、长 1～2 cm 的顶梢，去掉叶片，在超净工作台上进行消毒处理。先用 75%酒精浸泡 0.5 min，经蒸馏水冲洗后放入 0.1%升汞中消毒 5～10 min，无菌水浸洗 3～5 次，取出后置于无菌培养皿上，在解剖镜下剥取 0.2～0.3 cm 大小的茎尖，接种在分化增殖培养基上。

③ 试管苗热处理后茎尖分离培养：从热处理到期的试管苗上取顶梢，在无菌培养皿上剥取 0.2～0.3 cm 大小的茎尖，接种在分化增殖培养基上。

④ 茎尖增殖：将接种的培养瓶置于 25～28 ℃、光照度 1 000～2 000 lx、每天光照时间 12 h 的组培室中培养。根据生长状况，每 1～2 个月转接 1 次，转接时，先将试管苗基部愈伤组织切除，再切成带 1 个腋芽的茎段，接种在增殖培养基上。由同一个茎尖增殖得到的组培苗为一个芽系，统一编号。继代 5～6 次，同一芽系的试管苗数量达到 5 瓶以上时，进行病毒检测。

（5）病毒检测。茎尖培养获得的所有芽系均需进行病毒检测，以初步明确脱毒结果。具体检测方法见《葡萄病毒检测技术规范》。

（6）生根移栽。春季，经检测不带病毒的芽系，切取带 1 个芽的茎段，接种到生根培养基上，在组培室培养 1 个月后，将培养瓶置于智能温室或日光温室中，闭瓶炼苗 1～2 周。移栽前，在瓶中加少量水使培养基软化。移栽时，从瓶中取出幼苗，将试管苗根部附着的培养基洗干净，栽入装有基质（蛭石∶草炭＝1∶1）的塑料营养钵中。试管苗移栽后，加盖塑料薄膜和遮阳网保湿、遮阴，保持空气相对湿度 80％以上，温度控制在 20～28 ℃。

（7）移栽试管苗病毒检测。翌年春季和秋季，从移栽成活的试管苗上采集嫩叶和休眠枝条进行病毒检测，具体检测方法见《葡萄病毒检测技术规范》。

脱毒结果判定：根据试管苗和移栽成活苗的病毒检测结果判定脱毒结果，如未检测到本标准规定的脱毒对象，没有表现任何病毒病症状，且生长和结果性状符合该品种特性，则可以作为无病毒原种保存，为无病毒母本树和苗木繁育提供繁殖材料。

3. 技术范围

本技术适用于葡萄加工品种、鲜食品种和砧木品种的脱毒。

4. 注意事项

（1）茎尖应取 0.2～0.3 cm 大小，过小成活率低、生长缓慢、脱毒周期长，过大则不能有效脱除病毒。

（2）组织培养室环境应保持清洁卫生，一经发现污染的试管苗应立即清除，防止造成其他试管苗污染。

（3）葡萄病毒种类繁多，且可能存在未知病毒，因此，经病毒检测的脱毒试管苗经移栽后，应在每年春、秋季对其进行症状观察，确保其不表现任何病毒病症状。

技术支持单位：中国农业科学院果树研究所
技术支持专家：董雅凤、张尊平、范旭东

附录 2　葡萄无病毒苗木繁育技术

1. 技术简介

葡萄作为我国的主栽果树，由于长期盲目引种、高接、扩繁，以及缺乏有效的监测手段和健全的无病毒苗木繁育体系，致使病毒病进一步蔓延。为控制葡萄病毒病的蔓延危害，建立葡萄无病毒苗木繁育技术十分必要。无病毒苗木的繁育包括无病毒原种保存圃建立与管理、无病毒母本园建立与管理、无病毒苗木繁育、苗木质量和分级、标识与包装等几个方面。

原种是经过脱毒和单株检测获得的核心繁殖材料，为了避免在保存过程中感染病毒，导致所繁殖的母本树和苗木带毒，因此，应对保存条件进行严格规定，且需要定期复检和观察，以确保原种健康。同时，必须建立无病毒原种档案，记录每株原种的相关信息，进行规范化管理。

无病毒母本树为繁育无病毒苗木提供繁殖材料，仅从原种繁殖无病毒母本树不能满足生产需要，为此，需设立两级母本树：一级母本树由原种繁殖获得，二级母本树由一级母本树繁殖获得，从而能够提供更多的无病毒繁殖材料。为保障母本树的健康，建立母本园时要考虑线虫、粉蚧等介体或葡萄残体传毒，母本园与普通葡萄园相隔 30 m 以上，且建在 10 年未栽植葡萄的地块。母本树要有档案记录，并进行生长情况调查和病毒检测，以保障无病毒母本树的健康。

葡萄无病毒苗木繁育必须采用无病毒母本树上取得的插条、接穗等繁殖材料。苗圃地的选择应距离普通葡萄园 30 m 以上，且 5 年未栽植葡萄的地块。无病毒苗木具体繁殖方法与普通葡萄苗相同，可参照《葡萄苗木繁育技术规程》（NY/T 2379）执行。苗木繁育期间进行症状观察，出圃前进行病毒抽检。

为保障葡萄无病毒母本树和苗木质量，防止以假乱真，无病毒苗木需挂无病毒标识。葡萄无病毒苗木的分级与普通苗木相同，可参照《葡萄苗木》（NY/T 469）执行。无病毒苗木注意不与普通苗木混装，以防感染。

2. 技术使用要点

（1）葡萄无病毒原种保存圃建立与管理。按照标准《葡萄苗木脱毒技术规范》（NY/T 2378）和《葡萄病毒检测技术规范》（NY/T 2377）进行脱毒和病毒检测，将不携带《葡萄无病毒母本树和苗木》（NY/T 1843）所规定的病毒种类，且无病毒病症状的葡萄栽培品种或砧木植株作为无病毒原种保存。葡萄无病毒原种保存圃应建在防虫网室或防虫温室中，实行单株容器栽培。栽培基质应经 140 ℃处理 4 h，确保不携带活体植物种子、病菌、害虫等。无病毒原种保存圃应建立无病毒原种档案，记录每株无病毒原种的品种、编号、来源、获得时间、病毒检测等信息。每年的春季和秋季各进行一次树体生长状况的观察，淘汰、销毁有病毒病症状或与品种描述不符的植株。每 5 年至少全部复检一次，带病毒的植株立即淘汰、销毁。病毒检测方法按照《葡萄病毒检测技术规范》（NY/T 2377）执行。

（2）葡萄无病毒母本园建立与管理。一级无病毒母本树应从无病毒原种上采集插条、接穗，通过扦插或嫁接到同级无病毒砧木上繁殖获得。二级无病毒母本树应从一级无病毒母本树采集插条、接穗，通过扦插或嫁接到同级（或上级）无病毒砧木上繁殖获得。无病毒母本园应建在 10 年以上未栽植葡萄的地块上，距离普通葡萄园 30 m 以上，或用防虫网隔离。株行距及栽植管理宜与当地葡萄生产园基本相同。无病毒母本园应建立档案，记录品种、来源、数量、栽植时间、病毒检测、淘汰、增补等信息，并绘制栽植图。每年的春季和秋季各进行一次无病毒母本树生长状况的观察，有病毒病症状的植株，应立即挖除、销毁。无病毒母本树至少每 10 年全部复检一次，检测方法按照《葡萄病毒检测技术规范》（NY/T 2377）进行。带病毒植株应立即挖除并销毁，带毒株率超过所检样品的 5%，则取消母本园资格。

（3）葡萄无病毒苗木繁育。用于无病毒苗木繁育的插条、砧木和接穗等繁殖材料应从无病毒母本树上采集，不应从无病毒苗木上采集插条或接穗进行无病毒苗木繁育。葡萄无病毒苗圃建在 5 年以上未栽植过葡萄并且没有传毒线虫的土地上，距离普通葡萄园或苗圃 30 m 以上。苗圃地不能连作，可种植其他作物进行轮作。葡萄无病毒苗圃建立生产销售档案，记录无病毒苗木繁殖材料来源、繁殖数量、繁育方式、成活情况、抽检结果、销售明细等信息，并绘制栽植图。葡萄无病毒苗木的繁育，有硬枝扦插繁育法、绿枝嫁接育苗及组织培养繁育等方法。

① 硬枝扦插繁育方法。

枝条准备：应从无病毒母本树上采集健康的一年生休眠枝条作为扦插种条。种条可剪成长 40～50 cm，每捆 50～100 枝，标明品种及采集地点，宜放置在温度 1～3 ℃、相对湿度保持在 95% 以上的冷藏库或果菜窖中。

催根：春季取出扦插枝条，按 2～3 芽长度剪截，上端离芽眼 1.5 cm 处平剪，下端离芽眼 1～2 cm 处斜剪成马蹄型，将下端速蘸到催根剂中，取出，放置到温度控制在 20 ℃±2 ℃的电热温床或火炕上，使用锯木屑或沙埋到插条基部 1/3 处，产生愈伤组织后即可从催根床移至苗圃进行扦插。

扦插：按行距打垄、覆膜，当地温上升到 15 ℃以上时，按株距破膜扎孔，将催根后的扦插枝条定植在垄上，应根据土壤墒情，在沟内、垄上灌透水。

扦插后的管理：新梢抽出 5～10 cm 时，应选留一个粗壮枝，其余抹掉。新梢生长到 30 cm 左右，立杆拉绳引绑新梢，副梢留 1 片叶摘心，并加强肥水管理和病虫害防控。

② 绿枝嫁接育苗。

砧木准备：应从抗逆性强且适应当地栽培的无病毒砧木母本树上剪取插条，按照硬枝扦插繁育的方式培育砧木。嫁接前，首先对砧木进行摘心、抠除腋芽、去掉副梢，在砧木基部留 2～3 个叶片，其上留 2～3 cm 剪断。

接穗准备：应从葡萄无病毒品种母本树上采集当年生、品种纯正、无病虫害的 0.4～0.6 cm 粗度的半木质化带芽新梢作为绿枝嫁接接穗。

绿枝嫁接：将以上准备好的砧木和接穗采用枝接方式嫁接。砧穗形成层对齐，如果砧穗粗度不一致时，至少使砧穗形成层一侧对齐，接穗斜面刀口上部露出 1～2 mm，以利于愈合。然后用 1 cm 宽的塑料薄膜缠绕，只露出接芽。

绿枝嫁接后的管理：根据苗木发育和土壤墒情需要，嫁接后灌水，及时抹掉砧木上的萌蘗，当接芽抽出 20～30 cm 新梢时，选留 1 条粗壮枝，引绑在竹竿或铁线上。及时灌水、施肥和摘心。

③ 组织培养繁育。

材料的采集：应从无病毒原种或母本树上选择生长旺盛的嫩梢，去掉大叶，剪成 3～5 cm 长的茎段，用于分离培养。取材时间宜为春季。

接种：将嫩梢放入 75％酒精中浸泡 0.5 min，后用 0.1％升汞消毒 5～8 min，也可用 5％次氯酸钠消毒 10～15 min。消毒后置于灭菌水中浸洗 3～4 次，切掉接触药剂的剪口，将 0.5～1 cm 长的带芽茎段或顶芽，接种到 MS 分化增殖培养基上（芽要露出培养基，以利生长发育）。

芽的增殖：将接种好的培养瓶置于温度 20～25 ℃，光强 1 500～2 000 lx，每天光照 10～12 h 的条件下诱导分化。每个月应转接一次，2～3 个月后，待其伸长形成丛生苗，即可进行继代繁殖。转接时，应将试管苗基部愈伤组织切除，再切割成带 1 个腋芽的茎段，接种在 MS 增殖培养基上，每瓶接4～5 株。

生根培养：将带有 1～2 个芽的茎段切下，接种在 1/2MS 生根培养基中。

移栽：移栽前应将培养瓶置于自然光照条件下（温室或大棚中），闭瓶炼苗 1～2 周。移栽前 1 d，可打开瓶盖进行开瓶炼苗，并在瓶中加少量水软化培养基。栽时，应将苗基部及根部附着的培养基洗干净，栽入装有蛭石、河沙、泥炭、腐殖土等基质的苗床、营养钵或穴盘中。

苗圃定植：应选择疏松肥沃、排灌水方便、光照良好的地块作为苗圃地，圃地开沟打垄，施入腐熟基肥。定植前，应将成活的试管苗放到室外炼苗 1～2 周。试管苗带土团移栽，栽后浇透水。移栽到苗圃地的试管苗，与普通苗一样管理。

（4）葡萄无病毒苗木的质量控制。每年春季和秋季至少观察 1 次无病毒苗木生长状况，发现病株，立即挖除并销毁。出圃前可由具有资质的葡萄病毒检测机构进行抽检，抽样量以 1 万株抽检 10 株为基数（不足 1 万株以 1 万株计），10 万株内（含 10 万株）每增加 1 万株，增检 5 株；超过 10 万株，每增加 1 万株，增检 2 株。如果抽检的苗木带毒率超过 10％，则不能作为无病毒苗木销售。

3. 葡萄无病毒苗木标识与包装

葡萄无病毒母本树标签包括品种、母本树编号、病毒检测单位、母本树培育单位等信息。

葡萄无病毒苗木标签包括品种、等级、株数、病毒检测单位、生产单位、地址等信息。

每捆葡萄苗木挂 2 个标签，按品种和等级分别包装，包装内外附有苗木标签。

4. 注意事项

葡萄无病毒原种保存圃一定要建在防虫网室或防虫温室中。栽培基质应经 140 ℃处理 4 h，确保不携带活体植物种子、病菌、害虫等。

由于目前一些病毒的传播介体尚不明确，脱毒苗木在田间再次感染病毒的风险仍然存在。因此，每年春季和秋季至少观察 1 次无病毒苗木生长状况，发现病株，立即挖除并销毁。

无病毒苗木应挂上标签，标明品种、母本树编号、病毒检测单位、母本树培育单位等信息，与未脱毒苗木区分。

技术支持单位：中国农业科学院果树研究所
技术支持专家：董雅凤、张尊平、范旭东

第二节　葡萄病虫害的物理防治

一、病虫害物理防治的基本概念

物理防治就是利用病虫害对物理因素的反应规律或者利用物理因子的直接作用，进行病虫害防治。病虫害的物理防治法包括以下几种。

（1）人工和机械。根据害虫的习性和规律，利用人工和机械辅助进行防治。葡萄车天蛾等大型害虫的田间人工扑杀、秋季清园时就可以利用这个方法防治。

（2）光及光谱的利用。根据病虫害对各波段光的适应性、相互关系及生理生化反应的特性，进行病虫害防治。

（3）温湿度的利用。利用病虫害对温湿度的适应性，利用温湿度对病虫害的影响，进行病虫害的防治。如 52～54 ℃温水浸泡葡萄苗木 5 min，用于苗木的消毒。

（4）物理阻隔。利用物理因子对病虫害传播、侵染及活动的阻隔作用，进行病虫害的防治。

（5）射线等物理技术的方法，对病虫害进行防治。

二、病虫害物理防治的历史

我国历史上有很多利用物理因素预防和进行病虫害防控的记载或描述。人们比较熟悉的有：利用晾晒与风干降低储存的湿度，预防因农产品腐烂发霉等造成的损失；利用冬季的低温，对储粮、干果等进行冷冻处理，消灭仓储害虫；夏季对储粮进行暴晒，消灭仓储害虫；害虫越冬主要场所的犁耕、耙田等，消灭越冬害虫；烧土灭菌，减少土传病虫害发生等。

目前，具有规模、成效显著并且在不断发展和利用的有以下几个物理防治方法。

1. 低温储运技术

利用低温下病虫害难以生存和繁殖的特征，进行低温储藏和低温冷链运输。这项技术，从自然冷冻的原始利用等工业革命后冷冻设备普遍使用，已经成为一项贯穿多种农产品供应的重要技术手段，并且不断在精度、准确性方面得到发展和完善，以保证水果、蔬菜等在储藏和运输过程中的风味和质量。

葡萄在采摘后通过冷藏技术与保鲜药剂相结合的方法进行储藏和运输。

2. 温浴浸种及繁殖材料的温浴消毒

对作物的种子及经济林木种苗等进行温浴消毒，杀灭病原物和害虫以阻止或减少病虫害的传播或阻止和降低病虫害的种群数量，避免或减轻病虫危害。这项技术，虽然古老，但一直被利用，并且伴随着在温度精准控制、病虫害对温度的反应、作物种子对温度的耐受程度、温浴对新发现或新的病虫害防控效率等方面的相关研究进展，不断得到发展完善和利用。

葡萄上，使用温浴方法对种苗和种条进行消毒处理。

3. 热处理脱毒技术

利用植物病毒主要存在于维管束系统、高温繁殖受阻等特点，对病毒病危害的农作物种类进行高温（38 ℃左右）培养，并利用幼嫩顶尖进行繁殖，以获得没有目标病毒的繁殖材料，这种方法就是热处理脱毒技术。热处理脱毒技术已经成为葡萄、苹果等多种果树及马铃薯、番茄等多种蔬菜和经济作物的重要技术手段，是健康繁殖材料供应的重要技术，同时在脱毒效率、与其他脱毒方法配合、提高脱毒进程和降低脱毒繁殖材料的成本等方面，不断进行新的探索、得到进展。

热处理脱毒技术，是葡萄脱毒苗木供应和利用的重要技术手段。

4. 果实套袋技术

苹果、葡萄、梨、香蕉等水果的果实或果穗的套袋技术，已经成为病虫害防控的重要技术。这项技术来源于我国 700 多年前梨的套袋防虫，20 世纪中叶在日本得到利用和发展，20 世纪末至 21 世纪初得到了广泛利用。近 20 年来，在果实袋的颜色、透气性、材质、添加药剂、与品种的搭配等方面，以及套袋后对果实质量品质的影响方面，取得了很大进展。

5. 网室利用技术

使用防虫网建立一个独立的空间（类似于温室、大棚）阻止昆虫等微小动物进入，这个空间被称为网室。网室主要利用在脱毒繁殖材料的保存和繁殖上，是阻止或控制昆虫等传毒介体危害的重要技术手段。网室是利用物理阻隔进行病虫害防治的方法，使用网室对葡萄的脱毒苗木原种圃及采穗圃进行保护，已在世界范围内普遍使用。

6. 避雨栽培技术

避雨栽培是设施栽培的一种形式，包括避雨栽培技术模式，是在葡萄的叶幕层之上加盖一层塑料或其他材质的膜，避免雨水对果实及叶幕的淋湿，防治因雨水导致的病虫害发生和危害；冷棚栽培模式，是把葡萄栽种于冷棚中（在叶幕层之上盖有膜，在需要时四周可以用塑料等材料封闭），属于冬季和春季封闭（能起到促早栽培作用）、夏季敞开四周（发挥避雨防病作用）的技术模式，也可以称为避雨＋

促早栽培模式；避雨＋防鸟网技术模式，在纯的技术模式的基础上，没有膜的部分（叶幕上的缝隙及四周）用防鸟网封闭，使葡萄生长在膜＋防鸟网的封闭环境中，不但防雨防病，也可以防止鸟害。

避雨栽培技术模式，是20世纪80年代在我国试验示范、在20世纪末至21世纪初得到应用、近十几年快速发展的一种技术模式，在霜霉病、炭疽病、黑痘病等因雨水导致流行危害的病害防控上发挥了重要作用，大幅度减小了葡萄园病虫害的发生种类和危害程度，减少了农药的使用，提高了葡萄品质。这项技术，在避雨棚的结构、避雨棚与葡萄树型和叶幕型树配套、田间机械作业带的配置、节约材料和降低成本等方面，不断发展和提高。

7. 灯光诱杀技术

利用害虫对某一波段光线的趋光性，安装产生特定光谱的光源进行诱杀。这项技术从最初的利用篝火、燃油等进行诱杀，到近代电和灯泡发明后的灯光诱杀，再到各波段灯光相关设备发明后的高效诱杀、根据害虫的时空活动规律定时精准诱杀等阶段性发展历程，已经成为防治害虫的一种重要手段。这种技术，主要是用于区域性的、公共植保范畴的葡萄虫害的防控。

8. 色板诱杀技术

利用害虫对某一波段颜色的趋性，进行诱杀，一般是色板与黏胶相结合进行害虫防治。色板诱杀害虫的方法，经历了从最初的主要用于害虫发生规律研究及预测预报的监测，到现在不但用于监测也作为田间防治方法的过程。这种防治害虫的方法，在害虫对不同的颜色色质反应、色板与黏胶的材料、悬挂的高度与位置、降低色板使用的成本等方面，不断取得研究进展，支撑这种防治方法在田间的应用。

这种防治方法，主要用于设施栽培的农作物。在葡萄上，主要用于促早栽培、延迟栽培、避雨栽培等设施栽培中；在大田栽培的葡萄上，因有些害虫具有迁飞习性，防治效果受到一定影响。

9. 高温消毒技术

高温消毒，主要用于土壤消毒、田间机械和工具的消毒、种子消毒等。

湿热蒸汽土壤消毒，一般用于脱毒繁殖材料的繁殖、高档或稀有植物种植的土壤处理。目前，主要用于三七等中草药、葡萄脱毒苗木保存等的土壤消毒处理。澳大利亚，利用高温（一定时间间隔）存放葡萄园使用的车辆、工具等，杀灭各种形态的葡萄根瘤蚜，预防工具传播；高温干热处理植物种子，杀死种子传播病害的病原物，如70℃处理黄瓜种子2～3 d，可以使绿斑花叶病毒失活。

这项技术，一般是在高温对相关病虫害致死性及致死时间、种子及其他繁殖材料的耐高温的程度、温度的精准控制等研究的基础上，得到实际使用。

10. 辐射消毒保鲜技术

γ射线穿透力强，一定剂量的核辐射可以穿透杀灭农产品中的病原物。利用现代科技的辐射技术，对高档农产品进行辐射杀菌，用于储藏期间的农产品及食品的保鲜，是一种没有残留等副作用的农产品保鲜途径。

这项技术，也是在农产品及食品中携带病原物的种类、杀死各种病原物需要的辐射剂量、辐射对农产品及食品的品质影响等相关研究成果的基础上，得到应用并不断发展。

除了以上10种（类）被普遍使用的病虫害的物理防治方法外，还有一些病虫害的物理防治方法也被使用，例如电磁波和超声波的利用（如处理检疫物品）、人工扑杀害虫或虫卵（卵块）（如人工捕杀葡萄车天蛾、消灭斑衣蜡蝉的卵块）等。

三、葡萄病虫害物理防治的研究进展

葡萄病虫害的物理防治方法是在相关科学研究的基础上，不断发展、完善和得到应用的。

1. 国外相关研究

国外研究者分别对色板不同颜色、设置密度和高度及放置方向等的诱杀效果做过阐述和研究。Lane在美国研究了采用黄板引诱头大叶蝉和闪叶蝉的成虫并集中灭杀，防治葡萄皮尔斯病；Hall等比较了利用黄色和蓝色粘虫板对亚洲柑橘木虱的诱杀、监测效果等；Roubos等使用不同颜色篮子诱集葡萄害虫，发现黄色和绿色对透翅蛾雄虫的诱集能力最强，多色混合对蜂科的诱集效果最好。

还有相关物理措施对防治葡萄病虫害及提高抗病性的相关报道。南非Schwartz等研究发现桶状诱集器比翼状的对葡萄果蝇的诱集作用更强。新西兰 Jacometti 等发现，葡萄园地面覆盖葡萄酒渣和纸片，不仅可以提高果实品质，还可以增强果实对灰霉病的抗性。日本和韩国研究人员通过葡萄套袋提高了巨峰葡萄果实含糖量，并可以防止裂果和预防病虫害。美国 Guerra 等研究发现，葡萄园地表覆膜可以促进葡萄生长，增强抗病性，并提高葡萄果汁的品质。Sermsri 和 Torasa 利用害虫趋光性，发明了利用太阳能持续诱杀害虫的新方法。

2. 国内相关研究

近年来，粘虫板在我国果树害虫防治中发挥了重要的作用。王丽丽等研究不同颜色粘虫板对葡萄园绿盲蝽的诱集效果，发现绿色、青色色板的诱集效果最好，9 月份诱虫数量最多，葡萄园中间位置诱集量少于边缘。余金咏等则发现，米黄色色板诱捕绿盲蝽效果最好。周金花研究了葡萄害虫对 8 种颜色的粘虫板的趋性反应，在诱捕期间，共诱集到 8 目 17 科 27 种葡萄昆虫。郭喜红等发现黄板对葡萄叶蝉类害虫和蚜虫具有较强的诱集作用，糖醋液对鳞翅目、鞘翅目及双翅目等昆虫均有较强的诱杀作用。陈光华等研究发现利用糖醋液防治果树白星花金龟的效果明显，于糖醋液中放 3～4 个烂果能提高诱杀效果。陈晓娟等研究发现，糖醋液对为害葡萄的马蜂有一定的防治作用。

利用果树病原物和害虫对温度、光谱等的特异性反应和耐受能力杀死或驱避有害生物。如生产上栽培的无毒葡萄苗木，常采用热处理等方法脱除病毒。胡国君等研究发现苗木在 30 ℃条件下处理 1 个月以上则可以脱除茎痘病。陈会杰等发现在果园中安装杀虫灯诱杀害虫，防治效果较好，但要尽可能减少误诱天敌。朱春文等应用频振式杀虫灯防控大棚葡萄害虫，发现频振式杀虫灯能诱杀斜纹夜蛾、黏虫、葡萄透翅蛾、金龟子等害虫，对棚室葡萄害虫有很好的防控效果。

近年来，鲜食葡萄套袋技术在我国得到了很大的发展。葡萄套袋不仅可以提高果实品质，还可以防治病虫害。张鹏等研究发现，套袋可以有效控制葡萄白腐病和霜霉病的危害，也可以明显减轻葡萄黑痘病、炭疽病、白粉病、房枯病及蚜虫、螨类、粉蚧等病虫对果实的危害程度。王海燕等对葡萄园覆膜技术也进行了有益的探索，覆盖地膜可以控制葡萄白腐病和炭疽病。孙亚萍等研究发现可降解的液态地膜对葡萄白腐病有一定的防治效果。

四、物理防治法防治葡萄病虫害的研究方向和发展趋势

综合国内外葡萄病虫害研究现状及趋势，虽然各种物理技术都有一定的防效，但缺乏系统完善的集成应用技术。今后的相关研究，将从以下方面开展。

（1）在相关基础性研究的基础上，研发新的物理防治方法。

（2）现有的物理防治技术或技术模式，有机融入综合防治体系中，形成生态循环的综合防治体系。

（3）现有物理防治方法在朝着更简便、更节省资源、更高效的方向优化和完善。

（4）根据葡萄产业发展技术需求及田间提出的科学问题，研究物理防治方法相关的机制，为研发创新配合综合防治体系的物理防治关键技术提供理论支撑。

附录　套袋栽培技术

1. 发展历史

果实套袋由来已久，在我国历史上的徽州，几百年前就有对雪梨套桐油纸袋的习惯，防治虫害和鸟害。葡萄果实套袋在我国戚序本《石头记》和杨藏本《红楼梦稿本》中已有记载，说明在我国的清朝已经开始对葡萄果实进行套袋，以防治鸟害和蜂害。真正在生产上大面积推广、具有实际应用价值的葡萄果实套袋技术，100 年前的日本最先使用，随后我国台湾也开始使用。

20 世纪 40 年代，烟台、大连等苹果产区，为防治虫害给苹果套书纸和报纸袋，20 世纪 80 年代，山东、辽宁等地为生产出口苹果，首先从日本引进防病、防虫小林袋、韩国袋，在苹果上试用和小面积推广，对苹果病害起到明显的防治效果，获得成功，随后果实套袋技术在我国得到迅猛发展。20 世纪 90 年代山东、辽宁等地在发展晚熟、不抗病的欧亚种葡萄，尤其是种植收益高但抗病性差的葡萄品种时果实病害严重，于是借鉴国外和其他果树上套袋栽培的成功经验，在红地球等高效益葡萄品种上进行

果实套袋实验，并获得成功，引起我国葡萄科研和生产单位重视，并在 20 世纪末到 21 世纪初形成了一个研究和推广葡萄套袋栽培技术的高潮。近十几年来，针对不同品种和地域，套袋技术已被成功用于葡萄生产，套袋用纸质趋于合理、技术趋于成熟。

2. 果实套袋的作用和意义

（1）套袋后的葡萄果实被果袋与外界隔离，阻断了其他物体（枝条、叶片、土壤等）的病菌传播到果穗、果实上的渠道，降低了重要病虫害对果实的侵染机会和风险，可有效地防止黑痘病、炭疽病、白腐病、灰霉病及蜂、金龟子等病虫害在葡萄果实上的发生与危害。

（2）减少农药使用。套袋后，果实病害的传染路径被隔离，防治病害的压力会大大降低，减少农药的使用。近几年的实践证明，在葡萄的生长季，套袋葡萄栽培的防病环节可减少用药 2～5 次。

（3）减少农药残留，增加农产品信任。由于果袋的保护，避免了农药与果面的直接接触，可有效降低农药在果实上的残留。特别是套袋后，如果使用的药剂没有内吸性，喷洒的农药基本上不会影响到果实；如果是内吸性药剂，传导到果实中的药剂量也会大大减少。因此，果实的套袋，会大大减少果实中农药的残留，是生产安全食品、增加农产品信任的重要措施，有重要的意义。

（4）改善果面光洁度。葡萄果实套袋后，果实处在一个与外界相对隔绝的小环境中，温度、湿度相对稳定，光照度明显降低，延缓果实表皮细胞、角质层、胞壁纤维的老化。同时，果实在袋内可以避免风雨、尘埃、药剂的污染，减少病虫害的侵蚀和鸟类的危害。套袋的葡萄果实果皮变薄、果面光洁、果粉厚而均匀。

（5）提高优质果率，增加经济效益。首先，套袋的葡萄果实，在套袋前都要进行疏花疏果、花序和果穗处理，可大幅度提高葡萄果实的优质果率；其次，葡萄果实套袋可以明显提高葡萄果实的外观品质和商品价值；最后，套袋的葡萄果实成熟后可以分期分批采收，拉长果实销售季节，避免同期销售造成的价格竞争。另外，果实套袋可以显著增强葡萄果实的储运能力，扩大销售范围，从而提高果实的销售价格，增加收益。

（6）减轻裂果。葡萄果实裂果的轻重首先与品种特性有关，其次是受环境条件的影响，主要是水分条件的影响。对于裂果严重的葡萄品种，如绯红和郑州早玉，套袋后，果袋阻止了果皮直接吸水，同时又可以保持果粒周围环境湿度的相对稳定，能够减轻葡萄裂果程度。但如果遇到连阴雨天气或大水漫灌，造成土壤含水量急剧增加，大量水分向果实中运转，即使果实套袋也会产生大量裂果，单纯采用果实套袋不能够从根本上解决葡萄裂果问题，必须和土壤水分管理结合起来。

（7）对鸟害的防护作用。果穗套袋是一种简便的防鸟害方法，但一定要使用质量好、坚韧性强的纸袋，或采用无纺布制作的果袋，这样才能起到较好的防护效果。但要从根本上防治鸟害，还应架设防鸟网。

（8）对冰雹的防护作用。冰雹是影响葡萄生产的灾害性天气之一。葡萄幼果期进行果实套袋对体积小于花生米的冰雹具有明显的防护效果，对于体积较大的冰雹架设防雹网是比较有效的措施。

3. 套袋栽培存在的问题

果实套袋带来巨大的好处，但也存在一些问题和弊端，表现在以下几个方面。

（1）降低果实含糖量，影响果实风味。目前，对葡萄套袋的一些研究表明，套袋栽培不同程度地影响果实的可溶性固形物、有机酸、含糖量等内在品质。套袋的葡萄果实与未套袋的葡萄果实如果同期采收，其果实的含糖量和含酸量显著低于未套袋的葡萄果实，套袋葡萄果实的风味与未套袋的果实风味相比明显变淡。出现上述情况的主要原因是套袋后果实处在一个与外界相对隔绝的小环境中，温度、湿度相对稳定，光照度明显降低，果实发育期延长，如果同期采收，套袋果实尚未充分成熟，含糖量、果实风味不如未套袋果实。生产上采用延迟采收、控制产量等措施即可解决该问题。

（2）降低红色果实的着色程度，延迟果实成熟。套袋显著影响红色果葡萄品种果实的着色程度，推迟紫黑色葡萄品种果实全面着色的时间，对黄色或青色的葡萄品种，无显著影响。2005 年，中国农业科学院植物保护研究所葡萄病虫害研究中心对早熟红无核葡萄进行果实套袋对比实验，套袋果实比未套袋果实着色程度低 15%～20%，成熟期推迟 10～15 d；在巨峰和京亚上进行的实验，着色推迟 5～10 d，但不影响上色；维多利亚和郑州早玉等黄色品种则影响不明显。

（3）加重果实气灼病，诱发黑点病。葡萄套袋后，遇到高温天气，由于果袋的保温作用，袋内温度显著高于外界温度,当外界温度在 30 ℃时,袋内温度有时超过 50 ℃(一般高 3~8 ℃),对于易发生气灼病的葡萄品种,套袋后气灼病明显加重,尤其在红地球上表现最为明显,已成为红地球套袋栽培上的一个主要难题。近年来,套袋葡萄果实出现了与套袋苹果相类似的问题,套袋后的葡萄果实出现黑点病,有色品种由于颜色的遮盖作用影响不明显,而黄色和绿色的葡萄品种果实外观品质显著受到影响。

(4)病虫害种类的变异,增加了某些病虫害防控的难度。葡萄果实套袋改变了果穗的环境,有利于玉米象、粉蚧、玉米螟、蓟马、棉铃虫等害虫的发生和繁殖。康氏粉蚧、玉米象、茶黄蓟马这些害虫会通过果袋底部的透气孔进入袋内为害,玉米螟、棉铃虫幼虫会蛀袋进入为害果实。这些害虫在袋内的为害不容易被发现,具有较强的隐蔽性。葡萄进入成熟季节后,在靠近山区的葡萄园会出现大量的胡蜂、大黄蜂等野生蜂类,对葡萄果实进行为害,有的从果袋底部的透气孔进入,有的直接将果袋咬烂,为害果实,造成大量烂果和病害传播。这些新情况,增加了防控难度。

4. 葡萄果袋的种类

(1)葡萄果袋的制作材料。常用葡萄果袋的质地有以下几种。

① 报纸袋:报纸袋作为一种最早使用的果袋,曾经在生产上大面积使用。目前在湖南省怀化市还有大面积使用,其制作材料来源广泛,制作成本低廉,果农使用缝纫机可以自制生产。但报纸韧性差,不耐雨水浸泡,长期遇雨后极易破裂;其次是透光性差,严重影响红色品种果实的着色;另外还存在颜色污染的问题。报纸袋一般适宜在抗病性好、果实成熟期为中早熟、果实颜色为黄绿色或紫黑色的葡萄品种上使用。

② 木浆纸袋:纯木浆纸袋的纸质韧性好,袋外面涂有石蜡或纸浆中加有油石蜡,耐雨水冲刷和浸泡,防病效果明显,是葡萄生产上最主要的果袋种类。根据其颜色可分为白色和黄色纯木浆果袋。白色纯木浆果袋的价格相对较贵,但其透光性好,适宜大多数葡萄品种,缺点是会加重部分品种的气灼病。黄色纯木浆果袋价格相对便宜,但果袋透光性差,适宜紫黑色或黄绿色葡萄品种使用。

③ 塑料薄膜袋:塑膜果袋具有价格便宜,透光性好,能够观察到果实在果袋中的整个发育过程,对葡萄病虫的发生可以做到早发现早治疗,其缺点是果袋透光量大,袋内温度变化剧烈,加之果袋透气性差,果实气灼病发生严重。同时遇雨后如果雨水进入果袋容易造成果袋黏附到果穗上,引发病害。总之,塑膜果袋仍处于试验推广阶段。

④ 无纺布袋:无纺布果袋韧性极好,极耐雨水冲刷和浸泡,可以在生产上反复使用,对鸟害也有极强的防治效果。缺点是成本高,透光性差,如果长期遇雨会有部分雨水渗入果袋内。适合在抗病性好、成熟早的黄绿色或紫黑色品种上使用。目前在河南长葛的巨峰葡萄上有较大面积的使用。

(2)常用葡萄果袋的大小。我国果袋的大小有不同型号,一般规格为(20~29)cm×(35~40)cm。生产者可根据栽培葡萄的果穗大小自行选择。Delaware 一般用 15 cm×23 cm 或 14.2 cm×21 cm 有底或无底的透光率高、耐湿性强的纯白色纸袋。巨峰等则用 19 cm×35 cm 有窗口(透明塑料)有底(留有观察洞)或无窗口有底纸袋。纸袋的上端有约长 5 cm 的软金属丝供束袋时使用。

① 自制报纸袋:将报纸对折成宽 26 cm、长 19 cm 的大小,用缝纫机踏实两边即可,套袋时将果穗套好后袋口用 22 号铅丝扎实袋口,以防病虫侵入。

② 部分果袋公司还生产了双面立体葡萄果袋,规格一般为 28 cm×37 cm、24 cm×35 cm,也可根据用户要求定做不同大小的果袋。

(3)不同颜色的果袋。葡萄果袋的颜色有多种,一般常用的有白色(浅色)和黄色(深色)两种。可以根据不同果色还要使用不同的果袋,如白色品种可使用深色袋,红色和黑色品种一般用白袋(浅色袋)。

(4)不同功能的果袋。大部分鲜食品种葡萄的果实成熟期不一样,因此采收时需要揭开袋口观察是否着色,成熟后方可采收。为了解决这一生产问题,一些果袋公司开发出开窗式葡萄果袋,并发明了生产开天窗式葡萄果袋的果袋机。开天窗式葡萄袋不需要解袋,通过葡萄果袋的开窗处就可以看到袋内葡萄是否成熟。同时,还可以增加袋内的光照度,促进着色。

5. 葡萄果袋的选择方法

目前,葡萄果袋市场质量良莠不齐。伪劣果袋虽然价格低廉,但质量太差,生产中应用后会给果农带来巨大损失。主要表现在以下几个方面:原纸质量差,强度不够,在经过风吹、日晒、雨淋后容易破损，造成裂果、日灼及着色不均等；劣质涂蜡纸袋会造成袋内温度过高，灼伤幼果；铁丝细短，防锈能力差，致使经不住风吹雨打，下雨或吹风时，满地撒落；纸袋生产过程中使用的黏胶不合格，使用后不到果实成熟便开胶。

（1）根据当地的气候条件选择果袋。在阴雨天较多、降雨大的地区，在选择果袋时要选择韧性好、耐雨水冲刷和浸泡、透光性好的果袋，如白色纯木浆果袋，如果栽培的为黄绿色或紫黑色葡萄品种也可以使用黄色纯木浆果袋，个别抗病性好的葡萄品种如巨峰也可以使用报纸袋。在气候干燥、降水量少的地区，套袋的目的主要是提高果品的外观品质、减少农药污染、生产无公害果品，可以选择价格相对便宜、质量相对低一些的报纸袋或黄色纯木浆果袋。

（2）根据栽培品种的特性选择果袋。果袋的选择要根据自己所种植葡萄的特性进行选择。首先根据葡萄的抗病性和果实成熟期，如果所栽培的葡萄品种果实发育期长、抗病性一般，则应选择质量较好、价格相对贵一些的白色纯木浆果袋，如美人指、红地球和克瑞森等葡萄品种。如果为黄绿色或紫黑色葡萄品种也可以选择黄色纯木浆果袋，如瑞必尔和秋黑。而成熟早、抗病性好的黄绿色或紫黑色葡萄品种选择价格便宜的报纸袋或可以反复使用的无纺布袋，如巨峰、京亚、藤稔等葡萄品种。

另外还要根据果实的大小选择相应规格的果袋，目前生产上常用规格有大（30 cm×39 cm）、中（26 cm×36 cm）、小（22 cm×23 cm）三种规格，不同厂家生产的果袋规格略有差异，但大致相同。对红宝石无核葡萄、红地球品种宜选用大号或加大的果袋。

从效果来看，葡萄专用袋明显优于自制袋，但为了降低成本，可用通气性较好的报纸或质地更好的纸自制。棚架遮阴部位的果穗，也可采用剪去两底角的塑料袋。在雨量较集中的地区和棚架栽培上，还可采用果穗打伞的方法。

（3）根据生产目的和经济能力选择果袋。在南方多雨地区如上海、浙江等地，果实售价高、单产效益好，果实套袋的目的是为了遮蔽雨水、降低果实病害发生程度、减少农药和人工用量，所以选择韧性好、耐雨水浸泡的白色纯木浆果袋或黄色木浆果袋。在河南、陕西等地的巨峰系葡萄上套袋的主要目的是为减少农药污染、改善果实的外观品质、提高果实售价，则较多的选用价格相对低廉的报纸袋、黄色木浆果袋。

6. 果袋质量的鉴别

（1）外观。果袋外观必须平整、光洁，所有黏合部分牢固，右上角铁丝紧固，下方通气孔明显，上方果柄孔圆齐。纸袋颜色要均匀纯正，透光均匀。除了看外表外，还要看果袋的内部，具体方法是左手拿果袋，右手伸入撑开成筒形，取出手后由袋口向里看袋底的通气孔是否打开，若通气孔黏死，或者开孔过多（超过3个）、过大及果袋侧面的黏合部位涂胶不均匀或有开口，这样的果袋最好不要使用。

（2）手感。纸质手感要薄厚均匀，不能过厚或过薄，纸张柔软而有韧性，用双手大拇指与食指捏紧纸袋，纵向及横向撕，用力越大，说明纸张拉力好，反之，拉力小的纸袋，遇水后容易变形或破烂。横撕果袋，撕裂口有毛茬说明木浆含量高；如果茬口齐、没有毛茬说明木浆少，纸强度差。另外，手感发脆过硬的果袋透气性差；手感过于柔软的果袋张力不足、遇水易透，防病效果差。

（3）水浸。在同等条件下将几种果袋浸于水中或喷上水，比较一下湿水的速度及水干后的变形程度，果袋表面如出现变形大、露黑、湿水速度快、黏合部位开胶等情况均为不合格纸袋。或用喷雾器快速喷洒纸面，喷洒过后纸面上的水呈水珠状，说明防水性好；呈片状，说明防水性差；如果水直接浸入纸内，说明防水性更差。

（4）试用。实践是检验真理的唯一标准。在决定大量使用某个品牌的果袋之前首先要进行小面积的试用，达到生产要求后，然后按照上述挑选果袋的方法，严格进行挑选，确认果袋的纸质和质量没有变化后再大面积使用，以避免因为厂家生产的果袋质量发生变化，影响到套袋效果和果实质量。

7. 葡萄套袋的使用方法

（1）套袋的适宜时间。套袋时间取决于以下因素。

① 品种因素：我国目前主要套袋品种有红地球、巨峰、无核鸡心白、阳光玫瑰等，不同品种的抗性存在差异，套袋的时间也有所不同。欧美杂交品种可以适当晚套，欧亚品种可以适当早套。容易产生气灼病的品种，应选择在硬核期之后套袋，以减少气灼病的发生；不容易产生气灼病的品种，一般适合早套袋。

② 栽培方式和生产目的：同一品种的套袋时间也有差异。从近几年的实践来看，不管品种如何，具体套袋的时期因栽培方式不同而异。露地栽培的葡萄可以适当早套，避雨栽培的巨峰等欧美种葡萄可以在转色期套。

以防病为目的：应在疏果到位后，越早套袋越好。葡萄套袋一般在葡萄坐果后（生理性落果结束）、整穗及疏粒结束后立即开始，并且越早越好。因炭疽病、白腐病是潜在性病害，花后如遇雨，孢子就可侵染到幼果中潜伏，待浆果开始成熟时才现出症状，造成浆果腐烂。因此，为减轻幼果期病菌侵染，套袋时间应尽量提前。或者在加强病害防治的前提下往后推迟，错过油菜和小麦收获后，玉米成苗前大地裸露的这段时间，这样可以减轻日灼病的发生程度。另外，套袋要避开雨后的高温天气，尤其是阴雨连绵后突然转晴时，如果立即套袋，会使日灼病加重，因此要经过 1~2 d，使果实稍微适应高温环境后再套袋。具体套袋时间最好选择在晴天下午 4 时之后或阴天进行。

以改善果实外观为目的：尽量晚套袋，在葡萄上色期之前套袋。

无论哪种栽培方式和目的，套袋要在果面无水时进行，上午从露水干后开始到 11 时，下午在 2 时以后进行。中午 11—14 时虽无露水，因温度太高也不适宜进行套袋。雨后要经过 2~3 d，使果实稍微适应高温环境、补喷农药后进行。套袋应在尽可能短的时间内完成。

（2）套袋方法。套袋前 5~6 d 全园灌一次透水，增加土壤湿度。套袋前 1~2 d 需要针对果穗使用一次药剂。具体使用药剂的种类与葡萄品种（抗病性水平不同）、栽培方式和架式（病虫害发生种类有差异）、区域气候特点（不同气候条件下病虫发生危害情况不同）有关。一般情况下，可以选择市场的套袋三联包，也可以根据具体情况进行搭配使用的药剂。在果穗整形完成后喷施药剂，喷药结束、果穗上的药液干燥后即开始套袋（在 2 d 内完成套袋）。套袋前仅对果穗进行处理（涮果穗或喷果穗），不但节省药剂，还减少农药的使用。

在葡萄谢花后、疏果前，对每个果穗进行一次抖动，这样使受精不良、不能发育膨大的果粒早日脱落，以节省养分。同时把夹在枝条中间的果穗顺到架面下，呈自然下垂状，使其正常生长。

（3）套袋操作规程。

① 操作规程：套袋前现将纸袋有扎丝（1 捆 100 个袋）的一端在水中浸泡数秒钟，使上端纸袋湿润，以免在束缚时破裂。套袋时两手的大拇指和食指将有扎丝的一端撑开，将果穗套入纸袋内，然后用左手将穗梗与袋口上端的红线重合，再将袋上端纸集聚，并将拉丝拉向与袋口平行，顺时针或逆时针将金属丝转一圈扎紧。

具体方法是先将纸袋口端浸入水中 5~6 cm，润湿后不仅柔软而且易将袋口扎紧。或先用手将纸袋撑开，使纸袋整个鼓起，然后由下向上将整个果穗全部套入袋内，再将袋口从两侧收缩到果穗梗上，集中于穗柄上，并应紧靠新梢，力争少裸露果柄，然后用一侧的封口丝扎紧，但不要用力过大损伤果穗。用袋上自带的细铁丝将口扎紧，严防雨水和害虫进入果袋内。为防止果穗柄捆绑时受伤，对果柄短的品种，也可将袋口绑在果穗着生的果枝上。在整个操作过程中，也尽量不要用手触摸果实，损害果粉。套袋结束后，全园再灌一次透水，降低园内温度，减轻日灼病的发病程度。

② 喷药时注意事项：喷完药、水干后即可套袋，最好随干随套，若不能流水作业，喷完药后 2 d 内应套完。间隔时间过长果穗易感病，会在袋中烂果。套袋时，尽量避免用手接触、揉搓果穗，有塑料窗口的一面要向北方，以便观察浆果着色情况。对棚面上的果穗，套袋时要轻拉轻放，以免新梢自穗梗部裂开，对生长较直立的结果枝，要先用塑料条将结果枝拉弯。对同一葡萄园内果穗生长有显著差异者，可用有色袋进行套袋，以便区别。

（4）果实打伞。打伞的方法是将规格为（20~29）cm×（35~40）cm 的报纸或塑料袋，沿长边的中央剪长 10 cm 左右的缝。然后沿缝套至果穗的穗梗，使缝两边相互重合，用大头针固定，像灯罩一样罩在果穗上。类似日本葡萄生产上斗笠状的袋，即只罩在果穗上方。

8. 套袋后管理

（1）预防日灼病。对易发生日灼病的品种，夏季修剪时，在果穗附近多留叶片以遮盖果穗。套袋时间要么提早，要么推迟，不要在收麦后大地裸露这段时间进行套袋。选用的果袋透气性要好，对透气性不良的果袋可剪去袋下方的一角，促进通气。在气候干旱、日照强烈的地方，应改篱架栽培为棚架栽培，也可预防日灼病的发生。葡萄园生草也可降低果园温度，可有效预防日灼病的发生。

（2）套袋后果实病害的防治。葡萄果实套袋后，虽然果实得到了果袋的保护，但也增加了病害和虫害发现和防治的难度。因此，果实套袋栽培最重要的是谢花后至套袋前严格的病虫害防治措，保证果实干干净净套袋。一旦发现套袋果穗发生病虫害较为普遍时，应去除果袋进行防治。

（3）摘袋时期及方法。应根据品种及地区确定摘袋时间，对于无色品种及果实容易着色的品种如香妃、巨峰等可以在采收时摘袋，但这样成熟期有所延迟，如巨峰品种成熟期可延迟 10 d 左右。红色品种如红地球一般在果实采收前 15 d 左右进行摘袋，果实着色至成熟期。昼夜温差较大的地区，可适当延迟摘袋时间或不摘袋，防止果实着色过度，降低商品价值；在昼夜温差较小的地区，可适当提前进行摘袋，防止摘袋过晚果实着色不良。摘袋时首先将袋底打开，经过 5～7 d 锻炼，再将袋全部摘除。摘袋时避开高温和连阴雨天气，防止日灼和裂果。对于紧挨果枝的果穗，将摘下的纸袋垫到果穗和果枝的中间，防止果穗摘袋后因刮风造成果面擦伤，影响果实外观品质。

透明塑料袋可不除袋，带袋采收。白色果袋套袋对黄绿色或散射光着色的紫黑色葡萄品种着色没有大的影响，可以带袋销售或边采果边取袋。对于红色品种，可在采果前 7～15 d 取袋，改善光照条件，以促进着色和成熟。

9. 摘袋后的管理

葡萄摘袋后一般不必再喷药，但必须注意防止金龟子等害虫为害，并密切观察果实着色进展情况。在果实着色前，剪除果穗附近已经老化的叶片和架面上枝蔓过密的部分，可以改善架面的通风透光条件，减少病虫危害，促进浆果着色。但是摘叶不可过多、过早，以免妨碍树体营养储备，影响树势恢复及翌年的生长与结果，一般以架下有直射光为宜。另外，需注意摘叶不要与摘袋同时进行，也不要一次完成，应当分期分批进行，以防止发生日灼。

第三节　葡萄病虫害的生物防治

植物病虫害也称为农业有害生物，在生态系统中与环境中的其他生物存在协同进化、相互作用的关系。利用自然界中对人类有益（或者无害）但对有害生物有不利影响的生物，对田间的农业有害生物进行控制，降低其危害、减少农产品的损失，这种防治方法就是生物防治。

葡萄病虫害的生物防治主要包括昆虫信息素化合物的利用；利用害虫天敌防控害虫；有益微生物（生防菌）的直接利用；有益微生物代谢产物的利用；植物源农药的应用五大类。

一、葡萄害虫信息素化合物

在复杂的生态系统中，生产者和不同营养级别的消费者因为食物关系组成食物链，多条食物链交叉形成食物网。食物网能直观地描述生态系统的营养结构，它容易被察觉。在生态系统中还存在一个不易察觉的以信息素化合物为基础的信息素化合物网，信息素化合物网在调节生物种内和种间行为、维持和构建整个群落中起着重要作用。自 20 世纪 90 年代开始，化学生态防治方法在害虫防治中迅速发展，化学生态防治新方法以化学生态学为基础，依据寄主和害虫、寄生物和天敌、昆虫和植物、植物诱导抗性和生物种群等关系，利用生物间的化学信息素联系进行化学生态防治，其核心是昆虫信息素化合物利用技术。昆虫信息素化合物利用技术具有选择性强、风险低、兼容性强等优点，在害虫防治中起着非常重要的作用。

（一）昆虫信息素的概念及分类

昆虫信息素是由某种昆虫个体的特殊腺体分泌到外界，能被同种的其他个体接受，进而引起特殊的行为或发育反应的超微量化学物质。这一概念最早由 Karlson 和 Luscher 于 1959 年提出。按照信息素化合物作用对象的不同可分为信息素和它感化合物两大类。信息素是指在相互作用的同种生物个体之间传递信息的化合物，信息素可分为性信息素、报警信息素、聚集信息素、示踪信息素等。它感化合物可分为利己素、利它素、互益素和抗性素等。

1. 信息素

（1）性信息素。性信息素一般由雌虫分泌，是刺激并引诱雄虫产生性行为的信息素。人工合成的性外激素通常称为性引诱剂，简称性诱剂。性信息素和性诱剂的主要区别是性信息素由昆虫体内分离，而性诱剂由人工合成，昆虫体内不一定含有，但有引诱作用。第一个性信息素是 Butenandt 于 1959 年从家蚕雌蛾中分离得到，随后昆虫性信息素的研究快速发展。我国昆虫性信息素的研究始于 20 世纪 70 年代，经过几十年的发展，已鉴定并人工合成出了水稻、棉花、果树等几十种农林害虫的性信息素，在葡萄害虫方面，斜纹夜蛾、葡萄花翅小卷蛾、绿盲蝽均已研发性诱剂。反性信息素是一类由雄性分泌的性信息素，其主要功能为阻止、干扰其他雄性昆虫对已交配的雌性昆虫的定位。绿盲蝽释放的丁酸己酯具有反性信息素的功能。

（2）报警信息素。报警信息素是由昆虫个体分泌，向同种个体告警的信息素，昆虫报警信息素是除性信息素外研究最多的一种。报警信息素是昆虫在遭遇危险时所产生的向同类昆虫示警的化学信号。由于报警信息素无污染、专一性强等优势，其研究与应用受到很大的重视。目前已经有很多昆虫的报警信息素得到了鉴定，其中包括蜜蜂、蚂蚁、胡蜂、白蚁、蚜虫、蓟马等。

（3）聚集信息素。聚集信息素是由昆虫个体分泌，招引同种个体聚集在一起的信息素。最早分离、鉴定并合成的昆虫聚集信息素是森林害虫异加州齿小蠹的 3 个组分。由于聚集信息素在生产和环境保护中的巨大应用潜力，国外在这一领域的研究进展迅速，已从多种昆虫中分离并鉴定了聚集信息素。目前所鉴定的昆虫聚集信息素主要是蜚蠊目、直翅目、半翅目、双翅目及鞘翅目的昆虫所产生，以鞘翅目昆虫为最多。

（4）示踪信息素。示踪信息素是由蚂蚁或白蚁等社会性昆虫分泌，标明个体活动踪迹的信息素。

2. 它感化合物

它感化合物是指在相互作用的不同种生物个体之间传递信息的化合物，可分为利己素、利它素、互益素和抗性素。

（1）利己素。利己素对释放者有利，对接受者不利。植物生产的利己素是指植物为抵抗植食性生物的攻击，保护自身而具有的有毒物质或令动物厌恶的激素，如除虫菊中的除虫菊酯、烟草中的烟碱。植物受到害虫攻击后也可产生利己素物质，阻止更多害虫的攻击，并产生引诱天敌的物质，提高酶的活性等。在许多鳞翅目和双翅目昆虫中，存在抗产卵信息素，即雌虫在产卵过程中在其卵上或产卵孔周围增加一个信息素，用于抑制同种的其他雌虫在同一位点产卵，以减少种内竞争。这种寄主标记信息素的应用，可以驱避害虫在其寄主植物上产卵而达到防治的效果。

（2）利它素。利它素，对释放者不利，对接受者有利。利它素可以是植物生产的、对害虫具有引诱、定位、产卵刺激功能的物质。如植物被害虫为害，植物可产生气味诱集更多的害虫。

（3）互益素。互益素，对释放者和接受者均有利，最常见的为花香与昆虫的关系。花香表明蜜源的存在，而昆虫取食的同时又保证释放香味的花的授粉。花朵的挥发性成分对植物而言有利于引诱花粉媒介者，对昆虫而言有利于提高营养和提供交尾场所。而且天敌中的许多种类，即使幼虫是肉食性的，其成虫也要从花朵获取营养。因此，花的香味对捕食性、寄生性天敌也有引诱、滞留功能。

（4）抗性素。抗性素，一种生物（释放者）产生或获得的化学物质，当另一种生物（接受者）的个体接触后，产生对两者都不利的行为或生理反应。在植物、害虫、天敌的关系中，有些植物的自卫性防御物质引起天敌的忌避，对自身反而不利。例如，许多植物具有分泌腺功能的纤毛，这种细小微弱的纤毛覆盖在茎叶上，从这里分泌让害虫忌避的利己素。但是，这种令害虫忌避的纤毛，也给天敌造成物理性、化学性的障碍，使得瓢虫、草蛉的幼虫忌避这种纤毛。因此，这种防御机制虽然可以对抗害虫，但对天敌不利，因而对植物本身也不利。

（二）昆虫信息素的利用

近年来，昆虫信息素化合物越来越多的应用于农业害虫的防治。昆虫信息素在农业害虫防治中的作用主要包括两个方面：一是利用信息素进行防治，如性信息素诱杀、干扰交配或信息素引诱天敌防治害虫；另一方面是利用信息素进行预测预报，主要利用性信息素引诱雄虫，通过诱捕到的雄虫数量来预测预报害虫发生期、发生量、分布区域等，估测害虫防治适期。

利用昆虫信息素的进行害虫防治，主要有以下几种方法。

1. 迷向法

迷向法也称为交配干扰法，是通过在田间设置性诱剂，空气中弥漫的性信息素使雄虫丧失寻找雌虫的能力，致使雌雄交配概率大为降低，使下一代虫口密度急骤下降，从而达到防治的目的。交配干扰防治法具有省工、便捷、一次性投放释放器持效时间长等优点。缺点是性信息素用量大，成本较高。

2. 性诱剂诱杀法

是利用雌虫释放的性信息素对雄虫的引诱原理进行害虫诱杀，在作物田放置性信息素诱捕器诱杀雄虫，造成雌雄比例失调，使下一代虫口密度大幅度下降，从而达到防治害虫的目的。

3. 食诱剂诱杀法

食诱剂是模拟植物茎叶、果实等害虫食物的气味，人工合成、组配的一种生物诱捕剂，通常对害虫雌雄个体均具引诱作用。20世纪初，人们开始利用发酵糖水、糖醋酒液，模拟腐烂果实、植物蜜露、植物伤口分泌液等昆虫食源气味，进行害虫诱杀。随着化学分析、昆虫嗅觉电生理等技术的不断发展，人们对害虫食物气味的认识不断加深。通过人工组配挥发性物质模拟害虫偏好食物气味，不断研制出了新型食诱剂。目前，食诱剂已在夜蛾、蓟马等多类重大害虫的防治中发挥了重要作用，成为这些害虫综合防治技术体系中的重要组成。

4. 推拉策略防控法

1987年，Pyke等最早提出了推拉一词，面对澳大利亚高抗性的棉铃虫等害虫，一方面在棉田使用趋避物质将害虫从棉田驱离（推），另一方面在棉田以外使用引诱物质将害虫从棉田引出来（拉）集中消灭，该策略称为推拉策略。推拉策略的基本原理是综合利用行为调控物质（因素）来调控害虫及其天敌的分布及密度，从而降低害虫对被保护作物（目标作物）的为害。推拉策略既包括对害虫的推拉，也包括对天敌的推拉，生产中主要对害虫进行调控推拉，对天敌行为调控较少。

推拉策略中"推"的成分主要包括非寄主信息化合物，常可掩盖寄主气味，或引起害虫逃离，如樟脑对越冬亚洲异色瓢虫显示了很大潜力；寄主的信息化合物，不适当比例的寄主信息化合物可干扰害虫的寄主定位，如田间释放的水杨酸甲酯和（Z）-茉莉酮对蚜虫有驱避作用；合成的驱避剂，酰胺系列化合物，对蚊、蝇、蟑螂等昆虫有一定的驱避活性；告警信息素，如蚜虫的告警信息素是（E）-β-farnesene（Eβf）；拒食剂，如水胡椒中分离的蓼二醛对农业和城市家庭（城市）害虫有驱避作用；产卵抑制剂和产卵忌避信息素，如樱桃绕实蝇产生的忌避信息素可阻止同种昆虫在同一樱桃上产卵。

推拉策略中"拉"的成分包括寄主挥发物，如水杨酸甲酯和茉莉酮对捕食者和寄生物有吸引力，并导致田间害虫丰富度的减少；信息素，如性信息素和聚集信息素；视觉刺激物，用于控制牛舌蝇的蓝色和黑色诱捕器，模拟成熟果实的红色的球体（直径7.5 cm）用以吸引成熟的苹果果蝇；味觉和产卵刺激物，如玉米、大豆、酵母的蛋白质经微生物发酵产生挥发性的化学物质，能吸引实蝇科害虫。

（三）昆虫信息素在葡萄害虫防治上的应用

1. 绿盲蝽

目前，绿盲蝽性诱剂和植物源引诱剂也已研发成功，可以采用诱杀法及推拉策略进行绿盲蝽的防控。

（1）诱杀法。可采用性诱剂或食诱剂进行诱杀。

（2）在葡萄绿盲蝽防治中，可采用推拉策略进行防控。二甲基二硫醚对绿盲蝽具有较好的驱避作用，因此可使用二甲基二硫醚作为驱避剂，它可作为推拉策略中"推"的组分。绿豆、豇豆对绿盲蝽具有引诱作用，可作为绿盲蝽的诱集植物，也可以使用性诱剂和植物源引诱剂进行诱集。诱集植物、性诱剂和植物源引诱剂可作为绿盲蝽推拉策略中"拉"的成分。

2. 葡萄花翅小卷蛾

可采用交配干扰技术（迷向法），防治葡萄花翅小卷蛾。1977年，法国首先应用了迷向技术。目前欧洲应用区域达14万hm²，占葡萄种植面积的3%～4%。欧洲的研究表明，葡萄花翅小卷蛾种群密度为4 000对/hm²时，防效较好。性诱剂的设置密度为500个/hm²，放置位置为葡萄芽下（待展叶后，可避免暴露在阳光和高温下）。葡萄园边界常因引诱剂浓度的降低，而导致种群数量较高（针对边界效应，可以在边界使用杀虫剂）。

1998 年，意大利特伦托在政府支持，以及科研工作者、昆虫学家、种植者联盟、信息素厂家大范围应用交配干扰技术下，防治葡萄花翅小卷蛾取得成功。2002 年，应用 4 年后，采用该方法防治的面积由 700 hm² 升至 5 500 hm²，至 2010 年，防治面积升至 9 000 hm²，涵盖该地区 90% 的葡萄种植面积。在该方法使用前，60% 的种植者需使用 2 次农药。该技术使用 12 年后，大部分区域已不需要使用杀虫剂。

3. 斜纹夜蛾

应用斜纹夜蛾信息素防控斜纹夜蛾，可采用诱杀法、迷向法。应用斜纹夜蛾性诱剂可大量诱杀雄蛾。采用性诱剂引诱雄蛾，可破坏自然种群的正常雌雄性别比，或使雄蛾长时间处于高浓度性信息素刺激下，无法正确定位性成熟的雌蛾（迷向效应），干扰正常的交配活动，从而降低了雌蛾的交配概率，进而降低有效卵量，达到控制其种群的目的。斜纹夜蛾性诱剂还可监测害虫种群消长动态，用于预测预报，指导精准防治。

二、害虫天敌的利用

每一种害虫除了会遭遇一些能够造成死亡的自然因素的影响外，还通常会受到害虫的捕食者、寄生者和昆虫病原物的影响。捕食者可以取食大量猎物（害虫），如捕食螨、瓢虫和草蛉；寄生者的某一发育阶段在寄主身上或体内完成，它们的取食会导致寄主死亡；病原物是可以在寄主体内完成生活史循环并繁殖后代，从而杀死或削弱宿主的致病有机物。这些捕食者、寄生者和昆虫病原物，就是害虫的天敌。捕食者一般是指捕食性节肢动物，寄生者通常是指寄生性节肢动物，病原物包括线虫、原生动物、细菌、真菌和病毒。葡萄园中捕食性节肢动物包括捕食性蜘蛛和螨（植绥螨、大赤螨、长须螨）和捕食性昆虫（草蛉、步行虫、瓢虫、食蚜蝇和捕食性蝽）；葡萄园寄生性节肢动物包括双翅目（如寄蝇科）和膜翅目（如姬蜂科、茧蜂科和小蜂总科）。

（一）葡萄园害虫的天敌简介

1. 葡萄园的捕食性天敌

（1）草蛉。草蛉以花粉、花蜜和蜜露为食，也可以取食螨、蚜虫和其他小节肢动物。葡萄园中大量释放草蛉的生物防治的试验，证实可以使害虫数量有所减少。每公顷 19 768 个草蛉的释放速率导致叶蝉密度明显的下降，但经济上不具有可行性。

（2）瓢虫。瓢虫可分为植食性和捕食性两类，捕食性瓢虫在生物防治中发挥着重要的作用。生物防治利用的是捕食性瓢虫。在葡萄园中捕食性瓢虫是重要的天敌昆虫，取食粉蚧、鳞翅目害虫和害螨等。孟氏隐唇瓢虫（*Cryptolaemus montrouzieri*）已在加利福尼亚柑橘园进行商业化的生物防治，弯叶毛瓢虫（*Nephus bineavatus*）也在葡萄园中用于葡萄粉蚧（*Pseudococcus maritimus*）防治。但是，有些瓢虫物种类具有杂食性，既取食害虫也取食浆果，比如异色瓢虫，这类捕食性天敌不能在葡萄园利用。

（3）蜘蛛。蜘蛛在葡萄园捕食者中占到 95%，对害虫种群产生重要影响。蜘蛛对被捕食者很少显示出特异性。秸秆和堆肥能为有益节肢动物提供适宜的栖息地。同时研究表明，地膜的使用会增加寄生性膜翅目、蜘蛛和地面甲虫的数量。在树冠上，覆网也增加了捕食性、寄生性双翅目和捕食性半翅目天敌的数量。

（4）植绥螨。植绥螨是重要的生物防治种类，在葡萄园里植绥螨可以杀死螨类、蓟马等害虫。

（5）大赤螨和长须螨。大赤螨是广食性捕食者，体型相对较大、移动快速，取食任何它们能够捕捉到的猎物，其特征主要为孤雌生殖。大赤螨在葡萄上以一些植食性螨类为食，但是没有更多的资料和信息。长须螨常见于捕食螨复合体中，是与其他捕食者一起发生的广食性捕食者，但在数量上通常不占优势。

2. 葡萄害虫寄生性天敌

（1）寄蝇科。寄蝇科是许多害虫重要的生物防治种类，主要寄生鳞翅目害虫，是在幼虫阶段寄生。寄蝇科寄生蜂能够寄生葡萄园内葡萄花翅小卷蛾（*Lobesia botrana*）和女贞细卷蛾（*Eupoecilia ambig-*

uella）等害虫。

（2）姬蜂科。所有的姬蜂科物种都是葡萄园内鳞翅目害虫的重要寄生性天敌。例如，在欧洲葡萄园内，离缝姬蜂（*Campoplex capitator*）是从葡萄花翅小卷蛾幼虫体内收集到最普遍的物种。春天的寄生率要高于夏天。葡萄园的覆盖物，对姬蜂种群具有保护作用。

（3）茧蜂科。大部分茧蜂是其他昆虫的主要寄生性天敌，尤其是在鞘翅目、双翅目和鳞翅目的幼虫阶段及一些蚜虫种类。茧蜂科昆虫可以食用花蜜作为食物来源，所以花蜜是寄生蜂和其他益虫重要的生境资源。

（4）小蜂总科。小蜂总科包括一些应用于生物防治的重要物种。蚜小蜂科昆虫寄生半翅目害虫；赤眼蜂寄生于鳞翅目害虫的卵；柄翅卵蜂科寄生半翅目害虫卵；广肩小蜂科寄生鳞翅目、鞘翅目和双翅目害虫；跳小蜂科是葡萄园中许多粉蚧的寄生性天敌。

3. 昆虫病原线虫

异小杆科和斯氏线虫科的昆虫病原线虫，是防治地下害虫的重要天敌种类。昆虫病原线虫防治粉蚧的实验表明，*H. zealandica* 是其中防治效果最好的，*S. yirgalemense* 也表现很好，粉蚧成虫期和中晚期被侵染率分别达到 78% 和 76%，*H. zealandica* 甚至能够寄生为害苹果内部的粉蚧，对柑橘粉蚧（*Planococcus citri*）的防治效果也很好，死亡率甚至达到 91% 和 97%。

（二）葡萄害虫天敌利用

葡萄害虫的天敌利用，在世界范围内处于研究和自然利用阶段，总体水平较低，主要集中在天敌种类的调查及天敌的自然保护方面。

1. 斑翅果蝇的生物防治

斑翅果蝇是我国检疫性害虫，是葡萄酸腐病诱因之一。在原产地对斑翅果蝇寄生性和捕食性天敌进行了调查，包括膜翅目环腹蜂科环匙胸瘿蜂属（*Ganaspis*）和柄匙胸瘿蜂属（*Leptopilina*）及锤角细蜂科毛锤角细蜂属（*Trichopria*）等对幼虫和蛹的寄生，小花蝽（*Orius laevigatus*）对卵和红蠼螋（*Labidura riparia*）对幼虫和蛹的捕食。这些调查资料，是利用天敌进行防治或保护天敌控制该害虫的基础资料。

2. 粉蚧的生物防治

印度调查了葡萄园粉蚧天敌，发现了 6 种寄生性天敌和 7 种捕食性天敌。

3. 葡萄叶蝉的生物防治

小黄蜂（*Anagrus epos*）是葡萄叶蝉寄生性天敌，在不受杀虫剂干扰的情况下，小黄蜂可以减少 90% 以上的葡萄叶蝉，具有保护和利用价值。

（三）葡萄害虫天敌利用的策略和技术

1. 增强型生物防治

增强型生物防治主要是自然天敌的补充释放。自然天敌数量较少，不能实现防控效果，需要在某个时期进行人工释放（天敌），或者在每个季节分多次释放天敌。这种人工释放天敌的生物防治，就是增强型生物防治。

2. 保护型生物防治

通过吸引、维持和促进自然天敌的种群来降低害虫的种群，这种生物防治方式就是保护型生物防治。例如，在葡萄园中，提供种草、设施、开花的植物等天敌庇护所；葡萄园表面覆膜对寄生性膜翅目、蜘蛛和地面甲虫的丰富度有显著影响，捕食者数量会增加。

葡萄园周围的一些非作物植被对园中天敌的丰富度产生了重要影响，通常这些非作物植被由灌木篱墙或者未被农业开发利用的残余草地植被等组成。但是，相对于草地和牧场来说，许多寄生蜂和瓢虫类天敌更青睐于木质类植被，如灌木丛。并且许多田间调查研究也表明，寄生性和捕食性天敌在葡萄园中非随机的空间分布模式与葡萄园邻近的一些木质类植被有非常密切的关系，越靠近木质类植被的葡萄种植区域，其区域内天敌的丰富度也越高。

三、生防菌及生防菌剂利用

（一）生防菌和生防菌剂的概念

1. 微生物杀菌剂

因生态学思想的渗透，植物体内和体表的微生物在病害发生发展过程中的作用日益受到重视，传统的病害三角关系病原物-寄主-环境，已被四角关系病原物-寄主-环境（理化环境）-微生物所取代。环境中能够抑制病原物或有益于寄主植物的有益微生物，称为生防菌。将生防菌通过一定工艺和技术所制成的活性菌剂，称为生防菌剂。

病原物在生长发育及致病过程中均受到来自寄主植物、环境条件的影响，利用生防菌来控制病害发生发展的方法已成为生物防治的重要途径。自然界中，生防菌主要包括生防真菌和生防细菌，通过抗菌、溶菌、竞争、重寄生、捕食、交互保护、诱导抗性、促生增产等机制来发挥生防作用。而由生防菌所制成的生防菌剂，作为生物农药的一大类，被广泛应用于水稻、玉米、小麦、马铃薯、番茄、葡萄等各种作物上。高效的生防菌剂，可以代替或部分代替化学农药，减少化学农药的使用。

2. 微生物杀虫剂

微生物杀虫剂是指用活体微生物及其代谢产物制成，具有杀虫活性的制剂，用于害虫防治。微生物杀虫剂具有以下特点：防治对象专一、选择性高、药效作用缓慢、药效易受外界因素（温度、湿度、光照等）影响、对环境影响小等。昆虫的致病微生物有很多，目前已经发现的有 3 000 多种。主要包括细菌、放线菌、真菌、病毒、立克次氏体和原生动物等。微生物杀虫剂对农业的可持续发展、农业生态环境的保护、食品安全的保障等提供了物质基础和技术支撑。

（1）细菌杀虫剂是应用最早的微生物农药之一。它对靶标昆虫有特异性毒杀作用，已在农业、林业和卫生害虫防治上得到较为广泛的应用。目前筛选出的有杀虫活性的细菌有 100 余种，研究和应用比较广泛的主要为一些芽孢杆菌，常见的有苏云金杆菌（*Bacillus thuringiensis*，Bt）、球状芽孢杆菌（*B. sphaericus*）、幼虫芽孢杆菌（*B. larvae*）、金龟子芽孢杆菌（*B. papilliae*）和蜡状芽孢杆菌（*B. cereus*）等。

（2）病毒杀虫剂利用昆虫病毒感染害虫种群，引发病毒流行病传播，造成害虫持续感病死亡，从而控制害虫种群数量。目前，已从 1 100 多种昆虫（11 目 43 科）中发现了 1 600 多种昆虫病毒。昆虫病毒的最大特点是当病毒被昆虫食入后能形成包涵体，一个包涵体中含有一个或多个病毒粒子。包涵体不溶于水，也不溶于有机溶剂，但能溶于酸碱溶液，在昆虫的胃液作用下释放病毒粒子，感染幼虫，进而在昆虫体内大量繁殖，干扰其血液循环，最终昆虫感病死亡。目前应用较多的主要是昆虫病毒中的杆状病毒，包括核型多角体病毒（NPV）、颗粒体病毒（GV）和质型多角体病毒（CPV）等，约占总体的 60%。由于它们从未在脊椎动物和植物中发现，因此被认为对人类、非靶标生物和环境十分安全。杆状病毒主要用于防治棉铃虫、菜青虫、桑毛虫、斜纹夜蛾、小菜蛾等害虫。

（3）真菌杀虫剂是一种触杀性微生物杀虫剂，主要应用寄生谱较广的昆虫病原真菌。目前，已记载的杀虫真菌种类约有 100 个属 800 多种。其中有丝分裂真菌中有近半的杀虫真菌，常见的有白僵菌属（*Beauveria*）、绿僵菌属（*Metarhizium*）、被毛孢属（*Hirsutella*）、蟷霉属（*Nomuraea*）、拟青霉属（*Paecilomyce*）等，其中大部分是兼性或专性病原物，其生长和繁殖在很大程度上受外界条件的限制。真菌杀虫剂穿过害虫体壁进入虫体繁殖，消耗虫体营养，使代谢失调，或在虫体内产生毒素杀死害虫。研究应用较多的主要种类有白僵菌、绿僵菌、拟青霉、座壳孢菌和轮枝菌等。

（4）我国登记的微生物杀虫剂。我国于 20 世纪 50 年代开始了生物农药的研究。截止到 2016 年 9 月，我国微生物杀虫剂登记注册产品总数达到了 338 种（表 7-1）。

表 7-1　微生物农药在我国的使用

微生物制剂	注册总数	生产企业	农药类型
苏云金杆菌	227	121	杀虫剂
短稳杆菌	2	1	杀虫剂

（续）

微生物制剂	注册总数	生产企业	农药类型
拟青霉	8	5	杀线虫剂
轮枝菌 ZK7	2	1	杀线虫剂
球形芽孢杆菌 H5a5b	4	3	杀虫剂
球孢白僵菌	15	6	杀虫剂
绿僵菌	12	4	杀虫剂
菜青虫颗粒体病毒	5	3	杀虫剂
茶尺蠖核型多角体病毒	3	2	杀虫剂
棉铃虫核型多角体病毒	26	15	杀虫剂
苜蓿银纹夜蛾核型多角体病毒	10	8	杀虫剂
马尾松毛虫质型多角体病毒	3	2	杀虫剂
甜菜夜蛾核型多角体病毒	7	4	杀虫剂
甘蓝夜蛾核型多角体病毒	5	1	杀虫剂
小菜蛾颗粒体病毒	1	1	杀虫剂
斜纹夜蛾核型多角体病毒	6	4	杀虫剂
黏虫颗粒体病毒	1	1	杀虫剂
蝗虫微孢子虫	1	1	杀虫剂

（二）生防菌及生防菌剂发展史

国外生防菌的研究始于 20 世纪初，德国 Globing 从土壤中分离出第一株作为生防菌的放线菌。21 世纪科学家开始对生防菌作用机制进行深入探究，并且更加注重与大田应用的结合，不断对生防菌剂进行生产优化。目前，芽孢杆菌、木霉菌、酵母菌等多种生防菌作用机制均已得到深入解析，多种生防菌已成功开发成生物制剂。如美国的 Aspire（Candida oleophila）strain 182、BiosaveTMl00 和 Biosave TMl10（Pseudomonas syringae）；由木霉菌（Trichoderma）研制出的商品制剂 Trichodex，能有效地防治葡萄灰霉病；枯草芽孢杆菌可湿性粉剂在防治烟草赤星病上有很好的效果；拮抗酵母菌在控制柑橘类和仁果类果实的采后腐烂上有很好的作用。

我国对生防菌的初期研究主要集中在抗生素的开发上。1953 年尹莘耘先生从苜蓿根中分离出放线菌"5406"，对棉花枯萎病有一定防治效果，并进行推广应用，自此开启我国对生防菌的认识与探索。20 世纪 70 年代放线菌代谢产物井冈霉素杀菌剂的成功研制，引领了生防菌剂的应用研究。生防菌对水稻、小麦、玉米等粮食作物，葡萄、番茄、黄瓜等果蔬，棉花、烟草等经济作物上的各种病虫害都有很好的防效，同时具有很好的促生增产作用，可以促进植物分泌生长激素，促进植物对矿物质的吸收，显著提高果实采后品质。我国现有生防菌剂的优势剂型主要为可湿性粉剂（WP），且市场生产能力巨大，已被广泛用于农业病害防治。枯草芽孢杆菌（Bacillus subtilis）strain B1514 可湿性粉剂在防治小麦纹枯病上具有很好效果，同时对玉米秸秆有较强的腐解能力，并可通过腐解秸秆获得营养而快速增殖。生防菌剂在采后病害的防治中，已成为一种有效的替代杀菌剂，可以通过与化学制剂的交替使用达到减药的目的，逐步减少化学制剂的使用，应用前景广阔。

（三）生防菌及生防菌剂最新研究进展

植物和植物内外部的微生物（如内生菌和附生菌）及微生物之间具有相互作用、影响的关系，抑制或杀死病原物、促进植物生长、诱导植物抗性的真菌和细菌受到了人们的关注。生防菌剂可以通过菌株本身或次生代谢产物（如抗生素）影响，减少病原物的生态位，竞争营养物质，干扰病原物信号或刺激宿主植物防御等，从而直接或间接阻碍病原物的正常生长以达到防病的效果。葡萄病害的生防真菌和细菌种类很多，已有大量菌株开发应用，主要包括生防真菌和生防细菌的制剂，在自然界中还存在很多优势菌株有待于开发成生防菌剂。

1. 微生物杀菌剂

（1）生防真菌制剂。

① 白粉寄生孢属（*Ampelomyces* spp.）：白粉寄生孢（*Ampelomyces quisqualis*）菌株 AQ10（AQ10®）菌剂经过田间实验，结果表明晚秋施用能够减少白粉病病原物闭囊壳产生的量，这会减轻下一年春季白粉病的发生。最近研究报道从玫瑰白粉病组织中分离出的 RS1-a 菌株的田间实验表明，秋季使用 RS1-a 和 AQ10 明显延迟和减少了下一年葡萄白粉病的早期发生，并且 RS1-a 能产生大量孢子并具有重寄生的作用，有潜力发展为新型的生防菌剂。目前市场上商品名为 MILGO 的菌剂可防治葡萄白粉病。

② 木霉菌（*Trichoderma* spp.）：哈茨木霉（*Trichoderma harzianum*）T39（Trichodex®）菌剂影响不同品种葡萄感染霜霉病的葡萄防卫基因的相关表达，表明宿主基因的表达在生物防治中占有重要的作用。在葡萄霜霉病菌接种前后，用 T39 处理后增强了不同品种葡萄有关防御基因不同程度的表达。棘孢木霉（*T. asperellum*）和盖姆斯木霉（*T. gamsii*）（Remedier®）菌剂田间实验结果表明，菌剂对葡萄抗复合病害具有很好的效果。非洲哈茨木霉（*T. afroharzianum*）菌液在田间防治葡萄白粉病具有良好的效果，并对化学药剂有较高的耐性，室内培养非洲哈茨木霉的菌丝向白粉菌分生孢子周围生长并卷曲，导致白粉病菌分生孢子结构变形并生长较快，因此是开发为生防菌剂的优势菌株。目前市场上商品名为哈茨木霉的菌剂可防治葡萄霜霉病，木霉菌剂可防治葡萄灰霉病。

③ 细基格孢（*Ulocladium* spp.）：奥德曼细基格孢（*Ulocladium oudemansii*）U3（BOTRY-Zen®）菌剂的最适用量研究表明，在 6 g/L 的菌剂和未处理的葡萄之间有显著差异，6 g/L 的用量可能是控制葡萄果腐病的剂量。

④ 黏帚霉（*Gliocladium* spp.）：链孢黏帚霉（*Gliocladium catenulatum*）J1446（PRESTOP®）目前也登记为防治葡萄白粉病、灰霉病、炭疽病及枝干病害的菌剂。最近报道在温室实验中由蜜蜂传播的链孢黏帚霉可以在低至中度病害下减少草莓灰霉病的感染，提高草莓的品质，比传统防治方法更有效。

⑤ 出芽短梗霉属（*Aureobasidium* spp.）：出芽短梗霉（*A. pullulans*）DSM 14940 和 DSM 14941（Botector®）菌剂的田间实验对灰霉病防效很好，在离体实验中，观察到了出芽短梗霉具有广泛的裂解酶活性，这是在生物防治中的重要机制。

⑥ 假丝酵母（*Candida* spp.）：喷洒假丝酵母（*C. sake*）CPA-1 菌株对葡萄灰霉病有较好的防效，最近报道假丝酵母 CPA-1 的流化床喷雾干燥制剂制备过程中，通过添加可生物降解的涂层（分别为马铃薯淀粉或麦芽糖糊精、脱脂乳、蔗糖作为保护剂化合物的组合）制成的制剂，可增强菌株在温度和湿度胁迫条件下的存活，是一株待开发为商品菌剂的优势菌株。

⑦ 梅氏酵母（*Metschnikowia* spp.）：全美梅氏酵母（*M. pulcherrima*）（Shemer®）菌剂已经应用到采后葡萄腐烂病的防治，据最近报道全美梅氏酵母对采后葡萄灰霉病有较好的拮抗作用。

⑧ 酵母（*Saccharomyces* spp.）：酿酒酵母（*S. cerevisiae*）菌株在体外培养产生一种挥发性有机化合物，这种物质在酸性条件下可抑制葡萄灰霉病的发生。

（2）生防细菌制剂。

① 芽孢杆菌（*Bacillus* spp.）：解淀粉芽孢杆菌（*Bacillus amyloliquefaciens*）D747（Amylo-X®）和枯草芽孢杆菌（*Bacillus subtilis*）QST713（Serenade® Max）是两种商业化生产的生防菌剂，已经用在鲜食葡萄和其他农作物的灰霉病的防治。对这两种菌剂进行了田间实验，结果显示生防菌剂和化学药剂交替使用与单独使用化学药剂的防治效果相当，并且能达到减少抗性病原物和农药残留的目的，尽管单独使用效果不佳，交替使用也是减少化学药剂用量的一种很好的方法。枯草芽孢杆菌（Milastin K®）的菌剂在葡萄白粉病发病较轻的条件下，控制白粉病的效果与硫制剂相当；在发病重的条件下，生防菌剂单独使用时效果不佳，但在与化学药剂一起使用时效果很好。目前市场上商品名为 *Bacillus subtilis* CX-9090 的菌剂可防治葡萄白粉病、霜霉病、灰霉病等多种病害。

② 假单胞菌（*Pseudomonas* spp.）：丁香假单胞菌（*Pseudomonas syringae*）（BioSave®）菌剂能

够控制储藏期葡萄浆果中的曲霉属和青霉属的真菌，减少它们产生的赭曲霉毒素（Ochratoxin A），菌剂一般在采收的前一天处理较好。目前市场上荧光假单胞菌（*Pseudomonas fluorescens*）A506（BLIGHTBAN® A506）的菌剂可防治葡萄穗轴褐枯病、酸腐病和灰霉病。

2. 微生物杀虫剂的研究进展

（1）细菌杀虫剂。苏云金杆菌（Bt）是研究最多、使用最广泛、用量最大的细菌杀虫剂，占据了生物源农药市场 90% 以上的份额。苏云金杆菌是一种杆状细菌，由 Berliner 于 1911 年首先从德国的带苏云金杆菌的地中海粉螟中分离得到，因从德国苏云金省发现、分离而得名（1915 年命名），其作用机制是依靠其所含有的伴孢晶体、外毒素及卵磷脂等致病物质引起昆虫肠道等病症而使昆虫死亡。

欧洲的葡萄园在 20 世纪 70 年代就开始了苏云金杆菌的实验与田间应用，但是由于杀虫效率低及杀虫谱窄等问题，没有大面积应用。近来苏云金杆菌在发展新株系效率与稳定性上有了新的进展，重新得到重视。Shabini 等人在 2004—2006 年使用了两个株系的苏云金杆菌（*kurstaki* 和 *aizawai*）用于防治葡萄花翅小卷蛾（*Lobesia botrana*），结果显示两个株系均有显著的防治效果。Ifoulis 等（2004 年）在 11 个葡萄品种上比较了苏云金杆菌粉剂与可湿性粉剂对于葡萄卷叶蛾（*Paralobesia viteana*）的防治效果，发现均有显著效果，其中粉剂效果更好。Escudero 在 2007 年验证了苏云金杆菌蛋白对于 1 龄葡萄花翅小卷蛾的活性，发现 Cry1Ia 或 Cry9C 与 Cry1 Ab 一起能够有效控制该害虫。我国陈新金等在 1996 年使用 Bt-1 制剂防治葡萄吸果夜蛾，3 d 防治效果达到了 95.31%；张学雯等对十余种苏云金杆菌杀虫基因进行鉴定，发现 *Cry15Aa* 基因对绿盲蝽具有杀虫活性，并且获得了具有杀虫活性的苏云金杆菌菌株。

（2）真菌杀虫剂。真菌杀虫剂穿过害虫体壁进入虫体繁殖，消耗虫体营养，使代谢失调，或在虫体内产生毒素杀死害虫。研究应用较多的主要种类有白僵菌、绿僵菌、拟青霉、座壳孢菌和轮枝菌等。白僵菌的研究和应用最为广泛，主要是由于其寄生范围极广，根据野外调查昆虫越冬发现，因白僵菌致病而死的昆虫占真菌致病总数的 21%。它可寄生 15 个目 149 个科的 700 多种昆虫及蜱螨类。目前主要应用白僵菌防治松毛虫、松叶蜂、松尺蠖、菜青虫、玉米螟、甘薯象甲、大豆食心虫、棉红蜘蛛和其他蛾蝶类的幼虫等大田、果树和森林害虫。尤其是白僵菌成功地应用于防治松毛虫和玉米螟，取得了举世瞩目的经济效益和环境效益。剂型主要有原粉剂、粉剂、可湿性粉剂、乳剂、油剂、微胶囊、混合剂、干菌丝及无纺布菌条等。绿僵菌是一种很重要的天然寄生菌，寄主范围包括约 200 多种昆虫、螨类及线虫，致病力强，无残毒，菌剂易生产，持效期长。金龟子绿僵菌 1873 年首次用于防治麦田的奥地利金龟子和甜菜象甲，是昆虫病原真菌在防治农林害虫领域首次取得成功。蜡蚧轮枝菌可自然寄生蚜虫和介壳虫，荷兰研制的蜡蚧轮枝菌产品 Vertalec、Mycotal 可用于防治蚜虫、白粉虱和蓟马。

人们对真菌杀虫剂在葡萄害虫防治的探索不是很多。Kirchmair 等探究了绿僵菌对葡萄根瘤蚜的控制作用。在感染根瘤蚜的根际土壤中接种绿僵菌，22 d 后 10 个点中有 8 个已经观察不到新的根瘤蚜侵染的产生，剩余两个仅有少量侵染产生。植玉蓉等利用绿僵菌进行涂干防治葡萄小蠹虫，效果优于化学农药农地乐，并且对于成虫和蛹均有效果，且持效期长。Surendra 等探究了 3 个株系的白僵菌对于玻璃翅叶蝉（*Homalodisca coagulata*）的致病力，3 个株系均表现出相似的毒力，但是根据来源不同，在遗传方面表现出多样性。Cozzi 等在 2013 年通过田间试验证实白僵菌（ITEM-1559）能够降低葡萄花翅小卷蛾为害及赭曲霉素污染。白僵菌还对叶螨和蓟马有具有显著的控制作用。在意大利，已经有用于防治叶螨和蓟马的商品化白僵菌（ATCC 74040 株系）制剂得到授权。全亚娟利用浸虫法评价了 7 个白僵菌株系对绿盲蝽的致病能力，结果显示 C-1 菌株对 2 龄若虫致病力最强，并随着虫龄增加致病力减弱。脊虎天牛属天牛 *Xylotrechus arvicola* 近几年在欧洲葡萄上为害严重，成为葡萄上的新害虫，并传播多种真菌病害，西班牙科学家最近报道了 6 种杀虫剂对其卵有防治效果，发现球孢白僵菌对于树干内的幼虫具有好的残效期。

（四）生防菌及生防菌剂在葡萄病虫害防治上的实用技术

目前已有多种生防菌用于防治葡萄病害，例如使用根癌土壤杆菌（*Agrobacterium radiobacter*）防治葡萄根癌病，哈茨木霉（*Trichoderma harzianum*）防治葡萄霜霉病，木霉菌（*Trichoderma* sp.）、奥德曼细基格孢（*Ulocladium oudemansii*）防治葡萄灰霉病，白粉寄生孢（*Ampelomyces quisqualis*）防治葡萄白粉病，荧光假单胞菌（*Pseudomonas fluorescens*）防治葡萄穗轴褐枯病，枯草芽孢杆菌（*Bacillus subtilis*）、寡雄腐霉菌（*Pythium oligorum*）、链孢黏帚霉（*Gliocladium catenulatum*）防治葡萄霜霉病、灰霉病、白粉病。在葡萄整个生长期均有病害发生，结合各病害的特点制订了一套利用生防菌综合防治葡萄病害的实用技术。

1. 苗木定植前

苗木定植前主要防治葡萄根癌病，可使用根癌宁（根癌土壤杆菌）可湿性粉剂防治该病害。

使用方法和用量：将菌剂稀释 1～2 倍后浸蘸苗木根部，1 kg 药剂可处理 80～150 株葡萄苗。

注意事项：蘸根后立即用土覆盖，防止日晒及干燥，避免与强酸、强碱等接触，用药后 48 h 内不可浇水。

2. 萌芽前

萌芽前可使用广谱杀菌剂链孢黏帚霉（PRESTOP）减少田间霜霉病、灰霉病、白粉病等病原物的基数。

使用方法和用量：将该菌剂配成 0.05% 的水悬浮液喷洒在葡萄枝干上，用量为 330～495 g/hm²。

注意事项：施用该药剂 1～4 d 内不可喷施除霉威三唑酮、溴氰菊酯、马拉硫磷、甲霜灵、抗蚜威和除虫菊酯以外的化学农药。该药剂在常温下可保存 2 周，打开后需立即使用。

3. 萌芽期

萌芽期为葡萄穗轴褐枯病、霜霉病的防治关键时期，可用荧光假单胞菌（BLIGHTBAN® A506）防治穗轴褐枯病，可用哈茨木霉防治霜霉病。

使用方法和用量：BLIGHTBAN® A506 制备成水悬浮液后喷施，用量为 37 g/hm²，在葡萄芽萌动后及花序分离期各施用一次。施用 BLIGHTBAN® A506 时可同时施用哈茨木霉。哈茨木霉稀释 200～250 倍后全园喷施，每隔 7～10 d 喷一次，雨后连续使用，直至开花期。

注意事项：BLIGHTBAN® A506 不能与铜制剂混合使用，水悬浮液在 48 h 内使用，不要通过灌溉方式施用。哈茨木霉在配制药液时，要充分搅拌均匀。开封后要尽快使用，最好在一次施药中使用完，远离水产养殖区，不可与碱性农药等物质混合使用。

4. 开花期

开花期为灰霉病的防治关键时期，可用木霉菌或奥德曼细基格孢（BOTRY-Zen）防治该病害。

使用方法和用量：将木霉菌稀释后喷雾于叶背和花穗上，用量为 3 000～4 500 g/hm²，每隔 7～10 d 喷一次，雨后连续使用，在整个开花阶段大约喷 3 次药。也可喷施 BOTRY-Zen，用量为 2 250～4 500 g/hm²，间隔 7～10 d 施用一次。

注意事项：施用木霉菌时应远离水产养殖区，开封后要尽快使用。在配制药液时，要充分搅拌均匀，不可与碱性农药混用。施药时不可饮水、进食，施药后及时洗手、洗脸。BOTRY-Zen 需现配现用，不可过夜。

5. 浆果生长期

浆果生长期为白粉病防治重要时期，该时期霜霉病、灰霉病也可严重暴发，因此需施用白粉寄生孢（MILGO）和枯草芽孢杆菌（CX-9090）防治以上 3 种病害。

使用方法和用量：MILGO 稀释 100～200 倍后喷雾，间隔 10～15 d 施用一次，可施用 2～3 次。田间喷施 MILGO 时也需施用 CX-9090。将 CX-9090 稀释后喷雾，用量为 1 500～6 000 g/hm²，间隔 7～10 d 喷一次，雨后连续使用，直至葡萄落叶期。

注意事项：MILGO 不可与化学农药混合使用，不能与波尔多液、抗生素、阿维菌素混合使用。CX-9090 喷施前需充分混匀、现配现用，不可与强碱或强酸水混合喷雾。

6. 果实成熟至采摘期

在果实成熟期除了喷施 CX-9090 防治霜霉病、灰霉病、白粉病等病害外，也可在果实采摘前使用寡雄腐霉（Polyversum）减少采后霜霉病、灰霉病的发生。

使用方法和用量：在果实采摘前将 Polyversum 稀释后喷施结果带，120～225 mL/hm²。

注意事项：Polyversum 不可与化学杀菌剂混合使用，也不可与任何含有禁止混合标签的产品混用。

四、生防菌发酵产物及利用

利用生防菌代谢过程中产生的活性次级代谢产物来控制农作物病、虫、草害，是生物防治领域的研究热点之一。这些活性次级代谢物质主要存在于生防菌的发酵液中，是生防菌发酵产物。生防细菌、真菌、放线菌均可产生活性次级代谢产物。这些活性次级代谢产物主要有抗菌肽类、抗生素类、酶类及其他活性代谢产物。

（一）生防菌活性次级代谢产物

1. 抗菌肽

抗菌肽又称抗微生物肽（anti-microbial peptide），是具有抗菌活性的肽类物质的总称，是生物体内经诱导产生的一种具有生物活性的小分子多肽。抗菌肽广泛存在于整个生物界，是某个特定基因编码的产物。能产生抗菌肽的主要是生防细菌。

（1）抗菌肽的生物学活性。研究表明，抗菌肽具有广谱杀细菌活性。多数抗菌肽具有较高的抗细菌活性，单一的抗菌肽可同时抑制多种细菌，不同抗菌肽的活性存在较大差异，抑菌谱也不尽相同。抗菌肽不仅自身具有较好的抗菌活性，不同抗菌肽之间及抗菌肽与传统抗生素之间具有协同作用，联用可提高抗菌肽和传统抗生素的作用效果，甚至拓宽其抗菌谱。

① 抗真菌活性：一些抗菌肽对真菌具有较好的抑制作用，如天蚕素在 $25\sim100$ mg/L 时对镰刀菌和曲霉菌有抑制作用。免疫防御素和植物防御素（均为抗菌肽）对多种植物致病真菌具有杀伤作用。Ca^{2+}、Mg^{2+} 浓度和温度会影响抗菌肽的抗真菌能力。

② 抗病毒活性：抗菌肽可能通过多种机制发挥抗病毒作用。有的抗菌肽可以通过与病毒外膜的直接结合发挥作用，如 α 防御素对疱疹病毒的作用，美洲鲎素对人类免疫缺陷病毒（HIV）的作用。有的抗菌肽能够抑制病毒的繁殖，如天蚕素 A（cecropin A）、蜂毒素（melittin）在亚毒性浓度下通过阻遏基因表达来抑制 HIV-1 病毒的增殖。还有的抗菌肽，如蜂毒素可以通过干扰病毒的组装而对病毒产生作用。

（2）抗菌肽的作用机制。目前，大部分抗菌肽都是阳离子型，且多数具有两亲性 α 螺旋和 β 折叠结构。抗菌肽的功能与结构有着密切的关系。研究结果表明，抗菌肽杀菌机制主要是作用于细胞膜，破坏其完整性并形成离子通道，造成细胞内容物溢出胞外而导致细胞死亡。关于通道形成的具体过程有几种假说，认为通道的形成分为 3 个步骤：抗菌肽通过正负电荷间的静电作用吸附到膜表面；抗菌肽中的疏水位插入到细胞膜中；抗菌肽的两性结构分子 α 螺旋插入到膜中，从而改变膜的构象，多个抗菌肽分子共同作用形成离子通道。

Fik 等认为抗菌肽作用于细胞膜时，N 端的两亲螺旋结合在膜的表面，C 端的疏水螺旋插入膜中，进而形成通道。Xlague 等认为抗菌肽通过作用于膜蛋白，引起蛋白质凝聚失活，细胞膜变性而形成离子通道。抗菌肽通过物理作用造成细胞膜穿孔，从而不需要特殊受体就能完成。因此，微生物要产生对抗菌肽的耐受性，只能通过改变其膜的结构，而这点很难做到。大多数抗菌肽是由无特点的氨基酸序列组成，因此微生物要破坏抗菌肽也十分不易。研究表明，有些因素可以显著抑制抗菌肽的生物活性。动植物细胞膜中的胆固醇能稳定脂质双层，还可以与抗菌肽互作，降低抗菌肽的活性。

部分抗菌肽还有胞内作用靶标，即抗菌肽穿透细胞膜进入胞质内，扰乱其生理活性，从而杀灭微生物。带正电荷的抗菌肽能与细胞膜上带负电荷的脂磷壁酸（LTA）、磷壁酸（TA）、脂多糖（LPS）及赖氨酰磷脂酰甘油（LPG）以静电作用而吸附于细胞膜上，抗菌肽的疏水端嵌入磷脂双分子层中牵引其进入磷脂双分子层或改变膜表面张力或引起磷脂单分子层弯曲或形成肽-脂聚合物，从而扰乱双分子层中脂质和蛋白质等组分原有的排列秩序，再结合抗菌肽分子间的相互运动，最终形成跨膜通道，导致胞内物质外漏引起死亡。目前，跨膜通道以"桶板""地毯""环形孔""聚集体""筏沉没""分子电穿孔"等模型备受关注，能较好地解释抗菌肽的膜通道机制。

2. 抗生素

（1）抗生素的概念及种类。抗生素的最初含义是由微生物产生的具有生物学活性的低分子量物质，在低浓度就能抑制或影响其他生物的机能从而对敏感生物产生抑制或致死作用，应用于农作物病、虫、草害防治的抗生素被称为农用抗生素。在自然界中，细菌、真菌、放线菌等微生物都能产生农用抗生素，常见的种类有以下几种。

① 氨基糖苷类抗生素：氨基糖苷类抗生素，是由氨基环醇、氨基糖和糖组成的抗生素的总称，是易溶于水的碱性抗生素。农业上常见的有井冈霉素、春雷霉素和有效霉素。井冈霉素是由吸水链霉菌井冈变种（*Streptomyces hygroscopicus* var. *jinggangensis*）产生的一种氨基糖苷类代谢产物，对水稻纹枯病菌具有较强抑制活性，已用于水稻纹枯病的防治。春雷霉素是从春日链霉菌（*S. kasugaensis*）代谢产物中分离的一种活性产物，常用于防治稻瘟病，西瓜细菌性角斑病、疮痂病、穿孔病等作物病害。有效霉素是吸水链霉菌柠檬变种（*S. hygroscopicus* var. *limoneus*）产生的一种抗生素，对水稻纹枯病有良好的抑制效果。

② 核苷类抗生素：核苷类抗生素常见的有灭瘟素-S、武夷菌素、中生菌素、多氧霉素等。灭瘟素-S是一种弱碱性核苷类抗生素，由灰色产色链霉菌（*S. griseochromogenes*）产生，是第一个成功应用于农业的核苷类抗生素，主要用于稻瘟病的防治。武夷菌素是中国农业科学院植物保护研究所从不吸水链霉菌武夷变种（*S. ahygroscopicus* var. *wuyiensis*）中分离的一种抗生素，该抗生素在防治农作物真菌病害方面具有广谱性，李雯等（2016）研究表明，2%武夷霉素300倍液对葡萄霜霉病的预防效果可达85.79%。中生菌素是中国农业科学院生物防治研究所利用淡紫色灰链霉菌海南变种（*S. lavendulae* var. *hainanensis*）研制的一种新型生物农药杀菌剂，中生菌素对农作物的细菌性病害及部分真菌性病害具有较好的防治效果，同时具有一定的增产作用。多氧霉素是一种肽嘧啶核苷类抗生素，它是日本学者Klsono等从可可链霉菌阿苏变种（*S. cacaoi* var. *asoensis*）中分离得到的代谢产物，多氧霉素可用于葡萄灰霉病的防治，在病害发生初期和盛期，使用10%多氧霉素可湿性粉剂1 000～1 500倍液喷雾，能够有效控制葡萄灰霉病。

③ 四环素类抗生素：常见的四环素类抗生素有金霉素、土霉素等。由金霉素链霉菌（*S. aureofaciens*）产生的金霉素可以预防柑橘黄龙病。从龟裂链霉菌（*S. rimosus*）提取出土霉素，发现与金霉素的母核相同，均为四环素。1980年陈肖发现土霉素是5-羟基四环素二水化合物。

④ 大环内酯类抗生素：大环内酯类抗生素是由链霉菌产生的一类亲酯类抗生素，以14～16元大环内酯基团通过糖苷键与1～3分子的糖衍生物相连。据不完全统计，到目前为止，已经充分研究的大环内酯类化合物多达160种，明确化学结构式的超过了100种。例如，从不吸水链霉菌梧州亚种（*Alcaligenes ketogenes* sp. nov. Yin et Cai）发酵代谢产物中分离的梧宁霉素是一种大环内酯类抗生素，对多种植物病原物具有较强的抑制作用，广泛用于各种作物真菌和细菌病害的防治。

（2）抗生素的作用机制。农用抗生素的作用机制大致分为以下几个方面。

① 对细胞壁的破坏作用：多氧霉素D能够抑制几丁质的合成，进一步研究表明多氧霉素D及其类似物均与几丁质合成酶催化底物脲二磷-N-乙酰葡萄糖胺结构类似，通过与底物竞争抑制该酶活性，病菌细胞因不能合成几丁质而被杀死。农用抗生素S024对棉花枯萎病菌和禾谷丝核菌均具有明显抑制作用，抑菌机制研究表明S204可以破坏2种病原物的细胞壁。

② 作用于细胞膜：一些抗生素可作用于细胞膜，破坏细胞的屏障。农用抗生素TS99能够破坏烟草赤星病菌菌丝体的细胞膜结构，使细胞膜发生同构性改变，造成细胞瘤状畸变。氨基糖苷类抗生素通过与细菌细胞膜上的磷脂结合来破坏细胞壁，导致细菌胞浆外泄。多烯大环酯类抗生素纳他霉素通过对真菌细胞质膜中的麦角甾醇的破坏作用，损伤细胞质膜，从而起到杀菌作用。

③ 抑制蛋白质合成：作用于蛋白质合成系统的农用抗生素较多，中生菌素对大白菜软腐病菌细胞膜无明显影响，但能有效抑制其生物大分子合成中DL-（4,5-3H）亮氨酸掺入蛋白质过程。武夷菌素能够通过干扰病原真菌蛋白质的合成，造成菌丝原生质渗漏，致使菌丝畸形生长，从而达到抑制病原真菌的效果。

④ 作用于能量代谢系统：井冈霉素对水稻纹枯病菌有良好的抑制作用，其作用机制主要是通过抑制水稻纹枯病菌海藻糖酶活性，使纹枯病菌主要储存糖海藻糖无法分解成葡萄糖，造成病菌因无法向菌丝顶端输送养分，抑制了菌丝的生长发育。

⑤ 抑制核酸合成：灰黄霉素是作用于真菌的抗生素，能抑制14C-尿嘧啶和胸腺嘧啶掺入核酸，从

而抑制真菌生长。嘧肽霉素对烟草花叶病毒的作用主要是抑制了病毒核酸的合成，病毒侵染寄主组织后，RNA 需大量进行复制才能生存与繁衍，嘧肽霉素能有效抑制病毒对 3H - 尿苷的吸收，阻断病毒 RNA 合成，来达到控制病害的目的。

⑥ 作用于呼吸代谢途径：呼吸代谢在微生物吸收营养物质、维持生命和增殖中发挥重要作用。烟酰胺腺嘌呤二核苷酸氧化酶是呼吸链的关键酶，万隆霉素能显著抑制烟酰胺腺嘌呤二核苷酸氧化酶的活性，阻碍微生物的呼吸代谢途径，使微生物生长发育过程停滞达到抑菌目的。

⑦ 作用于神经系统：阿维菌素是一种高效生物杀虫、杀螨、杀线虫抗生素类药剂，主要作用于昆虫神经元突触或神经肌肉突触的 γ 氨基丁酸系统，激发神经末梢释放 γ 氨基丁酸，从而促使 γ 氨基丁酸门控的 Cl^- 通道延长开放，大量 Cl^- 涌入造成神经膜电位超极化，导致昆虫神经膜处于抑制状态，从而阻断神经冲动传导而使昆虫麻痹、拒食、死亡。

3. 活性酶

（1）微生物代谢酶（活性酶）的种类。许多病原微生物的细胞壁的主要组成成分都含有几丁质和 β - 1,3 - 葡聚糖。部分生防菌代谢过程中产生的几丁质酶和 β - 1,3 - 葡聚糖酶，能够破坏病原物细胞壁而起到抑菌作用。目前研究较多的微生物代谢酶类主要包括几丁质酶、β - 1,3 - 葡聚糖酶、蛋白酶和纤维素酶等。

（2）微生物代谢酶（活性酶）的作用机制。通过产生代谢酶来抑制病菌是生防菌的重要作用机制之一，生防菌在代谢过程中产生的几丁质酶、β - 1,3 - 葡聚糖酶、蛋白酶、纤维素酶和木聚糖酶等水解酶类能够分解植物病原真菌细胞壁。很多学者研究发现，短芽孢杆菌（*Bacillus brevis*）、地衣芽孢杆菌（*B. licheniformis*）、枯草芽孢杆菌（*B. subtilis*）等多种芽孢杆菌能够产生几丁质酶，应用上述产品开展了对水稻、油菜、黄瓜和小麦等作物多种病害的防治工作，得到了良好的防治效果，受到广泛认可。

4. 其他活性代谢产物

荧光假单胞菌（*Pseudomonas fluorescens*）的转化菌株能够产生大量含氮氧化物，这种含氮氧化物能够诱导植物产生系统抗病性。Wang 等研究表明荧光假单胞菌能够产生一些表面活性剂，这些表面活性剂能够降低病原物孢子的表面张力，在细胞膜内外膨压作用下，导致病菌孢子破裂。从荧光假单胞菌 SS101 代谢物中提纯生物表面活性物质，当浓度为 $25\sim50\ \mu g/mL$ 时，对腐霉菌游动孢子抑制作用显著，处理 60 s 后孢子细胞膜破裂、孢子消失，盆栽试验也证实了 SS101 菌株对疫霉属和腐霉属引起的作物病害具有较好的防治效果。

（二）生防菌及其代谢产物在葡萄病虫害防治中的应用

利用生防制剂替代化学农药防治植物病虫害是生物防控的研究热点。近年来，从事葡萄病虫害生物防治研究的学者筛选出大量的生防微生物，研究其代谢物的杀菌抑菌作用，比如从油菜茎秆上分离获得的枯草芽孢杆菌 B - FS01 菌株，能产生脂肽类抗菌物质，其菌体和发酵滤液均对葡萄霜霉病菌有较好的抑制作用。生防菌发酵产物在葡萄病虫害防控上的研究成果，有些已实现了商品化，可以直接应用。

1. 嘧啶核苷类抗菌素

嘧啶核苷类抗菌素（农抗 120）在我国已经在葡萄上取得登记，防治对象为葡萄白粉病，嘧啶核苷类抗菌素对防治霜霉病也有效。2%水剂 200 倍液、4%水剂 400 倍液，喷雾。

2. 多抗霉素

多抗霉素在我国已经在葡萄上取得登记，防治对象为葡萄炭疽病，还可防治葡萄灰霉病、白粉病、穗轴褐枯病、炭疽病。16%可溶粒剂 2 500 倍液，喷雾。

3. 武夷菌素

武夷菌素是含孢苷骨架的核苷类抗生素（不吸水链霉菌武夷变种的发酵产物），为广谱性生物杀菌剂，低毒。对多种植物病原真菌具有较强的抑制作用，能抑制菌丝蛋白质的合成，使细胞膜破裂，原生质渗漏。武夷菌素对葡萄白粉病、白腐病、灰霉病、炭疽病有效。1%水剂 100 倍液，10～15 d 喷 1 次。

五、植物源农药及应用

1. 植物源农药的基本概念

根据 Anmed 1985 年的资料，全世界已报道过 1 600 多种具有控制有害生物的高等植物，其中具有杀虫活性的 1 005 种，杀菌抑菌活性的 100 多种（真菌活性 94 种、细菌活性 11 种、抗病毒的 17 种），杀螨活性的 39 种，杀线虫活性的 108 种。我国的《中草药资料大全》中介绍了 846 中草药，其中植物源的有 795 种，在这些植物中，有许多种类含有杀虫活性物质，文献报道的 94 种中草药种类有杀虫活性物质。

植物源农药是利用植物产生的具有农用生物活性的次生代谢产物开发的农药。次生代谢物质是 Czapek 在 20 世纪 20 年代首先提出来的概念，是指生物代谢途径的最后产物，这些代谢产物一般不直接参与维持生产者本身的生长发育和生殖有关的原始生化过程，但对生态环境中的相关物种可能具有作用和影响，是生物之间协同进化的结果。

有效成分来源于植物体的农药，称为植物源农药。因植物对有害生物具有活性的次生代谢物质有可能是一种物质，也有可能是多种物质共同发挥作用，所以植物源农药制备中从植物体中分离纯化次生代谢物质，与植物的有生物活性的次生代谢物质的种类有关。

植物源农药具有环境友好、对非靶标生物安全、作用方式特异等特点，在瓜、果、蔬菜、特种作物（茶、桑、中草药、花卉等）及有机农业领域具有广泛应用前景。

2. 植物源农药的研究历史

植物源农药的应用历史悠久，西方国家早在古埃及和古罗马时期就开始使用植物材料进行病虫防治，中世纪以后关于利用植物防虫、防病的文献报道逐渐多了起来。1763 年，法国开始使用烟草和石灰混合后防治蚜虫。近代（1850 年以后）大量的杀虫植物被利用，包括除虫菊、鱼藤属植物、苦木、沙巴草、鱼尼丁、毛叶藜芦和印楝等。

早在公元前 7 世纪至 5 世纪，我国的《周礼》中就有利用植物来杀虫防病的记载，如《周礼·秋官司寇·司隶/庭氏》记载防除蠹虫的方法，"翦氏掌除蠹物，以攻禜攻之。以莽草熏之，凡庶蛊之事"。《神农本草经》《齐民要术》《本草纲目》等古书中同样也记载了大量杀虫抑菌的植物。新中国成立初期，我国进行了较为广泛的农用植物普查，并编著了《中国土农药志》，该书较为详细地记载了大量具有农药活性的植物，《中国有毒植物》中也记录了可以用于植物农药开发的种类。

3. 植物源农药的研究进展及发展方向

（1）植物源农药的研究进展。由于化学农药开发成本的增加及化学农药大量使用潜在风险较大，包括植物源农药在内的生物源农药研究与开发得到关注。

在国外，美国、菲律宾、印度等国家的有关专家都曾对具农药活性成分的植物进行过较为系统的调查和筛选，目前也是农药的开发热点之一。

国内多位学者对我国陕、甘、青、新、宁、苏、粤、桂、鄂、闽、川、黔等地区的 2 000 多种野生植物或中草药进行了农用活性的筛选，发现了砂地柏、牛心朴子、掌叶千里光、辛夷、广陈皮、博落回等多种植物具有较好的杀虫活性。茄科、百部科、藜科、马钱科、豆科、菊科、仙茅科、玄参科、芸香科、天南星科、姜科、唇形科、桔梗科、忍冬科、伞形科、蓼科、大戟科等植物的杀虫活性值得深入研究，豆科、禾本科、菊科、伞形科、十字花科、马兜铃科、唇形科、葫芦科、蓼科、木兰科、百合科、木樨科、莎草科和樟科等植物的杀菌活性具开发应用前景，菠菜和合欢等多种植物对烟草花叶病毒（TMV）具有较好的抑制作用，中国粗榧等多种植物对杂草具有良好的异株克生作用。

近 20 年来，国内学者筛选的范围进一步扩大，同时更加注重对植物源物质特殊生物活性的发现及作用机制进行研究。对杀虫活性物质及作用机制的研究，不但可以作为新农药种类开发的途径，也可以把相关生物活性物质作为农药先导化合物，进行农药创制的深度开发。国内许多研究团队，如华南农业大学、西北农林科技大学、中国农业科学院植物保护研究所等利用植物提取物在杀虫、保鲜、杀菌等方面对室内及田间表现，活性化合物的筛选、鉴定及相关作用机制等方面，进行了大量、系统的研究探索工作。比如丹参、肉桂醛、丁香叶油、茶籽油及荷叶等植物提取物对猕猴桃、苹果、枸杞鲜果等的保鲜效果，油菜素内酯、茉莉酸、寡糖素、水杨酸、系统素、膨压素、多胺、玉米赤霉烯酮等对植物生长和发育的调控等，八角茴香油与八角叶油对淡色库蚊幼虫的毒杀活性，百里香和马郁兰精油对菜豆象甲的熏蒸活性，肉桂油对丝光绿蝇和大头金蝇的杀卵效果，肉桂油、冬青油对淡色库蚊成虫具有的熏蒸和击倒效果等。

（2）植物源农药在葡萄病虫害防控方面的研究方向和发展趋势。植物源农药防控葡萄病虫害相关研究，将围绕以下几个方面展开。

① 田间混配性研究：已经登记的植物源农药，在田间如何与葡萄上常用农药混合使用是目前需要研究的课题之一。田间可能有多种病虫害发生，需要同时进行防治。植物源农药种类与哪些农药可以混合使用及前后配合使用，可以解决葡萄园病虫害问题需要进行研究。

② 杀菌杀虫谱研究：现有植物源农药，登记和试验的往往是一种或几种防治对象，对葡萄园中其他病虫害种类的生物活性及对其存活和繁殖的影响需要进一步研究，以便促进实际应用。比如秋葵的提取液可以抑制灰霉病菌，但能促进炭疽病菌的生长发育，所以在使用秋葵提取物时需要对炭疽病的发生风险及防控措施进行平衡决策。

③ 具有生物活性次生代谢物质的植物综合利用研究：具有引诱或趋避害虫、含有抑制重要病原物次生代谢物的植物，在葡萄园生态系统中的生态功能及如何在葡萄园进行种植和综合利用，服务于葡萄园病虫害的综合防控，需要进行研究。

4. 植物源农药防治葡萄病虫害的实用技术

我国已经登记在葡萄上的植物源农药有：大黄素甲醚、蛇床子素、苦参碱、苦皮藤素等。

（1）蛇床子素。蛇床子为伞形科一年生草本植物，其果实中含有至少 10 种具有药理活性的次生代谢物质，其中主要有效成分为蛇床子素。

蛇床子是重要的中草药。在农业上已开发为植物源农药，提取的蛇床子素既具杀虫作用，又有杀菌作用。作为杀虫剂，蛇床子素在我国登记的产品有蛇床子素水乳剂、微乳剂、可溶液剂、粉剂、水剂、可湿性粉剂、乳油等剂型，在我国登记的防治对象有茶树茶尺蠖，十字花科蔬菜上的菜青虫、蚜虫，仓储害虫赤拟谷盗、书虱、谷蠹、玉米象。作为杀菌剂，在我国登记的防治对象有水稻稻曲病、纹枯病，黄瓜白粉病、霜霉病，豇豆白粉病，葡萄白粉病，枸杞白粉病，草莓白粉病，小麦白粉病等。

（2）大黄素甲醚。大黄是蓼科大黄属的多年生植物的合称，也是中药材的名称。《中华人民共和国药典》规定人用药品大黄应来自掌叶大黄（*Rheum palmatum*）、药用大黄（*Rheum officinale*）、唐古特大黄（*Rheum tanguticum* ）的干燥根和根茎。

大黄素甲醚是植物源杀菌剂，以天然植物大黄为原料，提取其活性成分加工研制而成。在我国已登记的防治对象包括葡萄白粉病、番茄病毒病、小麦白粉病、黄瓜白粉病。大黄素甲醚是保护性杀菌剂，诱导作物产生保卫反应，抑制病原物孢子萌发、菌丝的生长、吸器的形成，防治白粉病，对霜霉病、灰霉病、炭疽病等有兼治效果。

（3）丁子香酚。丁香罗勒（*Ocimum basilicum*），是双子叶植物纲唇形科罗勒属的一种一年生草本植物。丁子香酚可以从丁香罗勒中提取。丁子香酚剂型有可溶液剂、水乳剂、水剂，登记的防治对象包括番茄灰霉病、晚疫病、病毒病，观赏牡丹的灰霉病，马铃薯晚疫病，葡萄霜霉病等。

（4）苦参碱。苦参（*Sophora flavescens*）是一种豆科槐属的草本或亚灌木植物。苦参是一种中草药，春、秋两季都可以采挖，采挖的苦参植株除去根头及小支根，洗净、干燥，或鲜植株洗净后切片、干燥，就是中草药苦参。

苦参碱是由苦参植株的干燥根、植株、果实经乙醇等有机溶剂提取制成，是一种生物碱。苦参碱登记的剂型有可溶液剂、水剂，登记的防治对象包括十字花科蔬菜的菜青虫、蚜虫、小菜蛾，梨黑星病、梨木虱，茶树茶毛虫、茶尺蠖、小绿叶蝉，烟草的烟青虫、烟蚜、小地老虎，辣椒病毒病，水稻条纹叶枯病，黄瓜霜霉病、白粉病、灰霉病、蚜虫，苹果红蜘蛛，马铃薯晚疫病，大葱甜菜夜蛾，韭菜韭蛆，花卉蚜虫，金银花蚜虫，番茄灰霉病，林木美国白蛾，松树松毛虫，草莓蚜虫，番茄蚜虫，柑橘蚜虫，苦瓜蚜虫，辣椒蚜虫，茄子蚜虫，芹菜蚜虫，水稻稻飞虱，西葫芦霜霉病，猕猴桃蚜虫，枸杞蚜虫，豇豆蚜虫，葡萄霜霉病、炭疽病、灰霉病，小麦蚜虫，桃蚜，杨树美国白蛾，三七蓟马等。

（5）苦皮藤素。苦皮藤（*Celastrus angulatus*）是一种卫矛科南蛇藤属的多年生藤本植物，广泛分布于中国黄河、长江流域的丘陵和山区。苦皮藤素是从苦皮藤分离得到的植物源农药的活性成分。

苦皮藤素登记的剂型有水乳剂、乳油，登记的防治对象包括十字花科蔬菜的菜青虫，葡萄绿盲蝽，茶叶茶尺蠖，甘蓝菜青虫、甜菜夜蛾、黄条跳甲，芹菜甜菜夜蛾，水稻稻纵卷叶螟，猕猴桃小卷叶蛾，豇豆斜纹夜蛾，槐树尺蠖，韭菜韭蛆，辣椒甜菜夜蛾等。

在葡萄上，可以用于刺吸式害虫和鳞翅目害虫的防治。

第四节　生态调控防治葡萄病虫害

一、生态调控防治病虫害的概念

1. 生态调控的概念

农林生态系统中作物-有害生物-天敌及其周围环境相互作用和相互制约，通过物质、能量、信息和价值的流动构成整体关联和相互依存的整体。利用或调整生态系统中的某个或某些生态因子，从而在一定生态区域或一定的生态环境尺度内，对病虫害的发生、发展和暴发或流行态势进行控制，减少病虫害发生数量或暴发概率或危害程度，从而在资源节约、降低成本、减少农药使用等层面上实施对作物病虫害的有效控制，实现农业可持续健康发展和维护农田生态环境稳定或优化。

2. 生态调控技术内涵

调节生态系统中生态因子，包括生物多样性的利用、环境条件的改良或控制等，从而减少病虫害发生危害的种类，或降低病虫害发生危害的强度或频率，或降低病虫害暴发流行的概率。从一定尺度或范围内进行作物种类（或品种）布局，或环境因子调控，从而实现减少或减轻病虫害危害的目的。

3. 生态调控技术的发展方向

利用生态调控技术进行病虫害的防控，属于生态学相互关系及相关关系利用的范畴。

目前，生态调控技术进行病虫害防控的成功事例包括种质遗传多样性（物种间或同一物种之间的种群多样性）的利用、调节或利用气象因素（温、光、湿度等）、昆虫信息素种群干扰或化感类物质的利用等方面。

从传统的五大类病虫害防治方法上划分，种质遗传多样性的利用上属于农业防治法、调节或利用气象因素属于物理防治法、昆虫信息素种群干扰等属于生物防治法，但生态调节技术不能简单地归类为五大类防治方法，因为生态调控技术不只是防治方法的问题，重点是各种生态学关系相关方法在生态系统中的利用，能够生产更多资源（产品）的同时控制或减轻病虫危害。

二、生态调控技术的发展历史

生态调控进行植物病虫害防治的理论、研究和实践，是在 20 世纪 80 年代逐渐发展起来的。

生态调控防治植物病害的研究与实践，主要体现在生物多样性的利用上，包括多系品种和品种混合栽种形式。环境温湿度调控（设施栽培），虽然重点是作物栽培环境改善，但如果能减轻病虫害的发生或危害，也属于生态调控防治病虫害。生物多样性是生物及其环境形成的生态复合体，以及与此相关的各种生态过程的综合，包括动物、植物、微生物和它们所拥有的基因，以及它们生存环境形成的复杂生态系统。作物多样性种植分为物种多样性和作物种内多样性。大尺度、大范围农田，把具有不同遗传基质的品种混合种植，一般具有防治病害及缓冲其他环境压力等优点，利用多样性种植进行控制作物病害、稳定增产的实践，也有许多实例。

利用多样性防控病害，在水稻病害的防治上有许多研究和实践，证明了其有效性，包括不同遗传基质的品种进行大面积的混合间栽对稻瘟病、纹枯病和白叶枯病的防治，莲稻间套作防治纹枯病等。在小麦病害的防治上，也有许多研究与实践，包括不同抗性品种混合栽种、小麦蚕豆间作等形式，防治小麦叶锈病、条锈病、白粉病等。玉米上，多品种隔行混植与混播、玉米与其他作物间作防治玉米病害。此外，还有番茄与其他作物间作可以减轻媒介昆虫传毒，从而减轻番茄黄化卷叶病毒病；马铃薯间作大蒜抑制马铃薯晚疫病的发生；黄瓜与玉米间作防治黄瓜花叶病；白菜与玉米间作防治白菜病毒病；油菜品种间混植防治油菜病害；油菜与蚕豆间作防治根肿病和白锈病等。

三、生态调控技术在葡萄病虫害防治上的最新研究进展

1. 避雨栽培技术

（1）葡萄避雨栽培技术在我国的发展历史。陈雅云等1983年在杭州市花坞果园对三年生篱架白香蕉葡萄进行了架膜覆盖试验，结果表明架膜覆盖由于创造了植株避雨环境，控制了重要病害发生，效果显著，同时产量增加53％，品质明显提高，植株生长健壮，土壤耕作层中有机质和氮、磷的含量保持较多。李向东等1990—1993年引入11个欧亚种葡萄品种，在避雨覆盖的条件下观察其生长结果习性及避雨栽培效果，结果认为绯红葡萄早熟、丰产、粒大、色艳、质优，可作为设施栽培优良品种推广。2000年前后，上海市农业科学院李世诚研究员、南京农业大学陶建敏教授、上海马陆葡萄研究所单传伦研究员、湖南农业大学石雪辉教授等许多学者对葡萄避雨栽培进行了研究和实践，证实了避雨栽培可显著减轻病害侵袭，提高坐果率和品质，并在此基础上提出了"先促成，后避雨"的塑料大棚促成栽培模式。避雨栽培和"先促成，后避雨"栽培模式在2005年前后在长三角地区逐渐被接受，并在南方多雨地区采用，带动了整个南方多雨地区葡萄栽培。2010年前后，北方葡萄产区也尝试和试验了葡萄避雨栽培技术，并不断得到应用，使避雨栽培技术成为我国葡萄生产上的重要栽培形式。目前，上海交通大学王世平教授团队、西北农林科技大学张振文教授团队、云南农业大学朱有勇教授团队、湖南农业大学杨国顺教授团队及国家葡萄产业技术体系的南宁综合试验站、南京综合试验站、杭州综合试验站、元谋综合试验站、武汉综合试验站等，都对避雨设施搭建方法及避雨栽培下的栽培模式等有较为深入的研究，也带动了避雨栽培模式的发展。

（2）葡萄避雨栽培技术的特点。避雨栽培，是人为改变了葡萄生长的生态条件，具有以下特点：不受雨淋，可以减少或避免与雨水有关的病虫害；叶幕局部气温略高，有利开花坐果，但不能明显促进早成熟；局部干旱，有利于浆果品质控制、防止裂果等与水分有关的生理性病害；光照条件弱化，需要调整与光照有关的生理、生化、生长与繁殖等技术，满足葡萄的正常需要，但同时对耐弱光的病虫害发生有利，如白粉病、灰霉病等；田间湿度略有增加。

（3）葡萄避雨栽培技术对病虫害的防控。避雨栽培使多种重要病害得到控制，减少农药使用，具有以下效果：总体上讲，减少了病害的发生概率和风险，增加了虫害发生概率和风险；所有喜雨水或水分有关的病害发生变化，霜霉病、炭疽病、黑痘病等基本得到控制或危害轻微或不发生，白腐病也会减轻，所有喜干燥或雨水抑制其发生或流行的病虫害，发生程度增加、危害加重，其中白粉病加重，成为避雨栽培最主要病害之一，红蜘蛛类、绿盲蝽、蓟马类、介壳虫类等虫害加重；由湿度主导，且与湿度呈正相关的病害，危害程度增加，如灰霉病有加重危害的风险，腐生性病害（腐霉、曲霉等造成的病害）发生和危害的风险加大；有些病虫害变化不大，如酸腐病、穗轴褐枯病。

避雨栽培技术具有优异的防治病虫害的效果，能够明显或大幅度减少农药的使用。需要强调的是，避雨栽培条件下由于生态条件的改变会导致病虫害发生种类和危害的变化，虽然可以少使用农药，但不是没有病虫害，更不是不使用农药。

2. 行间生草

葡萄园行间生草，国内的文献主要集中在对土壤微生物、营养供应水平、果实品质的影响等几个方面。行间生草增加了土壤覆盖率，对于侵染循环与土壤有关的病害，土壤覆盖程度的增加干扰其侵染循环，覆盖物为昆虫提供庇护所产生的保护作用等，使行间生草对病虫害防控产生影响。行间生草是增加作物生态系统中生物多样性、调控害虫生态的措施之一。

国内外的资料和研究文献显示，多数情况下覆盖物的存在有利于天敌的生存、增加了生物多样性，一般情况下有利于对害虫的防治，对于霜霉病、白腐病等侵染循环与土壤有关的病害，也有一定的防治效果。

目前，在我国葡萄园行间生草的实践中，种植的主要种类包括三叶草、紫花苜蓿、黑麦草等。但是，行间生草只是在实践中逐渐探索，基本没有进行系统研究。2007—2014年，中国农业科学院植物

保护研究所王忠跃研究员团队，对葡萄架下复种植物防控葡萄根瘤蚜进行了研究，梳理出了葡萄园复种植物与葡萄相互关系（图 7-1），提出只有探明了葡萄园复种植物（包括种草）与葡萄之间的生态关系（图 7-2）后，才能进行复合种植。

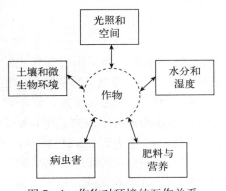

图 7-1 作物对环境的互作关系
（引自王忠跃，2014）

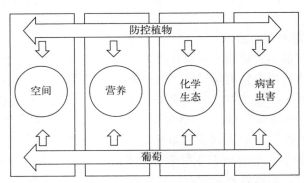

图 7-2 葡萄园复种植物与葡萄的互作关系
（引自王忠跃，2014）

3. 复合农业

复合种植和复合农业形式，在大田作物的间作套种和其他果树（如枣、枸杞）与农作物或中草药间作套种等方面有不少文献，但研究或探索其相互之间病虫害防控作用的文献很少。

葡萄园的复合种植或复合农业在生产实践中有许多应用，如上海交通大学王世平教授和河南农业科学院王鹏研究员的葡萄与小麦、大豆间作，国家葡萄产业技术体系贺兰山东麓综合试验站的葡萄架下套种食用菌，南方地区利用葡萄休眠期种植一季花椰菜或圆白菜，葡萄架下种植草莓等。复合农业形式全国各地都有，包括农庄经济中葡萄架下休闲、葡萄园养殖（养鸡、鹅、鸭、羊等）等，但研究其相互关系的文献较少。虽然有些科学家开始关注并开展了葡萄架下复合种植的生产模式探讨，但复合种植防控病虫害的文献很少见。

葡萄园复合种植和复合农业的生产模式，对病虫害发生和危害产生影响，也必然影响到葡萄病虫害的防控。葡萄园养鸡，对于在土壤或根际越冬（或者有一个阶段在土壤中活动的害虫）具有很好的防控效果，如黏虫、斜纹夜蛾、一些粉蚧、葡萄虎蛾等；葡萄园养羊，因为羊取食枯枝落叶及在葡萄树上蹭痒，会起到清园作用，能减少霜霉病、白腐病、褐斑病的发生概率和程度，并且羊在葡萄园取食杂草，可以减少除草剂的使用。

4. 土壤环境调控

土壤环境调控，就是把种植葡萄的土壤进行基质调配，在防治根系病害和土壤害虫的基础上，适合葡萄的生长发育。目前，研究比较多的是葡萄根域限制的土壤调配及土壤局部改良，也有利用中草药的有机废料沤制成有机肥进行病虫害防控的报道，但没有查到针对病虫害防治的土壤基质调配方面的文献。

四、生态调控技术在葡萄病虫害防治上的实用技术

生态调控技术在葡萄病虫害防治上有许多文献，包括改变树体或果穗生态条件的避雨栽培技术、果实套袋技术，增加生物多样性的复合种植和复合农业形式等。

能与葡萄种植进行合理搭配的复合农业的形式多样，比如休闲观光与葡萄生产的结合，葡萄架下种植蘑菇、蔬菜、中草药、草莓等。以下介绍与葡萄化肥农药减施增效有关的实用技术，包括避雨栽培技术、葡萄园种草涵养土壤减肥技术、葡萄架下畜禽养殖技术、葡萄架下蔬菜种植技术。

附录 1 葡萄避雨栽培技术

1. 技术简介

我国大部分葡萄种植区域雨热同季。葡萄霜霉病、白腐病、炭疽病、黑痘病等多种病害与雨水有

关，降水次数多、雨日多、降水量多，多种病害发生重、危害重，甚至流行成灾，尤其是果实成熟期的雨水，不但影响果实成熟过程，而且容易引起裂果，更为严重的是易引起果实病害（灰霉病、酸腐病、炭疽病、霉菌类腐烂等）流行。因此，葡萄生长季节的雨水，尤其是果实成熟期的雨水，是优质葡萄生产的不利因素，甚至是某些区域种植葡萄的限制因子。

我国地域广阔、生态类型多样，如果不考虑雨水因素，许多地区适宜葡萄的种植，属于优质葡萄生产的生态区域，甚至优于传统葡萄生产区域。葡萄的避雨栽培由此应运而生。

使用技术和材料给葡萄叶幕搭建一个"雨伞"，阻断雨水对葡萄叶幕和果实的淋湿和冲刷。只有葡萄叶片等部位存在水（水滴、水膜等）的情况下，才能发生葡萄霜霉病。葡萄炭疽病是雨媒性和虫媒性病害，雨水是其发生流行的条件。对于黑痘病、白腐病等，雨水促进其传播，是发生和流行的重要因素。因此，避雨可以抑制或控制许多（雨水是促进作用）病害的发生和流行。实践和试验均已证明，避雨栽培可以基本控制霜霉病、炭疽病和黑痘病的发生和流行，减少白腐病的发生。

我国多数葡萄产区，需要使用多次药剂控制霜霉病，炭疽病也是比较难以控制的病害，需要使用多次药剂，采用避雨栽培技术可以大幅度减少农药的使用。

避雨栽培技术，是人为改变了葡萄的生存条件，使葡萄植株、叶片和果实上没有了水珠或水膜，那么不喜欢水（水珠或水膜）或喜欢干燥环境的病虫害就发生多、发生严重甚至流行成灾。这些因避雨栽培措施而加重危害的病虫害种类包括白粉病、红蜘蛛类（短须螨、瘿螨、二斑叶螨等）、蓟马类（烟蓟马、西花蓟马等）。避雨栽培技术并不是避免了病虫害的发生，而是避免了（或减轻）雨水是诱因或雨水是发病和流行条件的病虫害的发生与危害。

雨水是诱因或雨水是发病和流行条件的病虫害的危害重、需要使用农药的次数多，而因避雨栽培形成的缺少水或干燥的条件而加重的病虫害（白粉病、红蜘蛛类等）使用农药量少、次数少、防治更容易，所以避雨栽培可以大大节省农药。一般节约农药使用次数1/3。

此外，由于避雨栽培形成的环境条件，避雨栽培也具有提高葡萄果实品质的作用。

2. 技术使用要点

（1）避雨棚的搭建。

① 简易避雨棚的搭建：

棚架材料：竹片、铁丝、水泥桩（或木桩或竹桩或钢桩）。

避雨膜：0.08 mm 厚度抗高温、高强度膜，可连续使用 2 年以上。

棚架设计及安装 1（图 7-3）：搭棚时，先在每根水泥杆支柱距顶部 45 cm 处固定一根长 1.8～2.2 m 的木质（竹子或钢质）横杆，每行的横杆两端各紧拉一根铁丝相连，水泥杆顶部也紧拉一根铁丝相连，然后每根水泥杆通过这三根铁丝固定一片拱形竹片，水泥杆之间每隔 1 m 通过这三根铁丝固定一片竹片，然后盖膜。

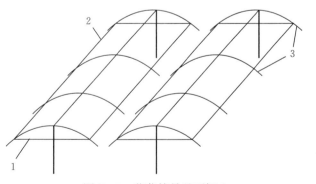

图 7-3 葡萄简易避雨棚 1
1. 木质横杆 2. 铁丝 3. 拱形竹片

棚架设计与安装 2（图 7-4）：篱架式栽培，在两行葡萄的水泥杆上搭建一根横梁，横梁上固定一根高 50 cm 的支杆，在横梁和支杆两端各拉 1 根铁丝，然后以铁丝为依托用竹片搭建拱形棚面，棚面上遮盖塑料薄膜，展平膜面，膜上拉压膜带将薄膜压紧。棚高和棚宽可根据葡萄架栽培规格进行调整，但棚侧高应保持在 1.5 m 以上，以利于棚内通风透气。每个棚内种植两行葡萄，棚外植株两旁修建排水沟，雨水从侧面直接流入排水沟。

盖膜与揭膜时间：埋土防寒地区开花前或雨季来临前盖膜，葡萄采收后揭膜；南方非埋土地区，雨季来临前盖膜、葡萄采收后揭膜。

棚膜维护：经常检查压膜带和竹（木）夹，尤其大风期间和大风后。压膜带松动的要及时整理压紧，竹夹松脱的要及时补夹。发现棚膜松动或移位，应及时整理，棚膜必须保持平展。葡萄成熟前至成熟采果期，若棚膜破损雨水会淋落至叶幕和果穗，极易导致炭疽病发生，应及时修补。

简易避雨棚的适宜区域：雨热同季、葡萄生长季节降水量超过 500 mm，或者果实成熟期多雨的地区。

简易避雨棚的适宜栽培模式：篱架式栽培，行株距为 2.5 m×（3～6）m；棚架式呈 T 形架式栽培，行株距为（2.4～2.8）m×（3～6）m；篱架式的叶幕呈 V 形，行株距为（2.5～3.0）m×（3～6）m。

为了行间行走及机械化作业，行距可以适

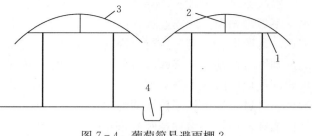

图 7-4 葡萄简易避雨棚 2
1. 木质横杆 2. 支杆 3. 拱形竹片 4. 排水沟

当加大。树形修剪、抹芽定梢、摘心、花果管理、施肥、灌水和夏季修剪等，均按照常规管理方法进行。

② 连栋大棚的搭建：

材料：一般为钢材（方钢管、圆钢管、铁丝及其他固定零部件）。

大小：一般 4～8 连栋，单棚跨度为 8 m 或 6 m，长度为 40～60 m，可以多栋连栋大棚成片建设，连栋大棚之间有 4 m 左右的通风带和排水沟。

连栋大棚一般由专业设计安装团队完成，如图 7-5 所示。

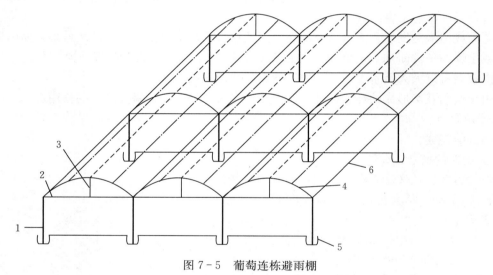

图 7-5 葡萄连栋避雨棚
1. 立柱 2. 横拉架 3. 撑杆 4. 拱管 5. 排水沟 6. 纵向拉梁

③ 前期促成后期避雨模式：一般情况下，连栋避雨棚的四周通透、不安装塑料薄膜，但如果在早春萌芽前顶部及四周都安装薄膜，形成简易日光温室，可以促进早发芽、早结果、早成熟。一般在坐果后，去掉四周薄膜，只留下顶部薄膜。

在华北、西北部冬季不太寒冷地区（埋土防寒要求不苛刻的区域），连栋避雨棚四周封闭，可以用于冬季代替埋土防寒的措施。但冬季的棚膜，必须有棚面防止积雪的措施。

3. 注意事项

（1）在大棚设计或设施上（尤其是连栋大棚）应具备通风透气措施，在温度变化剧烈或高温天气，棚内通风透气措施很重要。

（2）避雨棚的搭建在风多或有比较剧烈的大风区域，应有必要的防风措施（或者在棚架设计时，有抗风强度的要求或棚架加固设计），预防大风对棚的破坏。

（3）避雨栽培模式在不同生态区域可以合理设定覆膜时间和揭膜时间，实现成本或劳力的节约。

（4）利用避雨棚进行冬季免埋土防寒的（尤其是连栋大棚）冬季下雪时应有相应的防雪预案，避免积雪对大棚的破坏。

（5）避雨栽培模式也需要制订适宜的病虫害综合防治技术方案。

（6）避雨栽培需要因地制宜。可以根据种植者的资金投入和土地平整性等条件，确定避雨棚的搭建形式（简易避雨棚、连栋大棚等）。

技术支持单位：云南农业大学植物保护学院、上海交通大学、湖南农业大学、西北农林科技大学、中国农业科学院植物保护研究所

技术支持专家：杜飞、邓维萍、朱书生、王世平、石雪辉、杨国顺、张振文、惠竹梅、王忠跃、刘永强、黄晓庆

附录2 葡萄园种草涵养土壤减肥技术

1. 技术简介

葡萄行间种草在业界也称为覆草栽培，有四大作用：抑制杂草生长，减少除草剂的使用；提高土壤养分和有机质含量，涵养葡萄园土壤，减少化肥的使用；调节和改善葡萄园生态环境，防止和减少水土流失；作为牧草，饲养鹅、羊等动物。

（1）三叶草。三叶草一般是三叶草属（*Trifolium*）植物的统称，在世界上共有360余种，这类植物典型形态特征是有三出指状复叶，目前栽培较多的有白三叶（*Trifolium repens*）、红三叶（*Trifolium pratense*）、杂三叶（*Trifolium hybridum*）和草莓三叶（*Trifolium fragiferum*）等。

三叶草产草量及营养价值均较高，耐刈割，适应性强，与禾本科牧草有很好伴生性，可以用作草坪、绿肥和果园覆草栽培的品种。

葡萄园覆草，一般选择白三叶，可以选用红三叶搭配，以增加葡萄园景观的美化度，尤其是观光、采摘葡萄园，有时也选择两种混栽。一般种植在葡萄行间，也可以种植在葡萄限域池中。

（2）苜蓿。苜蓿是苜蓿属（*Medicago*）植物的通称，一般是指紫花苜蓿（*Medicago sativa*）。到2017年初，全国草品种审定委员会已审定登记苜蓿属草品种近百个，包括引进及我国选育的品种（地方品种、育成品种和野生驯化品种）。

苜蓿是我国栽培最早、分布最广、利用效益最高的优良豆科牧草之一，被誉为"牧草之王"，它不仅营养价值丰富、产量高、适口性好，而且具有很强的生物固氮、改土培肥、固土护坡和植物修复的能力，同时具有广泛的生态适应性，在促进农业产业结构调整、高效优质畜牧业发展和生态治理恢复方面有着不可替代的作用，截止到2016年底我国已经发展种植面积40多万 hm^2 的牧草产业。

紫花苜蓿的生长能力非常强，而且具有较强的环境条件适应能力，适合在多种土壤中大面积种植。一般而言，最适宜种植紫花苜蓿的是地势平坦、土壤疏散及土层深厚和排水相对较好的土地。

葡萄园种植苜蓿，不同的地区可以选择不同的品种，以提高产量、抗逆性和适应性。葡萄园种植苜蓿，一般在限域栽培的葡萄园栽种。非限域栽培的葡萄园，因苜蓿分泌物对葡萄的生长具有化感作用，一般不栽种苜蓿。

（3）黑麦草。黑麦草（*Lolium perenne*）是禾本科黑麦草属多年生植物，具有适应性强、高产、耐碱、耐瘠薄、耐寒、再生能力强等特点，是优质的放牧用牧草。黑麦草的品种很多，常用的有十几种，不同品种在环境适应性、产量、耐刈割能力、耐土壤瘠薄、耐寒性等方面存在差异，不同的土壤条件和气候区域应选择种植不同品种。一般情况下，在地势平坦、有机质含量较高的肥沃土壤种植黑麦草能获得较高的产量。

2. 技术使用要点

（1）三叶草的种植。

① 播种时间：可以随时播种，但最佳播种时间为春季和秋季，适宜的播种温度为19～24 ℃。春季气温稳定在15 ℃以上时即可以进行播种，秋季可在9月中下旬播种。

葡萄园播种适宜在秋季、果实采摘后（适宜早熟和中熟品种），或者在果穗定型后的初夏（适宜晚熟和中晚熟品种）。如果在春季播种，抹芽、定梢、花序整形、果穗管理、花前花后的枝梢管理等田间操作多，踩踏多，不利于三叶草生长；如果在秋季播种，与晚熟品种的成熟采摘期相吻合，田间操作多，亦不利于三叶草生长。

② 播种前整地：整平土地（一般在深翻耙地之后），使土块细碎，播层土壤疏松。如果前茬有秸秆或杂草，需浅翻灭茬，清除杂物，之后再平整土地。

③ 种子处理：播种之前要对种子进行浸润，或者直接播种，但出苗前应保持土壤湿润。

④ 播种深度：1 cm 左右。

⑤ 播种量：人工草地每公顷播种 7.5 kg（湿润地区播种量略小，干旱地区播种量略大），架下养鹅和养鸡的播种量可以适当增大，为 15 kg 左右。

⑥ 种植密度：一般行距 20～30 cm。

⑦ 播种后的管理：保持土壤疏松和湿润是出苗好的重要措施，夏季适当清除杂草。

⑧ 轮牧和刈割：葡萄园架下饲喂羊或鹅（可以与鸡等混养），可以实行轮牧制直接利用，不用刈割。三叶草宜在初花期刈割，刈割的时间由草的高度来定，草长到 30 cm 以上刈割，一般每隔 30～40 d 刈割一次，刈割时留茬不低于 5 cm，以利再生。4 月初至 10 月均可刈割，一年可刈割 3～4 次。刈割后晾晒为饲料，或放置或掩埋于葡萄行根部，作为覆草栽培（减少杂草、涵养土壤）。越冬前秋季长起来的草，不易刈割，用于过冬。

（2）苜蓿的种植。

① 播种时间：除冬季外可以随时播种，但最佳播种时间为土壤湿度合适和杂草较少的时期。

② 播种前整地：与种植三叶草一样，种植前需要整平土地、破碎土块，使播层土壤疏松，清除杂物。如果行间有前茬作物，前茬作物收获后，应当对土地进行深耕，其深度以 30～35 cm 为宜，并且要及时平整地面，打碎土块，清除土地里的杂草，平整土地。

③ 种子处理：紫花苜蓿种子具有硬实性，在 10％～20％时一般不做处理可直接播种。当硬实率过高时，则需要对种子进行处理，常用方法有阳光暴晒、热水浸泡、物理碾磨、药剂处理等。

具体处理方法：白天阳光充足条件下对种子进行暴晒 1～2 d，打破种子休眠，这有利于提高种子的发芽率及出苗整齐度；将选好的紫花苜蓿种子放在 50～60 ℃的温水中浸泡 30 min 左右，取出种子晾干，然后再播种；可以采用药剂处理，比如利用浓硫酸浸泡种子约 3 min，用清水彻底冲洗干净，然后将其晒干，再用于播种。

④ 播种深度：一般为 0.5～1 cm，干旱地区或地块播种可略深。

⑤ 播种量：人工草地每公顷播种 15 kg（采种田要少些，盐碱地可适当多些），架下养鹅和养鸡的，播种量可以适当增大。

⑥ 种植密度：以条播为主，行距 30 cm。

⑦ 播种后的管理：

清除杂草：在幼苗期和刈割后，应适当清除杂草。

灌水与排水：苜蓿耗水量大，在越冬前、返青后、干旱时要浇水，滨海、低洼地要注意雨季排水（水淹 24 h 会造成苜蓿死亡）。

病虫害防治：遇到病虫害时需及时防治。

⑧ 轮牧和刈割：和三叶草一样，葡萄园架下饲喂羊或鹅（可以与鸡等混养），可以实行轮牧制直接利用，不用刈割；也可以定期刈割，晒干后作为冬季饲料使用。刈割一般在始花期，也就是开花达到 1/10 时开始收割，最晚不能超过盛花期，每年可收割 3～4 次，一般最后一次收割后要留出 40～50 d 的生长期，以利于安全越冬。

（3）黑麦草的种植。

① 播种时间：黑麦草在春、夏、秋 3 个季节都可以播种，不同区域最适宜播种的时期一般可以参考当地小麦（冬小麦和春小麦）的种植时间，种植小麦的适宜时间也是适宜种植黑麦草的时间。气候条件湿润时播种，草种比较容易发芽，成活率也比较高，但存在杂草多的问题。气候较干燥的季节播种，能够有效避免杂草多的问题，但容易造成出芽率低的问题，所以需要进行灌溉。

② 播种前整地：与种植三叶草、牧草一样，种植前需要深耕 20～25 cm，使耕作层土壤疏松，打碎土块，清除土地里的杂草，平整土地。

③ 种子处理：可直接播种。

④ 播种深度：条播为好，播种深度 1 cm 左右。干旱区域可以适当深播，最深为 5 cm（越深越不利

于出苗）。

⑤ 播种量：人工草地每公顷播种 15 kg（采种田要少些，盐碱地可适当多些），架下养鹅和养鸡的，播种量可以适当增大。

⑥ 种植密度：以条播为主，行距 30 cm。

⑦ 播种后的管理：

清除杂草：在苗期及刈割后适宜清除杂草。

施肥：一般可以不用施肥，但如果需要较高产量，在春季返青及每次收割后，可以适量追施肥料。

灌溉：在干旱的情况下，必须进行灌溉。施肥时，应与灌溉结合。

⑧ 轮牧和刈割：与三叶草、苜蓿一样，葡萄园架下饲喂羊或鹅（可以与鸡等混养），可以实行轮牧制直接利用，不用刈割；也可以定期刈割，晒干后作为冬季饲料使用。黑麦草再生能力强，可以反复收割。土壤肥沃或适当施肥地块，黑麦草生长快，就可以提前收割，同时可增加收割次数。当植株高20～30 cm 开始收割，一般留茬高度 5～6 cm，以后每隔 30 d 左右收割 1 次。

收割后的黑麦草，直接或切段 8～10 cm，饲喂家畜或鱼类，或晒干作为冬季畜禽饲料。

3. 技术适宜区域

本技术适宜所有葡萄种植区域，不同区域可以选择适宜本区域的品种。

4. 注意事项

（1）适当浇水、施肥、除草。

（2）轮作。紫花苜蓿种植不宜采用连作模式，以轮作为宜，前茬种植的作物不能是豆科作物，以禾本科及根菜类农作物为宜。黑麦草可以连作，也可以与苜蓿、三叶草等轮作。

（3）刈割。一般情况下，黑麦草第一次收割的时候要非常小心，尤其是采用人工收割时，避免黑麦草被连根拔起。

（4）化感作用。苜蓿对葡萄有化感作用，适宜种植在限域栽培的葡萄园，不能种植在限域池中及非限域栽培的葡萄园。

技术支持单位：中国农业科学院畜牧研究所、中国农业科学院植物保护研究所
技术支持专家：杨青川、王忠跃

附录3　葡萄架下畜禽养殖技术

1. 技术简介

葡萄占天不占地，完全可以充分利用葡萄架下的空间进行畜禽养殖。包括养鸡、养鹅、养羊等。

（1）葡萄架下养鸡。林下散养鸡已经是成熟技术，并且葡萄园养鸡可以有效减少许多虫害对葡萄的威胁，尤其是害虫某一生活史阶段在土壤中或葡萄树的主蔓根际，如化蛹、越冬等，养鸡可以基本控制这些害虫，减少农药的使用。散养鸡可以取食杂草和杂草种子，对葡萄园杂草也有一定的控制作用。

葡萄园葡萄架下养鸡，可以充分利用自然资源，在单位面积土地上生产出更多人类所需的资源，还可以形成一定程度的生态循环，有利于土壤肥力的蓄积，可以成为农田生态稳定和改良的措施之一。架下养鸡需要有隔离设施，把养鸡区隔离起来，需要有预防鸡飞上葡萄架取食葡萄的措施，如对于飞翔能力强的品种可以剪短翅膀上的鸡毛等。此外，葡萄园养鸡还需要补充饲料。

（2）葡萄架下养鹅。林下散养鹅也已经是成熟技术，并且葡萄园养鹅可利用鹅进行除草，省去了葡萄园除草剂的使用。葡萄园架下养鹅，每年可以省略 3 次左右的除草剂使用（或其他的除草措施）。

葡萄园葡萄架下养鹅与养鸡一样可以充分利用自然资源，在单位面积土地上生产出更多人类所需要的资源，也可以形成一定程度的生态循环，有利于土壤肥力的蓄积，可以成为农田生态稳定和改良的措施之一。葡萄园养鹅也需要有隔离设施，把养鹅区隔离起来，分成 3～4 个区域，轮流饲养，形成轮牧形式。

（3）葡萄架下鸡鹅混养。葡萄园养鸡可以形成养鸡和养鹅混养的形式，鸡取食葡萄园的虫子、鹅取食葡萄园杂草，形成互补的饲养方式。

　　鸡鹅混养的好处是鹅有看家本领，黄鼠狼、老鼠、蛇等威胁鸡的动物怕鹅，混养能增加鸡的安全系数。鸡可以吃虫子、鹅可以吃草，减施农药的效果更好。

　　鸡鹅混养的不利之处是鹅的生存能力强，对多种禽类病害有较强抗性，但同时可以是某些病菌的隐形携带者，可以传染给鸡，从而威胁鸡的生存。可以在雏鹅阶段做好预防措施，减少威胁。

　　（4）葡萄园养羊。葡萄园养羊，可以用修剪下来的枝条、叶片等夏剪废弃物饲喂山羊，也可以葡萄架下种草，饲喂绵羊。

2. 技术使用要点

　　（1）葡萄园架下养鸡。

　　① 负载量：一般情况下，每公顷葡萄园的饲养数量为 45～750 只，最高数量为 1 800 只。

　　② 鸡的品种：最适宜饲养肉鸡。也可以饲喂蛋鸡，但蛋鸡在冬季放养饲喂存在一定难度。

　　③ 鸡的大小：葡萄架下适宜饲养脱温鸡，不适宜饲养雏鸡。雏鸡饲养条件严格，对温度、防疫等要求严，葡萄架下不适宜饲养雏鸡。孵化后的雏鸡，经过一个月的饲养，需要经过 6 次防疫措施，伤亡率 5%～10%，之后对环境温度要求不严、伤亡率低、适应力增强。经过这个过程的鸡被称为脱温鸡。肉鸡的脱温鸡每 3 个月左右出栏一次，每个生长季节饲喂 2～3 批。

　　④ 鸡饲料的配制：葡萄架下散养鸡，也需要补喂饲料，就像家养鸡需要每天补喂一些粮食一样。为了提高资源利用率，鸡的天然饲料可以按照以下配比完成：玉米 65%＋豆粕 32%（＋磷酸氢钙 1%＋石粉 1%＋食盐 0.38%＋饲用多种微量元素与维生素 0.5%＋蛋氨酸 0.12%）。

　　⑤ 葡萄架下饲草种植：葡萄架下可以种植饲草，供散养鸡取食草籽、草叶。可以种植 3 种饲草：苜蓿草 40%＋三叶草 40%＋黑麦草 20%。

　　（2）葡萄园架下养鹅。

　　① 负载量：一般情况下，每公顷葡萄园的饲养鹅数量为 75 只，最高数量为 150 只。

　　② 鹅的大小：葡萄架下适宜饲养孵化后 1 个月的鹅。孵化后的雏鹅与雏鸡一样，对饲养条件需要比较严格，葡萄架下不适宜饲养雏鹅。孵化后的雏鹅，经过一个月的饲养，之后才适宜在葡萄架下饲养。葡萄开花前后，即可以在葡萄园散养鹅，葡萄落叶后出栏。每个生长季节饲喂和出栏 1 批。

　　③ 鹅饲料的配制：架下杂草和种植的草，可以供鹅食用，一般不需要特殊饲喂。但葡萄夏季修剪下的幼嫩枝条和叶片可以用粉碎机粉碎，加 5% 左右的玉米面，搅拌均匀后补饲。

　　④ 葡萄架下饲草种植：葡萄架下可以种植饲草，供鹅取食。可以种植 3 种饲草：苜蓿草 40%＋三叶草 40%＋黑麦草 20%。

　　（3）葡萄园养羊。

　　① 负载量：一般情况下，每 0.667 hm² 葡萄园的饲养羊数量为 4 只（1 只公羊，3 只母羊），最高数量为 6 只。每年春节前后产仔，每只母羊产仔 1～4 只，一般 2 只，夏季还可以生产一次，一年两胎。

　　② 饲喂方法：

　　葡萄发芽至葡萄落叶：抹芽定梢及夏季修剪的枝叶，基本可以满足羊的饲用需求。

　　葡萄落叶后至第二年葡萄发芽：散养，取食葡萄落叶；不足部分补饲，使用储存的牧草（适当添加 1%～5% 玉米面）饲喂。

　　③ 葡萄架下种植牧草：葡萄架下可以种植饲草，可以种植 3 种饲草：苜蓿草 40%＋三叶草 40%＋黑麦草 20%。3 个月收割 1 次，晒干后打包，供冬季食用。

　　（4）葡萄架下鸡鹅混养。负载量为每 667 m² 葡萄园饲养 30～50 只鸡＋10 只鹅。

　　（5）葡萄园鸡鹅羊混养。负载量为每 1 333 m² 葡萄园饲养 80～100 只鸡＋20 只鹅＋1 只羊（需要冬季储存草料）。

3. 技术适宜区域

　　本技术适宜具有较高架面的棚架栽培的葡萄园。

4. 注意事项

　　（1）葡萄架下养鸡。

　　① 脱温鸡已经市场化，目前的价格为 12 元/只，可以预约和批量购买。

　　② 葡萄架下散养鸡，地面有许多鸡的排泄物，卫生条件较差，建议在散养区田间作业时换用专

用鞋。

③ 鸡在葡萄架下活动时，包括翅膀扇动等，容易造成更多灰尘。所以架下养鸡的葡萄园，适宜采用套袋栽培。葡萄套袋可以采用长形桶装袋。

④ 养鸡存在禽流感的侵染风险。建议在葡萄园养殖区域的规划上，寻找相对封闭的区域，避免风险。尽量避免闲杂人的出入。

⑤ 具有养鸡场所的消毒药剂储备。

（2）葡萄架下养鹅。除以上养鸡要求外，饲养1月龄的鹅还需要有水池，并保证水的供应和及时更换。

（3）葡萄架下养羊。

① 春节前后是母羊产仔期，需要有呵护措施，并需要提高饲料的质量。

② 除哺乳期外，公羊和母羊在一定区域内混合放养。

③ 小羊羔在适宜时期断奶，与成年羊分开饲养。

④ 冬季饲料的储备，是葡萄架下养羊的难点。

（3）葡萄架下的混合养殖。葡萄架下可以进行鸡鹅羊混合养殖。有关注意事项按照以上执行，有关负载量也可以按照以上介绍进行计算。

技术支持单位：中国农业科学院畜牧研究所、中国农业科学院植物保护研究所

技术支持专家：张敏红、陈继兰、杨青川、孙宝忠、关伟军、侯水生、何峰、王忠跃、刘永强、孔繁芳

附录 4　葡萄架下蔬菜种植技术

利用葡萄架下的空间，尤其是大树型或根域限域栽培的架下空间，进行蔬菜种植。蔬菜种植，可以利用葡萄休眠期的空间和光照条件，也可以利用葡萄生长期架下的树荫条件。可以种植的蔬菜包括花椰菜、甘蓝、小油菜、菠菜、芫荽、叶用莴苣、食用蒲公英等。种植蔬菜的废弃物，可以在发酵池沤制成有机肥，用于葡萄园土壤改良。

一、葡萄架下种植花椰菜

1. 技术使用要点

（1）品种选择。根据葡萄园各季节的时间空间，确定品种。

① 春季发芽前种植花椰菜：根据春季能种植花椰菜的温度开始至葡萄新梢50 cm左右的时间段的长短，确定品种，60 d左右的种植早熟品种、80 d左右的种植中熟品种、100 d左右的种植晚熟品种。

② 秋季采收后种植花椰菜：根据秋季葡萄采收后至落叶时的时间段的长短，确定品种，60 d左右的种植早熟品种、80 d左右的种植中熟品种、100 d左右的种植晚熟品种。

（2）整地。土地深翻，施足基肥，耙平后起垄。垄宽40 cm左右、垄间宽50 cm左右。

（3）花椰菜苗准备。

① 从市场上购买。

② 育苗：

春花椰菜：冬季温度低，秧苗生长慢，在移栽前70～80 d开始播种育苗，花椰菜苗在5～7片叶时开始定植。

秋花椰菜：夏季苗龄25～30 d开始播种育苗，5～6片叶时定植。

（4）移栽及移栽后的管理。

① 移栽时间：春花椰菜，北方冷棚栽培的葡萄春季移栽时间为3月上中旬，南方葡萄园在休眠期及发芽前1个月，只要温度适宜都可以移栽种植（并根据时间跨度选择早中晚熟品种）。秋花椰菜，根据葡萄的采收时间确定移栽时间，采收后即可以开始整地和进行移栽。

② 移栽定植：起垄栽培。花椰菜种植在垄上，株行距为40 cm×50 cm。春花椰菜在温度适宜且温

度比较稳定时（北方冷棚一般为 3 月份定植），秋花椰菜在葡萄采收后定植。

③ 移栽后的管理：花椰菜定植后，结合缓苗水追施尿素，然后蹲苗，至花球直径 3 cm 左右时结束，随后浇水追肥，以后每 4～5 d 浇一次水，注意保持畦面湿润，收获前停止浇水。生长期间注意及时防治蚜虫、菜青虫、小菜蛾等虫害和霜霉病、黑腐病等病害。

2. 技术适宜区域

本技术适宜南方各种架型和栽培方式的葡萄园，在行间、植株间的空当内种植，尤其适合采用大树型栽培模式或根域限制栽培的具有较高架面的葡萄园。北方葡萄产区的埋土防寒区域，只适于冷棚或连栋大棚栽培的葡萄园。

以上葡萄园，新梢生长 50 cm 左右之前、采后至落叶的时间间隔，能够满足花椰菜移植至采收的时间跨度，就适合本技术的使用。

3. 注意事项

（1）花椰菜性喜温暖，忌炎热。大棚种植的花椰菜，晚春及秋季天气炎热时，视情况进行通风降温。

（2）花椰菜需氮肥多，适当多施氮肥并配合施用磷、钾肥。

（3）选择抗病品种，实行科学轮作，适当补钙，防治花椰菜干心病。

（4）及时盖花，适时收获。

二、葡萄架下种植甘蓝

1. 技术使用要点

（1）品种选择。一般可以一年种植两季。一是夏甘蓝，宜选择耐寒能力、抗春化能力强，早熟的品种；二是秋甘蓝，葡萄采收前育苗，葡萄采后种植，葡萄落叶期收获。

（2）整地。使用有机肥等基肥（贫瘠土壤可稍多施），平整土地（松土、适宜墒情）后起垄，垄宽 50 cm 左右、垄间宽 30～40 cm。

（3）甘蓝苗准备。

① 从市场上购买。

② 育苗：根据移栽时间确定育苗时间，育苗期一般 30～40 d。播种前需浸种 8～12 h，播种不要太密集，覆土 0.5 cm 左右，浇水。

（3）移栽及移栽后的管理。夏甘蓝于 3 月移栽，秋甘蓝于采收后移栽，甘蓝苗在垄上栽种，株距为 35 cm。定植后需浇缓苗水，浇水后要及时中耕松土，以利保墒、促进根系的恢复和生长。进入莲座期，植株需水肥较多，可进行追肥，并充分供应水分，结球期多施磷、钾肥，以促进叶球生长。甘蓝生长期容易受到菜青虫的为害，病害主要有软腐病和黑腐病，适时进行防治。

2. 技术适宜区域

本技术适宜南方各种架型和栽培方式的葡萄园，在行间、植株间的空当内种植，尤其适合采用大树型栽培模式或根域限制栽培的具有较高架面的葡萄园。北方葡萄产区的埋土防寒区域，只适于冷棚或连栋大棚栽培的葡萄园。

以上葡萄园，新梢生长 50 cm 左右之前、采后至落叶的时间间隔，能够满足甘蓝移植至采收的时间跨度，就适合本技术的使用。

3. 注意事项

间苗在晴天上午 10 时和下午 3 时进行。温室育苗，应在移栽前 7～10 d 炼苗，以提高成活率。夏季高温多雨，移栽尽量多带土，少伤根，栽后浇水，以利成活。待叶球形成后，应控制浇水，防止开裂。

三、葡萄架下种植莴苣

1. 技术使用要点

（1）品种选择。春、夏季适合播种较耐热的叶用莴苣，秋、冬季节适合播种不耐热的结球莴苣。

（2）整地。莴苣喜欢酸性，土壤 pH 为 5～7 最佳。土壤中加入足够的基肥深翻，耙平后做畦。

（3）播种。一般一年两季种植，春种莴苣在 3—4 月播种，秋种莴苣在 8—9 月播种。播种采用条播或穴播，株行距 17 cm×20 cm，也可提前育苗种植，缩短苗期。为使播种均匀，将种子掺入少量细沙土混匀再播种，覆土 0.5 cm 左右，播种后浇水。

（4）田间管理。幼苗长出 5～6 片真叶时，间苗、定苗，前期育苗的，在 5～6 片叶定植。定苗后需水量大，应根据天气、土壤湿润情况，适时浇水，一般 5～6 d 浇一次水，中后期浇水适当减少。莴苣需肥较多，少量多次施肥以提高肥料利用率和减少肥料使用量，一般定苗后 5～6 d 追少量速效氮肥，15～20 d 后追施一次复合肥，25～30 d 后再追施复合肥一次。

莴苣虫害主要有蚜虫、地老虎等，可喷吡虫啉等进行防治；病害主要有霜霉病、软腐病、菌核病等，可用百菌清、多菌灵、代森锰锌等防治。

2. 技术适宜区域

本技术适宜南方各种架型和栽培方式的葡萄园，在行间、植株间的空当内种植，尤其适合采用大树型栽培模式的具有较高架面的葡萄园。北方葡萄产区，尤其是埋土防寒区域，只适于冷棚或连栋大棚栽培的葡萄园。

3. 注意事项

莴苣属半耐寒性蔬菜，喜冷凉湿润的气候条件，不耐炎热。夏季炎热的地区，播种后需覆盖遮阳网或稻草保湿、降温促出苗；秋季栽培时也要加强苗期降温措施并注意先期抽薹的问题。冬季播种后盖膜增温保湿。

四、葡萄架下种植小白菜

1. 技术使用要点

（1）品种选择。小白菜在不同季节播种，需采用不同品种。如在冬季、早春气温较低时播种，应选用耐寒、抽薹迟的品种，夏播则要选择耐热、耐风雨的品种。

（2）整地。小白菜适应性较强，对土壤要求不严格，但种子小，幼芽顶土力弱，要求精细整地才能出好苗。土壤中加入足够的基肥深翻，底肥以优质腐熟粗肥为好，耙平后做畦。

（3）播种。一年四季均可播种，但一般都是春秋两季。春季在 3 月播种，秋季在 9 月播种。播种可采用撒播或开沟条播、穴播。株行距 16 cm×16 cm 左右。

（4）田间管理。小白菜根系分布浅，耗水量多，整个生长期要求有充足的水分，尤其是幼苗期需每天浇水。小白菜需肥量较多，尤其需磷肥。定苗后追复合肥一次，15 d 后再次追肥，之后看苗情适当追施尿素 1～2 次。小白菜易发生的病害主要有菌核病、霜霉病、黑腐病等，害虫主要有蚜虫、潜叶蝇等，注意及时防治。

2. 技术适宜区域

本技术适宜南方葡萄园的各种架型和栽培方式的葡萄园，在行间、植株间的空当内种植；尤其适合采用根域限制栽培、大树型栽培模式的具有较高架面的葡萄园。北方葡萄产区，尤其是埋土防寒区域，只适于冷棚或连栋大棚栽培的葡萄园。

3. 注意事项

（1）避免播种过密，应比大田种植更稀疏一些。

（2）气温高时，生长快，适当密植；气候凉爽时，应适当稀松种植。

（3）冬季播种后需盖膜增温保湿。

（4）小白菜生长期短，适时采收可提高产量和品质。

五、葡萄架下种植蒲公英

1. 技术使用要点

（1）品种选择。蒲公英适应性强，优良品种有法国的厚叶品种，叶片大而肥厚。我国多为采集的野生蒲公英种子。

（2）整地。土壤深耕 25～30 cm，然后做成平整的畦，或做成 45 cm 宽的小垄种植。将有机肥和过磷酸钙均匀撒入畦内，浇水保墒。

（3）种子处理。将种子置于 50 ℃水中搅拌，浸种 8 h 后即可播种。

（4）播种。种子无休眠期，从春到秋可随时在露地播种，冬季可温室播种。采用条播或撒播，播后覆土 0.50 cm，要注意早、晚浇水，保持一定水分以利于苗全、苗齐。在北方早春播种最好覆盖地膜保温，秋播应在入冬前浇封冻水，施越冬肥。

（5）田间管理。保持土壤湿润是蒲公英生长的关键。南方气候湿润可减少浇水，北方设施葡萄园湿度大也应适当减少浇水。生长期内一般不用施肥，但在每次收割 3～4 d 后要结合浇水施一次速效氮肥。

蒲公英主要虫害有地老虎、地蛆，病害有水量过大造成的腐烂病。夏秋北方葡萄冷棚种植的蒲公英容易上白粉病。使用硫制剂、多菌灵、福美双等防治根上病害，使用苦参碱及苦参渣肥防治根部病害。

2. 技术适宜区域

本技术适宜南、北方产区的各种架型和栽培方式的葡萄园，在行间、植株间的空当内均可种植。北方埋土防寒地区，冬季需在温室或暖棚中种植。

3. 注意事项

蒲公英喜氮，应适当增加氮肥施用比例。灌水不宜过多，否则容易造成烂根，采后 3～4 d 内浇水也容易烂根。成熟季要及时采收，采摘 4 d 后方可结合施肥灌水。

六、葡萄架下种植菠菜

1. 技术使用要点

（1）品种选择。秋菠菜品种宜选用耐热、生长期短的早熟品种，如犁头菠、春秋大叶等。越冬菠菜宜选用抽薹迟、耐寒性强的中、晚熟品种，如圆叶菠、迟圆叶菠等。春菠菜品种宜选择抽薹迟、叶片肥大的品种，如沈阳圆叶、辽宁圆叶等。夏菠菜宜选用耐热性强、生长迅速、不易抽薹的品种，如华波 1号、广东圆叶等。不管是南方还是北方，应根据播种时间和季节气候特点选择适宜品种，并考虑本地居民喜爱食用的品种。

（2）整地做畦。土壤施入腐熟有机肥、过磷酸钙深翻，整平整细，冬、春宜做高畦，夏、秋做平畦。

（3）播种。越冬菠菜通常于 10 月中旬至 11 月上旬播种，春菠菜在 3 月为播种适期，夏菠菜往往在5—7 月分期播种，秋菠菜一般在 8—9 月播种。夏、秋播种，种子需提前用水浸泡 12 h，冬、春可直接播种，播种一般采用条播或撒播。

（4）田间管理。菠菜出 2 片真叶后，进行间苗、定苗、除草，并追施有机肥，生长盛期追施复合肥2～3 次。冬菠菜 3～4 片真叶时，适当控水以利越冬。开春后，及时追肥浇水，防早抽薹。北方冷棚中种植的冬季菠菜，可以在田间（冷棚内）搭建小拱棚调节温度并调整搭建小拱棚的时间，可以实现在冬季多次采收，为元旦和春节的蔬菜供应提供货源。菠菜的主要病害有霜霉病和炭疽病，可用百菌清、多菌灵等进行防治。主要虫害有蚜虫、潜叶蝇和甜菜夜蛾，可用苦参碱、苦皮藤素等防治。

2. 技术适宜区域

本技术适宜南、北方各种架型和栽培方式的葡萄园，在行间、植株间的空当内种植，尤其适合采用根域限制栽培、大树型栽培模式的具有较高架面的葡萄园。

3. 注意事项

菠菜耐旱不耐涝，要控制浇水量。北方露地园区，越冬菠菜和春菠菜前期要覆膜保温。夏菠菜出苗后要盖遮阳网降温，苗期浇水应是早晨或傍晚进行小水勤浇。

七、葡萄架下种植芫荽

1. 技术使用要点

（1）品种选择。芫荽有大叶品种和小叶品种。大叶品种植株高，叶片大，缺刻少而浅，香味淡，产量较高；小叶品种植株较矮，叶片小，缺刻深，香味浓，耐寒，适应性强，但产量稍低。南方多种植大叶品种，北方多种植小叶品种。

（2）整地。土壤深翻 15～20 cm，让其风化 2 周以上。之后，撒施腐熟的有机肥、复合肥作基肥，耕耙后做成土壤细碎、疏松、平整的畦，按行距 10 cm 开沟深 2 cm、宽 5 cm（播种条沟），准备播种。

（3）播种。芫荽一年四季均可种植，但春秋两季种植居多，夏季在 5—6 月也可播种，播后 50 d 左右收获。播种采用条播，覆土 0.5 cm 左右，并浇小水一次，以利出苗。

（4）田间管理。当幼苗长出 2～3 片真叶时，进行间苗，苗距 3～5 cm，定苗后要结合灌水进行追肥，土壤要保持湿润，每隔 4～5 d 浇一次水。在生长后期视苗情适当追肥 1～2 次。注意防治蚜虫和病害。

2. 技术适宜区域

本技术适宜南、北方各种架型和栽培方式的葡萄园，在行间、植株间的空当内种植。

3. 注意事项

芫荽喜欢冷凉气候，不耐高温，夏季种植要做好降温措施。在北方埋土防寒产区，入冬前灌一次冻水，以利幼苗越冬。严寒地区露地栽培模式下的芫荽在大雪霜冻天气也要覆膜保温。芫荽忌连作种植。

第八章

葡萄农药化肥减施增效技术模式

利用按需使用、高效使用、精准使用、替代使用四个化肥和化学农药的科学使用相关关键技术，形成以科学使用为基础、果园土壤和生态环境维持与优化为目的、生产优质产品为目标的高效葡萄生产技术模式，实现葡萄化肥农药减施增效的总体目标。

第一节　葡萄品种的区试试验

对于一个葡萄生产区，应该建立一个葡萄区试园，负责新品种的引进和区试，并对区试结果进行分析。区试结果证明适宜本区域种植的，才能进行种植推广，并在种植推广过程中探索和形成优质生产的栽培技术模式；属于次适宜区的品种，应采取特殊的或附加的条件（栽培措施、病虫害防控措施等）才能成功种植，在探索一套特殊栽培措施后再进行种植推广。

区试种植试验，一般是产区政府财政支持下的技术部门完成；管理者和业界人士都欢迎和支持规模性种植企业、葡萄种植合作社等团体组织，进行新品种区试试验。

一、品种引种区试前的准备

对新品种的相关资料与本生态区域的资料进行对比分析，如果区域的气候、土壤等条件能够满足葡萄新品种植株的正常生长及其性状的正常表达，才能进行区试试验。如果从资料上对比，显示不能满足其正常的生长和性状表达，则不适宜进行区试试验。

二、田间设置和管理

（一）区试的规模

供区域试验的植株在鉴定取样后，田间剩余材料的数量能满足生长期结束前其他观测需要。

（二）区试的栽培管理

与该品种的大田管理措施基本相同或一致。但供作果实性状鉴定时，不采取掐穗尖、疏穗、疏果粒、果实膨大、套袋等栽培技术措施。

三、区试试验观察记录的主要内容

（一）基本信息

基本信息包括品种名、品种外文名（引进品种）、学名（植物分类学上的属名）、原产地、系谱（选育品种）、选育单位（选育品种）、育成年份（选育品种）、区试地点等。

（二）农艺性状

农艺性状包括植株生长势、萌芽率、结果枝百分率、每结果枝果穗数、坐果率、产量等。

1. 植株生长势

植株生长势，可以从枝条长度、粗度、新梢形态、叶片大小、树冠大小等多方面综合考虑。开花期调查，以玫瑰香的树势为中，目测植株生长势，分为极弱（以早玫瑰作参照）、弱（以黑比诺作参照）、中（以玫瑰香作参照）、强（以金后作参照）、极强（以大宝作参照）。葡萄植株的长势决定着种植密度、种植方式，以及肥水管理等措施。长势旺盛的品种宜稀植，大架栽培，肥水的供应适当减少；长势弱的品种则采用相反的管理措施。

2. 萌芽率

萌芽数占总芽数的百分数为萌芽率。抹芽定枝前调查，观察结果母枝的芽眼萌发情况，统计芽眼总数和萌发芽眼数，萌芽率＝（萌发芽眼数/芽眼总数）×100％，精确到0.1％。随机调查3株正常结果树上的所有结果母枝，计算平均值。萌芽率低的品种在修剪时不宜采取长枝条修剪，易采取中、短梢修剪，即"多留枝，留短枝"，否则其结果部位外移。萌芽率高的品种在栽培管理时要注意合理定枝。

3. 结果枝百分率

结果枝占所有新梢的百分数为结果枝百分率，在花序显露期至定枝前调查。分别统计结果枝和新梢的数量，结果枝百分率＝（结果枝总数/新梢总数）×100％，精确到0.1％。随机调查3株正常结果树上的所有结果母枝，计算平均值。结果枝百分率的高低是决定产量高低的因素之一，也是产量适应性的指标之一。在同一地区，欧美杂种葡萄的结果枝百分率较欧亚种葡萄结果枝百分率高；在欧亚种中，东方品种群的结果枝百分率最低。同一品种在干旱和半干旱地区，结果枝百分率高，在长江中下游及南部地区，结果枝百分率会大幅降低。

4. 每结果技果穗数

平均每个结果枝上的果穗数为每结果枝果穗数，在花序显露期至定枝前调查。统计果穗总数和结果枝总数，计算每个结果枝上的平均花序数，每结果枝果穗数＝果穗总数/结果枝总数，精确到0.1。随机调查3株正常结果树上的所有结果枝，计算平均值。这个性状也是决定产量的性状之一。一般情况下，欧美杂种的果穗数多于欧亚种，在欧亚种中，东方品种群的平均果穗数最低。

5. 坐果率

坐果率为果穗上着生的果粒数占花序上花朵总数的百分数。在开花期随机抽取5个花序，在离体条件下用计数器记录花序上的花朵数，取平均值；果实膨大后期随机调查5个典型果穗上的果粒数，取平均值。坐果率＝（平均果粒数/平均花朵数）×100％，精确到0.1％。四倍体葡萄品种的坐果率低，欧亚种葡萄的坐果率高，不同品种之间有较大差异。坐果率高的品种在栽培管理时要采取疏花疏果的措施，而坐果率低的品种则要采取促进坐果栽培措施。

6. 产量

单位面积的产量通过实测获得，采收期调查产量。在采收期通过调查单株产量（kg），计算平均值，乘以单位面积的栽培株数，即得单位面积的产量，保留整数。调查3个正常结果树。栽培管理中，对产量低的品种要采取提高产量的措施，对高产的品种要控制产量，以提高葡萄的果实质量。

(三) 物候期

物候期包括萌芽始期、开花始期、盛花期、浆果始熟期、浆果生理完熟期等。

1. 萌芽始期的观察记录

约5％的芽眼的鳞片开始裂开，绒毛覆盖层破裂，露出绒球，呈现绿色或粉红色嫩叶，即为萌芽始期。参照葡萄萌芽始期模式图8-1，目测，观察植株中、上部芽眼。调查3个正常结果树并记录日期。

2. 开花始期的观察记录

在雄蕊伸展的作用压力下花冠帽（灯罩状）与花托分离为开花。花序分离期开始观察花序，参照葡萄开花模式图8-2。每日上午8—10时观察记载1次。约5％的花帽脱落时为开花始期。观察3个正常结果树并记录日期。

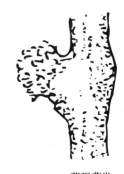

休眠芽　　　　　芽眼萌发

图8-1　葡萄萌芽始期模式图（绒球期）

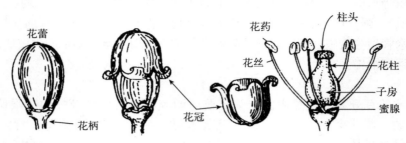

图 8-2 葡萄开花模式图

3. 盛花期的观察记录

50％花帽脱落时为盛花期。开花始期后开始观察。参照葡萄开花模式图 8-2，目测。观察 3 个正常结果树并记录日期。

4. 浆果始熟期的观察记录

对有色品种而言，约 5％植株的首批浆果开始显色为成熟始期；对无色品种来说，约 5％植株的首批浆果的绿色开始减退、稍透明、开始变软或开始有弹性时为浆果成熟始期。果实膨大后期开始调查。调查所有供鉴定植株，凭感官判断并记录日期。

5. 浆果生理完熟期的观察记录

浆果已充分显露该种质固有色泽、风味和芳香时为浆果生理完熟期，也称完全成熟期。这时浆果内的糖分积累已经终止，含糖量达到最高，总糖量不再增加，葡萄糖与果糖含量达平衡状态，有核种质的种子变褐。成熟期调查时，用手持折光仪或电子测糖仪测定可溶性固形物含量，每隔两天调查 1 次，至可溶性固形物含量不再增加，这个果穗为成熟。约 95％的果穗进入生理完熟为准（即为浆果生理完熟期）。观察 3 个正常结果树并记录日期。

物候期的记录可以推算葡萄果实的发育期，继而了解葡萄品种对生长季长短的要求。果实发育期长的晚熟品种在生长季短的地区种植，其果实难以成熟。同时，成熟期也是葡萄的重要经济性状，早熟和晚熟都是葡萄的重要育种目标。了解品种的成熟期，了解上市时间，有助于安排合理的品种结构。

（四）成熟果实重要经济性状

成熟果实重要经济性状包括穗重、果皮颜色、果粒重量、果皮厚度、果皮涩味、果汁颜色、果肉香味、可溶性固形物含量、果实含糖量、果实含酸量、出汁率等。在果实的成熟期进行调查，果皮颜色在树上调查，其他离体测量。果皮颜色与果汁颜色采用目测（描述尽量准确）；粒重、穗重采用称重法；果肉香味、果皮厚度、果皮涩味等采用感官判定法；可溶性固形物含量、果实含糖量、果实含酸量、出汁率等采用相关的测量法。观察 3 个正常结果树，各项指标的计量单位参照《葡萄种质资源描述规范及数据标准》。

这里的果实性状包括葡萄果实的外观质量和内在品质。穗重、果皮颜色、果粒重量等都是葡萄果实重要的外观质量性状，大小适中的果穗、比较松散的果穗、颜色鲜艳的葡萄的商品价值较高。果皮厚度、果皮涩味、果汁颜色、果肉香味、可溶性固形物含量、果实含糖量、果实含酸量、出汁率等也都是重要的内在品质性状。品质是农作物最重要的经济性状，品质的优劣决定了产品的应用价值和市场竞争力。

（五）抗逆性

抗逆性包括对不利环境因子的抗性与对主要病虫害的抗性，有抗寒、抗盐、抗碱、抗葡萄白腐病、抗葡萄霜霉病、抗葡萄黑痘病、抗葡萄炭疽病、抗葡萄白粉病等。

1. 抗盐碱性

盐碱地区域，需要对抗盐碱性进行观测，不正常（不适宜）的表现为：叶片缺铁黄化，生长缓慢，产量降低。

2. 抗寒性

年极端温度－17 ℃以下的地区要在葡萄休眠季进行埋土防寒。欧亚种葡萄的根系冻害指标为－5 ℃

左右，根系层土壤温度如果降至−5℃以下就会受冻。在埋土防寒区，如果埋土厚度不够，或冬季降雪偏少，葡萄就容易发生根系冻害。越冬冻害会造成葡萄园缺株、葡萄产量减少甚至绝产。在不埋土防寒地区的北部，葡萄进入深休眠以前，或葡萄萌动初期，容易发生寒和旱的协同危害，受害轻的表现为萌芽不整齐、萌芽晚的"困倦"病，受害严重的树干开裂，造成葡萄产量减少甚至绝产。

埋土防寒及冷凉区域，除了观测是否能正常成熟外，要对埋土防寒越冬进行观测。如果通过埋土防寒正常越冬，并且与在本地区已经成功种植的品种表现一致（抗寒性），则可以在本区域种植。但是从实质上讲，埋土防寒区域不属于该品种葡萄的适宜种植区（应属于次适宜区，是属于特殊栽培措施下才能成功种植的区域）。

3. 对真菌性病害的抗性

不同品种之间的抗病性存在差异。

抗性进行比较：在试验区内，本区域已经多年种植的品种与测试品种随机排列种植，每个品种5～10株，整年种植，不采取喷药等辅助性防治病虫害措施。随机调查3株，在发病高峰期进行调查，按照农业农村部农药登记田间药效试验的病害发生及病情指数的方法进行统计和分析。比当地品种抗病性强或类似的，适宜在本区域种植；如果比当地品种抗病性差，属于次适宜区，需要增加病虫害防控措施或特殊的栽培方式进行种植。

四、田间鉴定结果比较与分类

形态特征和生物学特性的鉴定应在品种正常生长情况下获得。如遇自然灾害或其他严重影响植株正常生长的因素，应重新进行观测试验和鉴定。一般植物学特征受环境因子的影响不大，只需观察记录一年；生物学特性和数量性状取3年鉴定的平均结果。针对不同性状，采用不同的鉴定和分类方法：

测量法：对葡萄种质有关的大小、长度、面积、体积等性状一般采用测量方法，习惯称之为客观指标法。

比值法：对一些形状指数采用比值法。取两个度量值的比值，如果粒长/果粒宽。

归类法：对质量性状采取质差归类；对数量性状采取级差归类；对形态特征采用状态归类，例如对葡萄果穗的密度状态；对难以分类的、连续变化的形态特征采用标兵分类法，以常见品种为典型，通过和典型对比，确定所属类别，如生长势的强弱、绒毛的多少等性状。

五、试验数据统计分析与校验

每个品种的形态特征和生物性状观测数据依据对照品种进行校验。根据校验结果计算每份品种性状的平均值、变异系数和标准差，并进行方差分析，判断试验结果的稳定性和可靠性。取校验值的平均值为该品种的性状值。

六、葡萄品种区试结果的评价

品种区域试验的基本任务是在整个区试范围内，对参试品种的丰产性、适应性、品质及其他优良特性作出正确和客观的评价。区试结果评价的内容为总体评价，包括丰产性、抗寒性、土壤逆境抗性（特殊情况）、容易发生主要病害及程度、果实外观形状、果实内在品质等。区试的评价，不但给出是否是该品种适宜种植区域的定性结论，也能指出品种的优点和缺点、发展前景、生产中应该采取的栽培管理措施等。

第二节　植物健康概念下的葡萄园建园

植物健康理念下的葡萄生产包括营养元素回归与平衡、病虫害防控的源头控制和生态调控。植物健康理念下的葡萄园建园，是化肥农药减施增效的基础。对于已经建成的葡萄园，也需要在植物健康理念下进行栽培管理和病虫害防控。

一、植物健康的概念

特定遗传基质的植物（种或品种或生物型等）生长在适宜的环境（土壤、水分和气候）中，没有受到其他生物和非生物（环境）因子侵扰和伤害，各种生理功能平和或平衡的自然状态，就是植物健康，或者说具有这个状态的植物是健康植物。

植物种群健康，是具有特定遗传基质的种群（品种、生物型等），在适宜生存的环境（土壤、水分和气候）中生活，当种群内所有个体都属于健康状态，或者个别个体健康受到干扰和威胁但这些干扰和威胁对种群的整体功能（景观、生态功能、生存、繁衍等）和功能平衡没有造成影响时的状态。

植物的健康状态，是实现植物生长、种群繁殖、生存机会、种群扩张潜力最大化的基础，是实现生物产量和/或质量最大化的基础。

二、植物健康概念下的葡萄优质果品生产

在植物健康概念指导下的葡萄优质果品生产，第一是苗木健康、土壤健康；第二是在适宜的区域种植适宜的品种，也就是品种区划和作物布局，或者说是品种的选择；第三是根据气候特征和土壤特征，规划和设定适宜的产量水平；第四是根据葡萄的营养需求规律和特征特性，规划适宜的栽培密度、栽培方向及科学的水肥供应；第五是根据葡萄有害生物的种类，科学防控病虫害。这五个方面的工作，相辅相成，实现葡萄的健康栽培和病虫害科学防控，生产优质果品，为果品加工和贸易提供健康、优质、安全、充分的原料和资源。

三、植物健康概念下的葡萄园建园

（一）品种的选择

每一个植物物种、每一个作物的品种，都有其适宜种植的生态区域。在这些生态区域种植该植物物种或作物品种，才符合植物健康概念下的农产品生产。种植的葡萄品种选择，有两个重要的方向：

1. 有需要种植的品种，为品种寻找一个适宜的"家"

就是已经有了葡萄品种，要为这个葡萄品种选择适宜种植区域或地块。与已经成功种植的区域具有相同或近似的生态条件的区域和地块，包括气候类型、土壤类型及地理位置形成的小气候类型等。这种选择一般需要葡萄栽培专家参与实地考察，并对气候、土壤、地理位置形成的小气候等进行分析。

2. 根据品种区试的试验结果或品种试种或种植经验

选择已经通过区试证明适宜在本区域种植的品种；选择在本区域试种证实适宜种植的品种。有些种植者胆量比较大，在没有区试或没有在本区域种植成功的经验的前提下，敢于引进新品种进行试种；对于已经试种成功，证明本区域适合种植该品种的，可以选择规模性种植。一般情况下，对于新品种，首先要经过品种区试，与适宜这个品种种植的区域进行比较，证明这个品种适宜在本区域种植的，才能选择这个品种。

（二）种植密度与布局、栽培模式和架式的选择

葡萄植株的长势特点及区试试验获得的经验，决定着种植密度、栽培模式和架式及肥水管理等措施。长势旺盛的品种宜稀植，大架栽培，肥水的供应适当减少；长势弱的品种则采用相反的管理措施。栽培密度布局上，应综合考虑田间操作机械、灌溉、果实采收运输等。

（三）葡萄种植前的苗木消毒

葡萄种条种苗的消毒，是阻止和避免葡萄病虫害随繁殖材料进行人为传播的重要途径。阻止或减少

葡萄有害生物随着繁殖材料进行传播，是葡萄病虫害防控的基础，也是葡萄产业健康发展的基础，能大幅度减少葡萄种植后因防治病虫害使用农药。葡萄繁殖材料的消毒，包括温浴消毒处理和化学药剂消毒处理等。

1. 温浴消毒处理

（1）处理时间。在苗木出圃后至栽种前，可以采取此方法。

（2）处理方式。先将苗木放在 45 ℃的温水中，完全浸没（可以用石头或水泥块等重物把枝条或苗木压入温水中）浸泡 2 h，然后捞出放入 52 ℃左右（50～54 ℃）温水中浸泡 5～15 min，之后捞出晾干包装（储存、运输或栽种）。

（3）适宜的繁殖材料。当年生枝条（老熟的木质化枝条或老熟的接穗）或符合《葡萄苗木》（NY 469）的苗木。苗木或枝条越细，消毒效果越好。

（4）防治对象。温浴消毒对许多病虫害有效，尤其是虫害。对葡萄根瘤蚜、介壳虫类（东方盔蚧、葡萄粉蚧等）、螨类（瘿螨、短须螨、二斑叶螨、茶黄螨等）、叶蝉等害虫有效，几乎能把所有枝条和苗木上携带的害虫杀死；对霜霉病、黑痘病、炭疽病、白粉病等多种真菌和细菌性病害有效，能大量减少携带数量。

2. 化学药剂消毒处理

（1）处理时间。在苗木出圃后至栽种前。建议在栽种前进行。

（2）处理方式。药液浸泡法：使用杀虫剂药液（一般为田间喷雾剂量的二倍，比如田间喷雾使用 1 000 倍液，苗木浸泡的使用浓度一般为 500 倍液），浸泡枝条或苗木，浸泡时间 5 min。浸泡后自然晾干，然后包装运输或随即种植。

农药毒土保存法：配置杀虫剂药液（一般为田间喷雾剂量的 2～4 倍，比如田间喷雾使用 1 000 倍液，苗木浸泡的使用浓度一般为 250～500 倍液）；准备足量的干沙土，把药液混入干沙土中，配制成湿沙土；沙土的湿度，与使用沙土存放苗木的湿度相当。也可以使用当地土壤，用干土与药液混合，配制成具有一定湿度的毒土；毒土湿度与存放苗木的土壤湿度相当。主要步骤：在存放地首先放置一些毒土，而后把苗木码放整齐，之后使用毒土覆盖苗木，把毒土压实，使用薄膜等覆盖物覆盖。在苗木种植前，在毒土中保持 1 周至 1 个月后栽种；也可以整个冬季都存放在毒土中。

（3）药剂种类。选择在土壤中较稳定、具有熏蒸作用的药剂。根据重点防治对象，选择药剂。针对葡萄根瘤蚜，可以使用噻虫胺、噻虫嗪或辛硫磷颗粒剂。

（4）适宜的繁殖材料。符合《葡萄苗木》（NY 469）的苗木。苗木或枝条越细，消毒效果越好。

（5）防治对象。主要针对虫害；防控的虫害种类与药剂的选择和使用有关。

注：葡萄种苗和种条，建议进行两次消毒。一次是在苗木调运前，由育苗企业进行；第二次在苗木栽种前，对苗木进行消毒，由种植者（种植企业或种植户）完成。

（四）葡萄种植前的土壤消毒

土壤健康是葡萄栽种后健康的基础。葡萄种植前，一般情况下需要进行土壤消毒。土壤消毒是在作物种植前，快速、高效杀灭土壤中真菌、细菌、线虫、杂草、土传病毒、地下害虫、啮齿动物的技术，是防治土传或土居病虫害、克服连作障碍最为行之有效的措施。土壤消毒使带有土传病虫害或化感物质的"不健康土壤"变为能成功种植各种作物的"健康土壤"，是病虫害防治方针"预防为主，综合防治"中"预防"的重要措施，是综合防控技术体系中最为重要的内容之一。同时，土壤消毒会大量减少因土壤中的线虫等危害导致的葡萄生长不良使用的农药。

土传病虫害及连作障碍是世界性问题，也是难题。在我国，随着农业耕作制度发展，保护地栽培和连作为土传病虫害的发生与发展提供了适宜的环境，通常栽种 3～5 年后，保护地生产力显著降低，产量一般降低 20%～40%。目前，土传病害和根结线虫已经成为严重制约保护地生产发展的重要因素。土壤熏蒸消毒能很好地解决高附加值作物连续种植中的重茬问题、土壤病虫害问题，并显著提高作物的产量和品质。

土壤消毒作为重要的病虫害防控技术和土壤恢复健康的措施，在国外被广泛使用，也已商业化应用超过半个世纪。在我国，土壤熏蒸消毒技术也已在北京、河北、山东等地方成功示范应用，主要是用于草莓、番茄、黄瓜、生姜等高附加值经济作物上。目前我国也逐步建立起了社会化的土壤消毒服务组织，培育出一批专业化的土壤消毒技术服务企业。土壤消毒技术一般由专业人员或经过培训的人员实施。

（五）葡萄苗木选择

选择脱毒苗木进行种植。如果没有脱毒苗木来源，可以选择没有任何不良症状的植株上的结果枝条作为种条，进行繁殖苗木，然后进行葡萄园建园。

葡萄病毒病是能对葡萄产生严重危害的病虫害类群，比如感染扇叶病毒的葡萄与健康葡萄相比，引起的产量损失28%～77%，浆果重量下降5.1%～11%；卷叶病毒侵染的葡萄与健康葡萄相比，产量下降20%～30%，果实糖分可减少9%，且由卷叶病毒感染的葡萄酿造的葡萄酒中酒精、聚合色素及花青素等均显著降低。

葡萄病毒病害随种条、种苗进行远距离传播。在田间，病毒病通过农事操作或者介体昆虫、线虫等进行传播。葡萄病毒病目前只能预防，没有办法防治。因此，选择和种植脱毒苗木，是防控病毒病害的基础，也是最重要的预防性措施。

（六）土壤改良与局部土壤改良

葡萄种植前，对葡萄园土壤进行改良，使土壤条件更适宜葡萄生长。这种改良可能是长期的工作，叫作葡萄园土壤环境的改良与优化，请见本章下一节的内容。

葡萄占天不占地，按照葡萄限域栽培相关研究，葡萄树只是利用很小一点土壤，每立方米的土壤能够支撑 $15\sim20\ m^2$ 的架面。这样，每公顷地只要对 $600\sim750\ m^3$ 的土壤进行改良，并对这些土壤进行水肥管理，就可以进行葡萄生产。

局部土壤改良的标准：有机质在3%以上、土壤疏松（土壤容重小于 $1.25\ g/m^3$，在 $1.1\ g/m^3$ 左右）、pH 在 $6.5\sim7$。用葡萄园表土＋腐熟有机肥及其他，进行土壤基质调配，放入种植穴中；种植穴 $50\ cm$ 深，根据树形大小确定种植穴的长度和宽度。比如结果枝组长 $8\ m$，架面为 $10\ m\times(1.25+1.25)m=25\ m^2$，种植穴长 $2\ m$、宽 $1\ m$，就是 $1\ m^3$ 改良后的土壤。

（七）树形培养与肥水管理

1. 树形培养

按照设定的树形进行树形培养。

（1）L形。L形又称为古约特形或单层水平形，是适于长梢修剪品种的一种常用树形（图8-3）。根据结果母枝数目分为单古约特形（又称单枝组树形）和双古约特形（又称双枝组树形）两种形式；根据主干是否倾斜又分为斜干古约特形（主干倾斜，适于冬季下架埋土防寒地区）和直干古约特形（主干直立，适于冬季不下架地区）两种形式。

L形适于篱架（新梢直立或倾斜绑缚时主干高度0.8～1.0 m，新梢自由下垂时主干高度1.8～2.0 m）或棚架（新梢水平绑缚，主干高度1.8～2.0 m）栽培。新梢分为直立绑缚、倾斜绑缚、水平绑缚和自由下垂几种绑缚方式，直立绑缚时宜采用篱架架式，V形倾斜绑缚时宜采用Y形架式或飞鸟架式，水平绑缚时宜采用棚架架式，自由下垂时宜采用T形架式。

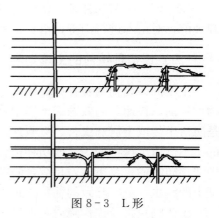

图8-3　L形

直干古约特形整形时，将主蔓在主干要求高度处拉平并水平绑缚在铁线上。斜干古约特形则将主蔓向下绑缚，使其与直立的主干成一定角度，这样可以更加抑制葡萄的顶端优势。双古约特形则是在将主蔓弯曲后，利用夏芽副梢或是逼冬芽的方式，培养出另一个主蔓并将两个主蔓均水平或呈一定角度对称绑缚在第一道铁丝上。

（2）单层水平龙干形。单层水平龙干形是适于中短梢混合修剪或短梢修剪品种的一种常用树形

（图 8-4）。根据臂的数目分为单层单臂水平龙干形和单层双臂水平龙干形两种形式；根据主干是否倾斜又分为斜干水平龙干形（适于冬季下架埋土防寒地区）和直干水平龙干形（适于冬季不下架地区）两种形式。

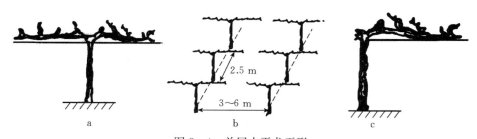

图 8-4　单层水平龙干形

a. 单层双臂水平龙干　b."单层双臂水平龙干"种植行　c. 单层单臂水平龙干形

适于篱架或棚架［新梢绑缚方式同 L 形，参见（1）L 形中第三段］栽培。

定植当年，当新梢长至主干要求高度时进行定干，随后选择主干顶端 1 个或两个萌发的新梢，冬剪时作为结果母枝，水平绑缚在铁丝上，形成该树形的单臂或双臂。臂上始终均匀保留一定数量的结果枝组（双枝更新枝组间距 30 cm，单枝更新枝组间距 15～20 cm），然后在其上方按照不同架式要求拉铁线，以绑缚新梢。整体而言，该树形光照好，下部主干部分通风较好，病害少，夏剪省工。在不埋土区的酿酒葡萄、南方 Y 形架上应用的 T 形及平棚架上应用的"一"字形等即为此种。

（3）T 形。主干高度 1.7～2.0 m，主蔓与树行垂直，在架面水平延伸，长度与行距等同。新梢与主蔓垂直水平交互分布在主蔓两侧，着生密度每米主蔓 8～12 个新梢。为了便于新梢管理，主蔓可比新梢分布的架面低 30 cm 左右，新梢呈小 V 形水平分布，这样花果穗管理省力。株距 2.2～2.6 m，行距根据结果枝组的长度而定，一般为 6～16 m（每一边各 3～8 m）。

定植发芽后，选留 1 个新梢，立支柱（竹竿等）垂直牵引；待新梢高度达到预定高度时（如果架面高度为 2 m，1.7 m 处即摘心口，要比预定高度低 30 cm）摘心。从摘心口下所抽生的副梢中选择两个副梢背向水平牵引（之后抹除下面的所有副梢），培育成两个主蔓。每个主蔓的长度 3～8 m（冬眠期湿度大的地区主蔓可以适当延长），见示意图 8-5。

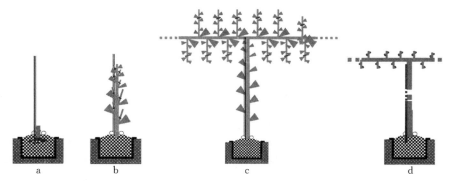

图 8-5　葡萄 T 形整形和超短梢修剪技术示意图（王世平提供）

a. 定植后留 2～3 芽定干　b. 主干培养：副梢一律抹除，仅留主干顶部两个一级副梢培养为主蔓　c. 结果母枝培养：主蔓所发二级副梢一律留 3～4 叶摘心，连续摘心，并与主干垂直牵引　d. 冬季超短梢修剪，结果母枝一律留 1～2 芽短截

（4）H 形。H 形是近年在水平连棚架上推出的最新葡萄树形，一般用于平地葡萄园（图 8-6）。该树形整形规范，新梢密度容易控制，修剪简单，易于掌握；结果部位整齐，果穗基本呈直线排列，利于果穗和新梢管理。定植苗当年要求选留 1 个强壮新梢作为主干；主干高度基本到达架面时，培养左右相对称的第一、第二亚干，亚干总长度 1.8～2.2 m，然后从亚干前端各分出前后 2 个主蔓，共 4 个主蔓（两对平行主蔓；两对平行主蔓之间 2.2～2.6 m），与主干、亚干组成树体骨架，构成 H 形。主蔓上直

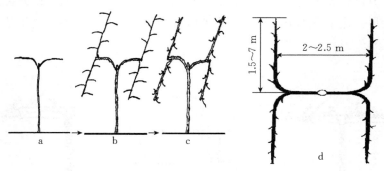

图 8-6　H 形整形过程

a. 主干形成后培养两个亚干　b. 亚干形成后各自形成两个主蔓　c. 形成 H 形及主蔓上的新梢　d. 俯瞰架型：主蔓长度和主蔓间的距离及冬剪后效果

接着生结果母枝或枝组，可以在 1 m 长的主蔓上着生 12～14 个新梢。冬剪时，作为骨干枝的各级延长枝，根据整形需要和树势强弱剪截，要求剪口截面直径达 1 cm 以上，以加速整形；结果母枝一般留 2～3 芽短截，遇到光秃带部位可适当增加结果母枝留芽量，以补足空缺。

2. 肥水管理

肥料管理：培养树形当年的施肥量，按照测土配方推荐施肥量的一半进行管理。

水分管理：时期上与成龄树生育期供水规律类似，给水量为结果树的 1/5～1/3。

第三节　葡萄园土壤改良

"养树先养根，养根先养土"，土壤条件是决定果树生长的关键因素。葡萄作为一种需肥量大的果树品种，而不少果农为获取高产常加大肥料（主要是化肥）投入，却忽视了土壤的承受能力，使不少葡萄园土壤的物理、化学、生物性质退化严重，不利于葡萄生长。因此，改良土壤已成为葡萄优质高产的必由之路。

一、适宜葡萄生长的土壤理化性质

葡萄对土壤类型的适应性很强，几乎能在各种土壤上生长。但是，土壤的理化性质对葡萄的品质和产量影响较大。

（一）土壤的物理性质

影响葡萄生长的主要土壤物理性质包括土壤容重、孔隙性和土壤水分等因素。土壤容重的大小由土壤孔隙度和土壤固体的数量决定，与葡萄根系生长密切相关；容重在 $1.05～1.25\ g/m^3$ 时，葡萄根系分布很广，超过 $1.65\ g/m^3$ 时基本没有根系。土壤孔隙度是由土壤毛管孔隙度及总孔隙度的大小决定的，主要与土壤保水能力和通气能力有关，土壤的毛管孔隙在 30％～40％，通气孔隙度为 10％左右，最有利于葡萄生长，过大则不利于保水，过小则影响葡萄扎根。土壤含水量为田间持水量的 60％～70％最适宜葡萄生长，低于 35％会抑制葡萄正常生长，高于 80％则会使葡萄根系受到限制，影响肥水吸收，并加重病害的发生。

（二）土壤的化学性质

土壤 pH 和有机质是两个重要的因素。土壤中营养元素存在的形态、土壤微生物的组成和活动、植物根系生长与吸收及有机物质的合成与分解均受 pH 的影响。葡萄适宜在 pH6.5～7.5 的土壤中生长，酸性环境（pH≤4）根系生长差，表现为黑根、烂根，土壤板结且易滋生致病菌、线虫等；土壤过碱（pH≥8.3），葡萄植株的新梢会有黄叶病的发病迹象。土壤有机质是衡量土壤肥力的重要指标，它含有植物生长过程中所必需的大、中、微量元素，对葡萄的生长十分重要；土壤有机质含量越高，越有利于葡萄生长。果园中的表层土壤有机质在 1.5%～2% 为适宜，大于 2% 为丰富水平。日本果园的有机质达到 6.8%，我国果园土壤有机质多为 1% 以下，提高土壤有机质含量在短期内很难做到。

（三）土壤的生物学性质

主要是指土壤微生物，包括真菌、细菌、病毒等，它们在土壤中分解土壤有机质、氮素、碳素等养分，直接影响葡萄的产量和效益。土壤环境的变化对土壤微生物影响很大，当土壤物理、化学性质退化时会打破原有菌群的平衡关系，进而影响葡萄生长，如土传病害剧增、果树根系受损等。

因此，葡萄园土壤的改良，以针对性改良土壤的物理和化学性质为主，进而改善葡萄生长的土壤环境。

二、葡萄园土壤改良措施

（一）改良葡萄园土壤物理性状

土壤物理性状影响土壤水、肥、气、热状况，影响葡萄吸收水分、养分及根系伸展与吸收能力。土壤结构是影响土壤物理性状的重要因素。因此，调节葡萄园表层土壤的结构，能保持良好的土壤物理性状，充分发挥土壤的肥力作用。

1. 合理耕作

清耕是葡萄园常见的措施，在葡萄行间和株间进行。清耕可以改善土壤表层的通气状况，促进土壤微生物的活动，同时可以防止杂草滋生，减少病虫为害。葡萄园在生长季节要进行多次中耕。一般中耕深度在 10 cm 左右。

深翻改善土壤结构，提高土壤孔隙度，促进微生物生长，有利于根系生长。全园翻耕，深度一般为 15～20 cm。一年至少两次，一次在萌芽前，结合施用催芽肥；第二次是在秋季，结合秋施基肥，秋季深翻，断根对植株的影响比较小，且易恢复。

2. 适当覆盖

对葡萄园土壤进行覆盖，可防止土壤水分蒸发，减少土壤温度变化，有利于微生物活动，使土壤不板结。覆盖的物质可以是地膜、作物秸秆和杂草。地膜在萌芽前半个月覆盖，可使萌芽早而且整齐。地面覆秸秆是在葡萄坐果后，利用秸秆或杂草覆盖 10～20 cm 厚，可增加土壤疏松度，防止土壤板结。

3. 生草种植

采用人工或自然方法在葡萄园行间种草，地面保持有一定厚度的草皮，可增加土壤有机质，促其形成团粒结构，防止土壤侵蚀、地表土流失。夏季生草可防止地温过高，能够保持地温稳定。常见的草种有黑麦草、紫花苜蓿、白三叶草、沙打旺、高羊茅、鼠茅草等。

4. 添加土壤结构调理剂

土壤调理剂是加入土壤中用于改良土壤物理、化学性质和生物活性的物料。土壤调理剂按照不同功能可以分为团聚分散土粒、改善土壤结构的土壤胶结剂，固定表土、防止水土流失的土壤安定剂，调节土壤酸碱度的土壤调酸剂，增加土壤温度的土壤增温剂，保持土壤水分的土壤保水剂。

选择土壤调理剂时，首先要注意调理剂的材料特点，如果是天然资源，如草炭、秸秆、石灰、石膏等物质，适宜用量的范围较宽。山东农业大学在粉沙壤上施用 25 g/kg（土）的生物炭，土壤容重从 1.39 g/cm³ 降低到 1.27 g/cm³，显著提高了土壤总孔隙度。由于生物炭呈碱性，显著提高了 pH，缓解了葡萄园酸化问题。云南农业大学添加秸秆生物炭，能使葡萄园土壤容重降低 9.40%，土壤含水量增加 35.37%，第二年和第三年葡萄产量分别增加了 11.74% 和 20.07%。其次应根据土壤状况进行施用，如果土壤含水量较高，会影响调理剂施用的均匀性，含水量过少也会影响调理剂作用的发挥。有些商品土壤调理剂中含有多价阴离子，如免深耕土壤调理剂，通过水分激活有效成分而作用于土壤，将被土壤吸附的氯离子游离出来，增加土壤阳离子交换量，使土壤形成更多孔隙，改善土壤团粒结构，达到疏松土壤的目的。

（二）调控葡萄园土壤的 pH

目前酸性土壤的改良方法主要有化学无机改良剂改良、有机肥料改良、碱性物质改良、合理施肥等。

化学无机改良剂改良方法中，石灰石和白云石改良被认为是最有效和最直接的酸化土壤改良方法。但是，随着石灰用量的增加，葡萄叶片总铁、有效铁及叶绿素的含量呈降低的趋势。长期、大量施用石灰会造成土壤中的有效磷、钾无法被吸收，还可能导致土壤板结。此外，由于石灰石、白云石等难溶于水，表面散施的方法对土壤的改良效果较慢。

有机肥料改良包括农田秸秆、豆科绿肥、畜禽粪便等，其中农田秸秆用于酸性土壤改良的报道较多。腐熟的有机肥含有丰富的营养元素，可增加土壤有机质、改善土壤肥力、有效提高土壤缓冲能力。但单纯施用有机肥对土壤改良效果缓慢，限制其全面推广。

碱性物料改良中生物炭作为一种新型酸性土壤改良剂，不仅可以增加土壤中磷、钾和钙等养分的含量，还可以使土壤的pH大幅度升高。但是，不同原料和制备条件获得的生物炭性质会有很大差异，且新制备的生物炭能够吸附固定土壤中的营养成分从而减缓植物的生长。为了消除这种缺陷，有研究者建议在施用生物炭的同时加入微肥或者有机肥。

施用碱性肥料调理，如碳酸钾和矿化黄腐酸钾。碳酸钾属于弱碱性钾肥，但在使用过程中，与酸性物质起反应，会有轻微的沉淀堵塞滴灌管子，常常被误会成杂质。矿化黄腐酸钾属于弱碱性硅肥，应用较广泛，开花前、套袋前、转色前使用。

目前有一项专利技术《一种酿酒葡萄园酸性土壤的改良方法》。主要内容：将酿酒葡萄园冬剪枝条经过风干处理，然后经过高温低氧处理，并将其粉碎制得葡萄生物炭粉末（直径约1 mm）。所述的高温低氧处理的高温为400~500 ℃，时间为2 h，低氧为通入氮气。将酿酒葡萄园夏剪新梢、副梢、叶片废弃物经粉碎处理后与畜禽粪便混合进行高温（45~70 ℃）发酵，制得葡萄有机肥。天然矿石（钾长石和白云石）经高温（1 000~1 100 ℃）煅烧并进行粉碎处理，制得土壤调理剂。葡萄生物炭粉末∶葡萄有机肥∶土壤调理剂＝3∶5∶2混合，在秋季葡萄采收后至第二年葡萄伤流期前施用，先通过施肥机均匀撒施于葡萄行间，然后通过旋耕机与土壤混匀，施入深度为35~40 cm。在蛇龙珠葡萄园施用，土壤pH为5.5，按照15 000 kg/hm²的施用量，施入处理后6~12个月，葡萄园土壤pH提高0.8~1.0，土壤质地明显改善，葡萄新梢长度明显增加，葡萄果实成熟度提高10%。

（三）提高土壤有机质

1. 增施有机肥

果园中增施有机肥是提高果园土壤有机质状况、培肥地力、提高果园土壤质量的重要措施。施用有机肥能显著提高土壤有机质含量，且有机质的增加幅度与施用量直接相关。有机肥源种类较多，主要包括人畜粪便、植物残体（如作物秸秆）、各种饼肥（如菜籽饼、棉籽饼、豆饼等）及堆肥、沤肥、厩肥、沼肥、绿肥等农家肥料和商品有机肥。随着施肥年份的增加，施用有机肥的土壤有机质、全氮、全磷及有效磷、速效钾含量均提高，土壤中的碱解氮含量一直处于比较稳定的状态。

2. 果园覆草

将农作物秸秆、果园内杂草、果树的枯枝落叶等作为覆盖材料，这些材料腐烂是增加果园土壤有机质的一种常用办法。杂草、枯叶、枯根、刈割的牧草等经深翻后主要分布在0~20 cm土层中，在土壤中降解、转化，形成腐殖质，可使土壤中有机质含量提高。研究表明，覆盖麦草3年后，0~20 cm土壤有机质含量由0.92%提高到1.25%，20~40 cm土壤有机质含量由0.5%提高到0.6%。

3. 果园生草

生草覆盖果园0~20 cm土层中，有机质含量在第2年开始增加，在种草的前5年，有机质含量由0.87%提高到1.71%，提高了近1倍。在0~30 cm土层有机质含量为0.5%~0.7%的果园，连续3年种植白三叶，土壤有机质含量可以提高到1.6%~2.0%以上。

三、土壤局部改良

对于已经建成的葡萄园，参考以上的技术进行葡萄园土壤改良，让土壤更适宜葡萄生长。也可以根据葡萄园的现状，对葡萄园土壤进行局部土壤改良。

（一）局部土壤改良的依据和目标

葡萄的生长主要是以根部吸收土壤养分为主，根系在土壤中对养分的吸收主要以吸收根域的养分为主。如果对根域的土壤进行改良，使它满足葡萄的生长需求，就能保证地上部的产量和品质。因此，土壤局部改良是把根域的土壤进行改良，从而起到调控植物生长的作用。

按照根域限制栽培的相关研究和资料，葡萄园 1 m³ 的土壤，能支撑 15～20 m² 的架面。根据这个研究结果，可以设计和实施葡萄园土壤局部改良。

土壤的 pH 为 6.5～7.0、有机质含量 3%～8%、土壤容重 1.1 g/cm³（小于 1.15 g/cm³）左右，是最有利于葡萄根系生长和保健的土壤。如果把葡萄园局部的土壤，改良成最适宜葡萄生长的土壤，并且在这个区域进行肥水管理，那么葡萄的大部分根系就会生长在这个区域，因为葡萄的根具有寻找肥、水的能力，俗话说"根跟着肥水走"。

把葡萄根域的土壤，按照 1 m³ 支撑 20 m² 的架面，进行局部土壤改良（pH6.5～7.0、有机质 3%～8%、容重 1.1 g/cm³ 左右），改善葡萄根系的根域土壤环境；这样只需要对 34～45 m³ 进行改良，就能满足和支撑 667 m² 的葡萄园。这种葡萄栽培管理方式就叫作葡萄园局部土壤改良。

我国的葡萄种植区域广泛，土壤类型多样、土壤性质千差万别，不能给出统一的土壤改良调配方案。即使是同一类型的土壤，也可以使用不同的原料实现土壤基质的调配。不管是何种土壤、施用何种原料、使用什么方法，改良后的土壤基质要求是一样的，即土壤疏松透气性好（容重小于 1.15 g/cm³，在 1.10 g/cm³ 左右）、有机质含量 3% 以上、pH 为 6.5～7.0。比如：pH 为 7.5～8.5 的潮褐土，可以使用表土 55%＋草炭土 20%＋腐熟有机肥 25%，混合均匀后，作为土壤局部改良基质。再比如 pH 在 5.5～6 酸性土壤，可以使用的表土 55%＋生物炭 20%＋腐熟有机肥 25%，作为土壤局部改良基质。注意事项如下：

（1）生物炭是在低氧环境（缺氧或绝氧）下，通过高温裂解（<700 ℃）将木材、草、玉米秆或其他农作物废物碳化。这种由植物形成的、以固定碳元素为目的的木炭被科学家们称为"生物炭"。生物炭的特征：多孔，容重小，比表面积大，吸水、吸气能力强，带负电荷多，能形成电磁场；具有高度的芳香化、物理的热稳定性和生物化学抗分解性。生物炭的 pH8.5～10。

（2）草炭土的 pH 为 5.5～6.5，有机质约 30%，容重 0.7～1.05 g/cm³，对于碱性土壤改良效果较好。

（3）本节中所说的有机肥，是指葡萄种植者使用动物粪便、植物秸秆、农田有机肥料、生物菌剂等进行发酵腐熟的有机肥；或者有机肥企业利用动物粪便和植物秸秆发酵腐熟、没有添加任何化肥的有机肥。市场上，农资生产企业干燥的（没有充分腐熟）、或腐熟后添加植物营养元素、或添加生物菌剂的有机肥，不适宜在本技术中使用。

（二）新建葡萄园的土壤局部改良

1. 土壤基质调配

根据葡萄园土壤检测结果、当地能够采购的原料，制定土壤局部改良的土壤基质调配方案，并根据方案进行土壤基质调配；对调配的土壤基质进行检测（主要是测定 pH；土壤疏松程度可以人为粗略鉴定；有机质的含量不用测定），以验证调配的土壤基质符合土壤局部改良的要求。

按照每公顷 675 m³ 的土壤基质量，购买和准备所需要的有机肥等原料。

2. 定植穴或定植沟的土壤局部改良

采用挖定植沟或定植穴的方法进行改良。大树型葡萄适合定值穴，小树型、成行栽种的葡萄适合对种植沟进行土壤局部改良。

定植穴的土壤局部改良方法：种植穴深 0.5 m，穴长和宽可以根据结果枝组的长度和架面面积进行设定。如"一"字形架、结果枝组 10 m，架面面积为（1.25＋1.25）m×10 m＝25 m²，种植穴的长和宽可以设定为 2 m 和 1.3 m，穴内土壤约为 1.3 m³。用调配好的基质（局部土壤改良）填入种植穴内，葡萄种植在土壤基质（种植穴）中央。

定植沟的土壤局部改良：对于小树型、成行栽种的葡萄，可以挖定植沟。定植沟 50 cm 深、50 cm

宽，把调配好的土壤基质放在种植沟中、填满，浇水自然下沉，墒情合适后即可以栽种葡萄。栽种葡萄后，在种植沟适当浇水，之后用葡萄园表土把定植沟填平（与其他区域一样平整）对于西北或埋土防寒区域，葡萄种植在沟里，方便埋土防寒。这些区域所挖的定植沟，是指在种植葡萄的沟底再向下挖 50 cm（与地面比较，深度在 60 cm 以上，甚至在 1 m 以上）。应根据当地的栽培状况，确定定植沟的深度。

3. 葡萄定植后的水肥管理

年生长周期的肥水管理，在葡萄的种植穴或定植沟区域进行，是节水节肥、提高水肥利用效率的管理方式。

（三）建成葡萄园土壤局部改良

已建成的葡萄园，结合秋季施用基肥进行土壤局部改良。根据葡萄园土壤检测结果，制定土壤局部改良的土壤基质调配方案，并根据方案进行土壤基质调配；对调配的土壤基质进行检测，以验证调配的土壤基质符合土壤局部改良的要求。对土壤基质进行调配，准备好足够的土壤基质，且与果实采摘后所需肥料进行混合，备用。

1. 大树型栽种的葡萄

在葡萄树的一侧、距主蔓 30 cm，挖一个深 50 cm 的施肥沟（沟的宽度和长度，可以根据植株的大小确定；比如 20 m² 架面的大树型，沟的宽度可以设定 50 cm、长度设定为 1.6 m），把土壤局部改良的基质放置在施肥沟中，填满。第二年，在第一年的对面方向，同样方式挖施肥沟（距离主蔓 30 cm，深 50 cm、宽 50 cm、长 1.6 m），填入土壤局部改良的基质；第三年、第四年用同样的方法在其他的两个方向，即两个已经进行土壤局部改良的土壤之间，距离主蔓 30 cm，挖施肥沟（深 50 cm、宽 50 cm、长 60 cm）对局部土壤进行改良。这样，通过 4 年时间，把葡萄树周围（四周）的 1.1 m³ 土壤进行了土壤局部改良。

从第一年进行土壤局部改良开始，对葡萄树周围 2.56 m² 的土壤进行肥水管理，且逐步减少肥料使用量，直到第四年仅按照目标产量带走的营养元素的量进行施肥。年度施肥量，根据各生育期的需要营养的比例，分时期施入根域范围内。

2. 小树型、成行栽培的葡萄

酿酒用的葡萄、篱架栽培的鲜食葡萄等，一般为小树型、成行栽培，适合使用下列土壤局部改良方式。

秋施基肥的时间，在种植行的葡萄树一边距离主蔓 30 cm 处，顺行挖 50 cm 深、30 cm 左右宽的施肥沟，将调配好的局部土壤改良的土壤基质放入施肥沟，浇水自然下沉后，补充表土，与地面一致。第二年，按照同样的办法，改良葡萄行另一侧的土壤。

从第一年进行土壤局部改良开始，在葡萄行两边各 60 cm 内进行肥水管理。从第一年土壤局部改良开始，适当减少肥料使用量，到第二年仅按照目标产量带走的营养元素的量进行施肥。年度施肥量，根据各生育期需要营养的比例，分时期施入根域范围内。

3. 注意事项

（1）局部土壤改良所种植的葡萄，葡萄园所有有机废弃物需要进行还田；还田的方法有多种，任何一种都行。

（2）局部土壤改良所种植的葡萄，每年都需要使用有机肥，使用量为 2～5 t。非埋土防寒地区，使用在根域区域内，表面撒施；埋土防寒地区，可以挖沟、挖穴等使用，也可以在根域区域表面撒施。

第四节　葡萄园使用有机肥替代化肥

一、葡萄园施肥的依据

葡萄生产中，生产出来的葡萄含有在土壤中吸收的营养元素，把葡萄从田间带走，相当于把相应的营养元素带走了（1 t 葡萄带走的营养元素的量，请见表 8-1 和表 8-2）。所以，每年需要补充（施入）土壤从葡萄园带走的营养元素，以保持葡萄园营养元素的平衡。

表 8 - 1　生产 1 t 葡萄所带走的养分（引自《世界肥料使用手册》）

N (kg)	P₂O₅ (kg)	K₂O (kg)	MgO (kg)	CaO (kg)	Fe (g)	Mn (g)	Zn (g)	Cu (g)	B (g)
3.2～3.4	0.7～1.4	5.9～6.0	0.9～1.0	4.0～8.2	41.7～44.8	7.0～31.5	15.7～23.4	9.1～36.5	5.3～9.1

表 8 - 2　国内常见品种生产 1 t 葡萄所带走的养分

葡萄品种	N (kg)	P₂O₅ (kg)	K₂O (kg)	N : P₂O₅ : K₂O
红地球	4.05	1.84	7.8	1 : 0.32 : 1.37
巨峰	3.91	2.31	5.29	1 : 0.59 : 1.35
峰后	12.78	1.23	10.74	1 : 0.10 : 0.84
双优	8.44	12.76	13.13	1 : 0.39 : 1.15
赤霞珠	5.95	3.95	7.68	1 : 0.66 : 1.29

如果葡萄有机废弃物（枝条、落叶等）还田，从葡萄园带走的营养元素是果实带走的营养，只需要补充果实带走的营养；如果把修剪下的枝蔓及清理的枯枝落叶带出了葡萄园，不但需要补充果实带走的营养，也需要补充带走了的枯枝和落叶所带走的营养。这就是需要对葡萄进行施肥的原因。

二、使用有机肥替代部分化肥

每年使用一定量的有机肥，代替部分化肥的使用。根据有机肥的来源，计算有机肥中带入葡萄园中营养元素的量（表 8 - 3）。有机肥施入后，当年释放的营养元素的量一般为其含量的 10%，所以有机肥带入量的 10% 就是当年代替化肥的使用量。比如使用鸡粪 2 t，相当于在葡萄园施入氮 42.74 kg、磷 17.58 kg、钾 30.5 kg，当年至少需要减少使用化肥的量为：氮肥 4.274 kg、磷肥 1.758 kg、钾肥 3.05 kg。通过使用有机肥，甚至多施有机肥，减少（甚至大量减少）化肥的使用量。

表 8 - 3　各种来源的有机肥中氮、磷、钾含量

代　码	名　称	风干基 氮（%）	风干基 磷（%）	风干基 钾（%）	鲜基 氮（%）	鲜基 磷（%）	鲜基 钾（%）
A	粪尿类	4.689	0.802	3.011	0.605	0.175	0.411
A01	人粪尿	9.973	1.421	2.794	0.643	0.106	0.187
A02	人粪	6.357	1.239	1.482	1.159	0.261	0.304
A03	人尿	24.591	1.609	5.819	0.526	0.038	0.136
A04	猪粪	2.09	0.817	1.082	0.547	0.245	0.294
A05	猪尿	12.126	1.522	10.679	0.166	0.022	0.157
A06	猪粪尿	3.773	1.095	2.495	0.238	0.074	0.171
A07	马粪	1.347	0.434	1.247	0.437	0.134	0.381
A09	马粪尿	2.552	0.419	2.815	0.378	0.077	0.573
A10	牛粪	1.56	0.382	0.898	0.383	0.095	0.231
A11	牛尿	10.3	0.64	18.871	0.501	0.017	0.906
A12	牛粪尿	2.462	0.563	2.888	0.351	0.082	0.421
A19	羊粪	2.317	0.457	1.284	1.014	0.216	0.532
A22	兔粪	2.115	0.675	1.71	0.874	0.297	0.653
A24	鸡粪	2.137	0.879	1.525	1.032	0.413	0.717
A25	鸭粪	1.642	0.787	1.259	0.714	0.364	0.547
A26	鹅粪	1.599	0.609	1.651	0.536	0.215	0.517

（续）

代码	名称	风干基			鲜基		
		氮（%）	磷（%）	钾（%）	氮（%）	磷（%）	钾（%）
A28	蚕沙	2.331	0.302	1.894	1.184	0.154	0.974
B	堆沤肥类	0.925	0.316	1.278	0.429	0.137	0.487
B01	堆肥	0.636	0.216	1.048	0.347	0.111	0.399
B02	沤肥	0.635	0.25	1.466	0.296	0.121	0.191
B04	卤肥	0.386	0.186	2.007	0.23	0.098	0.772
B05	猪圈粪	0.958	0.443	0.95	0.376	0.155	0.298
B06	马厩肥	1.07	0.321	1.163	0.454	0.137	0.505
B07	牛栏粪	1.299	0.325	1.82	0.5	0.131	0.72
B10	羊圈粪	1.262	0.27	1.333	0.782	0.154	0.74
B16	土粪	0.375	0.201	1.339	0.146	0.12	0.083
C	秸秆类	1.051	0.141	1.482	0.347	0.046	0.539
C01	水稻秸秆	0.826	0.119	1.708	0.302	0.044	0.663
C02	小麦秸秆	0.617	0.071	1.017	0.314	0.04	0.653
C03	大麦秸秆	0.509	0.076	1.268	0.157	0.038	0.546
C04	玉米秸秆	0.869	0.133	1.112	0.298	0.043	0.384
C06	大豆秸秆	1.633	0.17	1.056	0.577	0.063	0.368
C07	油菜秸秆	0.816	0.14	1.857	0.266	0.039	0.607
C08	花生秸秆	1.658	0.149	0.99	0.572	0.056	0.357
C12	马铃薯藤	2.403	0.247	3.581	0.31	0.032	0.461
C13	甘薯藤	2.131	0.256	2.75	0.35	0.045	0.484
C14	烟草秆	1.295	0.151	1.656	0.368	0.038	0.453
C27	胡豆秆	2.215	0.204	1.466	0.482	0.051	0.303
C29	甘蔗茎叶	1.001	0.128	1.005	0.359	0.046	0.374
D	绿肥类	2.417	0.274	2.083	0.524	0.057	0.434
D01	紫云英	3.085	0.301	2.065	0.391	0.042	0.269
D02	苕子	3.047	0.289	2.141	0.632	0.061	0.438
D05	草木樨	1.375	0.144	1.134	0.26	0.036	0.44
D06	豌豆	2.47	0.241	1.719	0.614	0.059	0.428
D07	箭筈豌豆	1.846	0.187	1.285	0.652	0.07	0.478
D08	蚕豆	2.392	0.27	1.419	0.473	0.048	0.305
D09	萝卜菜	2.233	0.347	2.463	0.366	0.055	0.414
D17	紫穗槐	2.706	0.269	1.271	0.903	0.09	0.457
D18	三叶草	2.836	0.293	2.544	0.643	0.059	0.589
D22	满江红	2.901	0.359	2.287	0.233	0.029	0.175
D23	水花生	2.505	0.289	5.01	0.342	0.041	0.713
D25	水葫芦	2.301	0.43	3.862	0.214	0.037	0.365
D26	紫茎泽兰	1.541	0.248	2.316	0.39	0.063	0.581
D28	蒿枝	2.522	0.315	3.042	0.644	0.094	0.809
D32	黄荆	2.558	0.301	1.686	0.878	0.099	0.576
D33	马桑	1.896	0.19	0.839	0.653	0.066	0.284

（续）

代 码	名 称	风干基			鲜 基		
		氮（%）	磷（%）	钾（%）	氮（%）	磷（%）	钾（%）
D45	山青	2.334	0.268	1.858			
D49	茅草	0.749	0.109	0.755	0.385	0.054	0.381
D52	松毛	0.924	0.094	0.448	0.407	0.042	0.195
E	杂肥类	0.761	0.54	3.737	0.253	0.433	2.427
E02	泥肥	0.239	0.247	1.62	0.183	0.102	1.53
E03	肥土	0.555	0.142	1.433	0.207	0.099	0.836
F	饼肥	0.428	0.519	0.828	2.946	0.459	0.677
F01	豆饼	6.684	0.44	1.186	4.838	0.521	1.338
F02	菜籽饼	5.25	0.799	1.042	5.195	0.853	1.116
F03	花生饼	6.915	0.547	0.962	4.123	0.367	0.801
F05	芝麻饼	5.079	0.731	0.564	4.969	1.043	0.778
F06	茶籽饼	2.926	0.488	1.216	1.225	0.2	0.845
F09	棉籽饼	4.293	0.541	0.76	5.514	0.967	1.243
F18	酒渣	2.867	0.33	0.35	0.714	0.09	0.104
F32	木薯渣	0.475	0.054	0.247	0.106	0.011	0.051
G	海肥类	2.513	0.579	1.528	1.178	0.332	0.399
H	农用废渣液	0.882	0.348	1.135	0.317	0.173	0.788
H01	城市垃圾	0.319	0.175	1.344	0.275	0.117	1.072
I	腐殖酸类	0.956	0.231	1.104	0.438	0.105	0.609
I01	褐煤	0.876	0.138	0.95	0.366	0.04	0.514
J	沼气肥	6.231	1.167	4.455	0.283	0.113	0.136
J01	沼渣	12.924	1.828	9.886	0.109	0.019	0.088
J02	沼液	1.866	0.755	0.835	0.499	0.216	0.203

三、葡萄园科学使用化肥

每一个葡萄园的土壤，对于葡萄而言（其实对于任何农作物也一样）都不是完美的。比如葡萄需求镁和钙的量（属于中量营养元素）都比较高，与大量营养元素氮、磷、钾相当。当土壤中供应欠缺时或营养不平衡时，对应性地施入一些化肥，是提高作物质量和产量的必要手段。

虽然有机肥中含有各种营养元素，但是没有一种有机肥（对于某一种作物）补偿土壤的营养是完美的（即补偿的所有营养元素是平衡的、适量的），所以在施用有机肥的同时，需要施入一些对应性的化肥，以补充对应性欠缺的营养。

四、葡萄园适于多使用有机肥

通过相关项目对全国各主要葡萄产区及葡萄园的土壤检测，我国的葡萄园土壤有机质含量基本上是在1%左右，与生产优质葡萄要求的有机质含量3%～8%有巨大差距。所以，近几年甚至近几十年，葡萄园适宜尽量多地施用有机肥，在减少（甚至基本上替代）化肥使用的基础上，改善和优化葡萄园的土壤环境。

第五节 葡萄根域限制栽培技术

根域限制就是利用物理或生态的方式将葡萄的根系生长范围限制在一定的容积范围内，通过调控根系的生长环境因子、养分与水分供给状态来调节地上部枝叶生长、结实和果实品质形成的技术。

根域限制是上海交通大学历时 10 余年开发完善的一项突破"根深叶茂"传统栽培理论、应用前景广阔的前瞻性葡萄栽培新技术，具有肥水高效利用、果实品质显著提高、树体生长调控便利省力及低环境负荷等显著优点，在优质栽培、节水节肥栽培、有机栽培、盐碱滩涂利用、矿山迹地复垦、观光园建设等诸多方面有广阔的应用前景。特别在多雨和高地下水位地域的葡萄园应用更加有效，采用优质安全、种养结合、花园式观光栽培方式，能够建成景观优美、种（葡萄）养（禽畜）兼顾、生产观光结合、多种作物复合种植（葡萄草莓套种、葡萄菌菇套种、葡萄小麦套种）的花园式葡萄园，并显著提高品质、经营效益和果农收入。

一、根域限制的形式

葡萄的根域限制模式有垄式、沟槽式、箱框式和控根器等四种，具体特点如下。

（一）垄式

按照设计行距，用营养土在葡萄园堆积高度 30～40 cm、上部宽度 80～100 cm、下部宽度 120～150 cm 的垄，在垄上按照设定间距种植葡萄树，垄面布设 3～5 条（间距 20～25 cm）滴灌带供给营养液（图 8-7）。也可以堆积一定容积的土堆种植葡萄（图 8-8）。

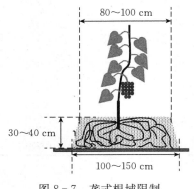

图 8-7　垄式根域限制　　　　　　　图 8-8　土堆式根域限制（段长青摄）

（二）沟槽式

按照设计行距，在葡萄园开宽度 100～150 cm、深 50 cm 的沟，沟底中间开深宽均为 10～15 cm 的小沟，两沟壁和沟底覆盖 0.08～0.15 mm 厚度（8～15 丝）的整幅塑料膜，在小沟内铺设排水管，然后填充营养土到沟内，并高出地面 20～30 cm，按照设计株距定植葡萄苗后，铺设 4～5 根滴灌带即可（滴灌带间距 20～25 cm），如图 8-9、图 8-10 所示。

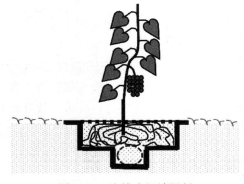

图 8-9　沟槽式根域限制　　　　　　图 8-10　沟槽式根域限制栽培葡萄树

（三）箱框式

利用木板钉制成框或砖头砌制成一定容积的栽培空间，填充营养土后种植葡萄树。填土高度40～50 cm，但木板高度要达到70～80 cm，即边框要高出营养土面20～30 cm，配置微喷头2～4个供给营养液和水（图8-11、图8-12）。

图8-11 箱框式根域限制阳光玫瑰葡萄树（单株40 m²）　　图8-12 砖池根域限制夏黑葡萄树（单株64 m²）

（四）控根器模式

用具有凸凹形状并在凸凹顶部有透气孔眼的硬质塑料膜围成圆形或椭圆形栽培空间，填充营养土后种植葡萄树（图8-13）。填土高度40～50 cm，但控根器高度要达到70～80 cm，即边框要高出营养土面20～30 cm。新栽葡萄树时，可以将树行深耕30～40 cm，控根器放置于深耕后的树行上，引导一部分根系进入土壤，水分管理比较容易（图8-14）。控根器的直径因树冠大小而定，大树冠的直径大、树冠大，需要的控根器直径也大，小树冠适当小一些（表8-4）。

图8-13 控根器模式根域限制栽培阳光玫瑰（左，广州2年生；右，南宁3年生）

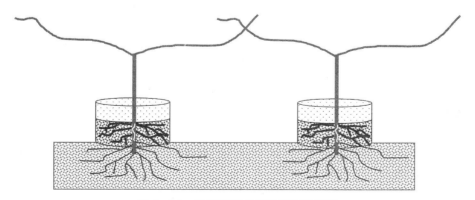

图8-14 控根器模式根域限制示意图

表 8-4　控根器模式根域限制的株行距与控根器的直径、供水微喷头数量

行距（m）	株距（m）	每 667 m² 株数	控根器直径（m）		0.8 m 宽控根器长度②（m）		喷头数③	大棚和设施类型及树形
			夏黑等①	阳光玫瑰等①	夏黑等	阳光玫瑰等		
2.50	2.0	133.2	0.87	1.07	3.14	3.76	1～2	各种大棚和设施、1 主蔓 T 形
2.50	4.0	66.6	1.24	1.51	4.28	5.16	2	
2.50	8.0	33.3	1.75	2.14	5.89	7.13	3～4	
2.50	10.0	26.6	1.95	2.39	6.54	7.92	3～4	
2.50	20.0	13.3	2.76	3.39	9.08	11.03	6～8	
2.66	2.0	125.2	0.90	1.10	3.23	3.87	1～2	8 m 跨度棚、1 主蔓 T 形
2.66	4.0	62.6	1.28	1.56	4.40	5.31	2	
2.66	8.0	31.3	1.80	2.21	6.06	7.34	3～4	
2.66	10.0	25.0	2.02	2.47	6.73	8.16	4～5	
2.66	20.0	12.5	2.85	3.49	9.35	11.37	6～8	
5.00	4.0	33.3	1.75	2.14	5.89	7.13	3～4	各种大棚和设施、2 主蔓 H 形
5.00	6.0	22.2	2.14	2.62	7.12	8.64	4～5	
5.00	8.0	16.7	2.47	3.03	8.16	9.91	6～7	
5.00	10.0	13.3	2.76	3.39	9.08	11.03	7～8	8 m 跨度棚、3 主蔓 "王"字形或 1 主蔓 T 形
8.00	2.0	41.6	1.56	1.91	5.31	6.42	2～3	
8.00	4.0	20.8	2.21	2.71	7.34	8.91	4～5	8 m 跨度棚、3 主蔓 "王"字形
8.00	6.0	13.9	2.71	3.32	8.90	10.82	6～8	
8.00	8.0	10.4	3.13	3.83	10.22	12.43	7～9	

① 夏黑等是指生长势强旺的品种、阳光玫瑰等是指肥水需求旺盛的品种。

② 控根器围制时端面重叠 20 cm。

③ 喷头数量应依据水压和喷头类型调整。

二、不同生态条件下的限域模式介绍

(一) 可露地越冬、多雨的南方栽培区

在降水 800 mm 以上的长江以南地区，土壤过高的含水量是影响葡萄品质、诱发裂果的重要原因。采用根域限制栽培，根系的吸水范围被严格限制在一个很小的范围中，通过叶片的蒸腾，可以及时将根域土壤的水分含量降低，是提高品质和克服裂果的有效措施。此类地区根域限制模式可采用垄式和沟槽式。

1. 沟槽式模式

采用沟槽式进行根域限制（图 8-9、图 8-10），要做好根域的排水工作。挖深 50 cm、宽 100～150 cm 的定植沟，在沟底再挖深、宽 15 cm 的排水暗渠，用 0.08～0.15 mm（8～15 丝）厚的塑料膜铺垫定植沟的侧壁底部及排水暗渠的底部与沟壁，隔绝根域与域外土壤的联系。排水暗渠内布设渗水管，并和两侧的主排水沟连通，保证积水能及时流畅地排出（图 8-15）。研究表明，沟槽式根域限制栽培，根域土壤水分变化相对较小，很少出现过渡胁迫的情况，葡萄新梢和

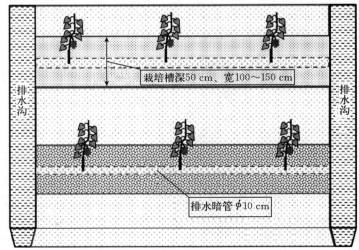

图 8-15　沟槽式根域限制栽培模式

叶片生长中庸健壮，果实品质好。

2. 垄式模式

多雨、无冻土层形成的南方地区，也可采用垄式栽培的方式（图 8-7）。这种方式的优点是操作简单，但根域土壤水分变化不稳定，生长容易衰弱。因此，必须配备良好的滴灌系统。

3. 垄槽结合模式

将根域的一部分置于沟槽内，一部分以垄的方式置于地上。一般以沟槽深度 20～30 cm，垄高 20～30 cm 为宜。沟垄规格因行距而异，行距 4～8 m 时，沟宽 100～150 cm，垄的下宽 100～150 cm，上宽 80～100 cm（图 8-16）。垄槽结合模式既有沟槽式的根域水分稳定、生长中庸、果实品质好的优点，又有垄式操作简单、排水良好的长处。

（二）可露地越冬的少雨栽培区

降水低于 800 mm、极端低温高于−15 ℃、可露地越冬的区域，地下水位较低，不能采用垄式根域限制栽培，宜采用沟槽式模式，但底部留出 30～40 cm 不铺设塑料膜（图 8-17）。

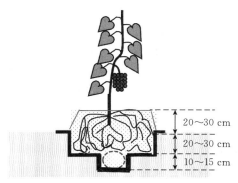

图 8-16　垄槽式根域限制　　　　图 8-17　干旱少雨区域根域限制模式

（三）北方干旱寒冷、沙漠戈壁地区

北方特别是西北干旱沙漠、戈壁地区，土壤漏水漏肥严重，采用根域限制不仅可以优质高产，而且可以减少肥水渗漏，节肥节水效果极其显著。但冬季不能露地越冬，需埋土防寒，同时冻土层厚，根系容易遭受冻害，故根域限制栽培时，必须采用贝达等抗寒砧木，采用不封底的沟槽式根域限制模式（图 8-17）。扦插苗建园时，要采用深沟沟槽式的根域限制模式，将根域置于地表下 30～40 cm 的土层以下。吐鲁番及类似地区的具体做法是：在地面开宽 120～150 cm、深 80～120 cm 的沟，填土 50～70 cm，其上的 30～50 cm 只掩埋沟壁塑料膜，留出深度 30～50 cm 的 U 形沟（图 8-18），冬初修剪后树体下架拢入用于冬季下架树体掩埋越冬，并使根系处于地表以下 30～50 cm 的土层中。

图 8-18　吐鲁番等埋土越冬区的深沟根域限制模式（左为种植前状况，右为种植成园后状况）

(四) 西北半干旱山地栽培区

甘肃天水等西北半干旱山区，年降水远远低于地面蒸发，而且有限的降水又会顺坡流失，不仅浪费了珍贵的降水，还带来了水土和养分营养的流失。通过根域限制，集中有限的降水到葡萄根域，是半干旱山地葡萄高产优质的重要途径。半干旱山地的根域限制栽培主要是集中雨水到根域范围内，并在根域内填入储水、保水能力强的材料，使一次降水可以长时间供给植株。适宜的模式是：在坡地沿等高线开宽 120 cm、深 80 cm 的栽植沟，在沟的两侧壁和底部覆以地膜，防止雨水渗入根域以外的土壤。但底部要留出宽度 30～50 cm 的部分不覆膜，使部分根系能伸入地下，遇到大旱灾年时吸收深层土壤水分，保证不致干枯死亡。填入土肥混合物 50 cm 深度后栽植葡萄树，留出 30 cm 深的沟用于蓄积雨水和冬季埋土防寒。为了蓄积更多雨水，在定植沟的内侧坡面覆盖一定宽度的地膜，可以蓄积更多雨水，等于增加了自然降水量。

(五) 盐碱滩涂地栽培区

盐碱滩涂的利用是一个非常困难的课题，传统的方式是用漫灌洗盐等工程措施，或栽培耐盐植物。工程措施投入极大，而耐盐植物的耐盐能力也是有限的，对于葡萄来说，种和品种间耐盐能力的差异是有限的，特别是优质品种，耐盐能力都较弱。采用根域限制方式既可避免耗资巨大的洗盐工程，又不受作物耐盐性的限制，是一项非常有效的技术。适宜应用模式如下：在盐碱地铺塑料膜，在其上放置控根器，用客土拌有机质制作的营养土填充控根器，将葡萄栽培在客土土壤的根域中，应用滴灌技术供给营养肥水，则可以完全保证葡萄树的生长和结果不受盐碱地的影响，实现高产优质栽培。

(六) 少土石质山坡地栽培区

在 20 世纪 70 年代，沙石峪曾经创造了"千里万担一亩田"的奇迹，但在目前的生产和经济条件下，这样的改造山河的工程是不现实的，而且利用方式也是不科学的。假设每 667 m² 地面上覆盖 50 cm 的土壤，每 667 m² 需要 333 m³ 客土。如果运用根域限制的技术进行葡萄栽培，每 667 m² 只需要 40～50 m³ 的客土，在 15%～20% 的地面上放置控根器或用乱石堆砌栽培根域即可，而且只要有少许平坦的地面堆砌根域，让树冠延伸分布到地形不适宜耕作的陡坡或凸凹不平的区域，可以大大提高荒山、陡坡的利用率，也可以生产出比平地品质更好的果实来。对土壤很少的石质山地可应用如下模式：在坡地的小面积平坦处，在下侧沿堆砌石块围成坑穴，内填客土和有机材料成根域（图 8-19）栽植葡萄即可。在没有灌溉条件的石质山坡地，根域内应多填充吸水能力强的有机质材料（如秸秆等），提高根域保水能力。

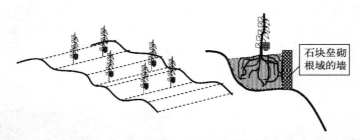

图 8-19 石质少土山地葡萄根域限制模式（左为坡地种植示意图，右为根域围砌示意图）

(七) 观光葡萄园中的根域限制模式

观光葡萄园的特点是游客要进入果园进行休闲游览，游客的踩踏会严重破坏土壤结构，采用根域限制的方式既可保证葡萄的根系处在一个良好土壤生长环境中，又可以留出足够的地面供游客活动（如休闲、漫步、餐饮、娱乐等）。适宜的栽培方式是沟槽式（图 8-10）、箱框式（图 8-11、图 8-20）。同时可以配合景观需求做一些美化构造，如庭院院栽培时，可以配箱框式根域限制模式美化环境（图 8-21）。也可用炭泥、沼渣或食用菌基质废料、秸秆、熏炭、稻糠等发酵物作为介质进行无土栽培，或适量拌土进行半无土栽培（基质有机质要达到20％以上，全氮含量达到2％以上）。

图8-20　上海交通大学金山基地葡萄园

图8-21　天津滨海新区观光葡萄园（葡萄树下架压在膜下）

三、根域限制栽培模式下合理确定根域容积及土壤基质调配

（一）根域容积选择

每平方米树冠投影面积0.06～0.08 m³，根域厚度40～50 cm。假设以株距2.5 m、行距8 m的间距（T形整枝）或株距4 m、行距5米的间距（H形整枝）栽植葡萄时，树冠投影面积是20 m²，根域容积应为1.2～1.6 m³。采用沟槽式模式根域限制种植时（图8-9、图8-10），做深50 cm、宽100～130 cm槽就可以满足葡萄树体生长和结实的要求（相当于葡萄树占地面积的12％～16％）。垄式栽培时，做底宽1.4～1.9 m、顶宽1.0～1.9 m、高0.4 m（有效容积1.2～1.6 m³）的垄也可以满足葡萄树体生长和结实的要求（相当于葡萄树占地面积的17.5％～23.8％）。砌方砖池或木板钉

图8-22　椭圆形控根器根域限制模式

制栽培池时，砌边长1.7～2.0 m（正方形）、高0.6 m（填土厚度0.4 m）也可以满足葡萄树体生长和结实的要求（相当于葡萄树占地面积的15.0％～20.0％）。采用控根器模式，围成直径1.75～2.02 m、高0.7～0.8 m（填土厚度0.5 m）也可以满足葡萄树体生长和结实的要求，为了便于管理，可以围制成椭圆形根域栽植（图8-22）。

（二）土壤基质调配

根域限制栽培主要通过大量的有机质投入，改善土壤结构，提高土壤通透性能。根据多年的实践，优质有机肥和土的混合比例为1∶（3～8）。有机质含氮高时，混土比例可达8份，有机质含氮量低时，混土比例可降至3份。例如有机肥〔由稻壳或菇渣或秸秆与畜禽类混合而成，稻壳或菇渣或秸秆与畜禽粪便的体积比为3∶（5～8）〕∶土（30％～50％沙）＝1∶（3～8）。有机质一定要和土完全混匀，切忌分层混肥（图8-23）。

图8-23　根域土壤有机质要混匀

四、根域土壤肥水管理

（一）肥水供给的指标

1. 新植幼树

定植后充分滴灌一次，保证根域内土壤能够被土壤充分润湿，一般滴灌30.0～45.0 m³/hm²。发芽

后至气温在 30 ℃以前，视气温高低每 2～4 d 滴灌一次，每次滴灌 22.5～30.0 m³/hm²。气温超过 35 ℃时，1～2 d 滴灌一次，每次滴灌 22.5～30.0 m³/hm²。7—8 月，不仅气温高，而且叶幕也达到了成龄园 50%以上，灌溉频率可加大到 2 次/d。施肥按照每周 2～3 次的频率供给，施肥量每公顷 22.5～30.0 t；每次使用含氮 80～100 mg/L 的全元素复合肥，施入根域。

2. 结果树

萌芽后每 5 d 一次，每次每公顷 30～45 kg 冲施肥（氮：磷：钾比例为 20：20：20），外加 15 kg 黄腐酸，将肥料溶入灌溉水滴入。随着树体营养面的扩大，补施速效肥的量可以渐次加大，但每公顷每次最大施肥量不能超过 45 kg，黄腐酸不超过 15 kg。配备施肥机的园区可以将肥料溶解到灌溉水中施入。具体指标为：硬核期前浇灌含氮（N）60～80 mg/L 的全价液肥，每周 2 次，每次浇灌的营养液量为每公顷 30.0～37.5 m³。硬核期后营养液浓度降低至 20～30 mg/L，施用量和施用次数不变（图 8-24）。营养液施用不方便时，可以采用腐熟豆饼等长效的高含氮有机肥，每公顷约 1 500～2 250 kg 即可，于萌芽前（避雨栽培在 3 月 20 日前后）和采收后分 2 次施入。

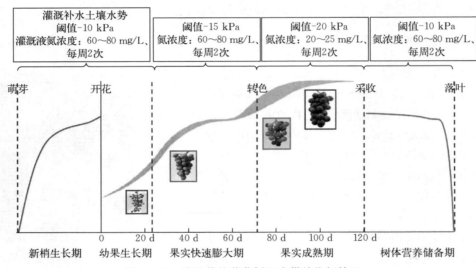

图 8-24　设施栽培葡萄树肥水供给指标管理

（二）肥水供给

因为根系只能从狭小的根域内吸收营养和水分，土壤水分下降快，一旦水分供给不及时，很容易缺水影响生长甚至焦叶。因此，根域限制栽培的葡萄树对肥水供给要求高，必须适时、足量、均匀供给肥水。供水不足或不均匀是几乎所有应用效果不好或失败的唯一原因。

1. 水肥供给基本原则

（1）准时、足量供给。为了保证适时供给肥水，必须安装控制水泵电源的定时器，能够准时开启或关闭水泵电源，通过水泵开启时间长短控制供给水量，保证足量供给。

（2）均匀供给。根域范围内供水尽量均匀，因此，需要增加滴管管条数或喷头数量，或改变喷水方式来保证灌溉水的均匀度。

2. 水肥供给方法

（1）沟槽式根域限制。根据沟面宽度布设滴灌带，滴灌带间距 30 cm 左右，大体上 100～150 cm 的沟宽，布设 4 条滴灌带（图 8-25）。

（2）垄式根域限制。同沟槽式根域限制，但滴灌带间距 25 cm 左右。

（3）箱框式或砖池式根域限制。可以多个微喷头供水（图 8-26）或喷洒式喷头供水（图 8-27）。

图 8-25　沟槽式根域限制的灌溉方式

图8-26 箱框式根域限制的灌溉方式　　图8-27 控根器模式根域限制的灌溉方式

（4）控根器模式根域限制。控根器为硬质塑料压制而成的，具有凹凸表面且凸面开有透气孔（φ3 mm左右），这种透气孔的存在，可以避免根系沿塑料膜壁绕圈生长，不能延长的根系会不断分生更多细根，提高根系吸收能力。由于靠近控根器的根域外围透气性好，根系会沿着控根器的外围分布，而由于控根器壁的透气孔眼的存在，根域外围更容易失水。因此，控根器模式根域限制的肥水供给，适宜喷灌的方式；喷头喷出的水分，除了湿润根域土壤外，部分水分会飞溅到控根器壁，流下湿润控根器壁侧的土壤，确保控根器全体被湿润，特别是根域外侧不缺水（图8-27、图8-28）。依据根域直径的不同，可以增加喷头水量，根域直径越大数量越多（表8-4）。

图8-28 大直径控根器可装2～4个微喷头

五、树形及新梢、花果管理

根域限制的树形、新梢及花果管理同常规栽培，请参考《葡萄健康栽培与病虫害防控》。

第六节　葡萄园化肥农药减施增效技术模式

一、葡萄化肥农药减施增效技术模式

项目专家组制定了四种葡萄化肥农药减施增效技术模式的通用模板。每一个葡萄示范园都能找到适宜自己的通用模板；通用模板中，每一项技术都是园主愿意采用、能够落实到田间的关键技术（简单、经济、实用），包括增施有机肥（每年每公顷葡萄使用30～75 t有机肥）、测土配方施肥（参考测土配方施肥建议，适当减少化肥使用量）、按照葡萄生育期营养需求施肥（水肥一体化或按照生育期需肥比例少量多次施用）、葡萄园废弃物还田利用技术（沤肥还田或直接还田）、葡萄病虫害规范化防控技术（年生长周期的病虫害综合防控）＋葡萄霜霉病和葡萄灰霉病抗药性检测与农药的精准选择技术（根据检测结果，选择没有抗性或抗性水平低的药剂）＋药械选型及喷雾质量改良技术（利用雾滴检测卡，改善雾滴质量和改善喷雾质量）＋矿物农药和植物源农药或微生物农药（矿物油乳剂、波尔多液或其他铜制剂、石硫合剂或硫黄制剂等）。

四种技术模式中，每一种都有其独特的土肥水管理或病虫害防控综合防控技术门类。新建葡萄园模式，对根域区域进行基部土壤改良，形成类似于根域限制的土肥水管理模式；对病虫害实施源头控制和预防技术。根域限制栽培技术，对根域实施管理，实现水肥的高效利用（实施水肥一体化）。设施栽培技术模式，都具有避雨效能，从而减少或抑制霜霉病、炭疽病、黑痘病等病害的发生与流行，大幅度减少了农药使用。没有以上三种特征的，被划归为第四种"通用技术模式"。

（一）技术模式 1：新建葡萄园模式

植物健康概念下的葡萄园建园＋局部土壤改良技术＋增施有机肥＋产量带走补偿施肥技术＋水肥一体化技术＋葡萄园有机废弃物还田技术＋葡萄病虫害规范化防控技术＋葡萄霜霉病和葡萄灰霉病抗药性检测与农药的精准选择技术＋药械选型及喷雾质量改良技术＋矿物农药和生物源农药的应用技术＋其他（避雨栽培技术＋葡萄套袋技术＋色板利用＋农药助剂的使用）。

（二）技术模式 2：根域限制栽培技术

葡萄根域限制的土壤改良技术＋增施有机肥＋产量带走补偿施肥技术＋水肥一体化技术＋葡萄园有机废弃物还田技术＋葡萄病虫害规范化防控技术＋葡萄霜霉病和葡萄灰霉病抗药性检测与农药的精准选择技术＋药械选型及喷雾质量改良技术＋矿物农药和生物源农药的应用技术＋其他（葡萄套袋技术＋色板利用＋农药助剂的使用）。

（三）技术模式 3：设施栽培技术模式

增施有机肥＋测土配方施肥＋按照葡萄生育期营养需求施肥＋葡萄园有机废弃物还田技术＋避雨栽培技术＋病虫害规范化防控技术＋葡萄灰霉病抗药性检测与农药的精准选择技术＋药械选型及喷雾质量改良技术＋矿物农药和生物源农药的利用技术＋其他（生物防治技术＋土壤改良剂或葡萄园土壤改良＋物理防治技术）。

（四）技术模式 4：通用技术模式

测土配方施肥＋增施有机肥＋按照葡萄生育期营养需求施肥＋葡萄园有机废弃物还田技术＋病虫害规范化防控技术＋葡萄霜霉病和葡萄灰霉病抗药性检测与农药的精准选择技术＋药械选型及喷雾质量改良技术＋矿物农药和生物源农药的应用技术＋其他（避雨栽培技术＋生物防治技术＋土壤改良剂或葡萄园土壤改良＋物理防治技术）。

二、葡萄化肥减施增效技术模式中各项关键技术的说明

（一）植物健康概念下的葡萄园建园

请见本章第二节内容。

（二）土壤局部改良技术

土壤局部改良技术是指根域限制栽培技术或对新建葡萄园根域区域的土壤通过使用有机肥、表土等进行调配。这些土壤基质调配至：pH6.5～7.0、土壤疏松（土壤容重在小于 1.20 g/m^3，在 1.1 g/m^3 左右）、有机质含量大于 3％（一般 5％左右）。

葡萄根域的土壤基质配制，需要根据葡萄园土壤检测结果，在相关资料（请参考本章第三节和第六节相关内容）基础上或专家指导下进行调配。

（三）增施有机肥

增施有机肥是指葡萄园之外的有机肥。当然也包括动物粪便、作物秸秆与葡萄园有机废弃物（修剪下的枝条、枯枝烂叶等）等混合沤制的有机肥，只计算葡萄园之外的投入量。葡萄园之外的有机肥每年每公顷投入量为 30～75 t，有条件的地区或葡萄园可以多施。

注：选择动物粪有机肥，不适宜选择含盐量高的。

（四）带走补偿施肥技术

通过土壤局部改良技术、葡萄园有机废弃物还田技术的实施，从葡萄园带走只是葡萄产品所含有的营养元素。按照葡萄产品带走的营养元素的量，在土壤局部改良区域进行补偿，以及适当补充有机肥，

以保持葡萄园根域土壤环境生态平衡，维护和优化葡萄园土壤环境。

根据葡萄品种测定的单位重量带走的营养量、单位面积产量，计算施入各种营养元素的肥料。带走补偿施肥量＝产量带走营养元素量－增施有机肥提供的营养元素的量。

每年需要施用的有机肥＋葡萄园有机废弃物还田技术形成的有机肥＋带走补偿施肥量，按照每株葡萄的架面面积，施入土壤局部改良区域。

（五）水肥一体化技术

请见第二章第一节内容。

（六）葡萄园有机废弃物还田技术

葡萄园废弃物还田利用技术有多种方式。第一种，把葡萄园修剪下的枝条、枯枝烂叶等，经粗略粉碎后沤制成有机肥，再施用到葡萄园；第二种，葡萄树修剪后使用设备旋耕，直接还田；第三种，把葡萄有机废弃物粉碎饲养动物或资源昆虫，动物粪便或虫粪还田。

（七）葡萄根域限制的土壤改良技术

对根域限制区域进行土壤改良。具体请参考本章第五节。

（八）测土配方施肥

根据葡萄园土壤养分状况测定结果，并参考测土配方施肥建议，结合当地施肥习惯，适当减少化肥使用量。详细资料请见第二章第四节。

（九）按照葡萄生育期营养需求施肥

按照葡萄各生育期的营养需求规律及消耗的营养种类和数量，分阶段施入。包括水肥一体化的施肥方式，没有使用水肥一体化设备的葡萄园可以采用按照生育期需求多次施入。

（十）葡萄园土壤改良

葡萄园土壤改良是指对整个葡萄园进行土壤改良，是葡萄园土壤环境优化的一部分。葡萄园土壤改良是一个长期的过程（相关做法及技术，请参考本章第三节）。

葡萄园土壤改良，调理 pH 是最重要的方面（酸性土壤：使用石灰或土壤调理剂、使用碱性肥料。碱性土壤：使用酸性肥料，比如硫酸钾、硫酸镁、硫酸锌等）。其次是提高土壤通透性，比如使用生物炭、草炭土、黄腐酸类肥料等，在增加有机质的同时改善土壤团粒结构和土壤通透性。

（十一）葡萄病虫害规范化防控技术

根据国家葡萄产业技术体系形成的规范化防控技术，各葡萄园进行调整后实施。规范化防控技术，是国家葡萄产业技术体系的成果，已被证实能减少农药使用 15％以上、药效提高 15％以上、效益提高 15％以上。

调整措施包括根据抗药性鉴定结果，对药剂进行精准选择和替代；根据天气状况，按照规范化防控技术中的说明，进行调整。

（十二）葡萄霜霉病和葡萄灰霉病抗药性检测与农药的精准选择技术

葡萄霜霉病抗药性检测：项目组 2018 年实施了葡萄霜霉病抗药性检测技术培训；项目参加人对自己负责的双减示范园每年进行霜霉病样本采集及霜霉病菌的抗药性检测，并根据检测结果指导示范园精准药剂选择。双减示范基地县，由示范基地县技术部门及相关单位进行病害样本采集，由中国农业科学院植物保护研究所负责对样本进行抗药性检测，当年的检测结果反馈给示范基地县，指导精准药剂选择。

葡萄灰霉病抗药性检测：每一个项目参加单位和项目参加人，负责自己的葡萄示范园和示范基地县的灰霉病病样的取样，并邮寄到中国农业科学院植物保护研究所进行抗药性检测，根据反馈的检测结果指导示范园和示范基地县的精准药剂选择。

通过对以上两种重大病害防控药剂的精准选择，减少农药的使用量。葡萄霜霉病和葡萄灰霉病样本采集和送样检测，请见本节后面的附录。

（十三）药械选型及喷雾质量改良技术

1. 适宜葡萄园的喷药机械选型与推荐

项目组对适宜葡萄园的喷药机械进行了选型。推荐选择更高效、靶标更精准的喷药机械，提高喷药靶标率和精准度，减少药液的使用量。

2. 喷雾质量改良技术

对于葡萄园使用现有喷雾机械进行喷药的，提供雾滴测试卡，对喷雾质量进行监测，作为判断是否更换喷片、喷头等及喷雾压力和行走速度的依据。

喷雾器喷出的雾滴要求比较细、均匀。如果雾滴测试卡上显示雾滴大小不均一，应首先考虑更换喷片再考虑更换喷头，更换喷片后雾滴大小均一，就不用更换喷头；如果更换喷片后雾滴质量没有改善或改善不大，再考虑更换喷头。

在一定的药液压力下，确定药械的行走速度，以保证喷雾质量。在喷雾器喷幅之内，设置 10～18 个雾滴测试卡，放置在喷幅之内各方面的着药点（包括距离喷雾机较近的和喷幅喷雾之内远的、冠层内部、叶片正面和反面等），保证每平方厘米 27 个雾滴以上，并且药液不能流失的状态，就是喷雾机械田间作业（在设定的药液压力下）的行走速度。

通过使用高效喷药机械及对旧喷雾机械的喷头和喷片进行改进或调换，改善药剂的喷洒质量，从而改善喷雾细度和靶标精准度，提高农药利用率和减少单位面积农药的药液使用量。

（十四）避雨栽培技术

采用冷棚或简单避雨技术栽培葡萄，从而减少因雨水引发或传播的重要葡萄病害的发生或流行，对霜霉病、炭疽病、黑痘病等病害有效。

因为我国大部分葡萄产区或地域，气候特点上是雨热同季，所以避雨抑制或阻止了葡萄上许多重要病害的发生或流行，这些病害一般都需要多次药剂防治才能控制，比如葡萄霜霉病发生危害区域一般需要喷施 3～10 次（不同区域、不同年份有区别）药剂、葡萄炭疽病发生危害区域一般需要 3～6 次药剂、葡萄黑痘病发生危害区域需要使用 3～5 次药剂，避雨栽培可以大幅度减少农药的使用次数和使用量。

需要指出和特别强调的是，避雨栽培是人为改变了葡萄生长的环境，在避雨栽培的生态条件下虽然减少或抑制了因雨水引发和传播的病虫害，但也有利于另一类群（雨水对其发生和危害有不利作用，避雨条件更适宜其发生和流行）病虫害的发生和危害，导致它们发生危害加重。也就是说，避雨栽培并不是对所有病虫害有抑制作用：对霜霉病、炭疽病、黑痘病等病害的发生有抑制或阻止作用，但对于白粉病、体型较小的害虫（比如叶蝉、短须螨、蓟马等）、曲霉类或腐霉类病菌引起的果实和枝蔓病害的发生和为害有利或有促进作用，而对于灰霉病、酸腐病、虎天牛等病虫害，避雨和露地栽培基本上没有区别。

避雨栽培，总体上是大幅度减少了病虫害的发生和危害。所抑制和阻止的病害，是葡萄主要病害，防治这些病害所需要的药剂占葡萄上所有病虫害防控药剂的 80% 左右，而避雨栽培生态条件下增加或危害加重的病虫害种类所增加使用的农药，只占葡萄上所有病虫害防控药剂的 20% 左右，所以避雨栽培技术一般可以减少一半以上的农药使用。由于病虫害发生危害的压力减小，葡萄的健康指数更高，生产优质葡萄更容易、更简单。

（十五）矿物农药及生物源农药的利用技术

使用纯天然的矿物农药和生物源农药代替（部分代替）化学农药，是化学农药减施增效的重要组成部分。矿物农药和生物源农药，也是有机食品生产中允许使用的农药种类。

我国已经在葡萄上取得登记的矿物农药及植物源农药包括硫制剂（石硫合剂、硫黄水分散粒剂等）、铜制剂（波尔多液、氢氧化铜、氧化亚铜等）、哈茨木霉菌、多抗菌素、蛇床子素、大黄素甲醚、木霉菌、井冈霉素、氨基寡糖素、丁子香酚、嘧啶核苷类抗菌素、S-诱抗素、赤霉酸、羟烯腺嘌呤、芸苔素内酯、苦参碱、苦皮藤素等。

注：有些药剂，比如：S-诱抗素、赤霉酸、羟烯腺嘌呤、芸苔素内酯等，既有自生物或生物产物提取的，也有合成的。

1. 矿物农药

硫制剂中石硫合剂和铜制剂，是在葡萄上首先使用的矿物农药，甚至被称为在葡萄上发明的农药，在世界范围内还在被广泛使用，是有机农业允许使用的农药。矿物油（机油）乳剂也是在国外发达国家可以使用在葡萄上的药剂，是有机农业可以使用的药剂。

2. 植物源农药

蛇床子素、大黄素甲醚、丁子香酚、苦参碱、苦皮藤素，是登记在葡萄上的植物源农药。植物源农药与化学农药比较一般药效较差，但大黄素甲醚防治葡萄白粉病与化学农药相当，甚至好于化学农药。植物源农药可以在病虫害压力较小时，尤其是在预防用药时代替化学农药。

大黄素甲醚可以作为防治葡萄白粉病的主打药剂，代替化学农药，化学农药作为配合大黄素甲醚（防止抗药性产生、轮换用药等）使用；蛇床子素、丁子香酚、苦参碱、苦皮藤素等，可以作为必须使用药剂进行防治但病虫害发生压力不大时，代替化学农药使用。

3. 微生物源农药及其他生物农药

除了植物源农药之外，微生物源农药是一大类群，其他的还有海洋生物的提取物等。对于刺激抗逆性的产生、调节植物生长等，具有独特的使用价值，对于代替化学农药使用而言意义不大。对于防治病虫害代替化学农药使用，虽然微生物源农药与化学农药比较一般药效较差，但可以在病虫害压力较小时，尤其是在预防用药时代替化学农药，在有机农业（有机葡萄）生产中，可以作为防治病虫害的重要手段。

（十六）生物防治技术

除了微生物源农药和植物源农药，在葡萄上可以使用（实用、有效、现阶段具有可操作性的）生物防治方法还有养鹅（除草）、养鸡（防治虎天牛、蝗虫、鳞翅目害虫等）、释放捕食螨（封闭环境中）防治蓟马和叶蝉等；生物化学产品，比如食诱剂、性诱剂、迷向等（防治绿盲蝽、白星花金龟、花翅小卷蛾）等。

注：花翅小卷蛾是我国检疫性害虫，目前在国内还没有发生，但随着"一带一路"贸易和交流的频繁具有很大的传入风险。性诱剂可以用于疫情监测和一旦传入的生态防控。

（十七）物理防治技术

除了避雨栽培和套袋栽培等之外，在葡萄上可以使用的物理防治方法还有光波利用（色板诱杀、灯光诱杀等）、温度利用（种苗种条消毒、病毒病脱毒技术）、辐射保鲜（优质葡萄产品出口消毒杀菌）等。

（十八）农药助剂的使用

在现有资料、试验基础或经验基础上，可以使用农药助剂，比如有机硅助剂等。使用助剂有增加展着、增加药效等作用，从而提高农药的利用率或提高防效，减少农药的使用。

（十九）葡萄套袋技术

葡萄套袋技术是病虫害的物理防治措施之一。因为果实套袋后阻止了病菌孢子等繁殖体降落到果实上、害虫的卵产在果实上，从而减少了套袋后因为果实病虫害的侵染和危害而使用的农药，对防治葡萄炭疽病、葡萄黑痘病、葡萄白粉病、葡萄黑腐病、葡萄上蛀食或果面为害的害虫等有效。果实套袋技术可以减少使用2～5次药剂（次数或种类）。

（二十）其他

不在以上关键技术之内，其他技术比如脱毒苗木的利用、以复合种植为主的生态调控技术、石灰树干涂白、覆盖园艺地布、种植绿肥、根域秸秆覆盖、沼肥沼渣利用、释放天敌昆虫、土壤调理剂的应用、腐殖酸的使用、生物炭的使用等，在一些区域都可以用于防治葡萄病虫害或改善葡萄园生态环境，也会对减少化肥农药的使用具有促进和支持作用。

三、葡萄园周年土肥水管理和病虫害综合防控

对于一个葡萄园，在病虫害种类调查、对葡萄土壤进行检测并具有推荐施肥建议的基础上，根据栽培模式，制定葡萄园年度工作管理规范，进行土肥水管理和病虫害防控。以中国农业科学院植物保护研究所位于山东博兴的葡萄示范园为例，介绍葡萄园周年土肥水管理及病虫害综合防控。

（一）葡萄园基本情况

1. 品种及种植情况

品种：阳光玫瑰。

种植情况：2019 年种植，形成树形及叶幕型。

架型及叶幕型：H 形架、飞鸟形＋平棚叶幕；每株架面面积 25 m²；棚边缘每株架面面积 12.5 m²。

栽培方式及关键技术：连栋冷棚式（50 m×50 m）避雨栽培技术；果实套袋技术；局部土壤改良技术；水肥一体化技术。

局部土壤改良：种植穴长×宽×深为 1.2 m×2 m×0.5 m；根域（种植穴）滴灌、水肥一体化、覆草＋覆盖园艺地布。

2. 葡萄园土壤

（1）土壤测试结果与测土施肥建议（表 8-5）。

表 8-5　山东博兴葡萄示范园土壤测试结果及施肥建议

项目	土壤测试结果	养分水平（低/中/高/很高）	每 667 m² 施肥建议 种类	每 667 m² 施肥建议 施量（kg）
有机质（OM）	0.73%	低		
铵态氮（NH₄-N）	0.0 mg/kg	低	氮（N）	14
硝态氮（NO₃-N）	87.3 mg/kg	高		
磷（P）	36.2 mg/kg	高	磷（P₂O₅）	4
钾（K）	85.7 mg/kg	低	钾（K₂O）	13
钙（Ca）	2 646.4 mg/kg	高	碳酸钙	0
镁（Mg）	413.1 mg/kg	高	硫酸镁	0
硫（S）	11.1 mg/kg	低	硫（S）	2.5
铁（Fe）	23.1 mg/kg	中	硫酸亚铁	1.0
铜（Cu）	1.1 mg/kg	中	硫酸铜	0.1
锰（Mn）	1.1 mg/kg	低	硫酸锰	2.0
锌（Zn）	3.0 mg/kg	中	硫酸锌	0.5
硼（B）	1.30 mg/kg	高	硼砂	0
酸碱度（pH）	8.2	碱性		
活性酸（AA）	0 cmol/kg		石灰	0
钙/镁（Ca/Mg）	6.4			
镁/钾（Mg/K）	4.8			

施肥建议的相关说明：

① 根据土壤测试结果和产量为 22 500 kg/hm² 推荐施肥建议，仅供参考。

② 施肥建议为年生长周期（每年一次结果）推荐施肥总量；氮、磷、钾肥料的施用量根据肥料养分百分含量和生育期需肥比例所需养分计算具体肥料用量。土壤硫偏低，建议钾肥施用硫酸钾（或者相应比例的硫基复合肥）。

③ 叶面喷施微量元素肥料是更经济有效的方式，锌、铁、锰、铜采用 0.2％～0.3％相应硫酸盐溶液在坐果期喷施，7～10 d 1 次，喷施 3～4 次；硼在开花前到坐果喷施 0.05％～0.1％硼酸钠溶液 2～3 次。

④ 硫酸亚铁中 Fe^{2+} 在土壤中容易被氧化为 Fe^{3+} 失去肥效，建议施用螯合铁或叶面喷施铁肥效果更好。

⑤ 按照葡萄不同生育期养分需求比例（图 2-5）施肥。注意不同品种、不同地区，其生育期长短和养分需求比例可能有所差异，请根据具体情况、资料或试验数据进行调整。

3. 病虫害种类及危害

重要病虫害种类（必须防治的）有白粉病、灰霉病、酸腐病、短须螨、绿盲蝽。有为害、需要进行监测，在必要时才进行防治的病虫害有斜纹夜蛾、桃蚜、烟蚜、铜绿丽金龟、霜霉病、曲霉病等。

（二）年度土肥水管理及病虫害综合防治

根据施肥量、施肥时期及病虫害规范化防治技术方案，制定年度工作计划，把每一个时期的具体工作（土肥水管理措施及病虫害防控措施）落实到葡萄园的日常管理，并根据葡萄园各阶段呈现的实际情况对措施进行调整（增加或调减）。

土肥水管理措施中，浇水的措施是指关键时期的浇水及需要与施肥进行结合的浇水，其他时间如根域区域土壤缺水时就应该补充水分（浇水，幼果生长期一般每天都进行一定时间的滴灌；其他时间 2～3 d 使用滴灌进行水分补充），只有在转色期后的成熟期进行水分控制。

各管理措施，按照生育期（萌芽期→开花前→谢花后→小幼果→套袋→转色期→成熟期→果实采收→采收后→落叶前→落叶期→休眠期）进行排列，如下：

1. 刻芽

伤流之前，刻芽。

2. 萌芽前的促萌水

葡萄进入伤流期之后浇水，主要是根域，浇透。浇水后，根域覆盖园艺地布（或覆盖稻壳等禾本科植物的碎屑）。

3. 涂芽

一般在延长枝或新栽植株上进行。在开始芽萌动（膨大）后、发芽前 20 d 左右，进行涂芽。50％单氰胺水剂 15～50 倍，涂抹除顶端 2 个芽之外的所有芽（需要发芽的芽）。

4. 清园和预防性药剂的使用

在萌芽期的最后时期（展叶前），使用硫制剂。使用 3～5 波美度石硫合剂，或者 80％硫黄干悬浮剂 300～600 倍液（展叶前 300 倍液、展叶后 600 倍液）。

5. 花序整形

在花序分离期之后、开花前进行花序整形，一般为留花序顶端（花序尖）4～5 cm。

6. 叶面肥

在花序整形后立即喷施。喷施"土之道、尿素、硫酸亚铁、硫酸锌、硫酸锰"的混合液。

7. 花前药剂

（1）药剂施用。发现第一个开花的花序开始配药、喷药。按照葡萄病虫害规范化防控技术进行，防治灰霉病、白粉病、穗轴褐枯病、绿盲蝽、短须螨、叶蝉和蓟马等。

（2）黄板诱杀。针对绿盲蝽，使用黄色黏板进行诱杀。每个冷棚（50 m×50 m）使用黄板量为 100 个。

8. 果穗处理

谢花后 2～3 d（必须准确时间），药剂处理小果穗。

9. 花后药剂

在果穗处理后，马上进行。如果花序处理时间跨度大，此次用药可以在果穗处理中间进行。按照葡萄病虫害规范化防控技术进行，防治灰霉病、白粉病、绿盲蝽、短须螨、叶蝉和蓟马等。

10. 果穗处理

属于第二次果穗处理，在花后 12～15 d 进行（参照果粒大小进行），处理后，取下标记。

11. 追肥

水肥一体化（灌溉系统）追肥。在第二次果穗处理后，马上进行浇水、施肥（同时进行）。

12. 保护小幼果的药剂使用

花后 20 d 左右。80％波尔多液 500 倍液。喷药结束后，马上进行果穗整形。

13. 果穗整形

按照每穗 60 粒（果粒稀疏程度见样本），进行果穗整形。

14. 叶面肥

在花序整形后立即喷施。也可以在果穗整形过程中喷施。时间上为花后 25 d 左右。喷施"土之道、尿素、硫酸亚铁、硫酸锌、硫酸锰"的混合液。

15. 套袋前药剂的使用

套袋前的药剂使用是套袋后果实保护的最后一道防线，应保证葡萄干干净净套袋。按照葡萄病虫害规范化防控技术进行，重点是防治危害果实的病虫害。

16. 套袋

药液干燥后，即可套袋。

17. 套袋后追肥

按照计划，施用促进果实生长的追肥。

18. 套袋后叶面肥＋农药

上次土壤追肥 10～15 d 后，施用一次叶面肥。喷施"土之道、尿素、硫酸镁、硫酸亚铁、硫酸锌、硫酸锰"的混合液。选择可以与叶面肥桶混的杀菌剂（主要针对叶片病害，比如白粉病）。

19. 套袋后叶面肥

上次叶面肥之后 10 d，再施用一次叶面肥。喷施"土之道、尿素、硫酸镁、硫酸亚铁、硫酸锌、硫酸锰、钼酸铵"的混合液。

20. 转色期病虫害防控

（1）使用药剂。在葡萄进入转色期，喷施一次药剂。药剂：波尔多液＋杀虫剂＋锌肥＋猛肥。

（2）诱杀醋蝇防治酸腐病。食诱剂＋蓝色黏板诱杀。每个冷棚（50 m×50 m）使用蓝板量为100 个。

21. 转色期追肥

按照计划施用氮磷钾复合肥。

22. 成熟期叶面追肥

上次追肥之后 10 d，施用一次叶面肥。喷施"土之道、尿素、硫酸镁、硫酸亚铁、硫酸锌、硫酸锰、钼酸铵"的混合液。

23. 采收后基肥施用

按照采收后施用肥料种类与量，与有机肥一起使用。有机肥的使用量为 30～70 t/hm²。

24. 浇水

与以上采果后的施用基肥连续进行：施用基肥之后，马上覆浇水。

25. 喷药

在落叶前 20 d 左右，使用 1 波美度石硫合剂，或 80％硫黄干悬浮剂 600 倍液，整园喷雾。

26. 喷药

落叶前 5 d 左右，使用 3～5 波美度石硫合剂，或 80％硫黄干悬浮剂 300 倍液，整园喷雾。

27. 冬季修剪

在落叶后至伤流前进行（一般在春节前后）。

附录 1　葡萄灰霉病样本采集与送样检测

一、采集数量

示范基地县（区域性产区）：50 份以上（样本采自 5 个或多于 5 个葡萄园）。

示范园：20 份以上（最少 10 份）。

二、样本的采集

在葡萄成熟期，选择好取样点之后，寻找灰霉病病果穗；可以在果实采收时，园主发现病果穗之后进行采集。

葡萄灰霉病部的取样：用小剪刀将发病果粒并带有明显灰色霉层的部位剪下来，并用 3～4 层卫生纸包裹住样品，将包裹了样品的纸包折放整齐，放入自封袋中。

三、标本包装

把同一个葡萄园的标本，放入同一个自封袋中。每个最外层的自封袋上标明采集地址及经纬度、采集日期、采集人。

四、样本的处理

将装有样品的自封袋，尽快用冰袋放入冰箱 4 ℃冷藏箱中，等待样本温度基本稳定在 4 ℃左右时（包括自封袋内部的样本），可以邮寄。每个最外层的自封袋上标明采集地址、采集日期、采集人（缺一不可）。

五、邮寄样品的包装

样本温度稳定后（包括自封袋内部温度），可以放入邮寄包装内；将样本紧密整齐地排放在泡沫箱内［如果不满，有多余空间，使用葡萄叶或其他填充物（降温后的）填满空间］，放上 1～2 个冰袋，封好后寄送。

六、样本的邮寄地址

北京市海淀区圆明园西路 2 号，中国农业科学院植物保护研究所旧科研楼 111 室，电话：010-62815926。

附录 2　葡萄霜霉病样本采集与送样检测

一、采集数量

每个示范基地县采集 50 份以上（样本采自 5 个或多于 5 个葡萄园）；每个示范园采集 10 份以上。

二、样品采集要求

尽量在葡萄霜霉菌发生普遍、喷洒农药进行防治之前采集；选择霉层新鲜的病样采集，以保证霜霉菌是活的，如图 8-29。

选择负责的葡萄示范园和示范基地县进行采样，每个取样地点采集 1 个样品，每个样品采集 2～3 片叶，放在一个牛皮纸信封中，标明采集地点，采集点之间间隔 50 m 以上，每

图 8-29　葡萄霜霉病样本

个示范基地县采集 50 份样本（或以上）。如发病普遍，尽量一次性将 50 份样本采集完毕进行邮寄（也可以根据具体情况，50 份样本可分 2～3 次采集完毕）。

三、邮寄样品的包装

样本采集，放入牛皮纸袋中，写好标签后，将样品放入 4 ℃冰箱中（冰箱的冷藏箱），待样本温度稳定后（包括信封内部温度），可以放入邮寄包装内；将样本紧密整齐地排放在泡沫箱内，放上 1～2 个冰袋，封好后寄送。

四、样本的邮寄地址

示范园的样品，邮寄给各项目参加人。示范基地县的样品，按照以下地址邮寄：北京市海淀区圆明园西路 2 号，中国农业科学院植物保护研究所旧科研楼 111 室，电话：010 -62815926。

化肥农药减施增效技术模式下的葡萄质量安全管理

第一节　葡萄质量安全限量标准研究

一、国内外葡萄农药残留限量标准

作为农产品，农药残留是影响葡萄质量安全的重要因素，也是影响我国葡萄出口的主要技术性贸易措施。国际农产品贸易中，欧盟、日本、美国凭借自身先进的科学技术和在农药残留限量管理及风险评估方面的先进经验，制定了详细的农药残留限量标准。国际食品法典委员会（CAC）在国际贸易中起到准绳作用，制定的农药残留限量标准对指导国际农产品贸易起到了积极推动作用。为了解国内外葡萄农药残留限量标准的情况，主要考虑以下国家/地区和国际组织：一是对国际农药残留限量标准有影响的国家或地区，如欧盟、日本、美国；二是与我国农产品及葡萄贸易比较频繁的国家，如澳大利亚、新西兰、韩国等；三是CAC。下文收集整理了相关国家/地区和国际组织的葡萄中农药残留限量标准，并进行了对比研究。

（一）我国葡萄农药残留限量标准及变化

我国葡萄的农药残留限量标准主要来源于《食品安全国家标准　食品中农药最大残留限量》（GB 2763），该标准于 2020 年 2 月 15 日正式实施，按照标准附录中的食品分类，其中关于葡萄的农药残留限量标准主要涉及葡萄、浆果类水果和葡萄干三大类。关于葡萄的农药残留限量标准见表 9-1，豁免制定食品中最大残留限量标准的农药名单见表 9-2。

表 9-1　GB 2763 中关于葡萄的农药最大残留限量标准

序号	农药中文名称	农药英文名称	功能	最大残留限量（mg/kg）	日容许摄入量（ADI）（mg/kg，bw）	食品类别/名称	是否登记或禁用
1	百菌清	chlorothalonil	杀菌剂	10	0.02	葡萄	登记
2	苯丁锡	fenbutatin oxide	杀螨剂	5	0.03	葡萄	
3	苯氟磺胺	dichlofluanid	杀菌剂	15	0.3	葡萄	
4	苯菌酮	metrafenone	杀菌剂	5[①]	0.3	葡萄	
5	苯醚甲环唑	difenoconazole	杀菌剂	0.5	0.01	葡萄	登记
6	苯嘧磺草胺	saflufenacil	除草剂	0.01[①]	0.05	葡萄	
7	苯霜灵	benalaxyl	杀菌剂	0.3	0.07	葡萄	
8	苯酰菌胺	zoxamide	杀菌剂	5	0.5	葡萄	
9	吡虫啉	imidacloprid	杀虫剂	1	0.06	葡萄	
10	吡唑醚菌酯	pyraclostrobin	杀菌剂	2	0.03	葡萄	登记
11	丙森锌	propineb	杀菌剂	5	0.007	葡萄	登记
12	草铵膦	glufosinate-ammonium	除草剂	0.1	0.01	葡萄	登记
13	虫酰肼	tebufenozide	杀虫剂	2	0.02	葡萄	

（续）

序号	农药中文名称	农药英文名称	功能	最大残留限量 （mg/kg）	日容许摄入量 （ADI） （mg/kg，bw）	食品类别/ 名称	是否登记 或禁用
14	代森铵	amobam	杀菌剂	5	0.03	葡萄	
15	代森联	metiram	杀菌剂	5	0.03	葡萄	登记
16	代森锰锌	mancozeb	杀菌剂	5	0.03	葡萄	登记
17	单氰胺	cyanamide	植物生长调节剂	0.05①	0.002	葡萄	登记
18	敌草腈	dichlobenil	除草剂	0.05①	0.01	葡萄	
19	敌螨普	dinocap	杀菌剂	0.5①	0.008	葡萄	
20	丁氟螨酯	cyflumetofen	杀螨剂	0.6	0.1	葡萄	
21	啶酰菌胺	boscalid	杀菌剂	5	0.04	葡萄	登记
22	啶氧菌酯	picoxystrobin	杀菌剂	1	0.09	葡萄	登记
23	毒死蜱	chlorpyrifos	杀虫剂	0.5	0.01	葡萄	禁用
24	多菌灵	carbendazim	杀菌剂	3	0.03	葡萄	复配登记
25	多抗霉素	polyoxins	杀菌剂	10①	10	葡萄	登记
26	多杀霉素	spinosad	杀虫剂	0.5①	0.02	葡萄	
27	噁唑菌酮	famoxadone	杀菌剂	5	0.006	葡萄	复配登记
28	二氰蒽醌	dithianon	杀菌剂	2①	0.01	葡萄	复配登记
29	粉唑醇	flutriafol	杀菌剂	0.8	0.01	葡萄	
30	呋虫胺	dinotefuran	杀虫剂	0.9	0.2	葡萄	
31	氟苯虫酰胺	flubendiamide	杀虫剂	2①	0.02	葡萄	
32	氟吡甲禾灵和高效 氟吡甲禾灵	haloxyfop – methyl and haloxyfop – P – methyl	除草剂	0.02①	0.000 7	葡萄	
33	氟吡菌胺	fluopicolide	杀菌剂	2①	0.08	葡萄	复配登记
34	氟吡菌酰胺	fluopyram	杀菌剂	2①	0.01	葡萄	复配登记
35	氟啶虫胺腈	sulfoxaflor	杀虫剂	2①	0.05	葡萄	登记
36	氟硅唑	flusilazole	杀菌剂	0.5	0.007	葡萄	登记
37	氟环唑	epoxiconazole	杀菌剂	0.5	0.02	葡萄	登记
38	氟菌唑	triflumizole	杀菌剂	3①	0.04	葡萄	登记
39	氟吗啉	flumorph	杀菌剂	5①	0.16	葡萄	复配登记
40	福美双	thiram	杀菌剂	5	0.01	葡萄	
41	福美锌	ziram	杀菌剂	5	0.003	葡萄	
42	腐霉利	procymidone	杀菌剂	5	0.1	葡萄	登记
43	咯菌腈	fludioxonil	杀菌剂	2	0.4	葡萄	登记
44	环酰菌胺	fenhexamid	杀菌剂	15①	0.2	葡萄	
45	己唑醇	hexaconazole	杀菌剂	0.1	0.005	葡萄	登记
46	甲氨基阿维菌 素苯甲酸盐	emamectin benzoate	杀虫剂	0.03	0.000 5	葡萄	
47	甲苯氟磺胺	tolylfluanid	杀菌剂	3	0.08	葡萄	
48	甲基硫菌灵	thiophanate – methyl	杀菌剂	3	0.09	葡萄	登记
49	甲霜灵和精甲霜灵	metalaxyl and metalaxyl – M	杀菌剂	1	0.08	葡萄	复配登记
50	甲氧虫酰肼	methoxyfenozide	杀虫剂	1	0.1	葡萄	
51	腈苯唑	fenbuconazole	杀菌剂	1	0.03	葡萄	
52	腈菌唑	myclobutanil	杀菌剂	1	0.03	葡萄	登记

（续）

序号	农药中文名称	农药英文名称	功能	最大残留限量（mg/kg）	日容许摄入量（ADI）（mg/kg，bw）	食品类别/名称	是否登记或禁用
53	克菌丹	captan	杀菌剂	5	0.1	葡萄	登记
54	喹啉铜	oxine – copper	杀菌剂	3①	0.02	葡萄	登记
55	喹氧灵	quinoxyfen	杀菌剂	2	0.2	葡萄	
56	联苯肼酯	bifenazate	杀螨剂	0.7	0.01	葡萄	
57	螺虫乙酯	spirotetramat	杀虫剂	2①	0.05	葡萄	
58	螺螨酯	spirodiclofen	杀螨剂	0.2	0.01	葡萄	
59	氯苯嘧啶醇	fenarimol	杀菌剂	0.3	0.01	葡萄	
60	氯吡脲	forchlorfenuron	植物生长调节剂	0.05	0.07	葡萄	登记
61	氯氰菊酯和高效氯氰菊酯	cypermethrin and beta – cypermethrin	杀虫剂	0.2	0.02	葡萄	
62	氯硝胺	dicloran	杀菌剂	7	0.01	葡萄	
63	马拉硫磷	malathion	杀虫剂	8	0.3	葡萄	
64	咪鲜胺和咪鲜胺锰盐	prochloraz and prochloraz – manganese chloride complex	杀菌剂	2	0.01	葡萄	登记
65	咪唑菌酮	fenamidone	杀菌剂	0.6	0.03	葡萄	
66	醚菊酯	etofenprox	杀虫剂	4	0.03	葡萄	
67	醚菌酯	kresoxim – methyl	杀菌剂	1	0.4	葡萄	登记
68	嘧菌环胺	cyprodinil	杀菌剂	20	0.03	葡萄	登记
69	嘧霉胺	pyrimethanil	杀菌剂	4	0.2	葡萄	登记
70	灭菌丹	folpet	杀菌剂	10	0.1	葡萄	
71	萘乙酸和萘乙酸钠	1 – naphthylacetic acid and sodium 1 – naphthalacitic acid	植物生长调节剂	0.1	0.15	葡萄	萘乙酸登记
72	氰霜唑	cyazofamid	杀菌剂	1①	0.2	葡萄	登记
73	噻苯隆	thidiazuron	植物生长调节剂	0.05	0.04	葡萄	登记
74	噻草酮	cycloxydim	除草剂	0.3①	0.07	葡萄	
75	噻虫胺	clothianidin	杀虫剂	0.7	0.1	葡萄	
76	噻菌灵	thiabendazole	杀菌剂	5	0.1	葡萄	登记
77	噻螨酮	hexythiazox	杀螨剂	1	0.03	葡萄	
78	噻嗪酮	buprofezin	杀虫剂	1	0.009	葡萄	
79	三环锡	cyhexatin	杀螨剂	0.3	0.003	葡萄	
80	三乙膦酸铝	fosetyl – aluminium	杀菌剂	10①	1	葡萄	登记
81	三唑醇	triadimenol	杀菌剂	0.3	0.03	葡萄	
82	三唑酮	triadimefon	杀菌剂	0.3	0.03	葡萄	
83	三唑锡	azocyclotin	杀螨剂	0.3	0.003	葡萄	
84	杀草强	amitrole	除草剂	0.05	0.002	葡萄	
85	双胍三辛烷基苯磺酸盐	iminoctadinetris （albesilate）	杀菌剂	1①	0.009	葡萄	登记
86	双炔酰菌胺	mandipropamid	杀菌剂	2①	0.2	葡萄	登记
87	霜霉威和霜霉威盐酸盐	propamocarb and propamocarb hydrochloride	杀菌剂	2	0.4	葡萄	霜霉威复配登记
88	霜脲氰	cymoxanil	杀菌剂	0.5	0.013	葡萄	登记

（续）

序号	农药中文名称	农药英文名称	功能	最大残留限量（mg/kg）	日容许摄入量（ADI）（mg/kg，bw）	食品类别/名称	是否登记或禁用
89	四螨嗪	clofentezine	杀螨剂	2	0.02	葡萄	
90	肟菌酯	trifloxystrobin	杀菌剂	3.0	0.04	葡萄	登记
91	戊菌唑	penconazole	杀菌剂	0.2	0.03	葡萄	登记
92	戊唑醇	tebuconazole	杀菌剂	2	0.03	葡萄	登记
93	烯酰吗啉	dimethomorph	杀菌剂	5	0.2	葡萄	登记
94	烯唑醇	diniconazole	杀菌剂	0.2	0.005	葡萄	登记
95	硝苯菌酯	meptyldinocap	杀菌剂	0.2①	0.02	葡萄	
96	溴螨酯	bromopropylate	杀螨剂	2	0.03	葡萄	
97	溴氰菊酯	deltamethrin	杀虫剂	0.2	0.01	葡萄	
98	亚胺硫磷	phosmet	杀虫剂	10	0.01	葡萄	
99	亚胺唑	imibenconazole	杀菌剂	3①	0.009 8	葡萄	登记
100	乙基多杀菌素	spinetoram	杀虫剂	0.3①	0.05	葡萄	
101	乙螨唑	etoxazole	杀螨剂	0.5	0.05	葡萄	
102	乙嘧酚磺酸酯	bupirimate	杀菌剂	0.5	0.05	葡萄	登记
103	乙烯利	ethephon	植物生长调节剂	1	0.05	葡萄	
104	异菌脲	iprodione	杀菌剂	10	0.06	葡萄	登记
105	抑霉唑	imazalil	杀菌剂	5	0.03	葡萄	登记
106	茚虫威	indoxacarb	杀虫剂	2	0.01	葡萄	
107	莠去津	atrazine	除草剂	0.05	0.02	葡萄	登记
108	唑螨酯	fenpyroximate	杀螨剂	0.1	0.01	葡萄	
109	唑嘧菌胺	ametoctradin	杀菌剂	2①	10	葡萄	复配登记
110	2，4-滴和2，4-滴钠盐	2，4-D and 2，4-D Na	除草剂	0.1	0.01	浆果和其他小型水果	
111	百草枯	paraquat	除草剂	0.01①	0.005	浆果和其他小型水果	禁用
112	倍硫磷	fenthion	杀虫剂	0.05	0.007	浆果和其他小型水果	
113	苯线磷	fenamiphos	杀虫剂	0.02	0.000 8	浆果和其他小型水果	禁用
114	草甘膦	glyphosate	除草剂	0.1	1	浆果和其他小型水果	
115	敌百虫	trichlorfon	杀虫剂	0.2	0.002	浆果和其他小型水果	
116	敌敌畏	dichlorvos	杀虫剂	0.2	0.004	浆果和其他小型水果	
117	地虫硫磷	fonofos	杀虫剂	0.01	0.002	浆果和其他小型水果	禁用
118	啶虫脒	acetamiprid	杀虫剂	2	0.07	浆果和其他小型水果	
119	对硫磷	parathion	杀虫剂	0.01	0.004	浆果和其他小型水果	禁用
120	氟虫腈	fipronil	杀虫剂	0.02	0.000 2	浆果和其他小型水果	禁用
121	甲胺磷	methamidophos	杀虫剂	0.05	0.004	浆果和其他小型水果	禁用
122	甲拌磷	phorate	杀虫剂	0.01	0.000 7	浆果和其他小型水果	禁用
123	甲基对硫磷	parathion - methyl	杀虫剂	0.02	0.003	浆果和其他小型水果	禁用
124	甲基硫环磷	phosfolan - methyl	杀虫剂	0.03①		浆果和其他小型水果	禁用
125	甲基异柳磷	isofenphos - methyl	杀虫剂	0.01①	0.003	浆果和其他小型水果	禁用
126	甲氰菊酯	fenpropathrin	杀虫剂	5	0.03	浆果和其他小型水果	
127	久效磷	monocrotophos	杀虫剂	0.03	0.000 6	浆果和其他小型水果	禁用
128	抗蚜威	pirimicarb	杀虫剂	1	0.02	浆果和其他小型水果	

（续）

序号	农药中文名称	农药英文名称	功能	最大残留限量（mg/kg）	日容许摄入量（ADI）（mg/kg，bw）	食品类别/名称	是否登记或禁用
129	克百威	carbofuran	杀虫剂	0.02	0.001	浆果和其他小型水果	禁用
130	磷胺	phosphamidon	杀虫剂	0.05	0.000 5	浆果和其他小型水果	禁用
131	硫环磷	phosfolan	杀虫剂	0.03	0.005	浆果和其他小型水果	禁用
132	硫线磷	cadusafos	杀虫剂	0.02	0.000 5	浆果和其他小型水果	禁用
133	氯虫苯甲酰胺	chlorantraniliprole	杀虫剂	1①	2	浆果和其他小型水果	
134	氯氟氰菊酯和高效氯氟氰菊酯	cyhalothrin and lambda-cyhalothrin	杀虫剂	0.2	0.02	浆果和其他小型水果	
135	氯菊酯	permethrin	杀虫剂	2	0.05	浆果和其他小型水果	
136	氯唑磷	isazofos	杀虫剂	0.01	0.000 05	浆果和其他小型水果	禁用
137	嘧菌酯	azoxystrobin	杀菌剂	5	0.2	浆果和其他小型水果	登记
138	灭多威	methomyl	杀虫剂	0.2	0.02	浆果和其他小型水果	禁用
139	灭线磷	ethoprophos	杀线虫剂	0.02	0.000 4	浆果和其他小型水果	禁用
140	内吸磷	demeton	杀虫/杀螨剂	0.02	0.000 04	浆果和其他小型水果	禁用
141	氰戊菊酯和S-氰戊菊酯	fenvalerate and esfenvalerate	杀虫剂	0.2	0.02	浆果和其他小型水果	氰戊菊酯禁用
142	噻虫啉	thiacloprid	杀虫剂	1	0.01	浆果和其他小型水果	
143	杀虫脒	chlordimeform	杀虫剂	0.01	0.001	浆果和其他小型水果	禁用
144	杀螟硫磷	fenitrothion	杀虫剂	0.5①	0.006	浆果和其他小型水果	
145	杀扑磷	methidathion	杀虫剂	0.05	0.001	浆果和其他小型水果	禁用
146	水胺硫磷	isocarbophos	杀虫剂	0.05	0.003	浆果和其他小型水果	禁用
147	特丁硫磷	terbufos	杀虫剂	0.01①	0.000 6	浆果和其他小型水果	禁用
148	涕灭威	aldicarb	杀虫剂	0.02	0.003	浆果和其他小型水果	禁用
149	硝磺草酮	mesotrione	除草剂	0.01	0.5	浆果和其他小型水果	
150	辛硫磷	phoxim	杀虫剂	0.05	0.004	浆果和其他小型水果	
151	溴氰虫酰胺	cyantraniliprole	杀虫剂	4①	0.03	浆果和其他小型水果	
152	氧乐果	omethoate	杀虫剂	0.02	0.000 3	浆果和其他小型水果	禁用
153	乙酰甲胺磷	acephate	杀虫剂	0.5	0.03	浆果和其他小型水果	禁用
154	蝇毒磷	coumaphos	杀虫剂	0.05	0.000 3	浆果和其他小型水果	禁用
155	治螟磷	sulfotep	杀虫剂	0.01	0.001	浆果和其他小型水果	禁用
156	艾氏剂	aldrin	杀虫剂	0.05	0.000 1	浆果和其他小型水果	禁用
157	滴滴涕	DDT	杀虫剂	0.05	0.01	浆果和其他小型水果	禁用
158	狄氏剂	dieldrin	杀虫剂	0.02	0.000 1	浆果和其他小型水果	禁用
159	毒杀芬	camphechlor	杀虫剂	0.05①	0.000 25	浆果和其他小型水果	禁用
160	六六六	HCH	杀虫剂	0.05	0.005	浆果和其他小型水果	禁用
161	氯丹	chlordane	杀虫剂	0.02	0.000 5	浆果和其他小型水果	
162	灭蚁灵	mirex	杀虫剂	0.01	0.000 2	浆果和其他小型水果	
163	七氯	heptachlor	杀虫剂	0.01	0.000 1	浆果和其他小型水果	
164	异狄氏剂	endrin	杀虫剂	0.05	0.000 2	浆果和其他小型水果	
165	保棉磷	azinphos-methyl	杀虫剂	1	0.03	水果	

① 该限量为临时限量。

表 9 – 2　GB 2763 豁免制定食品中最大残留限量标准的农药名单

序号	农药中文通用名称	农药英文通用名称	农药类别
1	苏云金杆菌	*Bacillus thuringiensis*	生物制剂
2	荧光假单胞菌	*Pseudomonas fluorescens*	生物制剂
3	枯草芽孢杆菌	*Bacillus subtilis*	生物制剂
4	蜡质芽孢杆菌	*Bacillus cereus*	生物制剂
5	地衣芽孢杆菌	*Bacillus lincheniformis*	生物制剂
6	短稳杆菌	*Empedobacter brevis*	生物制剂
7	多黏类芽孢杆菌	*Paenibacillus polymyza*	生物制剂
8	放射土壤杆菌	*Agrobacterium radibacter*	生物制剂
9	木霉菌	*Trichoderma* spp.	生物制剂
10	白僵菌	*Beauveria* spp.	生物制剂
11	淡紫拟青霉	*Paecilomyces lilacinus*	生物制剂
12	厚孢轮枝菌（厚垣轮枝孢菌）	*Verticillium chlamydosporium*	生物制剂
13	耳霉菌	*Conidioblous thromboides*	生物制剂
14	绿僵菌	*Metarhizium* spp.	生物制剂
15	寡雄腐霉菌	*Pythium oligandrum*	生物制剂
16	菜青虫颗粒体病毒	*Pieris rapae* granulosis virus（PrGV）	生物制剂
17	茶尺蠖核型多角体病毒	*Ectropis oblique* nuclear polyhedrosis virus（EoNPV）	生物制剂
18	松毛虫质型多角体病毒	*Dendrolimus punctatus* cytoplasmic polyhedrosis virus（DpCPV）	生物制剂
19	甜菜夜蛾核型多角体病毒	*Spodoptera exigua* nuclear polyhedrosis virus（SeNPV）	生物制剂
20	黏虫颗粒体病毒	*Pseudaletia unipuncta* granulosis virus（PuGV）	生物制剂
21	小菜蛾颗粒体病毒	*Plutella xylostella* granulosis virus（PxGV）	生物制剂
22	斜纹夜蛾核型多角体病毒	*Spodoptera litura* nuclear polyhedrosis virus（SlNPV）	生物制剂
23	棉铃虫核型多角体病毒	*Helicoverpa armigera* nuclear polyhedrosis virus（HaNPV）	生物制剂
24	苜蓿银纹夜蛾核型多角体病毒	*Autographa californica* nuclear polyhedrosis virus（AcNPV）	生物制剂
25	三十烷醇	triacontanol	生物制剂
26	地中海实蝇引诱剂	trimedlure	生物制剂
27	聚半乳糖醛酸酶	Polygalacturonase	生物制剂
28	超敏蛋白	harpin protein	生物制剂
29	S-诱抗素	（＋）– abscisic acid	生物制剂
30	香菇多糖	fungous proteoglycan	生物制剂
31	几丁聚糖	Chitosan	生物制剂
32	葡聚烯糖	Glucosan	生物制剂
33	氨基寡糖素	oligochitosac charins	生物制剂
34	解淀粉芽孢杆菌	*Bacillus amyloliquefaciens*	生物制剂
35	甲基营养型芽孢杆菌	*Bacillus methylotrophicus*	生物制剂
36	甘蓝夜蛾核型多角体病毒	*Mamestra brassicae* nuclear polyhedrosis virus（MbNPV）	生物制剂
37	极细链格孢激活蛋白	Plantactivatorprotein	生物制剂
38	蝗虫微孢子虫	Nosemalocustae	生物制剂
39	低聚糖素	Oligosaccharide	生物制剂
40	小盾壳霉	*Coniothyrium minitans*	生物制剂
41	Z-8-十二碳烯乙酯	Z-8 – dodecen-1 – ylacetate	生物制剂
42	E-8-十二碳烯乙酯	E-8 – dodecen-1 – ylacetate	生物制剂
43	Z-8-十二碳烯醇	Z-8 – dodecen-1 – ol	生物制剂
44	混合脂肪酸	Mixedfattyacids	生物制剂

1. 我国葡萄限量标准情况分析

根据 GB 2763 的食品分类，关于葡萄的限量标准有 70 项，关于浆果类水果的限量标准有 50 项，葡萄相关的限量标准共 120 项，涉及 136 种农药。结合我国的农药登记情况，我国葡萄农药登记和限量标准的制修订情况如下。

（1）登记和限量标准情况。我国在葡萄上登记的农药单剂及复配制剂中，有限量标准规定的农药有 40 种。

（2）已经在葡萄上登记并制定了限量标准的农药，共有 40 种。这部分农药的限量标准相对比较宽松，氯吡脲的限量标准为 0.05 mg/kg，噻苯隆的临时限量标准为 0.05 mg/kg，其余农药的限量标准都在 0.1 mg/kg 以上。

（3）浆果和其他小型水果或葡萄上禁用的农药 35 种，这部分农药的限量标准比较严格，一般设置在 0.01 mg/kg、0.02 mg/kg、0.03 mg/kg 或 0.05 mg/kg。

（4）没有登记、不属于禁用但有限量标准的农药，有 53 种。这部分农药的限量标准有的比较宽松，有的严格。杀草强、氯丹、氰胺、异狄氏剂、倍硫磷、氟吡甲禾灵、七氯、杀扑磷、灭蚁灵、氧乐果、辛硫磷的限量标准比较严格，在 0.1 mg/kg 以下，其余则比较宽松。

2. 我国葡萄干限量标准情况分析

根据 GB 2763 的食品分类，关于葡萄干的农药残留限量标准有 21 项，大部分限量规定较为宽松，除了磷化氢的限量为 0.01 mg/kg，硫酰氟的临时限量为 0.06 mg/kg，氯苯嘧啶醇、氯氟氰菊酯和高效氯氟氰菊酯、氯氰菊酯和高效氯氰菊酯、戊菌唑、增效醚的限量在 0.1～1 mg/kg，其余 14 种农药残留限量均在 1 mg/kg 及以上。

3. 我国葡萄限量标准的宽严情况

为了解我国葡萄农残限量标准的宽严情况，对我国葡萄的限量标准进行了分类对比，具体见表 9-3。我国葡萄限量标准范围占比最大的是大于 1 mg/kg 的限量指标，有 60 项，占比为 36.3%。限量标准 0.01 mg/kg 及以下的限量指标，有 13 项，占比为 7.9%。

表 9-3 我国葡萄限量标准分类

序号	限量范围	数量	比例（%）
1	≤0.01 mg/kg	13	7.9
2	0.01～0.1 mg/kg（包括 0.1 mg/kg）	40	24.2
3	0.1～1 mg/kg（包括 1 mg/kg）	52	31.5
4	>1 mg/kg	60	36.3

与 2016 年标准比较，2019 年农药残留限量标准增加了 45 种产品的限量标准，包括代森铵、莠去津、乙嘧酚磺酸酯、噻嗪酮、毒死蜱、溴氰虫酰胺、噻草酮、丁氟螨酯、敌草腈、呋虫胺、二氰蒽醌、甲氨基阿维菌素苯甲酸盐、醚菊酯、乙螨唑、噁唑菌酮、唑螨酯、氟苯虫酰胺、咯菌腈、氟吡菌胺、氟吡菌酰胺、粉唑醇、抑霉唑、吡虫啉、茚虫威、醚菌酯、硝苯菌酯、硝磺草酮、甲氧虫酰肼、苯菌酮、喹啉铜、啶氧菌酯、多抗霉素、苯嘧磺草胺、乙基多杀菌素、螺螨酯、氟啶虫胺腈、福美双、三唑酮、三唑醇、肟菌酯、氟菌唑和福美锌等。

4. 我国香港地区的农药残留限量标准

（1）农药残留限量标准。我国香港对于农药残留限量的规定主要包含在《食物内除害剂残余规例》（第 132CM 章）。我国香港目前规定了 148 项葡萄的农药最大残留限量标准，首先按照标准的宽严程度进行了分类，具体见表 9-4。根据表 9-4 的分析，香港对于葡萄农药残留限量标准的规定，限量标准在 0.01 mg/kg 以下的为 10 项，占标准总数的 6.8%；限量标准为 0.01～0.1 mg/kg 的有 26 项，占标准总数的 17.6%；限量标准在 0.1～1 mg/kg 的有 54 项，占标准总数的 36.5%；限量标准大于 1 mg/kg 的有 58 项，占标准总数的 39.2%。

表 9-4　我国香港葡萄限量标准分类

序号	限量范围	数量	比例（%）
1	≤0.01 mg/kg	10	6.8
2	0.01~0.1 mg/kg（包括 0.1 mg/kg）	26	17.6
3	0.1~1 mg/kg（包括 1 mg/kg）	54	36.5
4	>1 mg/kg	58	39.2

（2）豁免物质。我国香港豁免农药残留名单主要有无机化合物 10 个、有机化合物 23 个、昆虫信息素 6 个、植物源农药 15 个、微生物 23 个（其中细菌 6 个、真菌 12 个、原生动物 1 个、病毒 4 个），共计 77 个。

5. 我国台湾地区的农药残留限量

我国台湾农药残留限量标准收录在食药署发布的《农药残留容许量标准》中，其中关于葡萄的农药残留限量标准共 54 项。限量标准的宽严情况见表 9-5。

表 9-5　我国台湾葡萄限量标准分类

序号	限量范围	数量	比例（%）
1	≤0.01 mg/kg	2	3.7
2	0.01~0.1 mg/kg（包括 0.1 mg/kg）	3	5.6
3	0.1~1 mg/kg（包括 1 mg/kg）	23	42.6
4	>1 mg/kg	26	48.1

（二）国际食品法典委员会（CAC）葡萄农药残留限量标准

作为国际贸易准绳作用的 CAC，目前规定了 98 项葡萄的农药最大残留限量标准。按照标准的宽严程度进行分类，具体见表 9-6。

表 9-6　CAC 葡萄限量标准分类

序号	限量范围	数量	比例（%）
1	≤0.01 mg/kg	3	3.1
2	0.01~0.1 mg/kg（包括 0.1 mg/kg）	7	7.1
3	0.1~1 mg/kg（包括 1 mg/kg）	45	45.9
4	>1 mg/kg	43	43.9

与 CAC 标准相比，我国 GB 2763 关于葡萄的限量标准中，与 CAC 均有限量标准的有 56 项。其中最大残留限量标准一致的农药有 38 种，我国限量标准比 CAC 宽松的有 8 个，比 CAC 严格的有 10 个。我国标准与 CAC 标准有重复的农药品种比较多，但在限量规定方面的一致性比较低。我国与 CAC 葡萄农药残留限量标准的对比见表 9-7。

表 9-7　中国与 CAC 葡萄农药残留限量标准对比

中国农残限量总数	CAC 农残限量总数	仅中国有规定的农药数量	中国、CAC 均有规定的农药数量	仅 CAC 有规定的农药数量	中国、CAC 均有规定的农药		
					比 CAC 严格的农药数量	与 CAC 一致的农药数量	比 CAC 宽松的农药数量
120	98	64	56	42	10	38	8

（三）欧盟葡萄农药残留限量标准

欧盟对于葡萄的农药残留限量主要按照鲜食葡萄和酿酒葡萄进行了划分，鲜食葡萄的农药残留限量标准有 469 项，酿酒葡萄有 471 项。

1. 欧盟鲜食葡萄限量标准情况

根据欧盟官方网站的检索信息，2017 年 2 月欧盟规定了 469 项葡萄的农药最大残留限量标准。按照标准的宽严程度进行了分类，具体见表 9-8。

表 9-8 欧盟葡萄限量标准分类

序号	限量范围	数量	比例（%）
1	≤0.01 mg/kg	215	45.8
2	0.01～0.1 mg/kg（包括 0.1 mg/kg）	138	29.4
3	0.1～1 mg/kg（包括 1 mg/kg）	73	15.5
4	>1 mg/kg	43	9.16

与欧盟标准相比，我国 GB 2763 关于葡萄的限量标准中，与欧盟均有限量标准的有 95 项。其中最大残留限量标准一致的农药有 24 种。我国限量标准比欧盟宽松的有 56 个，比欧盟严格的有 15 个。我国标准与欧盟标准有重复的农药品种比较多，但在限量规定方面的一致性比较低（表 9-9）。

表 9-9 中国与欧盟葡萄农药残留限量标准对比

中国农残限量总数	欧盟农残限量总数	仅中国有规定的农药数量	中、欧均有规定的农药数量	仅欧盟有规定的农药数量	中、欧均有规定的农药		
					比欧盟严格的农药数量	与欧盟一致的农药数量	比欧盟宽松的农药数量
120	469	25	95	374	15	24	56

2. 欧盟酿酒葡萄限量标准

根据欧盟官方网站的检索信息，2017 年 2 月欧盟规定了 471 项酿酒葡萄的农药最大残留限量标准。按照标准的宽严程度进行了分类，具体见表 9-10。

欧盟鲜食葡萄和酿酒葡萄比较，有区别的农药主要有 31 种，总体而言，鲜食葡萄的限量标准比酿酒葡萄的限量标准要严格，严格的品种有 19 项（表 9-11）。

表 9-10 欧盟酿酒葡萄限量标准分类

序号	限量范围	数量	比例（%）
1	≤0.01 mg/kg	215	45.6
2	0.01～0.1 mg/kg（包括 0.1 mg/kg）	131	27.8
3	0.1～1 mg/kg（包括 1 mg/kg）	75	15.9
4	>1 mg/kg	50	10.7

表 9-11 欧盟鲜食葡萄与酿酒葡萄有差异的农药残留限量

序号	药品英文名	药品中文名	限量标准（mg/kg）	
			鲜食葡萄	酿酒葡萄
1	azocyclotin and cyhexatin（sum of azocyclotin and cyhexatin expressed as cyhexatin）	三唑锡和三环锡	0.01	0.3
2	captan（sum of captan and thpi, expressed as captan）（r）（a）	克菌丹	0.03	0.02
3	carbendazim and benomyl（sum of benomyl and carbendazim expressed as carbendazim）（r）	多菌灵和苯菌灵	0.3	0.5
4	chlordecone（f）	十氯酮	0.02	0.01
5	chlorpyrifos（f）	毒死蜱	0.01	0.5
6	clethodim（sum of sethoxydim and clethodim including degradation products calculated as sethoxydim）	烯草酮	1	0.5

（续）

序号	药品英文名	药品中文名	限量标准（mg/kg）	
			鲜食葡萄	酿酒葡萄
7	clofentezine（r）	四螨嗪	0.02	1
8	cyantraniliprole	氰虫酰胺	—	1.5
9	diethofencarb	乙霉威	0.01	0.9
10	ethephon	乙烯利	1	2
11	fenpyroximate（f）	唑螨酯	0.3	2
12	fluazinam（f）	氟啶胺	0.05	3
13	fludioxonil（f）（r）	咯菌腈	5	4
14	flufenoxuron（f）	氟虫脲	1	2
15	fluquinconazole（f）	氟喹唑	0.1	0.5
16	flutriafol	粉唑醇	0.8	1.5
17	fluvalinate	氟胺氰菊酯	1	—
18	folpet（sum of folpet and phtalimide，expressed as folpet）（r）	灭菌丹	6	20
19	isofetamid	琥珀酸脱氢酶抑制剂类杀菌剂	—	4
20	metalaxyl and metalaxyl－m［metalaxyl including other mixtures of constituent isomers including metalaxyl－m（sum of isomers）］	甲霜灵和精甲霜灵	2	1
21	methomyl and thiodicarb（sum of methomyl and thiodicarb expressed as methomyl）	灭多威和硫双威	0.02	0.5
22	pyraclostrobin（f）	吡唑醚菌酯	1	2
23	pyridaben（f）	哒螨灵	0.5	1
24	pyriofenone	杀菌剂	0.9	2
25	simazine	西玛津	0.2	1
26	spirodiclofen（f）	螺螨酯	2	0.2
27	spiroxamine（sum of isomers）（a）（r）	螺环菌胺	0.6	0.5
28	sulfoxaflor（sum of isomers）	氟啶虫胺腈	2	0.01
29	tau－fluvalinate（f）	氟胺氰菊酯	—	1
30	thiophanate－methyl（r）	甲基硫菌灵	0.1	3
31	thiram（expressed as thiram）	二硫四甲秋兰姆	0.1	3

3. 欧盟豁免物质清单

欧盟对于农药残留限量管理多以法规和指令的形式颁布，对于农药授权的法规主要是91/414/EEC指令。2005年，欧盟发布了396/2005法规，建立了植物和动物源性产品和饲料中统一的农药残留限量管理的框架。该法规规定了不需要设定最大残留限量的物质清单，共有8种。

① 苯甲酸（benzoic acid）；

② 磷酸铁（ferric phosphate）；

③ 海带多糖（laminarin）；

④ 白粉寄生孢，菌株 AQ10（*Ampelomyces quisqualis*，strain AQ10）；

⑤ 盾壳霉，菌株 CON/M/91－08（DSM 9660）［*Coniothyrium minitans*，strain CON/M/91－08（DSM 9660）］；

⑥ 链孢黏帚霉，菌株 J1446（*Gliocladium catenulatum*，strain J1446）；

⑦ 针假单胞菌，菌株 MA342（*Pseudomonas chlororaphis*，strain MA342）；

⑧ 玫烟色拟青霉，菌株 97（*Paecilomyces fumosoroseus apopka*，strain 97）。

4. 欧盟禁止使用农药清单

欧盟根据企业提供的资料和风险评估确定禁止使用的农药，并通过法规发布，目前欧盟已经对超过675种农药及活性成分停止授权。

（四）美国葡萄农药残留限量标准

1. 美国葡萄限量标准情况

美国是农产品生产大国，对于农药残留限量的规定主要包含在联邦法规 CFR 40 环境保护第 180 节，化学农药在食品中的残留限量与容许限量。美国目前规定了 93 项葡萄的农药最大残留限量标准，按照标准的宽严程度进行了分类，具体见表 9-12。

表 9-12 美国葡萄限量标准分类

序号	限量范围	数量	比例（%）
1	≤0.01 mg/kg	9	9.6
2	0.01~0.1 mg/kg（包括 0.1 mg/kg）	19	20.4
3	0.1~1 mg/kg（包括 1 mg/kg）	21	22.5
4	>1 mg/kg	44	47.5

与美国标准相比，我国 GB 2763 关于葡萄的限量标准中，与美国均有限量标准的有 29 项。其中最大残留限量标准一致的农药有 6 种，分别是腈苯唑（1 mg/kg）、苯丁锡（5 mg/kg）、马拉硫磷（8 mg/kg）、代森锰锌（5 mg/kg）、腈菌唑（1 mg/kg）、亚胺硫磷（10 mg/kg）。我国限量标准比美国宽松的有 4 个，比美国严格的有 19 个。我国标准与美国标准有重复的农药品种比较多，但在限量规定方面的一致性比较低（表 9-13）。

表 9-13 中国与美国葡萄农药残留限量标准对比

中国农残限量总数	美国农残限量总数	仅中国有规定的农药数量	中、美均有规定的农药数量	仅美国有规定的农药数量	中、美均有规定的农药 比美国严格的农药数量	中、美均有规定的农药 与美国一致的农药数量	中、美均有规定的农药 比美国宽松的农药数量
120	93	91	29	64	19	6	4

2. 美国豁免物质情况

美国联邦法规第 40 章第 180.2 节（40CFR 180.2）列明了美国的豁免物质。美国公布更新的"获豁免物质"列表上，按其性质归类可分为 14 大项，包括生物制剂农药、微生物菌体农药、昆虫性引诱剂和信息素、植物生长激素、植物源性农药、植物提取物、食品添加剂、无机化合物和有机化合物及其他一些农用化学品等共计 165 种物质。

（五）澳大利亚和新西兰葡萄农药残留限量标准

1. 澳大利亚和新西兰葡萄限量标准情况

澳大利亚和新西兰均是农产品生产大国，对于农药残留限量的规定主要包含在澳新食品标准局颁布的《澳新食品标准法典》中，包括了化学农药在食品中的残留限量与容许限量。澳大利亚和新西兰目前规定了 113 项葡萄的农药最大残留限量标准，按照标准的宽严程度进行了分类，具体见表 9-14。

表 9-14 澳大利亚和新西兰葡萄限量标准分类

序号	限量范围	数量	比例（%）
1	≤0.01 mg/kg	8	7.1
2	0.01~0.1 mg/kg（包括 0.1 mg/kg）	22	19.5
3	0.1~1 mg/kg（包括 1 mg/kg）	32	28.3
4	>1 mg/kg	51	45.1

与澳大利亚和新西兰标准相比，我国 GB 2763 关于葡萄的限量标准中，与澳大利亚和新西兰均有限量标准的有 16 项。其中最大残留限量标准一致的农药有 16 种。我国限量标准比澳大利亚和新西兰宽

松的有 16 个，比澳大利亚和新西兰严格的有 18 个。我国标准与澳大利亚和新西兰标准有重复的农药品种比较多，但限量规定方面的一致性比较低（表 9-15）。

表 9-15　中国与澳大利亚和新西兰（表中简称"澳新"）葡萄农药残留限量标准对比

中国农残限量总数	澳新农残限量总数	仅中国有规定的农药数量	中国、澳新均有规定的农药数量	仅澳新有规定的农药数量	中国、澳新均有规定的农药		
					比澳新严格的农药数量	与澳新一致的农药数量	比澳新宽松的农药数量
120	113	70	50	63	18	16	16

2. 酿酒葡萄

《澳新食品法典标准》中，除了 113 项鲜食葡萄的限量标准外，还特别规定了 4 种农药在酿酒葡萄中的限量标准，见表 9-16。

表 9-16　澳大利亚和新西兰酿酒葡萄限量标准

序号	农药英文名	农药名称	限量（mg/kg）
1	fipronil	氟虫腈	0.01
2	fluazinam	氟啶胺	0.05
3	procymidone	腐霉利	2（T）
4	sulfoxaflor	氟啶虫胺腈	0.01

（六）日本葡萄农药残留限量标准

1. 日本葡萄限量标准情况

根据日本厚生劳动省网站公布的"肯定列表"制度的数据，日本对于葡萄农药残留限量标准的规定共 312 项。限量标准在 0.01 mg/kg 以下的为 15 项，占标准总数的 4.8%；限量标准为 0.01～0.1 mg/kg 的有 96 项，占标准总数的 30.8%；限量标准在 0.1～1 mg/kg 的有 88 项，占标准总数的 28.2%；限量标准大于 1 mg/kg 的有 113 项，占标准总数的 36.2%（表 9-17）。

与日本标准相比，我国 GB 2763 关于葡萄的限量标准中，与日本均有限量标准的有 87 项。其中最大残留限量标准一致的农药有 26 种。我国限量标准比日本宽松的有 15 个，比日本严格的有 46 个。我国标准相对于日本标准规定的农药较少，大约只有日本的 2/5。我国标准与日本标准有重复的农药品种比较多，但在限量规定方面多数都要比日本规定的限量更低（表 9-18）。

表 9-17　日本葡萄限量标准分类

序号	限量范围	数量	比例（%）
1	≤0.01 mg/kg	15	4.8
2	0.01～0.1 mg/kg（包括 0.1 mg/kg）	96	30.8
3	0.1～1 mg/kg（包括 1 mg/kg）	88	28.2
4	>1 mg/kg	113	36.2

表 9-18　中国与日本葡萄农药残留限量标准对比

中国农残限量总数	日本农残限量总数	仅中国有规定的农药数量	中、日均有规定的农药数量	仅日本有规定的农药数量	中国、日本均有规定的农药		
					比日本严格的农药数量	与日本一致的农药数量	比日本宽松的农药数量
120	312	33	87	225	46	26	15

2. 豁免物质

日本"肯定列表"制度颁布之初，就确定了豁免物质名单。豁免物质是指那些在一定残留量水平下不会对人体健康造成不利影响的农业化学品。这包括那些来源于母体化合物但发生了化学变化所产生的化合物。在指定豁免物质时，健康、劳动与福利部主要考虑如下因素：日本的评估、FAO/WHO 食品添加剂联合专家委员会（JECFA）和 FAO/WHO 杀虫剂残留联合专家委员会（JMPR）评估、基于《农药取缔法》的评估及其他国家和地区（澳大利亚、美国）的评估（相当于 JECFA 采用的科学评估）。日本"肯定列表"制度共包括了 10 大类 65 类物质（表 9 - 19）。

表 9 - 19　日本"豁免物质"清单

序号	类　型	药品中文名
1	氨基酸 9 种	丙氨酸、精氨酸、丝氨酸、甘氨酸、酪氨酸、缬氨酸、蛋氨酸、组氨酸、亮氨酸
2	维生素 14 种	β 胡萝卜素、维生素 D_2、维生素 C、维生素 B_{12}、维生素 B_1、维生素 B_2、维生素 B_3、维生素 B_5、维生素 E、维生素 H、维生素 B_6、维生素 K_3、维生素 B_9、维生素 A
3	微量元素、矿物质 13 种	锌、铵、硫、氯、钾、钙、硅、硒、铁、铜、钡、镁、碘
4	食品和饲料添加剂 15 种	天冬酰胺、谷氨酰胺、β-阿朴-8′-胡萝卜素酸乙酯、万寿菊色素、辣椒红素、羟丙基淀粉、虾青素、肉桂醛、胆碱、柠檬酸、酒石酸、乳酸、山梨酸、卵磷脂、丙二醇
5	天然杀虫剂 3 种	印楝素、印度楝油、矿物油
6	生物提取物 3 种	绿藻提取物、香菇菌丝提取物、蒜素
7	生物活素 1 种	肌醇
8	无机化合物 1 种	碳酸氢钠
9	有机化合物 1 种	尿素
10	其他 5 种	油酸、机油、硅藻土、石蜡、蜡

3. 禁用和不得检出物质

2006 年日本"肯定列表"制度颁布之初，就规定了 15 种不得检出物质，后经过修订，又增加了 4 种，总计有 19 种不得检出物质（表 9 - 20）。

表 9 - 20　日本不得检出物质清单

序号	中文名	英文名
1	2,4,5-涕	2,4,5 - T
2	三唑锡和三环锡	azocyclotin and cyhexatin
3	杀草强	amitrol
4	敌菌丹	captafol
5	卡巴多司	carbadox
6	香豆磷	coumaphos
7	氯霉素	chloramphenicol
8	氯丙嗪	chlorpromazine
9	己烯雌酚	diethylstilbestrol
10	二甲硝咪唑	dimetridazole
11	丁酰肼	daminozide
12	苯胺灵	propham
13	甲硝唑	metronidazole
14	罗硝唑	ronidazole
15	孔雀石绿	malachiteGreen oxalate
16	呋喃妥英	nitrofurantion
17	呋喃西林	nitrofural
18	呋喃它酮	furaltadone
19	呋喃唑酮	furazolidone

（七）韩国葡萄农药残留限量标准

韩国药品监督管理局（KFDA）发布的食品中农药残留限量标准，规定了 220 项葡萄的农药最大残留限量标准，按照标准的宽严程度进行了分类，具体见表 9 - 21。

表 9 - 21　韩国葡萄限量标准分类

序号	限量范围	数量	比例（%）
1	≤0.01 mg/kg	13	5.9
2	0.01～0.1 mg/kg（包括 0.1 mg/kg）	67	30.5
3	0.1～1 mg/kg（包括 1 mg/kg）	71	32.3
4	>1 mg/kg	69	31.4

与韩国标准相比，我国 GB 2763 关于葡萄的限量标准中，与韩国均有限量标准的有 79 项。其中最大残留限量标准一致的农药有涕灭威（0.02 mg/kg）、啶酰菌胺（5 mg/kg）、多菌灵（3 mg/kg）等 26 种，比韩国宽松的有啶虫脒、嘧菌酯、烯酰吗啉等 24 种，比韩国严格的有乙酰甲胺磷、溴螨酯、百菌清等 29 种（表 9 - 22）。

表 9 - 22　中国与韩国葡萄农药残留限量标准对比

中国农残限量总数	韩国农残限量总数	仅中国有规定的农药数量	中、韩均有规定的农药数量	仅韩国有规定的农药数量	中、韩均有规定的农药		
					比韩国严格的农药数量	与韩国一致的农药数量	比韩国宽松的农药数量
120	220	41	79	141	29	26	24

二、重金属和污染物的限量标准

（一）我国葡萄重金属及污染物限量标准

我国农产品食品中重金属及污染物的限量标准主要在国家标准《食品安全国家标准　食品中污染物限量》（GB 2762）中，其中规定了农产品食品中重金属和污染物的限量标准，与葡萄相关的主要是铅和镉的限量，具体见表 9 - 23。根据 GB 2762 附录 A 的分类，食品类别中与葡萄相关的为新鲜水果（未经加工的、经表面处理的、去皮或预切的、冷冻的水果），其中分为浆果和其他小粒水果和其他新鲜水果（包括甘蔗）。

表 9 - 23　我国葡萄中重金属及污染物限量标准

序号	污染物	产品	限量（mg/kg）
1	铅	浆果和其他小粒水果	0.2
2	镉	新鲜水果	0.05

（二）CAC 重金属和污染物限量标准

CAC 关于水果中重金属及污染物限量标准主要在《食品中污染物毒素的限量》（codex stan 193—2005）中，其中规定了铅和锡的限量标准（表 9 - 24）。

表 9 - 24　CAC 规定的葡萄重金属污染物限量标准

食品名称	污染物	限量（mg/kg）
罐装水果	铅	0.1
浆果及其他小型水果	铅	0.2

考虑到各国饮食习惯的特点，CAC规定了罐装水果中铅的要求，同时也规定了浆果和其他小型水果中铅含量的要求。

（三）欧盟重金属及污染物限量标准

欧盟关于重金属污染物的限量标准主要包含在（EC）No 1881/2006号法规中，葡萄的主要包含在水果类产品的限量标准中（表9-25）。

表9-25　欧盟关于葡萄的重金属和污染物限量标准

污染物		产品		限量（mg/kg）
中文	英文	中文	英文	
铅	lead	浆果	berries and small fruit	0.2
镉	cadmium	蔬菜水果	vegetables and fruit	0.05

（四）澳大利亚和新西兰重金属及污染物限量标准

澳大利亚和新西兰关于重金属及污染物的限量标准主要是铅（表9-26）。

表9-26　澳大利亚和新西兰葡萄重金属及污染物限量标准

重金属	产品	限量（mg/kg）	实施时间
铅	水果	0.1	2016年3月1日

三、国内外葡萄等级规格和生产技术规程标准情况

我国关于葡萄品质国家标准有1项，行业标准3项，地方标准11项。在生产技术规程方面，国家标准有2项，行业标准8项，地方标准30项。具体见表9-27。分析现行的葡萄产品和生产技术规程标准，存在的主要问题如下。

表9-27　我国现行葡萄等级规格和生产技术规程标准

分类		标准级别、标准号及标准名称
品种、品质	国家标准	GB/T 19970 无核白葡萄
	行业标准	GH/T 1022 鲜葡萄
		NY/T 1986 冷藏葡萄
		NY/T 704 无核白葡萄
	地方标准	DB12/T 515 地理标志产品 茶淀玫瑰香葡萄
		DB11/T 602 北京果品等级 鲜葡萄
		DB13/T 594 无公害果品 巨峰葡萄
		DB13/T 739 无公害果品 龙眼葡萄
		DB13/T 876 无公害果品 玫瑰香葡萄
		DB13/T 911.1 地理标志保护产品 宣化牛奶葡萄 果品质量
		DB13/T 912 酿酒葡萄质量标准
		DB34/T 255 萧县葡萄果实
		DB52/T 1061 地理标志产品 红岩葡萄
		DB61/T 381.1 无公害食品 红地球葡萄
		DB1307/T 063 怀涿盆地葡萄综合标准 第3部分：牛奶葡萄综合标准

（续）

分类		标准级别、标准号及标准名称
种植、生产技术规程	国家标准	GB/T 17980.123 农药药效试验准则（二）杀菌剂防治葡萄黑痘病
		GB/T 17980.143 农药药效试验准则（二）葡萄生长调节剂试验
	行业标准	LY/T 2048 葎叶蛇葡萄育苗技术规程
		NY 469 葡萄苗木
		NY/T 857 葡萄产地环境技术条件
		NY/T 1199 葡萄保鲜技术规范
		NY/T 1843 葡萄无病毒母本树和苗木
		NY/T 1998 水果套袋技术规程鲜食葡萄
		NY/T 2682 酿酒葡萄生产技术规程
		NY/T 5088 无公害食品 鲜食葡萄生产技术规程
	地方标准	DB34/T 256 葡萄生产技术规程
		DB11/T 609 葡萄日光温室促早栽培技术
		DB11/T 897 有机食品 葡萄生产技术规程
		DB13/T 646 无公害葡萄设施栽培生产技术规程
		DB13/T 737 无公害果品龙眼葡萄生产技术规程
		DB13/T 855 无公害果品红地球葡萄生产技术规程
		DB13/T 860 无公害果品玫瑰香葡萄生产技术规程
		DB13/T 911.3 地理标志保护产品 宣化牛奶葡萄 栽培
		DB13/T 913 葡萄嫁接苗生产技术规程
		DB13/T 941 葡萄防雹防网架设技术规程
		DB13/T 1142 酿酒葡萄生产技术规程
		DB13/T 1437 葡萄防风网架设规程
		DB13/T 1467 无公害食品 无核克伦生葡萄
		DB13/T 1468 无公害食品 无核克伦生葡萄生产技术规程
		DB21/T 1424 农产品质量安全 设施葡萄生产技术规程
		DB21/T 1535 农产品质量安全 葡萄苗木繁育技术规程
		DB32/T 1345 里扎马特葡萄栽培技术规程
		DB34/T 577 葡萄炭疽病测报调查规范
		DB34/T 578 葡萄叶蝉病测报调查规范
		DB34/T 574 葡萄黑痘病测报调查规范
		DB34/T 575 葡萄白腐病测报调查规范
		DB34/T 576 葡萄霜霉病测报调查规范
		DB34/T 1131 绿色食品（A）级葡萄生产技术规程
		DB61/T 381.2 无公害食品 红地球葡萄产地环境条件
		DB61/T 381.3 无公害食品 红地球葡萄生产技术规程
		DB3205/T 096 鲜食葡萄病虫害综合防治技术规程
		DB3205/T 097 鲜食葡萄嫁接育苗技术规程
		DB511322.03 葡萄栽培技术
		DB511322.04 葡萄主要病虫害防治
		DB511322T01 葡萄果园建设

（一）现有葡萄标准体系中企业标准少

与国外发达国家相比，我国葡萄方面的国家、行业和地方标准并不少，但企业标准很少或没有。在市场经济条件下，应以企业标准（或联盟标准）为主，特别是种植、操作技术等方面的标准。

（二）标准内容过于复杂，可操作性差

例如，《鲜食葡萄》标准中用于果实分级的标准有果穗大小、果穗紧密度、果粒大小、着色、果粉、果面缺陷、SO_2 伤害、可溶性固形物含量和风味 9 项指标，包括多种感官和理化指标，给分级带来不便，给实际操作带来难度。风味是评价葡萄品质优劣的重要指标，但受主观因素的影响太大，不宜作为葡萄的分级指标。美国鲜食分级指标有果实颜色、果粒大小、果梗的新鲜度、果穗和果粒缺陷 4 项指标，澳大利亚的红地球葡萄用颜色和大小作为分级标准。澳大利亚食品质量和安全研究所（SQF）的红地球标准对果实的成熟度和其他外观做了最低规定，对果穗大小的范围进行了规定。仅将果实大小和颜色作为等级划分的依据是可行的，这两个指标容易测量和目测判断，操作起来比较简单。

（三）缺乏主栽品种和原产地标准

由于葡萄主栽品种繁多，葡萄产地的气候条件也千差万别，不同品种不仅在果实大小、内在质量上的差异很大，同一品种在不同的产地也有很大差别。如果制定同一个标准要顾及每个品种和各个葡萄产区，宜粗不宜细，否则影响标准的实用性和可操作性。

美国和欧盟也制定了相关的葡萄产品标准，欧盟的葡萄主要有（EC）No 2789/1999 鲜食葡萄标准，并通过（EC）No 716/2001 对（EC）No 2789/1999 鲜食葡萄标准进行了修订。

美国的葡萄标准主要有以下几种。

（1）美国（东部类型）用于加工和冷冻的葡萄等级和标准。

（2）美国（东部类型）葡萄等级和标准。

（3）用于加工和冷冻的葡萄等级和标准。

（4）圆叶葡萄等级和标准。

（5）鲜食葡萄等级和标准。

（6）生长在加利福尼亚东南部指定地区葡萄的等级和标准。

（7）出口葡萄的等级和标准。

第二节　葡萄质量安全与认证

近年来，在葡萄品种、生产技术、设施、机械等多学科的科研技术进步及其成果应用，对产业健康发展起到了巨大推动作用，促进了产业的转型升级和优质葡萄生产，包括葡萄新品种日益增多、鲜食葡萄采收上市时间逐步拉长、葡萄制品逐步多样化等。果农在采用新品种、新技术、标准化的生产和收贮等技术后，想知道或证明自己生产的葡萄产品质量安全品质，这就需要进行相关检测和认证。

农业农村部为培育地方特色农产品品牌，促进区域优势农业产业发展，开展了全国名特优新农产品名录收集登录工作，并在各省建立省级农产品质量安全（优质农产品）工作机构和营养品质评价鉴定机构。各省、市还有地方名牌农产品相关认证、监管等等级，一般由省、市农业农村厅（局）的农产品质量安全部门、绿色食品办公室等负责。协会、学会等社会组织及学术团体往往还有专业性的农产品评比，根据评定的主题、要求不同，在一定范围内有公信度。其中，"三品一标"（无公害农产品、绿色食品、有机农产品和农产品地理标志统称"三品一标"）是我国政府主导的安全优质农产品公共品牌，是当前和今后一个时期农产品生产的主导方向。没有进行"三品一标"的葡萄种植者（企业、大户、葡萄合作社及相关组织等葡萄生产单元），也在优质葡萄生产中发挥着越来越重要的作用，需要对生产的葡萄产品进行质量安全检测和其他品质进行评价，以利于其葡萄产品的品牌建设，增加市场的美誉。

保证食品安全，是葡萄生产的第一道关口和必须实现的目标。通过葡萄质量安全指标的检测和评价，证明属于合格产品，葡萄才拥有了进入市场的通行证，进行优质葡萄评定的基础。本节将介绍"三品一标"定义和认证等基本常识，以及葡萄生产经营单位或组织如何进行葡萄产品的取样检测、质量安全检测和认证。

一、质量安全监管

农业农村部内设农产品质量安全监管司，负责组织实施全国农产品质量安全监督管理有关工作，指导农产品质量安全监管体系、检验检测体系和信用体系建设，承担农产品质量安全标准、监测、追溯、风险评估等相关工作。

国家、省、市、县农业农村部门，每年都会根据上一年的情况制订农产品质量安全监管工作方案，特殊事件或特殊背景下会制订应急监管方案等。农产品质量安全监管主要形式有例行监测、风险监测、监督抽查等多种形式，并根据实际情况不断完善深化。质量安全检验检测是农产品质量安全监管中重要的一环，农产品质量安全检测机构应当依法设立，保证客观、公正和独立地从事检测活动，并承担相应的法律责任，农产品质量安全检测机构经考核和计量认证合格后，方可对外从事农产品、农业投入品和产地环境检测工作。

《农产品质量安全法》对农产品质量安全及处罚依据有 3 种：对环境、人等造成长期或短期的影响；违法使用；不符合农产品质量安全标准。与葡萄产品相关的：一是国家禁止使用的农药，二是国家标准《食品安全国家标准　食品中污染物限量》（GB 2762）、《食品安全国家标准　食品中农药最大残留限量》（GB 2763）分别规定的重金属、农药残留检测标准方法及最大残留限量值。

（一）葡萄质量安全检测样品采集

采样前应明确样品检测目的、参数，制订详细的采样计划，包括样品数量、取样方法、采样人员防护与交叉污染防范、取样点、样品编号、样品预处理、样品包装、样品储存和运输方法等，确保采集的每个样品的代表性、独立性。也可根据检测的目标及已定的方案执行。凡是符合判定的检测，均是有标准或是提前告知并获得一致许可的。

1. 土壤样品采集方法

可参考《土壤质量　土壤采样程序设计指南》（GB/T 36199）、《土壤质量　土壤采样技术指南》（GB/T 36197）、《农田土壤环境质量监测技术规范》（NY/T 395）等标准制订采样计划。葡萄田土样采样，一般采集葡萄根系覆盖区域 0～10 cm 耕作层土壤，采样 5～10 个点混合后采样量不少于 1 kg。

注意：测定重金属的样品，尽量用竹铲、竹片直接采取样品，或用铁铲、土钻挖掘后，用竹片刮去与金属采样器接触的部分，再用竹片采取样品。

2. 灌溉水样品采集方法

农田灌溉水水质监测目的、采样方法、布点监测频率可参考《农用水源环境质量监测技术规范》（NY/T 396），采用材质化学稳定性好、器壁不溶性杂质含量极低、器壁对被测成分吸附少和抗挤压的材料，如聚乙烯塑料、聚四氟乙烯、硬质玻璃等。

3. 葡萄检测样品采集

采集方法按《农药残留分析样本的采样方法》（NY/T 789—2004）：按照产地面积和地形不同，采用随机法、对角线法、五点法、Z 形法、S 形法、棋盘式法等进行多点采样；采样需在植株各部位（上、下、内、外、向阳、背阴）均匀采样。可参考《农、畜、水产品污染监测技术规范》（NY/T 398）划分采样单元，也可根据检测目的结合采样方案设定采样单元。葡萄采样量：去掉果柄后样品量不少于 3 kg（鲜样重），标记好样品编号、样品名称、监测项目、采样地点、采样人、采样时间等信息。

4. 样品信息记录

（1）样品名称、种类、品种。

（2）识别标记或批号、样本编号。

（3）采样日期。

（4）采样时间。

（5）采样地点。

（6）样本基数及采样数量。

（7）包装方法。

（8）采样（收样）单位、采样（收样）人签名或盖章。

（9）储存方式、储存地点、保存时间。

（10）采样时的环境条件和气候条件。

（11）对市场抽检样品需标明原编号及生产日期、被抽样单位，并经被抽样单位签名或盖章。

二、检测参数及判定标准

检测参数是根据检测目的确定的，常见的有生产者或基地自发的符合性检测，有以下几种：根据相关标准检测自己基地产地环境条件是否能发展某一产业，并符合相关要求；根据市场准入需要提供与产品标准相应的检测证明，一般是委托有计量认证的检测单位检测并出具报告；因认证需要进行的说明性检测报告附录，需要委托相关认证认可的实验室进行检测。生产者常见的检测还有政府部门为加强农产品质量安全监管而采取的各种检测，其检测参数和方法均是根据目标制订方案，不一定是标准的参数和检测方法。

1. 土壤样品

无公害葡萄生产土壤检测参数，《无公害农产品　产地环境评价准则》（NY/T 5295）要求严格控制指标有铅（Pb）、镉（Cd）、汞（Hg）、砷（As）、铬（Cr）。

无公害葡萄土壤环境质量要求应符合《土壤环境质量　农用地土壤污染风险管控标准（试行）》（GB 15618）（表 9-28）。

表 9-28　无公害葡萄农田土壤质量要求（mg/kg）

（摘自 GB 15618）

项　目	pH<6.5	6.5≤pH≤7.5	pH>7.5	检测方法
总镉	≤0.30	≤0.30	≤0.30	GB/T 17141
总汞	≤1.3	≤1.8	≤2.4	GB/T 22105.1
总砷[①]	≤40	≤40	≤30	GB/T 22105.2
总铅	≤70	≤90	≤120	GB/T 17141
总铬	≤150	≤150	≤200	HJ 491
总铜	≤150	≤150	≤200	GB/T 17138
镍	≤60	≤70	≤100	GB/T 17139
锌	≤200	≤200	≤250	GB/T 17138
六六六总量[②]		0.10		
滴滴涕总量[③]		0.10		
苯并［a］芘		0.55		

①重金属和类金属砷均按元素总量计。

② 六六六总量为 4 种异构体的含量总和。

③ 滴滴涕总量为 4 种衍生物的含量总和。

绿色食品葡萄土壤环境质量要求应符合《绿色食品产地环境质量》（NY/T 391）（表 9-29）。

表 9-29　绿色食品葡萄农田土壤质量要求（mg/kg）

（摘自 NY/T 391）

项　目	pH<6.5	6.5≤pH≤7.5	pH>7.5	检测方法
总镉	≤0.30	≤0.30	≤0.40	GB/T 17141
总汞	≤0.25	≤0.30	≤0.35	GB/T 22105.1
总砷	≤25	≤20	≤20	GB/T 22105.2
总铅	≤50	≤50	≤50	GB/T 17141
总铬	≤120	≤120	≤120	HJ 491
总铜	≤100	≤120	≤120	GB/T 17138

2. 灌溉水样品

灌溉水样的 pH、溶解氧、电导率、水温、色度等水质参数应现场检测。灌溉水中涉及葡萄质量安全的农药、重金属等参数检测样品应包装好，并逐个标识清楚，最好冷藏运输或在隔热容器中放入制冷剂，样品置于其中保存。农田灌溉水检测参数及检测方法，可参考《农田灌溉水质标准》（GB 5084），根据不同的监测目的科学选择参数，进行检测判定。

无公害葡萄生产灌溉水检测参数标准《无公害农产品　产地环境评价准则》（NY/T 5295）要求严格控制的指标有铅（Pb）、镉（Cd）、汞（Hg）、砷（As）、氰化物（CN⁻）、六价铬（Cr⁶⁺）；《无公害农产品种植业产地环境条件》（NY/T 5010）对灌溉水分基本指标和选择性指标给出了限量（表 9-30）。

表 9-30　无公害葡萄生产灌溉水基本指标

项　目	指　标
pH	5.5~8.5
总汞（mg/L）	≤0.001
总镉（mg/L）	≤0.005
总砷（mg/L）	≤0.1
总铅（mg/L）	≤0.2
六价铬（mg/L）	≤0.1

绿色食品生产农田灌溉水质要求应符合《绿色食品产地环境质量》（NY/T 391）（表 9-31）。

表 9-31　绿色食品生产农田灌溉水质

项目	指标	检测方法
pH	5.5~8.5	GB/T 6920
总汞（mg/L）	≤0.001	HJ 597
总镉（mg/L）	≤0.005	GB/T 7475
总砷（mg/L）	≤0.05	GB/T 7485
总铅（mg/L）	≤0.1	GB/T 7475
六价铬（mg/L）	≤0.1	GB/T 7467
氟化物（mg/L）	≤2.0	GB/T 7484
化学需氧量（COD$_{Cr}$）（mg/L）	≤60	GB 11914
石油类（mg/L）	≤1.0	HJ 637

3. 空气质量要求

空气质量受所在区域环境、季节、风向、风速影响不断变化，因此，空气质量一般是根据产地所在位置是否符合农业产业区域规划、周边工业企业及三废排放情况进行现场评估，除非是其他特殊情况进行检测，如污染纠纷等。

4. 葡萄产品

无公害葡萄检测方法见表 9-32。

表 9-32　无公害葡萄检测参数及限量

参数	检测方法	限量（mg/kg）
克百威		0.02
氧乐果		0.02
溴氰菊酯	NY/T 761	0.02
百菌清		0.5
嘧霉胺	GB 23200.8	4

绿色食品葡萄检测方法见表9-33。

表9-33 绿色食品葡萄检测参数及限量

参数	检测方法	限量（mg/kg）
感官	NY/T 844	
可溶性固形物	NY/T 2637	$\geqslant 14\%$
可滴定酸	NY/T 839	$\leqslant 0.7\%$
氧乐果	NY/T 1379	$\leqslant 0.01$ mg/kg
克百威	NY/T 761	$\leqslant 0.01$ mg/kg
敌敌畏	NY/T 761	$\leqslant 0.01$ mg/kg
溴氰菊酯	NY/T 761	$\leqslant 0.01$ mg/kg
氰戊菊酯	NY/T 761	$\leqslant 0.01$ mg/kg
苯醚甲环唑	GB 23200.49	$\leqslant 0.01$ mg/kg
百菌清	NY/T 761	$\leqslant 0.01$ mg/kg
氯氰菊酯	NY/T 761	$\leqslant 0.2$ mg/kg
氯氟氰菊酯	NY/T 761	$\leqslant 0.2$ mg/kg
多菌灵	GB/T 20769	$\leqslant 2$ mg/kg
烯酰吗啉	GB/T 20769	$\leqslant 2$ mg/kg

有机葡萄检测方法见表9-34。

表9-34 有机葡萄检测参数及限量

参数	检测方法	限量
代森锰锌	SN/T 1541	不得检出（<0.1 mg/kg）
嘧霉胺	GB/T 20769	不得检出（$<0.000\ 17$ mg/kg）
多菌灵	GB/T 20769	不得检出（$<0.000\ 12$ mg/kg）
百菌清	NY/T 761	不得检出（$<0.000\ 3$ mg/kg）
溴氰菊酯	NY/T 761	不得检出（<0.001 mg/kg）
铅（以 Pb 计）	GB 5009.12	0.2 mg/kg

地理标志产品无全国统一的检测参数与标准，但其产品质量安全参数符合国家最大限量标准是基本要求，同时还应具有地方独特的营养、风味等特性。

全国名特优新农产品无全国统一的检测参数与标准，但其产品质量安全参数符合国家最大限量标准是基本要求，同时还有类似地理标志性的名特优新农产品品质的挖掘，但申报主体更灵活，产品具有优新品质或营养即可。名特优新农产品鉴定报告，除有证明产品优异特性的检测参数及检测值外，还有相关同类产品及标准的查新比对说明。

三、葡萄优质产品的质量安全指标认证

生产优质葡萄，是现阶段的社会需求。那么，什么样的葡萄才算是优质葡萄呢？

优质葡萄由两个方面的质量决定：外在质量和内在品质。外在质量包括穗型整齐、果粒大小均一、颜色具有本品种色泽、果面洁净无缺陷等。内在品质包括内在营养品质、风味品质及质量安全指标，其中营养品质与风味品质包括含糖量、口感细腻度、有无涩味、糖酸比、香气等。对于除了食品质量安全指标之外的品质标准，不同品种、不同的评比组织、认证组织、团体的指标不同（大致相似或趋势一致，只是具体指标可能存在区别），可以由各组织、机构、团体等自行制订，但优质葡萄的质量安全指标应该是一致的，即绝对保证食品安全。

对于已经认证"三品一标"的葡萄园及没有进行任何认证的葡萄园，都可以进行优质葡萄生产。没

有进行"三品一标"认证的葡萄园生产出来的葡萄，生产者可以加强生产投入品管控，确保食品安全，同时需要取样、送检，通过质量安全指标检测合格证明所生产的葡萄具有进行优质葡萄评定资格。

（一）优质葡萄的生产环境质量安全指标

优质葡萄生产的基地环境应符合当地农业产业区域规划和《无公害食品　产地认定规范》（NY/T 5343）。葡萄基地周围 5 km 以内应没有对产地环境可能造成污染的污染源，产地应距离交通主干道 100 m 以上。

这并不是说，在比较差的（不符合以下环境标准要求的）环境中就不能生产出优质葡萄。在比较差的环境中，种植和生产葡萄难度较大，检测项目也比较多。比如在有环境污染的企业旁边种植葡萄，需要对企业的污染物（有可能对葡萄果实产生影响的）在葡萄中的含量进行检测。再比如在重金属超标的土壤中种植葡萄，应该针对所有土壤中超标的重金属对葡萄果实进行检测，葡萄果实的污染物检测结果全部符合国家相关食品安全的残留指标的，才能评定为优质葡萄。

1. 葡萄园土壤

葡萄园土壤采样，一般采集葡萄根系覆盖区域 0～15 cm 耕作层土壤，采样 5～10 个点混合后采样量不少于 1 kg。

自行取样、送样送至有计量认证资质的检测单位检测。土壤测试结果应符合无公害食品土壤相关要求的标准。

土壤样本采集：可参考《土壤质量　土壤采样程序设计指南》（GB/T 36199）、《土壤质量　土壤采样技术指南》（GB/T 36197）、《农田土壤环境质量监测技术规范》（NY/T 395）等标准制订采样计划。

2. 葡萄园灌溉水

葡萄园灌溉水采样应采用材质化学稳定性好、器壁不溶性杂质含量极低、器壁对被测成分吸附少和抗挤压的材料，如聚乙烯塑料、聚四氟乙烯、硬质玻璃等装载样品。

自行取样、送样至有计量认证资质的检测单位检测。灌溉水测试结果应符合无公害食品灌溉水关要求的标准。

灌溉水样品采集：农田灌溉水水质监测目的、采样方法、布点监测频率可参考《农用水源环境质量监测技术规范》（NY/T 396）进行样本采集，并制作样本标签。

3. 葡萄园空气质量

周围 5 km 内，没有排放废气的工业或其他企业存在，距离主干道、铁路等 100 m 以上。

4. 年度生产过程农用物资的投入记录

对年度生育周期内，葡萄园所施用农用物质（有机肥、农药、化肥等）进行详细记录，包括施用品种、时间、使用剂量、施用方法等。葡萄采后，整理出农用物质使用清单。

（二）优质葡萄产品质量安全指标

葡萄检测样品采集，参考无公害食品葡萄样品采集的方法，按《农药残留分析样本的采样方法》（NY/T 789），样品量不少于 1.5 kg。样品标签包括样品名称（品种）、样本编号、采样日期、采样时间、采样地点、采样人联系电话及签名。

自行取样、送样，送至有计量认证资质的检测单位检测。葡萄产品的测试结果应符合以下指标：符合无公害食品农药残留参数及限量（低于残留限量或未检查）；对所有当年使用的农药有效成分进行残留检测，其残留检测指标符合《食品安全国家标准　食品中农药最大残留限量》（GB 2763）（葡萄的最大残留限量或参照浆果、水果等相近产品判断）；重金属铅（Pb）、镉（Cd）、砷（As）、汞（Hg）含量，符合《食品安全国家标准　食品中污染物限量》（GB 2762）。

（三）优质葡萄产品质量安全指标评价

检测结果符合国家有关质量安全检测标准的，质量安全标准属于合格。

检测机构出具的检测结果评价报告只对送样的样品负责。因此，如果保证所有生产的葡萄都符合质量安全标准，需要样品的取样过程具有代表性，能够代表所有葡萄产品（采集所有典型代表性葡萄样品）。

通过安全标准的葡萄，才能具有商品性，才能在市场上销售。通过安全标准，有两种渠道：一种是取样检测合格的，另一种是经过检测和监测（多年、多地和多次）每一个样品都合格的标准化程序化生产的葡萄，且这种标准化生产程序被认证的，视同合格。

通过安全标准的葡萄，才有资格进行优质葡萄评定（评价资格，或称为入门证）。为证明葡萄产品的优质，在质量安全合格的基础上，与检测单位协商检测优质葡萄典型特征的营养品质，以佐证其优质，如可溶性固形物、糖酸比、花色苷等。除检测选项外，优质葡萄还要符合外在质量（穗型一致性、果粒一致性、颜色和整洁等）、感官评价（细腻程度、口感等）等所要求的指标。

图书在版编目（CIP）数据

葡萄农药化肥减施增效技术／王忠跃主编 . —北京：
中国农业出版社，2020.12（2022.7 重印）
ISBN 978 - 7 - 109 - 27532 - 4

Ⅰ.①葡…　Ⅱ.①王…　Ⅲ.①葡萄栽培－施肥②葡萄
栽培－农药施用　Ⅳ.①S663.106②S48

中国版本图书馆 CIP 数据核字（2020）第 208124 号

中国农业出版社出版

地址：北京市朝阳区麦子店街 18 号楼
邮编：100125
责任编辑：阎莎莎　　文字编辑：张田萌　常梦颖
版式设计：杜　然　　责任校对：沙凯霖
印刷：中农印务有限公司
版次：2020 年 12 月第 1 版
印次：2022 年 7 月北京第 2 次印刷
发行：新华书店北京发行所
开本：880mm×1230mm　1/16
印张：18.75
字数：585 千字
定价：75.00 元